跨域大气生态环境整体性协作治理机制与模式研究

赵来军 薛 俭 杨 勇等 著

科学出版社

北京

内 容 简 介

本书系统剖析了我国跨域大气生态环境整体性协作治理存在的主要问题，并结合国内外最新研究成果与实践进展，从研究框架构建、协作治理区域范围优化与等级划分、协作治理机制与模式设计、监测网络布局优化、协作治理机制与模式的解决方案等方面，综合应用多种理论方法构建系列量化模型，通过理论分析和实证研究，提出适合我国情境的跨域大气生态环境整体性协作治理机制、模式及其解决方案。本书内容丰富，既有系统的理论性，也有突出的实践性，反映了跨域大气生态环境整体性协作治理理论与实践的最新动态和发展趋势。

本书可供环境与生态管理、环境经济领域的有关管理人员、科技工作者、企业界人员参考，也可作为经济、管理、环境等专业本科生和研究生的教科书。

图书在版编目（CIP）数据

跨域大气生态环境整体性协作治理机制与模式研究 / 赵来军等著.
北京：科学出版社，2025.3. -- ISBN 978-7-03-080051-0

Ⅰ. X321.2
中国国家版本馆 CIP 数据核字第 20248DR341 号

责任编辑：魏如萍 / 责任校对：王晓茜
责任印制：张 伟 / 封面设计：有道设计

科 学 出 版 社 出版
北京东黄城根北街 16 号
邮政编码：100717
http://www.sciencep.com
北京中科印刷有限公司印刷
科学出版社发行 各地新华书店经销

*

2025 年 3 月第 一 版 开本：720 × 1000 1/16
2025 年 3 月第一次印刷 印张：21 插页：1
字数：420 000
定价：236.00 元
（如有印装质量问题，我社负责调换）

前　言

我国仅用短短几十年时间就走完了发达国家数百年才完成的工业化历程，取得举世瞩目的发展成就。然而，在创造这一经济奇迹的进程中，山、水、林、田、湖、草、沙等生态系统要素均遭受了不同程度的破坏，共同面临着前所未有的系统性挑战。尤其是京津冀、长三角、汾渭平原等区域频发的跨地区、大范围、持续性、复合型大气污染，给公众的生产、生活和身心健康带来严重影响，引发社会各界的高度关注。如何正确处理好经济发展和环境保护之间的关系已成为全社会共同关注的重大课题。

以习近平同志为核心的党中央顺应人民意愿和时代潮流，把生态文明建设确立为关系我党使命宗旨的重大政治问题和关系民生的重大社会问题，并将其纳入"五位一体"总体布局、写入党章和宪法修正案，将"绿色"和"人与自然和谐共生"分别确立为"新发展理念"及"新时代坚持和发展中国特色社会主义的基本方略"之一。美丽中国、《打赢蓝天保卫战三年行动计划》、《空气质量持续改善行动计划》等系列开创性、根本性、长远性大气生态环境治理工作陆续启动，《中华人民共和国大气污染防治法》《中华人民共和国环境保护法》《中华人民共和国环境影响评价法》《大气污染防治行动计划》《控制污染物排放许可制实施方案》《中华人民共和国环境保护税法》《中央生态环境保护督察工作规定》等重大法律法规相继修订或出台，财政补贴、价格、交易、金融等更能调动生态环境治理主体积极性的多元化政策工具的运用愈加灵活，跨域协作治理、多污染物协同治理、多环境要素系统治理等更契合生态环境特性的治理模式日益强化。全国主要污染物排放总量持续下降，空气质量持续向好，大气生态环境治理机制和治理模式日臻完善。

然而，我国产业结构偏重、能源结构偏煤、交通结构偏公路等状况没有发生根本性转变，大气生态环境治理的结构性、根源性、趋势性压力尚未得到根本性缓解，长时间、复合型、跨域性的大气污染天气仍然时有发生，重度及以上污染天数、主要污染物浓度等指标时有反弹，与人民的期望还有很大差距。例如，2023 年12 月，京津冀大气污染传输通道"2＋26"城市（简称"2＋26"城市）平均优良天数比例为 63.2%，同比下降 9.1 个百分点，细颗粒物（particulate matter 2.5，$PM_{2.5}$）平均浓度为 64 微克/米^3，同比上升 6.7%；长三角地区 41 个城市平均优良天数比例为 77.7%，同比下降 1.5 个百分点，PM$_{2.5}$平均浓度为 55 微克/米^3，同比上升 7.8%[①]。在以行政手段和政治压力为主的治理机制及条块分割的属地治理模式主导下，大气生态环境的流动性和整体性特征及治理主体的成本优势与技术优势无法兼顾，地方政府的治理积极性和主动性也无法充分调动，大气生态环境治理领域的不作为、乱作为、弄虚作假甚至违法乱纪等问题时有出现[②]，由此极大地抬高了此类治理模式和治理机制的成本并严重削弱了其治理效果。同时，跨域大气生态环境整体性协作治理模式与机制的落地实施仍然面临诸多挑战，如协作治理手段与机制单一且过度依赖于行政命令、协作治理区域范围与等级划分不够科学且严重受限于行政区划、协作治理机制与模式较少考虑经济和市场等政策工具及公众健康损害与社会就业影响，治理责任划分标准不够明确、监测网络布局不够合理等问题仍然比较突出，大气生态环境治理仍然任重道远。在全面实现经济社会发展绿色转型和碳达峰、碳中和目标的时代背景下，我国面临的大气污染与气候变化挑战及资源与环境约束日益严峻，生态环境治理的多目标要求进一步凸显，这对完善生态环境体制、机制与模式提出了更加严苛的要求，针对生态环境体制、机制与模式的很多关键问题亟待深入研究。例如，如何有效发挥属地治理模式和跨域协作治理模式的优势？如何充分利用经济、市场、金融等手段在大气生态环境治理方面的重要潜在作用？如何最大可能地调动各级政府和广大群众参与生态环境治理的积极性、主动性？在我国全面实施减污降碳协同治理的新形势下，科学合理地解决上述问题具有非常重要的理论价值和现实意义。

笔者二十多年来一直从事我国跨域生态环境整体性协作治理方面的研究，尤其是在大气生态环境整体性协作治理的区域范围优化与等级划分、协作治理机制与模式设计、监测网络布局优化等方面开展了系列深入研究，在国内外重要学术期刊上发表了数十篇研究成果，撰写的多份咨政专报获教育部、上海市人民政府批示和采纳，并指导多位博士、硕士研究生完成了学位论文和博士后出站报告。这里选取了其中部分研究成果结集成书，希望能为生态环境治理的科研工作者、有关政府管理部门以及所有对生态环境治理感兴趣的读者提供些许参考，也希望能为跨域大气生态环境整体性协作治理的理论发展添砖加瓦，特别希望能为我国有效开展《空气质量持续改善行动计划》和减污降碳协同治理实践提供科学依据和决策参考。

全书共有 17 章，按理论体系和逻辑关系分为五篇，各部分的主要内容及作者分工如下。

[①] 《生态环境部公布 2023 年 12 月和 1—12 月全国环境空气质量状况》，https://www.mee.gov.cn/ywdt/xwfb/202401/t20240125_1064784.shtml，2024 年 1 月 25 日。

[②] https://www.mee.gov.cn/searchnew/?searchword=%E8%BF%9D%E6%B3%95%E6%A1%88%E4%BE%8B。

　　第一篇介绍本书的研究背景、研究对象，构建跨域大气生态环境整体性协作治理的理论框架，剖析跨域大气生态环境整体性协作治理的基本概况，包括跨域大气生态环境整体性协作治理理论框架研究（第 1 章）、国内外实践进展（第 2 章）、国内外研究进展（第 3 章）。该篇由赵来军教授、杨勇副教授完成，部分研究成果已于 2021 年在期刊 *Journal of Cleaner Production* 上发表。

　　第二篇研究跨域大气生态环境整体性协作治理区域范围优化与等级划分方法。包括考虑污染物浓度相关性的协作治理区域范围优化与等级划分研究（第 4 章）、考虑主风道方向的协作治理区域范围优化与等级划分研究（第 5 章）、考虑风向与风频的协作治理区域范围优化与等级划分研究（第 6 章）。该篇由赵来军教授、谢玉晶副研究员、汪洪波副教授、张书海副教授完成，两项研究成果已于 2018 年先后在期刊 *Atmospheric Environment* 和 *Journal of Cleaner Production* 上发表。

　　第三篇分别基于行政协调、经济、市场等各类政策工具，对跨域大气生态环境整体性协作治理的机制与模式进行理论建模、实证分析与对比研究。包括基于行政协调手段的协作治理机制与模式研究（第 7 章）、基于税收手段的协作治理机制与模式研究（第 8 章）、基于广义纳什均衡市场手段的协作治理机制与模式研究（第 9 章）、就业效应视角下基于排污权期货交易的协作治理机制与模式研究（第 10 章）、经济效应视角下基于排污权期货交易的协作治理机制与模式研究（第 11 章）、健康效应视角下基于排污权期货交易的协作治理机制与模式研究（第 12 章）。该篇由赵来军教授、薛俭教授、杨勇副教授、王芹博士、蒋冉博士以及研究生吉小琴、袁另风、王世杰完成，六项研究成果已先后在期刊 *Journal of Cleaner Production*（2019 年、2021 年）、*Sustainable Cities and Society*（2021 年）、*Journal of Management Analytics*（2022 年）等期刊上发表。

　　第四篇研究跨域大气生态环境监测网络布局优化。包括基于主成分分析-聚类分析的跨域大气生态环境监测网络布局优化研究（第 13 章）、基于多元线性回归分析-支持向量回归的跨域大气生态环境监测网络布局优化研究（第 14 章）、基于逐步回归分析-BP 神经网络的跨域大气生态环境监测网络布局优化研究（第 15 章）。该篇由赵来军教授、谢玉晶副研究员、博士后王陈陈和研究生周奕完成，两项研究成果已在期刊 *Atmospheric Environment*（2015 年）、*Journal of the Air & Waste Management Association*（2022 年）上发表。

　　第五篇对比分析各类主要政策工具在跨域大气生态环境整体性协作治理机制与模式方面的优势、劣势，进而研究跨域大气生态环境整体性协作治理机制与模式的解决方案，归纳总结本书的主要研究结论，并对本领域未来的理论研究工作进行展望。包括跨域大气生态环境整体性协作治理应对策略研究（第 16 章）、结论与展望（第 17 章）。该篇由赵来军教授、博士后王陈陈完成。

　　本书得到国家社会科学基金重点项目"跨域大气生态环境整体性协作治理模

式与机制研究"（项目编号：18AZD005）的资助，在结题鉴定过程中，多位评审专家的宝贵建议对项目高质量结题和书稿质量提升起到了重要推动作用。陕西科技大学薛俭教授和杨勇副教授对重点项目的实施及本书的出版做出了重要贡献，博士后王陈陈及博士研究生易虹汝、程友凤、甄俊涛对本书的出版做了大量编辑整理工作，在此一并表示由衷的谢意。特别感谢科学出版社魏如萍编辑对本书出版的大力支持和宝贵建议。

不忘初心，砥砺前行。美丽中国建设的大幕早已开启，2022 年 10 月党的二十大报告设专章阐明"推动绿色发展，促进人与自然和谐共生"的理念和战略任务，2023 年 11 月我国第三个"大气十条"——《空气质量持续改善行动计划》已经开始实施，空气质量持续改善行动的任务、时间表和路线图已经绘就。我们的科学研究一直在路上，敬请广大同行专家和各界读者批评指正，我们将永葆科学研究服务于宏观决策之初心，及时弥补疏漏，不断为我国生态环境治理理论的持续发展和治理实践的有效开展贡献绵薄之力。

赵来军

2024 年 5 月 4 日

目　　录

第一篇　绪　　论

第二篇　跨域大气生态环境整体性协作治理区域范围优化 与等级划分方法研究

第三篇　基于各类政策工具的跨域大气生态环境整体性协作治理机制与模式研究

第四篇　跨域大气生态环境监测网络布局优化研究

第一篇 绪 论

要解决我国跨域大气生态环境整体性协作治理机制与模式中的关键问题，不仅要系统掌握国内外理论研究和治理实践的演进脉络、前沿进展，而且要精准把握我国的制度安排、现实困难及其蕴含的科学问题，并根据研究背景、研究对象及其之间的内在逻辑关系，设计科学合理的理论框架。因此，本篇首先剖析跨域大气生态环境整体性协作治理的研究背景和研究对象，并由此开展了我国跨域大气生态环境整体性协作治理理论框架研究（第1章），然后系统剖析国内外实践进展（第2章），以及国内外研究进展（第3章）。

第1章 跨域大气生态环境整体性协作治理理论框架研究

本章在统筹考虑跨域大气生态环境整体性协作治理国内外实践经验、理论研究成果和我国经济社会发展状况等关键因素的基础上，深入剖析我国跨域大气生态环境整体性协作治理的体制机制现状及其存在的关键科学问题，剖析了跨域大气生态环境整体性协作治理的研究背景和研究对象，并据此构建了跨域大气生态环境整体性协作治理研究框架。

1.1 跨域大气生态环境整体性协作治理研究背景

党的十八大以来，我国大气污染防治工作取得了历史性成就，全国年均 $PM_{2.5}$ 浓度由 2013 年的 52.72 微克/米³下降至 2018 年的 35.86 微克/米³，空气质量明显改善。但彼时的生态环境污染状况依然严重，特别是在京津冀、长三角、珠三角和汾渭平原等地区，长时间、大范围、复合型的跨行政区域大气污染事件时有发生，给当地公众的日常生产、生活和身心健康带来很大的负面影响，并引发全社会的广泛关注。而且由于大气具有共通性与流动性的特征，大气污染物极易跨越行政区域的边界，并演变为区域性乃至全国性的污染问题，任何地区都无法在日益恶化的大气生态环境中独善其身。区域大气生态环境的流动性和整体性特征，又使得一个地区无力承担，也不愿独自承担跨域大气污染治理的重任。日益严峻的跨域大气污染挑战要求加强地区之间的环境治理合作，强化跨行政区域的大气生态环境整体性协作治理。

为此，我国中央政府高度重视，并开启了大气生态环境治理体制改革等诸多方面的制度安排以及治理机制与模式方面的全方位探索和实践。《大气污染防治行动计划》（2013 年 9 月）、《中华人民共和国环境保护法》（2014 年 4 月）、《"十三五"生态环境保护规划》（2016 年 11 月）、《打赢蓝天保卫战三年行动计划》（2018 年 6 月）、《中华人民共和国大气污染防治法》（2018 年 10 月修正）、《中华人民共和国国民经济和社会发展第十四个五年规划和 2035 年远景目标纲要》（2021 年 3 月）、《中共中央 国务院关于深入打好污染防治攻坚战的意见》（2021 年 11 月）、《减污降碳协同增效实施方案》（2022 年 6 月）、《空气质量持续改善行动计划》（2023 年

11 月 30 日）等多部法律、法规及重大战略、规划相继颁布与实施；环境保护督查中心、环境保护部、生态环境部等关键部门的体制机制改革先后完成。同时，京津冀、山东省会城市群以及长三角、珠三角等区域的大量跨域大气生态环境整体性协作治理实践相继开展（表 1-1）。

表 1-1　我国部分区域开展的跨域大气生态环境整体性协作治理实践

开始时间	协作治理区域	相关文件
2013 年 9 月	京津冀及周边三省区（北京、天津、河北、山西、内蒙古、山东）	《京津冀及周边地区落实大气污染防治行动计划实施细则》
2014 年 1 月	长三角（上海、江苏、浙江、安徽）	《长三角区域大气污染防治协作小组工作章程》
2014 年 7 月	昌九区域（南昌、九江）	《昌九区域大气污染联防联控规划实施方案》
2014 年 9 月	粤港澳（广东、香港、澳门）	《粤港澳区域大气污染联防联治合作协议书》
2015 年 5 月	成渝城市群（四川、重庆）	《关于加强两省市合作共筑成渝城市群工作备忘录》
2015 年 10 月	沧州、唐山、天津	《加强大气污染联防联控合作协议》
2015 年 11 月	山东省会城市群（济南、淄博等）	《省会城市群大气污染联防联控协议书》
2017 年 8 月	"2+26" 城市	《京津冀及周边地区 2017—2018 年秋冬季大气污染综合治理攻坚行动方案》
2018 年 6 月	汾渭平原（山西、河南、陕西）	《全面加强生态环境保护 坚决打好污染防治攻坚战的意见》《打赢蓝天保卫战三年行动计划》
2020 年 4 月	川渝两地	《深化川渝两地大气污染联合防治协议》
2022 年 6 月	京津冀地区	《"十四五"时期京津冀生态环境联建联防联治合作框架协议》
2022 年 8 月	苏皖两省交界地区 12 个城市	《苏皖共同建立"2+12"大气污染联防联控机制工作备忘录》
2023 年 7 月	川渝两地	《川渝两地移动源大气污染联合防治合作协议》

特别是为了保障国家重大会议、活动或赛事，如北京奥运会、上海世博会、北京亚太经济合作组织（Asia-Pacific Economic Cooperation，APEC）峰会、杭州二十国集团（Group of 20，G20）峰会等期间的空气质量，我国更是多次动用国家行政力量，强力推进了诸多短期的、运动式的跨域大气污染协作治理（简称短期任务型跨域大气生态环境整体性协作治理）实践，为我国大气污染治理的长期规划和战略决策积累了丰富经验。与此同时，我国的大气污染及其治理问题也引起了学术界的极大关注。众多学者从大气污染物的溯源与排放清单制定、大气污染对公众健康与可持续发展等方面的危害、大气污染治理的实践经验教训、大气污染治理的体制改革、各种大气污染治理机制与模式的优势和劣势等诸多方面开展了比较广泛的研究与探索。

现有的理论研究成果和实践经验极大地促进了跨域大气生态环境整体性协作

治理工作，为我国全面开展跨域大气生态环境整体性协作治理奠定了良好基础。然而，受行政管理体制等因素的影响，目前我国大气污染治理的手段、政策工具、治理模式和机制仍然比较单一，而且仍然以属地治理模式为主，各种治理政策的实施与推进主要依赖于强制性的行政命令手段。条块分割的行政区域割裂了大气污染的流动性和整体性自然属性，在此基础上的属地治理模式无法调动各个治理主体的积极性，并给各个地区的经济发展、社会就业及公众健康等带来严重的负面影响。在部分地区实施的跨域大气污染协作治理模式虽然较大程度地提高了治理效率，但是多数协作治理实践仍在探索阶段，协作治理的体制、机制与体系仍有待建设。尤其是权威高效的组织机构缺乏、协作治理区域的范围划定不够科学合理、协作治理的目标设置原则混乱、责任划分标准不清、治理工具单一、激励效果不佳、信息共享不畅、争端解决不力、治理资金筹措困难等很多关键问题仍亟待解决。同时，目前跨域大气生态环境整体性协作治理的理论研究还处于起步阶段，研究主题比较分散，缺乏系统的理论框架体系，尤其是缺乏针对地域特征的跨域大气生态环境整体性协作治理的系统性研究。因此，我国大气污染治理的很多具体实践还缺乏理论支持，大气污染状况依然比较严重，治理效果仍然较差，区域性与复合型的大气污染时有发生。在全面实现美丽中国愿景、三大攻坚战等战略目标的时代背景下，我国的能源（特别是化石能源）消耗量仍然居高不下，污染物排放强度依然较高，大气生态环境保护形势依然严峻，结构性、根源性、趋势性压力仍亟待破解，新的形势和新的挑战不断涌现，生态环境多目标治理要求进一步凸显，污染防治与生态环境整体性之间的矛盾日益突出。

因此，亟须对照国内外跨域大气生态环境整体性协作治理的实践经验，在准确把握国内外前沿理论研究成果的基础上，充分考虑跨域大气生态环境整体性这一重要自然属性和我国经济社会发展的实际情况（尤其是我国行政管理体制和环境管理体制的特点），针对目前大气污染国家间协作治理实践过程中存在的突出问题，从理论上解决我国跨域大气污染协作治理机制与模式方面的关键科学问题，提出科学的理论体系和可行的应对策略，构建适合不同区域特点的跨域大气污染协作治理理论体系，从而为进一步解决我国在协作治理实践中存在的突出问题提供科学依据，以充分贯彻习近平生态文明思想与新发展理念，构建生态环境的新发展格局，推进我国大气生态环境治理进程，全面提高大气生态环境治理的综合效能，实现环境效益、气候效益和经济效益多赢。

1.2　跨域大气生态环境整体性协作治理研究对象

立足于我国跨域大气生态环境整体性协作治理机制与模式的构建，以持续、有效提升大气生态环境的治理绩效为出发点，本书将宏观政策和治理实践有机结合，既从整体上把握我国跨域大气生态环境整体性协作治理的制度安排，又始终聚焦治理实践中的具体问题，找准解决现实困境的突破口。无论是跨域大气生态环境整体性协作治理机制与模式的理论构建，还是协作治理区域范围与等级的划分、协作治理机制与模式的设计、跨域大气生态环境监测网络的布局优化，抑或是推进协作治理实践应对策略的提出，本书都充分考虑了我国行政管理与环境属地管理体制中的"条块分割"特征，以及跨域大气生态环境整体性协作治理的纵向协作（即具有上下级行政关系的治理主体之间的协作）与横向协作（即具有平级行政关系的治理主体之间的协作）特点，密切结合我国行政管理与环境管理体制等现实状况。因此，本书的研究对象主要包括"两类区域"和"三个主体"及其之间的"四种关系"（Yang et al.，2021a），其具体内涵如下。

（1）"两类区域"：即跨省区域与省辖城市群区域。我国跨域大气生态环境整体性协作治理模式经历了较为复杂的演进过程，从属地治理模式到局部区域协作治理，以及北京奥运会、上海世博会、北京 APEC 峰会、杭州 G20 峰会等短期任务型协作治理实践，再到国家层面针对京津冀地区、长三角区域、珠三角区域、"2＋26"城市及山东城市群等重点区域开展的跨域协作治理实践。上述演变过程证明，协作治理区域划分的科学性与合理性是影响协作治理效果的关键因素。如果协作治理区域的范围太大，则各地区协作关系协调困难；如果协作治理区域范围太小，则退化到目前的属地治理模式。

（2）"三个主体"及其之间的"四种关系"："三个主体"即中央政府、省级政府以及省辖城市。作为自上而下的中央集权制国家，我国不同层级政府的权限和职能存在很大差异。具体到跨域大气生态环境整体性协作治理方面，中央政府作为国家顶层设计者，同时也作为大气生态环境整体利益的代表，从宏观层面提供科学且可持续的制度安排及机制与模式，而省级政府、省辖城市是大气生态环境污染防治规划的具体实施主体和责任主体。在跨域大气生态环境整体性协作治理实践中，"三个主体"之间存在多种博弈关系，其中最重要的博弈关系有四种，分别是中央政府与省级政府之间、省级政府之间、省级政府与省辖城市政府之间、省辖城市政府之间的关系，本书将其简称为三个主体之间的"四种关系"。

本书以"两类区域"和"三个主体"及其之间的"四种关系"为主要研究对象，结合我国行政管理体制、环境管理体制、社会发展状况、大气污染排放与治理特征，根据《中华人民共和国环境保护法》（2014 年 4 月）、《打赢蓝天保卫战三年行动计划》（2018 年 6 月）、《中华人民共和国大气污染防治法》（2018 年 10 月修正）、《中华人民共和国国民经济和社会发展第十四个五年规划和 2035 年远景目标纲要》（2021 年 3 月）、《中共中央 国务院关于深入打好污染防治攻坚战的意见》（2021 年 11 月）等法律法规和重要文件，深入剖析"三个主体"在跨域大气生态环境整体性协作治理实践中的角色与行为特征，在精准把握各类主体的责、权、利及其之间的"四种关系"的基础上，构建跨域大气生态环境整体性协作治理机制与模式的理论框架，设计协作治理区域范围与等级的划分方法体系，进而对我国跨域大气生态环境整体性协作治理机制与模式进行定量模型研究、实证检验和对比分析。为保障各类协作机制与模式的落地实施，本书对跨域大气生态环境监测网络的布局优化进行系统研究，并提出具体的方法体系和解决方案。基于各类协作治理机制与模式的对比分析，并借鉴国内外跨域大气生态环境整体性协作治理的成功经验，提出推进我国跨域大气生态环境整体性协作治理的解决方案。

1.3　跨域大气生态环境整体性协作治理研究框架

本书以整体性治理与协同治理等理论及其重要模型为关键依据，以持续改进我国跨域大气生态环境整体性协作治理的绩效为出发点，以探索适合中国情境的长效机制与模式为研究目标，充分借鉴发达国家在大气生态环境整体性协作治理方面的理论与实践经验，结合我国行政管理体制和环境治理体制机制特点与跨域大气生态环境整体性这一重要自然属性，在充分剖析我国大气生态环境整体性协作治理理论与实践经验的基础上，以我国跨域大气生态环境整体性协作治理过程中涉及的"两类区域"和"三个主体"及其之间的"四种关系"为主要研究对象，从跨域大气生态环境整体性协作治理机制与模式的研究框架、协作治理机制与模式、监测网络布局等方面开展研究，进而提出推进我国跨域大气生态环境整体性协作治理机制、模式及其解决方案，详细情况如下。

（1）跨域大气生态环境整体性协作治理机制与模式的理论构建研究。首先，通过对"跨域大气生态环境整体性协作治理"内涵与外延的深入剖析，界定本书的主要研究对象和主要内容。其次，对我国跨域大气生态环境整体性协作治理机制与模式的影响因素和影响机理开展研究。最后，主要是基于中国行政管理体制和环境管理体制，围绕跨域大气生态环境整体性协作治理区域的范围优化与等级划分方法、基于各类政策工具的跨域大气生态环境整体性协作治理机制与模式、跨域大气生态环境监测网络布局优化等问题，构建中国情境跨域大气生态环境整体性协作治理机制与模式的理论框架。

（2）跨域大气生态环境整体性协作治理区域范围优化与等级划分方法研究。本书在深入剖析目前欧盟、美国及日本等发达国家和地区经验的基础上，基于我国的海量监测数据，剖析区域的大气生态环境特征、自然禀赋、自然状况、气候状况、地理特征、污染水平、污染物传输规律、人口密度、污染治理潜力、公众健康、经济与社会发展状况等因素对其大气生态环境的影响，总结与梳理跨域生态环境整体性协作范围优化与等级划分的决定性因素，深入剖析我国目前在跨域大气生态环境整体性协作治理区域范围与等级划分方面的效果、效率、优缺点。

同时，在借鉴国内外跨域大气生态环境整体性协作治理区域范围划分方法的基础上，综合采用线性回归分析、相关性分析和聚类分析等方法与技术，构建跨域大气生态环境整体性协作治理区域范围的优化方法与等级划分方法。在此基础上，本书以我国的"2＋26"城市、长三角区域、山东省会城市群、汾渭平原地区等区域的跨域大气污染协作治理为典型案例进行实证分析，提出我国跨域大气生态环境整体性协作治理区域范围与等级划分的应对策略。

（3）基于各类政策工具的跨域大气生态环境整体性协作治理机制与模式研究。本书通过对我国大气生态环境整体性协作治理过程中三类主体的特征剖析，厘清三类利益主体的责、权、利，以及各利益主体的行为特征与相互之间的博弈关系。在此基础上，按照"责任共担、信息共享、协商统筹、联防联控"的工作原则，分别从纵向治理主体的行政约束机制以及横向治理主体的激励机制两个方面进行研究，构建中国情境的跨域大气生态环境整体性协作治理机制。同时，本书将对欧盟、美国、日本等发达国家和地区以及我国的跨域大气生态环境整体性协作治理实践进行国际比较分析，并基于我国行政管理体制和环境管理体制的特征，剖析目前协作治理模式的关键成功因素和障碍因素、组织结构类型、适用条件和适用范围等。最后，分别从跨域大气生态环境整体性协作治理的行政主导型纵向关系、平等协作型横向关系以及短期任务型跨域大气生态环境整体性协作治理三个层面出发，探索并提炼适合中国情境的跨域大气生态环境整体性协作治理模式。

（4）跨域大气生态环境监测网络布局优化研究。准确的污染监测是协作治理机制与模式有效实施的关键。本书结合国内外大气生态环境整体性协作治理的实践经验、我国行政管理体制和环境管理体制特点、大气生态环境整体性的本质特征、区域污染时空变化特征等，在对跨域大气生态环境整体性协作治理机制与模式分析的基础上，综合利用环境科学、地理科学、气象科学、管理科学等多学科的理论与方法，构建跨域大气生态环境监测网络的布局策略与优化方法体系，在此基础上，本书以我国的"2＋26"城市、长三角区域、山东省会城市群、汾渭平原地区等区域为典型案例进行实证分析，提出我国跨域大气生态环境监测网络布局优化的应对策略，为进一步完善我国的跨域大气生态环境整体性协作治理提供关键保障。

（5）跨域大气生态环境整体性协作治理机制与模式的解决方案。本书最终研究目的是提出适合中国情境的协作治理解决方案，以切实推进各类协作治理机制与模式的落地实施。首先对比分析本书基于行政命令、行政协调、税收、排污权期货交易（emission rights futures trading，ERFT）等政策工具构建的协作治理机制与模式的优劣势、使用条件、适用场景等关键因素。然后，借鉴国内外跨域大气生态环境整体性协作治理的经验教训，从跨域大气生态环境管理体制、协作治理组织架构、协作治理区域范围优化与等级划分方法体系、协作治理生态补偿体系、协作治理政策工具、监测网络体系、协作治理评估考核体系、协作治理法律法规标准体系八个方面，提出相应的解决方案。

上述五方面内容有机结合，相互依托，共同形成本书的研究体系。其中跨域大气生态环境整体性协作治理机制的有效运行，不仅需要与之相适应的模式、系统的理论指导和丰富的经验借鉴，更需要切实可行的应对策略。跨域大气生态环境整体性协作治理机制与模式的理论构建是本书的研究基础。跨域大气生态环境整体性协作治理区域范围优化与等级划分方法是区分协作治理对象的关键。理论框架中的治理机制、治理模式以及跨域大气生态环境监测网络布局优化等各要素设置的科学性与合理性，则需要对我国具体区域的跨域大气生态环境整体性协作治理进行实证分析，并通过我国的治理实践进行检验。应对策略的提出不仅要适合中国的具体特征，还要以上述理论研究成果、实证分析和案例研究结果为基础。

鉴于此，本书既从整体上把握我国跨域大气生态环境整体性协作治理的制度安排、纵向与横向协作特点及属地现行管理体制的"条块分割"现状，又聚焦跨域大气生态环境整体性协作治理机制与模式的内涵、协作范围优化与等级划分方法、纵向治理主体之间的行政约束与绩效考核机制、横向治理主体之间的激励机制以及能与各种协作治理机制相适应的治理模式等关键具体问题的研究，找准解决协作治理实践困境的突破口，提出适合中国情境且能切实推进跨域大气生态环境整体性协作治理的理论体系。第一，构建跨域大气生态环境整体性协作治理机制与模式的理论框架（第一篇），包括跨域大气生态环境整体性协作治理机制与模式的内涵、协作治理区域与主体特征、协作治理机制与模式的影响因素与影响机理等，这是整个研究的出发点。第二，本书研究了跨域大气生态环境整体性协作治理区域范围优化与等级划分方法（第二篇），这是区分协作治理对象的关键。第三，本书建立基于各种政策工具的跨域大气生态环境整体性协作治理机制与模式（第三篇），这是本书的研究基础和研究目标。其中协作治理机制的设计，可以在对"三类主体"行为特征与博弈关系进行深入剖析的基础上，从纵向治理主体之间的行政约束与绩效考核机制，以及横向治理主体之间的激励机制两个层面出发进行研究；而协作治理模式的构建，可以在对国际跨域大气生态环境整体性协作治理模式进行案例研究与对比分析的基础上，从行政主导型、平等协作型及短期任务型三种视角出发分别进行研究。第四，本书对跨域大气生态环境监测网络的布局优化方法（第四篇）进行研究，这是各类协作治理机制与模式落地实施的技术保障。因为监测网络的科学、合理布局，不仅直接决定其运营与维护成本，而且关乎大气污染跨域传输量的准确计量，进而影响各地减排配额的分配、政府转移支付标准的制定以及生态补偿标准与排污权期货交易价格的形成，并由此影响跨域大气生态环境整体性协作治理机制与模式的科学性、合理性与可行性。第五，本书以上述理论研究成果、实证分析和案例研究结果为基础，并结合我国环境治理和行政管理体制机制的具体特征，为跨域大气生态环境整体性协作治理机制与模式的有效推进提出切实可行的解决方案（第五篇）。

　　除此之外，各篇内容之间也蕴含着密切的内在逻辑关系。其中第一篇在已有理论研究成果和实践探索经验的基础上，构建跨域大气生态环境整体性协作治理机制与模式的理论框架，为其他四篇内容的研究奠定基础。协作治理区域范围与等级划分为本书指明研究对象，也为协作治理机制与模式的设计找到载体。协作机制是建立在第二篇所确定的利益主体之间博弈关系基础上的机制，其中所包含的纵向治理主体间的行政约束与绩效考核机制及横向治理主体间的激励机制，不仅明确了各利益主体之间博弈关系的协调方法，也为有效推进跨域大气生态环境整体性协作治理提供了整体工作思路。协作治理模式是以第二篇所确定的利益主体之间博弈关系为导向的模式，无论是其中的行政主导型，还是平等协作型，抑或是短期任务型跨域大气生态环境整体性协作治理模式，都体现了各利益主体之间的博弈关系。基于各种政策工具的跨域大气生态环境整体性协作治理机制与模式研究（第三篇）要以跨域大气生态环境整体性协作治理区域的范围优化与等级划分方法研究（第二篇）为基础，也要以整个课题的理论框架为前提。作为整个课题的研究核心，协作治理机制与模式为有效推进跨域大气生态环境整体性协作治理提供方式、方法和方案。第二篇、第三篇分别从协作治理对象、机制与模式等方面重点探讨理论框架的科学性、适用性和有效性。第四篇为跨域大气生态环境整体性协作治理机制与模式的有效运行提供技术支撑。第一、二、三、四篇是协作治理应对策略提出的科学依据，关乎第五篇中应对策略的系统性、可行性和有效性，这是跨域大气生态环境整体性协作治理机制与模式落地实施的关键，也是本书所有研究的落脚点。总体来看，各篇内容重点突出，有机关联，共同构成了跨域大气生态环境整体性协作治理机制与模式研究的核心内容。

　　总之，本书以解决我国跨域大气生态环境整体性协作治理实践中的具体管理困境为导向，采用多学科交叉融合的理论方法和技术开展理论研究，同时结合具体的典型案例，开展实证分析与对比研究，达到理论指导实践，实践验证理论的研究效果。首先，结合我国行政管理与环境管理体制及国内外的典型治理实践与重要研究成果，构建跨域大气生态环境整体性协作治理机制与模式的理论框架（第一篇），在此基础上，开展跨域大气生态环境整体性协作治理区域范围优化与等级划分研究（第二篇）、基于各类政策工具的跨域大气生态环境整体性协作治理机制与模式研究（第三篇），并把要优化出来的协作区域作为治理对象，对协作治理机制与模式进行理论建模研究、实证检验、对比分析与优化调整，同时剖析协作治理机制对治理模式设计的影响机理与影响程度。其次，以跨域大气生态环境监测网络布局优化（第四篇）为突破口，探索协作治理机制与模式落地实施的技术保障。最后，在统筹考虑我国环境治理和行政管理体制机制特征的基础上，以上述各篇的理论研究成果、实证分析和案例研究结果为基础，提出推进跨域大气生态环境整体性协作治理的思路、对策与展望（第五篇）。

1.4　本　章　小　结

本章首先剖析了跨域大气生态环境整体性协作治理的研究背景和研究对象，并在此基础上研究了我国跨域大气生态环境整体性协作治理的理论框架。研究表明：①我国大气污染防治工作取得历史性成就，并积累了丰富的理论研究成果和实践经验。但在新形势下，亟须充分考虑跨域大气生态环境整体性，从理论上解决我国跨域大气污染协作治理机制与模式方面的关键科学问题，构建适合不同区域特点的跨域大气污染协作治理理论体系和可行的应对策略。②"两类区域"和"三个主体"及其之间的"四种关系"是我国跨域大气生态环境整体性协作治理的独特对象，也是跨域大气生态环境整体性协作治理理论构建、协作治理区域范围与等级的划分、协作治理机制与模式的设计、跨域大气生态环境监测网络布局优化及协作治理实践应对策略提出的重要基础。

第 2 章　国内外实践进展

本章对美国、欧盟、日本等发达国家和地区跨域大气生态环境整体性协作治理的历史演变、实践进展与经验教训等进行系统剖析，同时结合行政管理体制机制、经济社会发展等关键因素的主要特征，对我国跨域大气生态环境整体性协作治理的制度安排、体制机制障碍、实践进展与现实困难等问题进行深入研究。

2.1　国外实践进展

2.1.1　发达国家大气生态环境污染概况

18 世纪末至 19 世纪初，始于英国并迅速扩展到欧美其他地区的工业革命，使煤炭成为主要能源。同时，大量工厂的涌现和交通工具的广泛使用，极大地推动了欧美国家的工业化和城市化进程，也使其大气生态环境污染问题逐渐凸显。但在 18~19 世纪，全社会在生态环境问题方面的科学认识和技术手段有限，社会各界对大气生态环境污染的危害认识不足，生态环境污染问题并未受到重视。

20 世纪以来，欧美发达国家的大气生态环境污染问题日益严重，特别是在 20 世纪中期变得尤为严重。1930 年，比利时发生的马斯河谷烟雾事件导致数百人死亡，成为 20 世纪最早记录的大气生态环境污染惨案。英国则是欧洲工业发达国家中大气生态环境污染状况最典型的地区之一。1952 年，伦敦爆发了严重的"大烟雾"，仅仅四天死亡人数就达 4000 多人，引起全球关注，也大幅提升了当地公众对生态环境污染问题的关注度[1]。1863 年，英国颁布了旨在减少氯气、硫化氢等有害气体排放的《碱厂法》，这是世界上第一部专门针对工业排放的法律。《碱厂法》规定了碱厂的排放标准，并提出针对碱厂环境监测、环境监察与督察的具体细则，以及碱厂违规、违法排放的处罚措施等。20 世纪后期，随着各国环境保护意识的增强，以及德国《联邦污染控制法》（Federal Emission Control Act，1974 年）、欧盟《欧洲经济共同体空气污染控制指令》（Council Directive 76/661/EEC，1976 年）、英国《环

---

① 《世界著名空气污染事件盘点：伦敦大雾曾致万人死》，http://news.cntv.cn/2013/01/13/ARTI1358074389709436. shtml，2013 年 1 月 13 日。

境保护法》(Environmental Protection Act，1990 年) 等相关法律法规的出台，欧洲各国的污染物排放量有所减少，但一些国家和地区的大气生态环境污染问题依然严重。例如，波兰、保加利亚等东欧国家 20 世纪 80 年代的大气生态环境污染问题尤为严重，欧洲和北美国家 90 年代的酸雨问题非常严重。

进入 21 世纪，随着各国政府环保工作的不断加强，欧洲大气环境质量的整体情况有所改善，但部分城市和地区的大气生态环境污染问题依然比较严重，跨域大气生态环境整体性治理形势依然严峻。例如，《欧洲工业设施大气污染成本(2008—2012)》等欧洲环境署发布的多份报告显示，大气生态环境污染在该时期引起过早死亡、医疗成本增加、建筑物损坏和农业减产等多种危害；而且直至 2021 年，大气生态环境污染仍然是欧洲最大的健康威胁，每年导致数十万人早死；2023 年，意大利和部分东欧国家的空气污染问题仍然较为严重。世界卫生组织 2021 年更新的空气质量指标也表明，97% 的欧盟城市居民生活环境中的 $PM_{2.5}$ 超标，94% 的人生活环境中的二氧化氮超标，99% 的人所处环境中的臭氧超标，大气生态环境污染持续成为过早死亡和部分重大疾病的主要原因之一。

美国的大气生态环境污染问题始于 19 世纪末。受工业革命的推动，美国的工业化进程加速，大量煤炭和石油被用于工业生产和交通运输，导致空气污染问题逐渐加剧，环境空气质量逐渐恶化。第二次世界大战后，美国工业和交通业迅速发展，化石能源消耗量急剧增加，导致大气生态环境污染问题的严重程度达到顶峰。1948 年，宾夕法尼亚州的多诺拉镇发生严重的烟雾事件，并导致 20 多人死亡，约 6000 人出现呼吸道疾病和其他健康问题；20 世纪 40～60 年代 (特别是在 1952 年和 1955 年)，洛杉矶爆发了严重的光化学烟雾事件，导致数百人在短时间内死亡。这两起严重的大气生态环境污染事件，均被公认为是震惊世界的八大公害事件之一[①]，引起社会各界的广泛关注，也促使美国政府加强了环境保护立法。1955 年，《空气污染防治法》(Air Pollution Control Act) 颁布，这是美国第一部联邦空气污染规制立法，该法律确立了空气质量标准，并要求各州制定计划以达到这些标准。同时，该法律授权美国国家环境保护局 (Environmental Protection Agency，EPA) 制定和执行相关法规。1963 年，美国国会通过了《清洁空气法》(Clean Air Act)，并于 1970 年、1977 年和 1990 年多次对其进行修订。通过立法、设立专门机构等方式，美国逐步建立了较为完善的环境管理体系，环境空气质量不断得到改善。

但是，加利福尼亚、洛杉矶、纽约、芝加哥等城市，目前仍然面临严重的大气生态环境污染问题，而且跨区域性的大气污染问题尤为突出。根据 2020 年的《空

---

① 《世界著名空气污染事件盘点：伦敦大雾曾致万人死》，http://news.cntv.cn/2013/01/13/ARTI1358074389709436.shtml，2013 年 1 月 13 日。

气状况报告》，全美近一半的人仍呼吸着被污染的空气，而且西部地区有9个城市的重污染天数达到有史以来的最多报告数量。值得注意的是，25个污染最严重的城市中，有24个位于美国西部地区。2022年的《空气状况报告》表明，仍有大量美国人生活在空气质量较差的地区，美国空气质量"非常不健康"和"危险"的天数，比历史上的任何时期都多；受颗粒物污染影响的人数增加了近900万人，超过1.37亿美国人生活在颗粒物污染或臭氧浓度水平不健康的地区。美国受短期颗粒物污染最严重的5个城市中，有4个位于加利福尼亚州，全年颗粒物污染最严重的5个城市也全部位于加利福尼亚州，且受臭氧污染最严重的5个城市中有4个位于加利福尼亚州。

日本的大气生态环境污染问题可以追溯到20世纪中叶。第二次世界大战后，日本的钢铁、化工、电力、采矿等行业高速发展，经济复苏进程和工业化进程加快，工业烟尘、粉尘和有害气体排放量急剧增加，导致神奈川、千叶、大阪、神户、川崎等城市的雾霾天气日益增加，大气生态环境污染问题迅速恶化。在震惊世界的八大环境公害事件中，就有四件发生在20世纪中后期的日本，分别是水俣病事件、四日市哮喘病事件、爱知县米糠油事件和富山骨痛病事件。这些典型的重大事件，引发了日本社会各界对大气生态环境污染问题的广泛关注。普通民众纷纷组团控诉政府和企业，要求赔偿损害、禁止排污，并最终推动日本政府对大气生态环境污染防治工作的重视。

1962年，《煤烟限制法》颁布，这是日本第一部专门针对煤烟排放控制的法律，旨在减少煤烟排放、保护公众健康和环境空气质量。该法律规定了各类燃煤设施的排放标准、监测规范及违规处罚措施，并授权地方政府设立煤烟控制区。1967年，《关于公害对策的基本法》颁布，这是日本第一部综合性的环境保护法律，旨在防止和减少"公害"（即工业活动、交通、废弃物处理等引起的生态环境污染问题）的发生。该法律明确了公害的定义、应对原则，规定了国家和地方政府的责任、公害防止措施、公害补偿办法及公众参与和信息公开方面的具体举措。随后，专门负责环境保护监督和执法的日本环境厅（即现在的环境省）成立。随着《大气污染防止法》（1968年颁布，并在1970年、1975年、1980年、1990年多次修订）、《公害健康损害补偿法》（1973年）、《环境基本计划》（1994年）、《第二次环境基本计划——走向环境世纪的方向》（2000年）等法律法规的颁布实施，日本生态环境污染防治的法律法规体系日益健全。

通过政府、企业和公众的数十年努力，日本的空气质量有了显著改善，尤其是其 SO_2 和颗粒物的浓度大幅下降，并在大气生态环境污染控制方面积累了丰富经验。但近年来，名古屋市、仙台市、东京都、大阪府等城市及其周边地区的 $PM_{2.5}$、O_3 污染依然较为严重；神户市、北九州市等城市及其周边地区的 $PM_{2.5}$、SO_2 污染也较为严重，其大气生态环境治理仍然任重而道远。

2.1.2　发达国家跨域大气生态环境整体性协作治理实践进展

在跨域大气生态环境整体性协作治理方面，美国制定了涵盖国家、州和地方多个层面的法律法规体系，并通过制定统一标准、建立市场机制等多种手段促进区域协作。例如，1970 年修订的《清洁空气法》明确强调，各州之间要通过协作治理途径解决跨区域的空气污染问题，同时要求各州制定并提交实施计划，以确保达到和维持国家空气质量标准。基于该法律，美国国会授权环境保护署，在州与州之间构建跨地域的"空气质量管理特区"或"专业治理委员会"，以应对一些棘手的跨州大气生态环境污染问题。其中的南海岸区域空气质量管理区（South Coast Air Quality Management District，SCAQMD），就是美国最大的空气质量管理机构之一。该机构监管的国土面积约 27 850 平方公里，涉及 4 个县区，162 个城市，具有立法、执法、监督和处罚权力，并通过计划、规章、监控、技术改进、宣传教育等综合手段协调开展工作。SCAQMD 制定并实施空气质量管理计划，通过排污许可、检查监测、信息公开与公众参与等手段保障空气质量达标（宁淼等，2012）。1990 年，美国实施了旨在减少二氧化硫（SO_2）和氮氧化物（NO_x）排放的酸雨计划（Acid Rain Program），该计划是 1990 年《清洁空气法》修正案的一部分，通过排放限额、交易系统等途径，成功减少了 SO_2 和 NO_x 的排放量。同年，美国成立了旨在减少东北部和中大西洋地区臭氧前体物排放的臭氧传输委员会（Ozone Transport Commission，OTC）。OTC 是一个比较成功的多州合作机构，制定了多项区域行动计划，并要求成员州采取一致的减排措施。2001 年颁布的《中部州际空气污染控制委员会》（Midwest Interstate Air Pollution Control Commission）由中西部 9 个州组成，要求成员州共同制定和实施联合减排措施、监测机制、评估机制等行动计划，以协调这些州之间的空气质量管理活动，特别是解决颗粒物和 O_3 污染问题。2011 年，美国颁布了旨在减少 SO_2 和 NO_x 跨域传输的《跨州空气污染规则》（Cross-State Air Pollution Rule），并采用总量控制、交易系统等途径，引导州内各县市及各州之间的排放配额交易。

总之，美国通过《清洁空气法》《跨州空气污染规则》、酸雨计划、OTC 等，建立了多层面、多主体合作的跨域协作治理机制，开展了长期的跨域大气生态环境整体性协作治理实践，有效缓解了其大气生态环境污染问题。这些协作治理机制的重要特征主要体现在两个方面：一是美国国会设立了环境保护署，并以地理与社会经济区域为标准将全国划分为 10 个地理区域，成立了 10 个区域办公室。建立起涵盖联邦政府、州政府、地方政府等在内的多层级的环境保护部门，以及行使其主要职能的区域办公室。同时，美国政府及各州制定了解决特定大气生态环境污染问题的区域和分区域管理办法。二是建立了多层面的合作机制，其中不仅涵盖了法律法规等基本保障机制，还包括市场交易机制、经济激励机制、法律执行、科学研究、公众参与等多个方面。这些合作机制在实施联合项目、进行空气质量监测、开展联合执法等大气生态环境污染治理的关键过程中发挥着重要作用。

欧盟的跨域大气生态环境整体性协作治理主要通过签署国际条约来推动。1979 年，为解决欧洲共同体国家管辖地区的环境问题，欧洲大部分国家及美国、加拿大在瑞士日内瓦共同签署了《远距离越境空气污染公约》（Convention on Long-Range Transboundary Air Pollution），该公约是欧盟在较大区域范围内处理大气生态环境污染问题的第一个官方国际合作条约，也是国际上最早针对跨国大气生态环境污染的公约之一。此后，上述国家基于该公约又陆续签署了多项针对性的议定书，例如，1985 年在挪威奥斯陆签署的《关于进一步减少二氧化硫排放的议定书》（Protocol on Further Reduction of Sulphur Emissions）（也称为《奥斯陆议定书》），该议定书要求签署国在 1993 年之前，将其 SO_2 排放量减少到 1980 年水平的 30%以下；1988 年在保加利亚索非亚签署的《索非亚议定书》（Sofia Protocol），要求签署国在 1994 年前不能提高 NO_x 的排放，并承诺引入控制标准和污染治理设施；1991 年在瑞士日内瓦签署的《关于挥发性有机化合物的议定书》（Protocol on Volatile Organic Compounds），要求签署国在 1999 年之前将其挥发性有机化合物（volatile organic compound，VOC）的排放量减少到 1990 年水平的 30%以下；1998 年在荷兰阿姆斯特丹签署的《关于持久性有机污染物的议定书》（Protocol on Persistent Organic Pollutants），要求减少和控制 16 种持久性有机污染物的排放，以减轻这些污染物对环境和人类健康的长期影响；1999 年在瑞典哥德堡签署的哥德堡议定书（Gothenburg Protocol），要求签署国减少 SO_2、NO_x、挥发性有机化合物和氨（NH_3）的排放，以减轻酸雨、富营养化和地表 O_3 污染。由于签订国际公约缺乏强制执行的约束力，欧盟各国大多通过利益协调手段达成共赢。

此外，欧盟也通过颁布大气保护法律法规、制定污染排放标准推进跨域协作治理工作。例如，《关于环境空气质量评价与管理指令 96/62/EC》规定了区域环境空气中的 SO_2、NO_x、NO_2、颗粒物等主要大气污染物的限值。再如《欧盟国家排放总量指令》（2001/81/EC）中规定了某些大气污染物的国家排放上限。欧盟 2022 年提议修订《环境空气质量指令》，制定 2030 年中期目标，具体措施包括定期评估空气质量标准、降低主要空气污染物 $PM_{2.5}$ 年度限值、加强空气质量监测与信息公开、通过有效处罚保障污染受害者权益等（光明网，2023）。同时，欧盟成员国需按照《国家排放上限》指令的要求，制定各国大气污染防治计划及项目，落实欧盟《环境空气质量指令》要求，达成空气质量有关目标（姚颖等，2021）。欧盟各成员国将跨域大气生态环境整体性协作治理的指令，转化为国内的法律或法令予以贯彻落实，欧盟委员会通过行政手段统一开展生态环境治理。

　　在跨域大气生态环境的整体性协作治理方面，日本政府制定了一系列法律法规，设立了跨区域的合作机制，以确保不同地区和部门之间能够有效地协调和合作。例如，1968 年颁布的《大气污染防止法》规定了排放标准和监测要求，设立了国家和地方两级的监测网络，并要求促进跨区域合作以解决区域性大气生态环境污染问题；1993 年颁布的《环境基本法》明确规定了政府、企业和公民在环境保护中应该承担的责任，进而推动跨部门和跨区域的生态环境合作治理；1970 年颁布的《特别区域大气污染防止法》对特定区域内的排放标准进行了严格规定，要求地方政府和企业采取特别措施减少污染排放，并促进跨区域的合作以解决区域性的大气生态环境污染问题；1970 年修改的《大气污染防止法》更加重视区域防治和集中供热，规定对大气生态环境污染严重区域实行比一般排放标准更严格的"特别排放标准"，强调了跨区域合作的重要性，并要求促进不同地区之间的信息共享和经验交流。除此之外，《环境影响评价法》（1997 年）、《特定地域大气环境保全特别措施法》（2002 年）、《关于促进跨区域大气污染防止活动的法律》（2011 年）、《关于促进气候变化适应的法律》（2018 年）等法律法规，均从不同角度提出了开展跨域大气生态环境的整体性协作治理的具体举措。这些法律法规和政策措施，为日本在跨域大气生态环境的整体性协作治理方面提供了坚实的法律基础和有效的实施机制。值得注意的是，日本在防治 $PM_{2.5}$ 的过程中，采取了先在东京设立地方法，然后带动周边各都道府县和市町村，逐步形成区域性乃至全国性国家法律，这种做法也值得我国借鉴（周胜男等，2013）。

2.2　国内实践进展

2.2.1　我国大气生态环境污染概况

　　新中国成立后，国家大力发展重工业，煤炭和石油逐渐成为主要能源，导致颗粒物、SO_2 等污染物的排放量逐渐增大，沈阳、鞍山等主要工业城市先后出现大气生态环境污染问题。1972 年，我国参加了联合国人类环境会议，开始关注环境保护问题。同年，环境保护领导小组成立，标志着我国的生态环境保护工作正式开始。

　　1978 年，党的十一届三中全会后，我国实行改革开放，开始进入现代化建设的快速发展阶段，工业化和城市化进程显著加快。大量工厂和企业涌现，导致煤炭等化石能源的消耗量大幅增加，以 SO_2 和颗粒物为主的煤烟型大气生态环境污染问题日益凸显。1979 年，全国人民代表大会常务委员会通过了《中华人民共和国环境保护法（试行）》，这是我国第一部全面、系统的环境保护法律，为后续的环境保护工作奠定了重要基础，也标志着我国生态环境保护工作开始步入法治轨道。

20 世纪 80 年代后，随着 SO_2 等污染物排放量的急剧增长，北京、上海、广州等城市相继出现严重的雾霾天气。为此，全国人民代表大会常务委员会于 1987 年通过了《中华人民共和国大气污染防治法》，这是我国专门针对大气污染防治的首部法律。该法律明确提出推广使用低硫煤和脱硫技术、建立和完善空气质量监测网络、定期发布空气质量报告等具体要求。1989 年，《中华人民共和国环境保护法》正式颁布，这是我国环境保护领域的基本法。该法律确立了我国环境保护的基本原则和制度，明确了环境保护的基本方针和政策，强调预防为主、综合治理的原则，规定了各级政府和相关部门在环境保护中的职责，并设立了环境影响评价、污染物排放标准和总量控制等重要制度。1995 年，《中华人民共和国大气污染防治法》修正，进一步明确提出了我国大气污染防治的基本原则和制度，并开始推行 SO_2 排放总量控制、排污许可证等重要制度。同时，该法律还提出要严格控制重点污染源排放和重点区域酸雨等具体要求，为我国的酸雨治理提供了法律依据。但是，当时我国的大气污染治理，以控制点源排放为主要目标，以行政命令为主要政策工具，以地级政府为相关具体工作的主要实施主体。各地政府根据上级政府的行政命令独自完成各自区域内的环境治理指标，并接受上级政府的监督。由于我国当时主要以经济建设为中心，生态环境污染问题尚未得到足够重视，而且环境治理体系建设尚处于初步探索阶段，生态环境质量持续恶化，大气污染状况日益严重。

进入 21 世纪，生态环境治理工作受到社会各界的高度重视。《关于落实科学发展观 加强环境保护的决定》（2005 年）、《中华人民共和国国民经济和社会发展第十二个五年规划纲要》（2011 年）等一系列重要文件，均在大气污染治理方面提出了很多具体要求。尤其是党的十八大以来，以习近平同志为核心的党中央把生态文明建设纳入"五位一体"总体布局，并将其确立为关系我党使命宗旨的重大政治任务和关系民生的重大社会问题，污染防治被提升为决胜全面建成小康社会的三大攻坚战之一。随着《大气污染防治行动计划》（2013 年）、《中华人民共和国大气污染防治法》（2015 年修订）、《打赢蓝天保卫战三年行动计划》（2018 年）、《关于推进实施钢铁行业超低排放的意见》（2019 年）、《关于构建现代环境治理体系的指导意见》（2020 年）、《省（自治区、直辖市）污染防治攻坚战成效考核措施》（2020 年）等系列重大规划和法律法规的相继颁布实施，我国大气生态环境污染治理体制机制进一步健全，SO_2 排放和酸雨问题得到有效遏制。

但是，随着社会经济的进一步发展和能源消耗量的持续增长，我国的污染天气依然频繁发生，而且逐渐蔓延到全国多个城市，呈现出明显的跨行政区域性特征，尤其在京津冀、长三角、珠三角等经济发达地区，跨域性大气污染问题更为突出。同时，除了工业生产和农业活动排放的粉尘、烟尘、废气外，机动车尾气逐渐成为我国重要的大气污染物排放源之一，我国大气生态环境逐渐从传统的煤烟型污染，过渡到多源复合型污染，大气生态环境污染防控形势空前严峻。为此，党中央、国务院持续推进相关法律法规体系建设，不断完善大气生态环境治理的体制机制。

例如，为了加强生态环境治理监管，我国先后实行了省以下环保机构监测监察执法垂直管理制度改革、生态环境保护综合行政执法改革等重大改革，建立了中央和省两级生态环境保护督察制度、生态文明建设目标评价考核制度、污染防治攻坚战成效考核制度、生态环境损害责任终身追究制度等重要制度，完善了生态环境保护"党政同责、一岗双责"责任体系和问责机制，加强了跨区域生态环境整体性协作治理、环境监测网络建设等重大举措，并且相继颁布实施了《党政领导干部生态环境损害责任追究办法（试行）》（2015 年）、《关于省以下环保机构监测监察执法垂直管理制度改革试点工作的指导意见》（2016 年）、《蓝天保卫战重点区域强化监督定点帮扶工作方案》（2019 年）、《中央生态环境保护督察工作规定》（2019 年）、《蓝天保卫战量化问责规定》（2019 年）、《关于实施生态环境违法行为举报奖励制度的指导意见》（2020 年）、《关于严惩弄虚作假提高环评质量的意见》（2020 年）、《生态环境部约谈办法》（2020 年）、《关于加强生态保护监管工作的意见》（2020 年）、《生态环境保护专项督察办法》（2021 年）、《关于进一步加强生态环境"双随机、一公开"监管工作的指导意见》（2021 年）、《关于深化生态环境领域依法行政 持续强化依法治污的指导意见》（2021 年）、《关于加强排污许可执法监管的指导意见》（2022 年）、《关于办理环境污染刑事案件适用法律若干问题的解释》（2023 年）等诸多旨在加强生态环境治理监管的重要文件。再如，为了强化源头治理、促进绿色生产和资源循环利用，国家先后实施了《中华人民共和国清洁生产促进法》（2002 年）、《中华人民共和国环境影响评价法》（2002 年颁布，2018 年修正）、《中华人民共和国可再生能源法》（2005 年颁布，2009 年修正）、《中华人民共和国循环经济促进法》（2008 年）、《中华人民共和国大气污染防治法》（1987 年颁布，1995 年、2018 年修正，2000 年、2015 年修订）、《"十三五"生态环境保护规划》（2016 年）、《中华人民共和国节约能源法》（1997 年颁布，2007 年修订，2016 年、2018 年修正）等法律法规；为了强化移动源排放治理，我国相继颁布了《柴油货车污染治理攻坚战行动计划》（2018 年）、《重型柴油车污染物排放限值及测量方法（中国第六阶段）》（2019 年）、《非道路柴油移动机械污染物排放控制技术要求》（2020 年）、《绿色交通"十四五"发展规划》（2021 年）等多部重要文件。

尤其是党的十八大以来，党中央、国务院不仅接续发布了《大气污染防治行动计划》（2013 年）、《打赢蓝天保卫战三年行动计划》（2018 年）、《空气质量持续改善行动计划》（2023 年）三个旨在全面部署空气质量持续改善工作的国家级行动计划，而且相继实施了《京津冀及周边地区落实大气污染防治行动计划实施细则》

（2013 年）、《京津冀及周边地区大气污染联防联控 2015 年重点工作》（2015 年）、《京津冀大气污染防治强化措施（2016—2017 年）》（2016 年）、《京津冀及周边地区 2017—2018 年秋冬季大气污染综合治理攻坚行动方案》（2017 年）、《关于加强重污染天气应对夯实应急减排措施的指导意见》（2019 年）、《长三角地区 2019—2020 年秋冬季大气污染综合治理攻坚行动方案》（2019 年）、《重点区域 2021—2022 年秋冬季大气污染综合治理攻坚方案》（2021 年）、《深入打好重污染天气消除、臭氧污染防治和柴油货车污染治理攻坚战行动方案》（2022 年）、《京津冀及周边地区、汾渭平原 2023—2024 年秋冬季大气污染综合治理攻坚方案》（2023 年）等诸多旨在开展大气污染专项行动、攻坚行动或应急响应行动的重要文件，持续推动我国大气生态环境污染防治工作实现历史性、转折性变革。

经过社会各界的共同努力，我国大气生态环境治理体制机制日益健全，空气质量持续改善。2013～2022 年，我国在国内生产总值翻一番的情况下，$PM_{2.5}$ 平均浓度下降了 57%，重污染天数减少 93%，已有近 75% 的城市 $PM_{2.5}$ 年均浓度达标，且所有城市的 SO_2、CO、NO_2 先后实现达标。我国仅用 7 年时间达到了美国 30 年的 $PM_{2.5}$ 浓度改善幅度，成为全球空气质量改善速度最快的国家[①]。根据《中国碳中和与清洁空气协同路径（2023）》年度报告，北京市的 $PM_{2.5}$ 年均浓度已经由 2013 年的 89.5 微克/米^3，下降到 2023 年的 32.0 微克/米^3，重度及以上污染天数占比下降显著，实现了从"雾霾灰"到"常态蓝"的转变。然而，我国目前的环境空气质量尚未实现根本性好转，而且与保护公众健康的要求还有一定差距，大气生态环境治理依然任重道远。

2.2.2　我国跨域大气生态环境整体性协作治理实践进展

我国主要以"六个统一"（即统一规划、统一标准、统一环评、统一执法、统一监测、统一应急）为突破口，通过签署合作框架文件、完善政策与法律协调机制、统一环保标准、构建联合监测与预警体系、建立信息共享平台、开展联合执法与应急联动、加强技术交流与合作、进行经济补偿与利益调节、鼓励公众参与和社会监督等途径，引导不同行政区域、不同部门之间开展有效协作，并综合运用行政手段、市场手段和经济手段确保有关政策措施落地实施，共同改善区域大气生态环境质量。

20 世纪末，为减少 SO_2 排放总量、控制酸雨而开展的"两控区"治理，是我国开展最早的跨域大气生态环境整体性协作治理实践。"两控区"的治理范围、具体目

---

① Expert: China a good provider of air quality management solutions，https://english.www.gov.cn/news/2024 02/07/content_WS65c3217ac6d0868f4e8e3dd8.html，2024 年 10 月 27 日。

标和要求等关键内容，主要通过《国务院关于环境保护若干问题的决定》（1996 年）、《国家环境保护"九五"计划和 2010 年远景目标》（1996 年）、《国务院关于酸雨控制区和二氧化硫污染控制区有关问题的批复》（1998 年）等文件确定。2002 年，粤港两地政府联合发布《改善粤港珠江三角洲空气质素的联合声明（2002—2010）》，开启了我国地方性跨域大气生态环境整体性协作治理的初步探索。2007 年，《国家环境保护"十一五"规划》发布，其中提出了"统筹规划长三角、珠三角、京津冀等城市群地区的区域性大气污染防治""以 113 个环保重点城市和城市群地区的大气污染综合防治为重点，努力改善城市和区域空气环境质量"等要求，这是体现跨域生态环境整体性协作治理重要思想的国家级文件，标志着我国跨域大气生态环境整体性协作治理理念的初步形成。

2008 年，为保障北京奥运会期间的空气质量，京津冀及周边地区开展了我国首次短期任务型跨域大气生态环境整体性协作治理实践，并取得了显著成效。2010 年，国务院发布《关于推进大气污染联防联控工作改善区域空气质量的指导意见》，其中首次提出"以科学发展观为指导，以改善空气质量为目的，以增强区域环境保护合力为主线，以全面削减大气污染物排放为手段，建立统一规划、统一监测、统一监管、统一评估、统一协调的区域大气污染联防联控工作机制"。跨域大气生态环境整体性协作治理机制进一步明确，这为后续的协作治理实践提供了重要依据。

党的十八大以后，我国跨域大气生态环境整体性协作治理体制机制建设进入快速推进阶段。2012 年发布的《重点区域大气污染防治"十二五"规划》划定了"三区十群"共 13 个大气污染防治重点区域，并提出"建立健全区域大气污染联防联控管理机制"等具体要求，我国跨域大气生态环境整体性协作治理实践开始大范围展开。2013 年 9 月 10 日，《大气污染防治行动计划》发布，这是我国首个全面、系统针对大气污染防治的行动计划。该计划不仅为后续协作治理实践提供了明确的政策依据，而且推动了我国跨域大气生态环境整体性协作治理机制的完善，对我国生态环境治理工作产生了深远影响。《大气污染防治行动计划》多次要求加强区域大气污染联防联控，建立区域协作机制，并且明确提出了后续五年的总体要求，即"坚持政府调控与市场调节相结合、全面推进与重点突破相配合、区域协作与属地管理相协调、总量减排与质量改善相同步，形成政府统领、企业施治、市场驱动、公众参与的大气污染防治新机制，实施分区域、分阶段治理，推动产业结构优化、科技创新能力增强、经济增长质量提高，实现环境效益、经济效益与社会效益多赢，为建设美丽中国而奋斗"。特别地，其中第八条专门提出了针对"建立区域协作机制，统筹区域环境治理"的三条具体要求和措施（即第二十六款至第二十八款）；而其第十条专门提出了针对"明确政府企业和社会的责任，动员全民参与环境保护"的四条具体要求和措施（即第三十二款至第三十五款）。尤其是其第二十六条明确要求"建立京津冀、长三角区域大气污染防治协作机制，由区域内省级人民政府和国务院有关部门参加，协调解决区域突出环境问题"。在此要求下，京津冀及周边地区、长三角、珠三角等大气污染重点防治区域的协作治理实践全面、正式展开。

例如，京津冀地区虽然在 2006 年就成立了"北京奥运会空气质量保障工作协调小组"，启动了跨域大气生态环境整体性协作治理实践的试点工作，并于 2008 年开启了京津冀、山西、内蒙古、山东之间的协作治理实践。但是，当时该区域的协作治理实践仍处于初步探索阶段。其协作治理机制的形成，主要以京津冀及周边地区大气污染防治协作小组的成立（2013 年 10 月）为主要标志，而《京津冀及周边地区落实大气污染防治行动计划实施细则》（2013 年）、《京津冀区域环境保护率先突破合作框架协议》（2015 年）、《京津冀协同发展生态环境保护规划》（2015 年）等关键性协作治理文件的发布和实施时间，都晚于《大气污染防治行动计划》。类似地，苏、浙、沪三省市虽然在 2008 年签署的《长江三角洲地区环境保护工作合作协议（2009—2010 年）》中，就提出了加强区域大气污染联防联控方面的一些具体举措，并于 2010 年颁布并实施了《2010 年上海世博会环境空气质量保障措施》等针对跨域大气生态环境整体性协作治理的重要文件。但是，由江、浙、沪、皖四省市及国家八部委共同组建的长三角区域大气污染防治协作小组，是在 2014 年 1 月成立的，这是长三角区域跨域大气生态环境整体性协作治理机制正式建立的重要标志。随着《长三角区域落实大气污染防治行动计划实施细则》（2014 年 4 月）等重要文件颁布，长三角区域的跨域大气生态环境整体性协作治理实践才全面展开。

2014 年，《中华人民共和国环境保护法》修订，其第二十条规定，"国家建立跨行政区域的重点区域、流域环境污染和生态破坏联合防治协调机制，实行统一规划、统一标准、统一监测、统一的防治措施"。这一条款正式确立了跨域生态环境整体性协作治理的法律框架，为其后的大气污染防治工作提供了重要法律依据和指导方针。在此基础上，相关的法律法规密集出台，跨域大气生态环境整体性协作治理机制持续得到全方位、多视角、多层次的细化和完善。例如，《生态文明体制改革总体方案》（2015 年）的第三十六条提出："建立污染防治区域联动机制。完善京津冀、长三角、珠三角等重点区域大气污染防治联防联控协作机制，其他地方要结合地理特征、污染程度、城市空间分布以及污染物输送规律，建立区域协作机制。"《中华人民共和国大气污染防治法》（2015 年修订）提出："国家建立重点区域大气污染联防联控机制，统筹协调重点区域内大气污染防治工作。"2018 年修正的《中华人民共和国大气污染防治法》，专门单列了第五章论述"重点区域大气污染联合防治"，并提出了七条具体措施（即第八十六条至第九十二条）。自此以后，我国跨域大气生态环境整体性协作治理体制机制建设进入持续深化和完善阶段。

特别值得说明的是，为保障国家重大会议、活动或赛事期间的环境空气质量，我国动用国家力量和行政手段，强力推进了多次短期任务型跨域大气生态环境整体性协作治理实践。例如，为保障 2008 年北京奥运会期间优良的空气质量，环境保护部、北京、天津、河北、山西、山东和内蒙古以《北京奥运会残奥会期间极端不利气象条件下空气污染控制应急措施》《第 29 届奥运会北京空气质量保障措施》等文件为基础，首次采用区域协作的方式对空气质量进行控制。北京市提出，会议期间停止施工工地部分作业和强化道路清扫保洁，重点污染企业停产或限产等多项具体规定；天津市提出，全市存放煤炭、灰渣、砂石、灰土、矿粉等散体物料的堆场全面停止使用，天津农药股份有限公司等 5 家企业暂停生产，天津振兴水泥有限公司等 3 家企业限产限排等多项具体规定；河北省保定亚新钢铁有限公司等 20 家企业实施临时停产措施，并要求电力、钢铁、化工、水泥等重污染企业在 2008 年 6 月底前仍不能达标排放的，在奥运会期间一律限产限排或停产整顿；山西省对大同、忻州、太原、阳泉等市周边影响城市空气质量的企业进行整顿，控制电厂 SO_2、NO_x 排放总量；山东省规定全省所有燃煤电厂奥运期间必须采取脱硫除尘和低氮燃烧措施；内蒙古控制电厂 SO_2、NO_x 排放总量。上述措施极大改善了奥运会期间的环境空气质量，为后续的跨域大气生态环境整体性协作治理积累了宝贵经验。

另外，为确保 2014 年北京 APEC 峰会期间的空气质量，北京、河北、天津、山东、山西、内蒙古等六省市，先后制定并实施了包括《2014 年亚太经合组织会议空气质量保障措施编制原则》《2014 年亚太经合组织会议北京市空气质量保障方案》《2014 年北京 APEC 会议气象服务实施方案》《亚太经合组织会议河北省空气质量保障措施》，以及"停工""停限产""停车"等多个分方案在内的区域协作治理政策。北京市自 2014 年 6 月就开始执行关停部分电厂、淘汰老旧机动车和锅炉、清洁能源替代、技术改造等保障措施，并在会议之前关停了 300 多家污染企业。会议期间，北京市禁止市内的所有工地施工（抢险抢修工程除外），并实行机动车单双号限行规定，在京事业单位放假 6 天；天津市规定会议期间对机动车实行限行措施；河北省规定会议期间对重点区域实行机动车限行措施，作为重点控制区域，廊坊、保定、唐山、张家口、承德 5 市限行 30%机动车；山西省规定会议期间重点控制区内各项污染物排放量减少 30%，重点控制区包括距离北京市 600 千米范围内的大同、朔州、忻州、阳泉、太原、晋中 6 市；山东省规定会议期间省内主要大气污染物至少减排 30%，济南 19 家企业按要求实行停产、限产；内蒙古自治区也规定在会议期间对重点企业实施停产限产。由于措施得力，北京市的空气质量在整个会议期间一直保持在优良状态，并在会议最后一天出现"APEC 蓝"，即中国环境监测总站对北京水立方附近天空的三基色（红绿蓝）监测数据为

$R = 50$、$G = 100$、$B = 180$，称为"APEC 蓝"。"APEC 蓝"的出现表明了跨域协作是区域环境污染治理的有效途径。

除此之外，在 2010 年上海世博会、2015 年北京"九三"大阅兵、2016 年杭州 G20 峰会、2017 年厦门金砖国家峰会（BRICS Summit）、2018 年青岛上海合作组织峰会、2019 年武汉军运会等大型活动期间，相关区域政府之间都开展了短期任务型的跨域大气生态环境整体性协作治理实践，并在短期内极大地改善了区域的环境空气质量。但在长效机制构建方面，短期任务型的跨域大气生态环境整体性协作治理策略仍存在一些缺陷（刘秋彤，2022）。由于缺乏常态化的激励和约束机制，这类治理实践几乎完全依赖于行政命令强力推行，执行成本很高，对就业、经济和社会发展的影响较大，治理效果持续时间很短且极易反弹。例如，在 2008 年北京奥运会结束后，原有协作治理机制不再延续，雾霾天气再次出现。在 2014 年北京 APEC 峰会结束后，大气污染也迅速恢复到会议前的水平，甚至还出现了报复性反弹（李倩等，2022）。尽管如此，这类短期任务型协作治理实践，仍然为跨域大气生态环境整体性协作治理的区域范围划定、污染源底数摸排以及预警会商机制、应急管控机制、数据分享机制、跨区域与跨部门联动等机制构建提供了宝贵经验，对我国跨域生态环境整体性协作治理体制机制的完善发挥了深远影响。

在习近平生态文明思想的指引下，我国跨域生态环境整体性协作治理理念不断完善，协作治理体制机制逐步健全，"自上而下、共同协作"的生态环境保护格局逐步形成，区域性大气生态环境污染问题持续改善，环境空气质量显著提升。然而，我国大气生态环境治理的结构性、根源性、趋势性压力尚未得到根本性缓解，长时间、复合型、跨域性的大气污染天气仍然时有发生，重度及以上污染天数、主要污染物浓度等指标时有反弹。空气质量与世界卫生组织的最新指导值仍有较大差距，每年全国仍有超过 100 万早逝人口归因于 $PM_{2.5}$ 长期暴露（Sun et al.，2024）。2023 年，我国 339 个地级及以上城市空气质量未达标者的比例仍然高达 40.1%（国家统计局，2024）。跨域生态环境整体性协作治理体制机制有待进一步完善。

2.3　我国跨域大气生态环境整体性协作治理的现实问题

纵观国内外跨域大气生态环境整体性治理实践可以发现，国内外均长期遭受大气环境生态污染的危害，发达国家在跨域大气生态环境整体性协作治理实践方面已经取得一定进展。我国也出台了一系列关于跨域大气生态环境整体性协作治理的政策文件，在京津冀、长三角、汾渭平原等重点区域开展跨域大气生态环境整体性协作治理实践，同时也针对北京奥运会、北京 APEC 峰会等大型活动开展短期任务型协作治理实践，但由于我国跨域大气生态环境整体性协作治理起步较晚，具体协作内容、协作措施、协作执法等方面的长效机制尚存在以下问题。

（1）治理机制属地化。治理属地化现象是指根据行政属地划分污染治理界限，进行属地化污染治理（段娟，2020）。中共中央办公厅、国务院办公厅 2020 年 3 月印发的《关于构建现代环境治理体系的指导意见》中明确提出"推动跨区域跨流域污染防治联防联控"，表明跨域大气生态环境整体性协作治理已成为构建现代环境治理体系的重要工作。但是，目前跨域大气生态环境整体性协作治理的成功实践，主要源于自上而下的危机应对和完成政治任务的压力，协作治理观念和科学的运行机制还不够完善。我国 2014 年修订的《中华人民共和国环境保护法》第十条规定"县级以上地方人民政府环境保护主管部门，对本行政区域环境保护工作实施统一监督管理"。2018 年修正的《中华人民共和国大气污染防治法》第二十一条规定"省、自治区、直辖市人民政府可以根据本行政区域大气污染防治的需要，对国家重点大气污染物之外的其他大气污染物排放实行总量控制"。现有法律法规明确规定了我国目前实施以属地治理为主的环境管理体制。虽然在自上而下的中央推动考核机制下环境治理取得了一定的效果，但是这种"各自为战"的属地治理模式难以从根本上解决区域性大气环境问题（李倩，2022），属地治理导致的局部利益最大化和资源分散化与跨域大气生态环境污染治理的协同性、整体性诉求相背离。生态环境部环境规划院首席科学家葛察忠表示："大气资源、水资源属于公共物品属性，存在区域性、流域性，使得以行政区域为边界的治理手段，在解决区域流域环境问题方面治理效果不佳，而且有时还会导致区域流域冲突，增加治理成本。"[①]

（2）治理模式碎片化。碎片化现象是传统经济中各主体分割工作步骤、主攻专业所产生的（蒋一帆，2022）。碎片化使各治理主体成为独立的利益实体，其对自身利益的过度考量影响跨域政策的制定和实施，跨域大气生态环境整体性协作治理必须消除这一现象。2022 年生态环境部、国家发展和改革委员会等 15 个部门联合印发的《深入打好重污染天气消除、臭氧污染防治和柴油货车污染治理攻坚战行动方案》强调"坚持部门协作、压实责任。明确责任分工、强化部门协作，开展联合执法，形成治污合力。加强帮扶指导，严格监督考核，推动大气污染治理责任落实落地"。但从我国目前机构设置和职能分工来看，行政区划的条块分割及权力分配现状容易加剧区域环境治理中的业务碎片化（任丙强和冯琨，2023）。解决区域性大气复合污染问题需要跨部门、领域合作，但产业、能源、交通等领域分属不同部门管理，形成了部门间的利益冲突，这些导致我国大气生态环境污染防治协作治理仍然存在治理碎片化问题（李海生等，2021）。区域内各部门都着

眼于自身利益，加之缺乏有效的交流、协商机制，在制定大气生态环境污染协作治理政策时，往往无法从整体角度出发，只停留在本部门利益层面，直接导致治理过程和结果碎片化。跨域协作治理涉及不同地区和部门的治理标准、政策和方法，由于各地区各部门之间缺乏完善的协作治理模式，达成协作治理难度相应增大。

（3）治理信息孤岛化。治理信息孤岛化是指在跨域大气生态环境整体性协作治理过程中，各部门之间信息未充分共享所造成的现象。针对大气生态环境污染治理领域的信息共享问题，我国在多部重要文件中予以明确规定。例如，2015年发布的《中共中央 国务院关于加快推进生态文明建设的意见》指出"加快推进对能源、矿产资源、水、大气、森林、草原、湿地、海洋和水土流失、沙化土地、土壤环境、地质环境、温室气体等的统计监测核算能力建设，提升信息化水平，提高准确性、及时性，实现信息共享"。2016年环境保护部印发的《生态环境大数据建设总体方案》强调"利用跨部门、跨区域的数据资源，支撑大气、水和土壤三大行动计划实施和工作会商，定量化、可视化评估实施成效，服务京津冀等重点区域联防联控，支撑区域化环境管理与创新"。《中华人民共和国环境保护法》（2014年修订）的第二十条规定："国家建立跨行政区域的重点区域、流域环境污染和生态破坏联合防治协调机制，实行统一规划、统一标准、统一监测、统一的防治措施。"《中华人民共和国大气污染防治法》（2018年修正）的第九十一条规定："国务院生态环境主管部门应当组织建立国家大气污染防治重点区域的大气环境质量监测、大气污染源监测等相关信息共享机制，利用监测、模拟以及卫星、航测、遥感等新技术分析重点区域内大气污染来源及其变化趋势，并向社会公开。"经过多年的发展，大气生态环境污染治理领域信息共享机制不断完善，但仍然面临不同程度的协作治理信息孤岛化困境。跨域大气生态环境整体性协作治理涉及多个地区的环境、气象、交通、卫生、工业等多个政府部门，各部门都只掌握部分污染治理信息，但由于政府部门和区域之间的信息沟通机制仍不健全，存在地方政府之间沟通协调渠道不通畅、信息分享滞后、各地数据信息系统自成体系、重复建设、数据监测网络覆盖面不够、大气环境监测数据信息共享不畅等诸多问题（段娟，2020）。

因此，如何响应协作治理的实践需求，进一步健全跨域大气生态环境整体性协作治理机制与模式，解决跨域大气生态环境污染治理过程中存在的属地化、碎片化、孤岛化问题，是推进跨域大气生态环境整体性协作治理进展的必要条件。

2.4 本章小结

本章对国内外跨域大气生态环境整体性协作治理的实践进展、现实困难等进行了案例分析和对比研究。研究表明：①与发达国家和地区相比，我国跨域大气生态环境整体性协作治理实践的起步较晚、协作治理机制仍然比较单一、协作治理模式仍待改进，而且协作治理内容、举措及跨域监测等方面缺乏科学、合理、可行的长效机制，导致治理实践进展缓慢、各地参与协作治理积极性不高；②与发达国家和地区相比，我国行政体制和环境管理体制对跨域大气生态环境整体性协作治理产生严重制约，跨域大气生态环境整体性协作治理的实施难度大，其中属地化、碎片化、孤岛化等现实问题仍然比较突出。

第3章 国内外研究进展

本章从跨域大气生态环境整体性协作治理的理论内涵、范围与等级、机制与模式以及监测网络布局优化四个方面出发，系统分析国内外理论研究进展，并结合我国跨域大气生态环境整体性协作治理的制度安排、治理实践、现实困难和体制机制障碍，剖析目前的理论研究缺陷和亟待解决的关键科学问题。

3.1 跨域大气生态环境整体性协作治理理论内涵的研究进展

3.1.1 "跨域大气生态环境整体性"理论内涵的研究进展

生态环境是指影响人类生存与发展的水资源、土地资源、生物资源（即对人类具有一定经济价值的动物、植物、微生物有机体以及由它们所组成的生物群落）和气候资源（包括光、热、水、风、大气成分等要素）的数量与质量的总称，是关系社会和经济持续发展的复合生态大系统（Wang et al.，2018a）。"生态环境"一词最早可以追溯到1982年，时任中国科学院地理研究所所长黄秉维院士首次提出"生态环境"一词，并且当年的政府工作报告以及宪法第二十六条中实际运用了"生态环境"的表述，但在此之前国外学术界很少使用这一名词（陈百明，2012）。后续多届政府工作报告与宪法中都使用了"生态环境"与"大气生态环境"等表述。2014年修订的《中华人民共和国环境保护法》中关于"环境"的定义与一般政府文件和学术研究中常用的"生态环境"一词的内涵不谋而合，最具代表性。该法律将"环境"定义为"影响人类生存和发展的各种天然的和经过人工改造的自然因素的总体，包括大气、水、海洋、土地、矿藏、森林、草原、湿地、野生生物、自然遗迹、人文遗迹、自然保护区、风景名胜区、城市和乡村等"。显然，"大气生态环境"是该"环境"定义中的一个重要组成部分，因而被广泛应用于各类文件与学术研究中（Cai et al.，2021）。除此之外，由于不同领域实际应用与学术研究的需要，还相继出现很多相关的术语。例如，"农业生态环境"（王海英，2018；张桃林，2022）、"城市生态环境"（岳昂和张赞，2018；Chen et al.，2022）以及"三峡生态经济走廊生态环境"（An et al.，2022）、"长江流域生态环境"（李先波和胡惠婷，2022）、"三峡库区生态环境"（安敏等，2022）、"煤矿区生态环境"（Liu et al.，2018a；Hou et al.，2021）等特定区域的生态环境。

"跨域大气生态环境"中的"域"是指地理空间上毗邻、生态环境耦合的行政区域,可用其物理特征、人文特征及功能性特征来定义(Kim et al.,2022)。我国生态环境治理中的"跨域"一般指打破省级或市级行政边界的地理区域,强调生态环境整体性(Yang et al.,2021a)。"整体性"是新时代生态文明思想的重要组成部分,主要包括"山水林田湖草"的整体治理思想,以及从建设美丽中国到形成美丽世界的人类命运共同体思想(毛相磊和俞田荣,2021)。这种生态环境的"整体性"与"跨域"在思想上是统一的,是我国大气生态环境整体性协作治理的重要指导思想。整体性治理是在顺应新公共管理逻辑基础上产生的一种具有革新性的大型公共治理范式,主张政府机构之间通过充分沟通与合作,达到有效协调、目标一致、执行手段相互强化的目的(韩兆柱和任亮,2020)。

将"生态环境"与"整体性"组合构成主题词,可以检索到 2000 年 1 月 1 日至 2023 年 12 月 31 日期间中国知网(China National Knowledge Internet,CNKI)数据库中以"生态环境整体性"为主题的文献 509 篇,而将"ecological environment"与"entirety"组合构成主题词,可以检索到科学网(Web of Science)数据库中的文献 66 篇,其年度分布情况如图 3-1 所示。

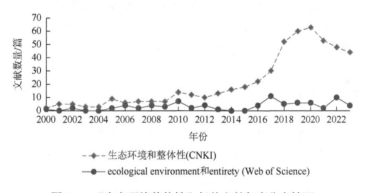

图 3-1 "生态环境整体性"相关文献年度分布情况

(1)2000~2023 年,英文期刊中关于"生态环境整体性"方面的文献总量很少,其年度数量始终不超过 10 篇,而中文文献的总量较多。然而,该时间段内有关"大气生态环境整体性"方面的国内外研究都相当缺乏,在 CNKI 数据库中仅检索到 10 篇文献(将"大气生态环境"与"整体性"组合作为检索主题词),而在 Web of Science 数据库中没有检索到相关文献(将"atmospheric ecological environment"与"entirety"组合作为检索主题词)。但在该时间段内,CNKI 数据库中以"生态环境"为主题的文献高达 1.90 万篇,而 Web of Science 数据库中以"ecological environment"为主题词的外文文献高达 9.56 万篇。虽然学术界对生态环境问题的关注度很高,而且其国际关注度远远高于国内。但"生态环境整体性"

问题的国内外关注度总体上都相对较低，在"大气生态环境整体性"方面的国内外研究尤为缺乏。因此，生态环境（特别是大气生态环境）的"整体性"这一关键自然属性尚未得到学术界应有的重视和关注。

（2）2000～2023 年，有关"生态环境整体性"的中文文献年度数量始终多于英文文献，而且其年度数量的上升趋势比较明显，特别是自 2013 年开始，其研究数量出现持续快速增长的趋势，其中 2018 年的中文文献数量增幅最大（从 2017 年的 30 篇到 2018 年的 52 篇，增加了 73.33%）。这表明，随着国家相关政策的出台，国家环境治理体制、机制与模式的重大变革，社会各界对生态环境污染治理问题的关注，学术界对生态环境整体性问题的认识、理解和思考等在不断发展与深化。同时，这种变化趋势也在一定程度上表明，"生态环境整体性"跨域协作治理思想具有比较浓厚的中国特色与印记。

（3）现有研究的议题比较分散，研究对象多涉及生态环境及大气生态环境整体性协作治理方面的框架性、原则性内容。例如，生态环境治理与协作治理的相关定义（卢冰，2018；赵航，2020）、生态环境整体性的规划（王志强等，2018；朱婷，2022）、生态环境整体性的内涵（Jiang et al.，2018）、生态环境整体性协作治理的必要性（黄润秋，2021）以及小范围区域环境整体性监管的对策等（张丹丹，2018）。然而，在生态环境整体性治理与跨域协作治理具体实施策略，协作治理体制、机制与模式的关键要素及内涵等方面，研究比较缺乏。

3.1.2 "跨域协作治理"理论内涵的研究进展

协同治理理论是一门由自然科学领域的协同论和社会科学领域的治理理论构成的新型交叉理论（刘燕和叶晴琳，2022），其生成逻辑在于以公共权力为起点，以政治认同、主体条件、经济绩效、制度保障等要素为功能性支撑，实现有效治理（董小君等，2023）。"协同治理"在政府处理不同区域公共事务的实践中经常出现，但在学术研究中，其概念还没有达成共识，"协同治理""协作治理""合作治理""联防联控"等术语经常被混同使用，在国外的文献中也将"cooperation、collaboration、joint"等名词混同使用来表示"协作治理""合作治理""协同治理""联防联控"（Zeng et al.，2021）。事实上，这些术语之间既有联系又有区别，其共同点是不同主体为了实现共同目标而组合在一起工作。但是，合作治理一般较少存在合约结构和契约关系，也不具有连续性。与之相反，协作治理与协同治理一般存在合约结构，而且多以正式的合约文本为基础，具备连续性和系统性。联防联控兼有以上三者的很多特征，它可能有正式的合约文本和契约关系；可能会持续地联防联控，也可能会随时终止。但是，联防联控的本质仍然是协作、协同和合作。因此，联防联控作为协作治理的一种重要表述形式在学术研究中也经常出现（谢玉晶，2017；Zhao et al.，2021a，2021b）。协作治理与协同治理的形式和关系比较多样。就协作治理的主体而言，协作治理可以划分为中央与地方政府间协作、同级政府间协作、部门间协作等（刘丹等，2022；饶常林和赵思姁，2022）。其中，政府间协作（或者协同治理）是优化碎片化的区域政府形态与各自为政的决策机制的有效方式。目前，政府间协作治理的研究较少，内容主要分散在机制建设与评价（孙艳丽等，2018；刘晓倩，2021）、制度基础（Vatn，2018；Xue et al.，2020a）、模式演进（Yang et al.，2021a）等方面，缺乏对政府间协作治理的系统性研究。

大气生态环境协作治理问题是学术界近年来关注的焦点之一。将"大气污染"分别和"合作治理""协作治理""协同治理"组合构成主题词，可以检索到在 2000 年 1 月 1 日至 2023 年 12 月 31 日期间，CNKI 数据库中以"大气污染协作治理"为主题的文献 501 篇，将"air pollution governance""air pollution management""air pollution control"分别与"joint""cooperation""collaboration"组合构成主题词，可以检索到 Web of Science 数据库中的文献 6565 篇，其年度分布情况如图 3-2 所示。

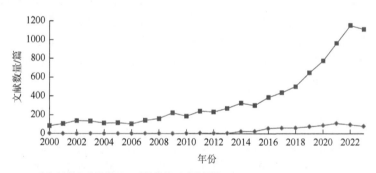

图 3-2 "大气污染协作治理"相关文献年度分布情况

（1）2000～2023 年，以"大气污染协作治理"为主题的中、英文文献的数量总体较多，而且其外文期刊文献总数量明显多于中文文献总数量（前者是后者的5 倍）。这表明，大气污染不仅对公众的身心健康与日常生活等方面产生了较大的直接影响，也引发了学术界对跨域大气污染协作治理问题的普遍关注，且其国际关注度远远高于国内，这也表明大气污染协作治理研究的必要性和紧迫性。

（2）2000～2023 年，以"大气污染协作治理"为主题的中、英文期刊文献的年度数量明显增加。其中以"大气污染协作治理"为主题的英文文献数量从

2000 年的 82 篇增加到 2023 年的 1112 篇（增加 12.6 倍）。另外，虽未检索到该主题在 2010 年以前的中文文献，但自 2013 年以来，其年度数量急剧增加，从 2013 年的 4 篇增加到 2023 年的 78 篇（增加 18.5 倍）。这可能与 2013 年我国所遭遇 52 年以来最严重的雾霾天气[①]、全国大气污染协作治理思路的提出及其在京津冀、长三角、珠三角等地区的陆续启动有关。另外，近年来国内外大气污染状况的变化、我国大气污染治理机制与模式的重大变革可能对相关学术研究的关注度也产生了重大影响，特别是具有里程碑式意义的重大变革。例如，我国生态环境部的正式组建、生态文明建设历史性地载入宪法、《中华人民共和国环境保护税法》的正式实行、《中华人民共和国环境影响评价法》等法律的相继修订、全国生态环境保护大会中关于污染防治攻坚战与蓝天保卫战的全面部署、第一轮中央生态环境保护督察"回头看"的顺利完成（覆盖 20 个省区市）与第二轮中央生态环境保护督察的全面启动等。

（3）现有研究表明，由于我国大气生态环境治理的主体和责任者主要是地方政府（孙艳丽等，2018），而大气污染等生态环境问题往往都具有不受行政区划限制的整体性和流动性，并经常导致下风口地区遭殃。因此，在大气污染治理的过程中，必须打破行政区划限制，将整个区域乃至一个国家作为一个整体进行系统研究，将大气生态环境治理与经济、社会发展结合起来，建立跨域大气生态环境整体性协作治理机制，促进政府间协作治理（柴发合等，2013；Zhao et al.，2021b），并应充分地调动金融、经济等工具，使市场手段与经济手段发挥更大作用（Wang et al.，2019a，2019b；Xue et al.，2021）。

（4）从目前的研究成果来看，学术界对大气生态环境协作治理问题的研究视角与内容发生了较大变化。研究内容日益丰富，已涉及大气污染协作治理的经济与社会效应（Wang et al.，2018a）、大气污染协作治理的责任与收益分配（Jiang and Zhao，2021；Jiang et al.，2022）、协作手段的创新（Xue et al.，2021）、协作机制建设（Zhao et al.，2022b）、协作治理的理论框架（温雪梅，2020；李宇环等，2022）等多方面内容。在协作治理的绩效考核、法律法规等方面也有较多探索（柴发合等，2013；滑晓晴，2019）。同时，其研究视角也愈加宽泛，已涉及农业、交通、能源等不同行业部门以及政府与公众行为特征等多个方面（Cheng et al.，2021；Yang et al.，2021b；Wang et al.，2022b；Zhao et al.，2022a）。总体来看，目前关于协作治理、大气生态环境协作治理、跨域大气生态环境整体性协作治理的内涵界定还比较模糊，研究的主题还比较分散，缺乏系统的理论框架体系，尤其缺乏针对中国情境的跨域大气生态环境整体性协作治理的系统性研究。

---

① 《2013 年全国遭史上最严重雾霾天气 创 52 年以来之最》，http://travel.cnr.cn/2011lvpd/gny/201312/t20131230_514523867.shtml，2013 年 12 月 30 日。

3.2　跨域大气生态环境整体性协作治理区域范围与等级的研究进展

3.2.1　跨域大气生态环境整体性协作治理区域范围的研究进展

鉴于大气生态环境存在整体性、区域性的问题（谢永乐，2021），加之其治理具有属地化（柴发合等，2013；锁利铭和阚艳秋，2021）、碎片化（余敏江，2022；李宁和李增元，2022）等特点，开展有针对性的跨域协作是治理大气生态环境最有效的策略（赵来军和谢玉晶，2016；赵航，2020）。显然，如果协作范围过大，超出了大气生态环境整体性范围，不但增加了跨域协作难度，而且治理效果不佳；而如果范围过小，则退化到目前的属地治理模式，破坏大气生态环境整体性，治理成本过高，治理效果较差。例如，为保障北京 APEC 峰会期间的空气质量，对北京周边 37 个城市实施了大气污染协作治理，但实际上承德、张家口这两个城市对北京的空气质量影响很小，不应划入此次大气污染协作治理区域（Wang et al.，2016），这种过度依赖临时性措施、扩大跨域大气生态环境整体性协作治理区域范围的做法，在科学性、成本、效率等方面都值得商榷（李迎春，2017）。因此，科学优化协作范围，并确定协作区域治理等级是提高大气生态环境整体性协作治理效率的关键。

目前跨域大气生态环境整体性协作治理区域的划分方法主要有三种：第一种是依据某种特定污染物特征（污染水平）进行划分（Xie et al.，2018；陈春江，2019；刘康丽，2020）。例如，美国最初划分的 O_3 传输区域，中国大气污染问题的 SO_2 与酸雨"两控区"（刘康丽，2020）。第二种是基于空气流域理论进行划分（张南南，2020）。例如，美国根据空气流动特征将大气流域作为区域管理的一个划分标准，将全国划分为若干个大气流域进行管理，南加利福尼亚州区大气流域是其中之一。第三种是基于区域经济发展规划设定的城市群（王月红，2019；Zhao et al.，2021b），如我国对京津冀、长三角、珠三角、汾渭平原、山东省会城市群等区域进行大气污染协作治理区域划分。上述方法都存在不足，第一种方法仅从某种大气污染物污染严重程度的表象特征出发，而不考虑各地区的产业结构、能源结构、地形地貌、气候条件等影响因素，划分的区域对实施协作治理意义不大。第二种方法虽然考虑了地理特征（如山脉阻隔、污染输出地和输入地的地理位置等）、气象条件（如风场、混合层高度等）等影响大气污染物传输的自然因素，比前者更有利于解决跨区域交叉污染突出、区域复合污染严重的都市群大气环境污染问题，但不能兼顾行政管理体系，以致行政区域被划分得支离破碎，不利于协作治理过程中的管理和协调。第三种方法仅考虑行政区划和经济发展规划的做法，会导致并非同属一个大气污染通道的城市被划至一个协作区域。对此，国内外学者尝试采用不同研究方法，如相关性分析（Wang et al.，2016）、聚类分析（薛俭和陈强强，2020），探索大气生态环境整体性协作治理区域划分的相关研究。在管理实践中，目前对于划入协作范围的各地区基本上采取相同的治理强度，很少考虑各地区污染强度的差异而采取差异化政策，只有少数学者对这一问题进行了研究，提出了协作治理等级划分的思路和方法（张南南，2020），但仍缺乏系统深入研究。

3.2.2　跨域大气生态环境整体性协作治理等级的研究进展

关于如何制定大气生态环境整体性协作治理等级、推进区域差异化治理模式的相关研究成果目前还没有发现。但现有的多属性综合评价理论相关研究成果值得借鉴。多属性综合评价理论的逼近理想解排序（technique for order preference by similarity to an ideal solution，TOPSIS）法被证实是一种有效工具，常被用于绩效评价（黄莲琴等，2023；周子航等，2022）、区域发展模式选择（邹磊等，2022）、城市/行业竞争力比较（Sobhani et al.，2020；姚雨辰和王翯华，2023）等问题的研究。在环境污染治理领域，TOPSIS法常用于水资源环境评价（刘建厅等，2022；冯怡等，2021）、工业绿色发展或企业环境绩效评价（仵玲玲，2021；史哲齐，2019）、大气污染防控等级评价（薛俭和陈强强，2020；陈俊宏，2019）。

纵观国内外跨域大气生态环境整体性协作治理的范围与等级研究，虽然在实践中已经实际运用了三种典型的协作治理区域范围划分方法，即基于"特定污染物特征""流域理论""区域经济发展规划设定的城市群"的划分方法，但是每种方法都有一定程度的缺陷。协作治理区域范围的优化与协作治理等级的划分虽然逐渐引起专家、学者的关注。但是，目前的理论研究总量依然很少，特别是在兼顾自然因素、社会因素的前提下，对协作治理区域范围和等级划分的系统研究尤为缺乏。

3.3　跨域大气生态环境整体性协作治理机制与模式的研究进展

3.3.1　跨域大气生态环境整体性协作治理机制的研究进展

机制是指系统中各要素之间的内部结构关系、运行方式及其变动规律，是调节与提高系统管理效率的关键（刘秋彤，2022）。协作治理机制是维持组织系统协作运行过程及保障协作的途径、方法和措施（Zhang and Wang，2015；宋佳宁和陆旭，2021）。随着中国社会治理由单一主体向多元主体治理转变，协作治理已经由理念上升为理论实践，并被应用于大气污染、温室气体等具有整体性和流动性特征的污染协作治理领域，同时也引起了学术界的广泛关注（郑凌霄，2021；Yi et al.，2022；Zhao et al.，2023）。协作治理机制的理论体系比较复杂，形式和关系也比较多样。从其基本要素与实践经验来看，目前我国大气生态环境整体性协作治理的行为主体主要有中央政府、各省级政府以及省辖城市（韩兆坤，2016）；协作治理的机制包括制约机制（如行政约束、绩效考核等）、激励机制与保障机制（刘娟，2019；Xue et al.，2022b）；协作治理的手段主要包括行政命令（如罚款、政治问责、督察等）、经济手段（如环境税、排污费、财政补贴等）和市场手段（如排污权交易）（Zhang et al.，2017a；Wan et al.，2020；Zeng et al.，2022）。

制约机制作为限制权力使用者行为能力的一种机制，以保证管理活动有序、规范地进行，常表现为行为主体间的相互制约（刘晓倩，2021），从而主要适用于具有上下级行政隶属关系的主体之间，是上下级政府之间沟通与协调的主要机制。其具体方式主要包括考核、政治问责、督察、约谈、执法等（Li and Li，2020；Li et al.，2020）。行政主导型的大气污染协作治理模式是制约机制的主要表现形式。同时，该模式也以制约机制为主要运行机制，以刚性的权力关系为主要纽带（Guttman et al.，2018），以强制性的行政命令、监督考核、法律、法规、标准、许可、监督制裁等为主要手段（Li and Li，2020；Li et al.，2020），并辅之以激励与约束相容的经济手段（Hu et al.，2019a，2019b），从而实现协作治理目标。其手段的权威性可增强各主体行为的预见性和治理主体之间的信任，也会增强市场手段和经济手段的实施效果。

然而，制约机制的运行不仅要求国家在管理机构、法律法规、绩效考核等方面进行结构化的制度安排，而且需要调动非常多的行政资源（Liu et al.，2015），这可能会对当地的经济增长、行业发展和就业造成较大损失（Jia and Chen，2019），导致其执行成本较大（Zhang et al.，2020a）。另外，目前中国的相关制度建设相对滞后，导致制约机制的效果大打折扣。例如，在环境考核与问责方面，虽然从制度层面明确了政府的责任，但是其考核目标细则仍然不够清晰（Li，2022；Li et al.，2020），采用下级政府自查后上报、上级政府听取汇报等方式容易导致下级政府出现避重就轻等问题（Zhang and Xie，2020）。作为强大的外部刺激，环境问责和督察等政策工具能够缓解环境治理体制中的各种根源问题，在改善环境绩效方面可以产生长期积极的政策影响（Liu et al.，2015；Jia and Chen，2019），但其临时性和运动式性质通常会破坏日常执法（van Rooij，2016），而且其伴随的极端措施也可能引起公众的不满（Jia and Chen，2019）。因此，目前各种制约机制的有效运行仍然面临较大挑战。从研究成果看，现有研究主要关注各种制约政策工具的优缺点，而对其影响因素和影响机理、考核与问责体系、行政约束与绩效考核机制设计等问题研究较少，对考核与问责的主体界定、指标设计与流程设置等问题的关注仍然不够。

激励机制是将各主体的激励行为规范化与制度化的机制，通常有正面与负面激励之分（雷莹，2017），多用于同级主体之间的横向协作治理，在纵向制约的协作治理主体之间也会有一定的运用（Hagmann et al.，2019）。其作用是引导生产者、消费者自主地对环境成本予以评估，达到环境保护的目的。主要包括信息与设施的共享机制（Guttman et al.，2018）、联合执法机制（Zhang et al.，2017a）、生态补偿机制（Hu et al.，2019b；Jiang et al.，2019a，2019b）、责任分担机制（Li and Li，2020；Li et al.，2020）、社会力量参与机制等（Chen et al.，2020；Zhang et al.，2019）。其手段主要有市场手段和经济手段。其中经济手段主要包括环境费（Tovar and Tichavska，2019）、排污费（Zhu and Lu，2019）、环境税（Hu et al.，2019a；Lu et al.，2019）、财政补贴（Li et al.，2019a；Xie et al.，2021）等；而市场手段主要是排污权交易（吴文华，2018），该手段通过建立排污权的有偿使用制度等使生态环境成为有偿产品，从而优化生态环境（Ye et al.，2020）。近年来，也有少数学者将期权与期货交易引入大气污染协作治理（Xue et al.，2022a，2022b）。Zhao 等（2014）建立了跨省排污权期货交易模型，以促进相邻省份之间开展大气污染协作治理。Xue 等（2019）、Wang 等（2019b）在考虑就业的情形下，分别建立了合作经济模型和排污权期货交易模型，以促进跨域大气污染协作治理。研究表明金融期货与排污权交易两种手段的结合在大气污染协作治理方面具有重要作用，但目前鲜有学者在制定大气污染协作治理机制时同时考虑这两种手段（Xue et al.，2021），同时现有研究缺乏对公众健康损害、经济发展、社会就业等因素的系统考虑。

然而，各种机制和手段都存在不同的弊端，如生态补偿机制存在补偿标准的不确定性（Zhou et al.，2021）；市场激励手段存在投资与融资难（Gan et al.，2022）及制度障碍等问题（Shen and Wang，2019；Ye et al.，2020）；环境费与环境税存在费率或税率的合理性问题（Wang and Yu，2021；Li et al.，2021）。任何一种机制或手段都没有压倒性优势，其环境和经济绩效不仅取决于其自身属性，而且严重依赖其使用场景以及执行机构与决策者的执行力（Bell et al.，2011；Wan et al.，2020）。但总体来看，中国环境治理绩效不理想的主要原因之一是现有的激励机制没有为地方政府和公众提供足够的动力（Cheng and Zhu，2021）。

在理论研究方面，其成果数量正在逐渐增加，而且涉及激励机制的绝大多数内容，特别是激励手段，排污标准设定、削减配额分配等。然而，对其弊端解决方案的研究仍然很缺乏，关于补贴标准、生态补偿标准、税率水平、排污权交易价格制定等方面都缺乏深入的定量研究，将经济、市场和金融手段结合应用的研究相对不足。另外，信息与设施共享机制、联合执法机制以及社会力量参与机制方面的研究也较少。

3.3.2　跨域大气生态环境整体性协作治理模式的研究进展

模式作为主体行为的一般方式，是理论与实践之间的中介环节，具有一般性、简单性、重复性、结构性、稳定性、可操作性等特点（陆昱，2018）。大气污染治理模式是指在治理大气污染的过程中各个治理主体之间的合作方式。由于大气生态环境问题的跨域性导致利益主体的治理责任划分难以界定（Lu et al.，2020b），建立科学合理的生态环境治理模式是解决跨域大气生态环境整体性协作治理问题的有效途径。欧美、日本等发达国家在生态环境治理领域采取的成功模式和途径，可为我国推进大气生态环境整体性协作治理提供参考（Hoffmann et al.，2020；Varieur et al.，2022）。例如，美国早在 1969 年就颁布了《国家环境政策法》，为美国联邦政府各部门及承担环境、社会和经济相关决策责任的机构提供了一个相互协作的运行框架（郭永园，2018；Gouveia et al.，2022）。日本以严格的法律法规建立了一种纵向行政约束型治理模式，一旦出现生态环境问题，当地主要行政官员会被议会问责，还将面临巨大的舆论压力，问题严重时将会被追究法律责任（Chen et al.，2017），这有力地推动了生态环境治理进程。从发达国家的实践经验来看，尽管不同国家在协作治理模式的基础、路径、阶段等方面存在差异性，但自 20 世纪 80 年代以来，一种基于互动过程、关注政策执行及日益强调相互依赖和伙伴关系的协作治理模式，逐渐成为各国协作治理的共同趋势和特征（锁利铭等，2018；Tosun and Peters，2018）。

由于我国的环境管理体制受到地理环境、自然禀赋、产业结构、能源结构、工业布局、发展方式等因素的深刻影响（Yang et al.，2018；Xu et al.，2020），而且考虑到我国行政管理体制（Li et al.，2019a；孙睿，2022），我国跨域大气生态环境问题总体面临跨行政边界、长期性和利益相关主体多层次性等诸多困境，以致"搭便车""公地悲剧"等问题时有发生（蔡明，2020）。因此，结合我国现行的行政管理体制和环境管理体制特征，在充分考虑大气生态环境整体性的基础上，必须加强中央政府与地方政府，以及地方政府与地方政府之间的协作，并充分发挥中央政府在促进多方主体协作方面的主导作用，形成跨域生态环境整体性协作治理网络（沈克颖等，2015；陈浩和朱雪瑗，2023）。因此，基于国外生态环境整体性协作治理模式可借鉴的成功经验，设计适合中国情境的跨域大气生态环境整体性协作治理模式，已然成为我国政府应对生态环境治理问题的重要研究方向。经过长期的理论研究与实践探索，我国的大气生态环境治理模式已经发生了深刻的变革，从比较粗放的纵向制约型治理模式，逐渐转变成当前以跨域协作治理为主，多种模式共存并协调发展的现代化协作治理体系。从治理主体的行为特征与博弈关系看，我国跨域大气生态环境整体性协作治理模式大致可以分为三类，即以行政手段为主导的政府间纵向协作治理模式、短期任务型协作治理模式以及政府间纵向与横向协作结合的治理模式。

对于政府间的纵向协作治理模式而言，由于大气生态环境的公共产品属性，大气污染的外溢性和无界化特征（Vatn，2018；韩英夫，2020），以及我国中央集权制的多层级政府结构特征（Hsu，2013；Jia and Chen，2019），我国大气环境治理体制必然以中央政府的集中管理为主，由地方政府分别管辖，依靠自上而下的层级控制手段实施纵向协作机制（张凌霄，2021）。在这类治理模式下，运行机制的实施主要依赖上级政府的行政权威，其行政强制力可增强各级地方政府在生态环境治理行为和结果方面的可预见性（关华和齐卫娜，2015）。而且在市场环境不成熟或者市场失灵的情况下，可以获得高效率、低成本的效果（Li et al.，2019b）。然而，由于该模式无法兼顾大气污染的流动性特征，以及各个治理主体在治理成本与治理技术方面的相对优势，从而无法调动各个治理主体的积极性，而且该模式的执行成本很高，治理效果一般较差（Guo and Lu，2019；Li et al.，2020b）。因此，体系完备且高效的组织管理机构、法律法规、环境绩效考核、政绩考核等制度是这种协作治理模式的必然要求。

短期任务型协作治理模式是指在国家重大会议与赛事等活动期间，依靠国家力量强力推行的跨域大气污染协作治理模式。该模式是政府集中力量解决重大事件和社会管理问题的重要手段，能在短期内极大地改善空气质量并且有助于指导政府提升治理能力，促进政府职能和任务目标的高效实现，维护社会秩序，树立政府形象（Shen and Ahlers，2019）。但是，该模式几乎完全依赖于行政命令的强力推行，具有主体权威性、客观特定性、方式运动性、结果反弹性等特征（范琼，2017；Xu et al.，2018），执行成本很高，对就业、经济和社会发展的影响较大，治理效果持续时间很短而且容易反弹（Yang et al.，2021a）。例如，北京市"APEC蓝""阅兵蓝""G20蓝"等环境专项协作治理行动，均为区域采取超常规的运动式短期协作治理手段，并提供了高标准的空气质量保障，但活动结束后空气质量均有所反弹（Wang et al.，2016；李小胜和束云霞，2020），很难将其直接转化为长期治理模式（Zhang et al.，2017a；Xu et al.，2018）。

政府间的横向协作治理模式是在国家法律法规的保障以及各种机制与政策的引导下，各个治理主体采取自愿组合的方式来协作治理大气污染。该模式能够兼顾大气污染的流动性特征，有利于发挥各主体治理技术和成本的相对优势，能够有效克服属地管理模式下各级地方政府追求自身利益最大化、"自扫门前雪"与以邻为壑等人为割裂大气生态环境整体性特征的错误做法（巨乃岐等，2018）。因而，在改善空气质量、节约成本、稳定就业以及降低公众健康损害等方面具有更大的优越性和潜能（Wang et al.，2019a；Xue et al.，2019），在我国政府间纵向权力配置结构不发生重大变化的情况下，横向权力间的互动协作治污不失为一种选择（崔浩和张蕾，2018）。然而，与其他模式相比，协作治理模式需要在技术、市场和经济等方面进行更多结构化的制度安排，而中国目前的大气污染协作治理机制不够健全，目标设置、绩效考核、责任划分标准还有待完善，协作范围与等级的划分方法有待改进，保障体系仍待进一步建设（Li et al.，2018a；Jiang and Zhao，2021）。由此导致协作治理的推进速度缓慢、实施效果不够理想，如何结合中国情境，构建科学有效的跨域大气生态环境整体性协作治理模式还需进一步探索。

纵观以上研究，无论是在实践方面还是在理论研究方面，我国跨域大气生态环境整体性协作治理模式还处在发展阶段，相关研究主要集中在协作治理模式的必要性、可行性等方面，也有部分研究对治理主体的行为特征、协作治理区域划分等具体问题进行了探索。但是，目前关于跨域大气生态环境整体性协作治理的困境、组织结构类型、政府间行为特征、协作主体间关系、角色等问题的系统性研究还很缺乏。尤其是针对我国当前跨域大气生态环境属地管理模式现状，如何选择适用于中国情境的最佳协作治理模式，是我国跨域大气生态环境整体性协作治理研究中亟须解决的问题。

3.4　跨域大气生态环境整体性监测网络布局优化的研究进展

3.4.1　跨域大气生态环境整体性监测网络建设的研究进展

大气污染物的跨域传输量计量是开展协作治理的重要依据（Ye et al.，2020；孙春花等，2022），对协作治理区域范围的划定、生态补偿等标准制定、协作治理效果的评价等均具有重要作用（Fuller and Font，2019；Zhang et al.，2020b）。为此，中国政府早在 20 世纪 70 年代就开始了生态环境监测网络建设与制度建设（Zhang et al.，2020b）。经过 50 多年的发展，我国环境监测体系从无到有、从少到多，目前已经基本建成以陆地、海洋生态系统观测与环境污染监测网络为基础的天地立体监测系统（孙春花等，2022）。"十四五"期间，全国 339 个城市中仅国家城市环境空气质量监测站就已经达到 1734 个（生态环境部，2022），我国跨域大气生态环境整体性协作治理实践中曾面临的生态环境监测数据收集标准不一、质量参差不齐、数据共享困难等数据方面的主要问题得到很大程度缓解（陈建，2017；薛井科，2022）。

在理论研究方面，学者从不同角度对中国污染物的监测网络建设开展了研究。有学者基于不同视角对我国生态环境数据监测的进展与局限等问题进行了综述性报告。例如，Hsu（2013）综述了地方环保部门在环境数据监测报告与数据验证等方面的局限性；Zhong 等（2013）对珠三角地区空气质量跨域监测网络的测量技术、数据管理与质量控制等问题进行了系统综述；Zhang 等（2020b）从监测方法、监测范围、监测对象、空气质量标准以及数据验证要求等方面对我国空气质量监测的发展历史和空气质量的变动趋势进行了系统综述。总体来说，现有的理论研究较少，研究的内容比较分散，且主要关注工业园区（Huang et al.，2019）、港口（Mocerino et al.，2020）等特殊区域。在大气污染跨域监测界面的选择、监测数据的收集、监测标准制定以及共享机制的构建等方面的研究较为缺乏。我国生态环境监测数据收集标准不一、质量参差不齐、跨域数据共享困难等问题仍然没有得到根本性解决，急需深入系统的研究。

3.4.2 跨域大气生态环境整体性监测网络布局优化方法的研究进展

近年来，主成分分析和聚类分析相互补充，被证实为分析和解决大气生态环境问题的有效方法，如识别城市相似污染源、相似污染行为以及重复监测的冗余监测站等。Wang 等（2018b）以 $PM_{2.5}$、PM_{10}、O_3、SO_2、NO_2 和 CO 为研究对象，采用相关性分析、主成分分析、指派法、聚类分析和对应分析相结合的综合方法识别西安市空气质量监测网络（air quality monitoring network，AQMN）中的冗余监测站。Cotta 等（2020）提出了应用稳健的主成分分析法来识别对任何污染物或气象措施表现出类似行为的空气质量监测站（冗余监测站）。也有学者基于主成分分析建立污染特征因子与污染物之间的数学模型（黄玉平等，2011）以及 AQMN 优化模型（D'Urso et al.，2013）。Wang 和 Zhao（2018）、Zhao 等（2022b）分别基于主成分分析、聚类分析、神经网络等方法，构建了跨域污染监测的城市监测网络布局方法、空气质量冗余监测站识别方法，并分别对香港、西安、上海等地的 AQMN 布局优化、冗余监测站识别以及监测站的运行绩效评价等问题进行了研究。Mocerino 等（2020）建立了港口 AQMN 的布局方法。另外，为了弥补监测站数量少等带来的数据缺失和数据准确性问题，很多学者将社区多尺度空气质量与天气研究与预报（community multiscale air quality and weather research and forecast）等模型引入大气污染监测领域，对卫星和地面监测站监测所得的数据进行综合分析（Li et al.，2018b）；也有部分学者在固定监测站与可穿戴等移动监测设备的数据融合方面做了探索（Kingsy Grace and Manju，2019）。但现有文献研究内容较为局限，主要集中在特定城市中监测站的布局优化与绩效评价（D'Urso et al.，2013；Wang et al.，2018b）、冗余监测站识别（Zhao et al.，2022b）、污染事故应急监测站布局（Cui et al.，2020）等问题，针对跨域大气生态环境整体性协作监测网络布局优化的研究较少，也未能解决如何对低效率的污染监测网络进行布局优化的问题。

纵观国内外的研究成果可见,欧美国家、日本等发达国家在跨域大气生态环境整体性协作治理理论方面的研究比我国要早很多。经过近年来的理论和实践探索,我国在跨域大气生态环境整体性协作治理方面已取得一定进展。但关于我国跨域大气生态环境整体性协作治理的理论研究仍处于发展阶段,部分问题的研究还相对缺乏,主要集中在以下几个方面。

第一,大气生态环境"整体性"这一关键自然属性在跨域协作治理中尚未得到应有重视,跨域大气生态环境整体性协作治理机制与模式的理论框架仍有待完善。虽然大气生态环境及其治理问题已得到很多关注,但目前的研究主题较为分散,缺乏对大气生态环境跨域性、整体性等关键属性及中国行政管理与环境治理体制机制特征的统筹考虑,基于大气生态环境"整体性"属性的治理策略、治理机制与模式及其保障体系构建的研究仍亟待加强,跨域大气生态环境整体性协作治理机制与模式的理论框架仍需系统研究。如何在统筹考虑上述关键要素的基础上,基于跨域协作中各类治理主体的角色、行为特征、责、权、利,以及各类治理主体之间的相互博弈关系,构建跨域大气生态环境整体性协作治理机制与模式的理论框架成为亟待系统研究的关键问题。

第二,协作范围优化与治理等级划分在当前研究中尚未得到充分重视。目前关于协作范围的划分方法要么仅仅考虑某种特定污染物特征、要么仅仅考虑空气流动规律、要么仅仅考虑区域经济发展规划,但这些方法都不能综合考虑生态环境系统的整体性和中国环境管理体制的特征。虽然协作治理区域范围的优化与协作治理等级划分逐渐引起专家、学者的关注,但是协作治理等级划分的相关理论研究还相对较少。特别是在综合考虑自然、经济和社会因素的前提下,采用定量和定性相结合的评价方法进行协作治理区域范围优化与等级划分研究,目前还缺乏系统深入的科学理论方法。

第三,关于跨域大气生态环境整体性协作治理机制与模式的研究依然比较薄弱。目前的治理机制研究主要集中在制约机制和激励机制方面,主要关注各种政策工具的优缺点和激励手段的定性分析。治理模式研究多从定性角度讨论协作治理模式的必要性和可行性,缺乏对跨域大气生态环境整体性治理主体行为特征与博弈关系等问题的定量研究,基于行政、经济、市场等手段的跨域大气生态环境整体性协作治理机制的定量模型研究相对不足,补偿标准、税率水平、排污权交易价格制定的定量研究和金融期货手段应用的研究较少。同时,现有研究较少系统考虑污染治理的公众健康效应、社会就业效应、经济发展效应等因素。

第四,我国跨域大气生态环境监测网络布局优化研究还亟须完善。区域性、复合型污染问题导致早期建立的大气质量监测网络已无法满足当前污染物监测需求,缺少对郊区或跨界区域污染信息的有效监测,导致跨域大气生态环境质量整体性评估不准确。有关监测网络布局优化的研究常采用主成分分析和聚类分析来识别相似污染行为或污染源，判断监测网络是否存在重复监测的低效率情况，并未明确识别出冗余监测站，个别研究可判别出监测网络中存在冗余站点，但未能提出合理的替代站点方案，也缺乏对优化后监测网络监测能力的验证过程。目前急需科学有效的跨域大气生态环境监测网络冗余监测站识别方法和优化监测网络布局的方法体系，来降低污染监测成本，提高跨域污染监测的全面性和大气环境质量评估的准确性。

3.5　本 章 小 结

本章系统剖析了跨域大气生态环境整体性协作治理的国内外研究进展。研究表明：①学术界对大气生态环境问题的关注度较高，但现有研究的主要议题较为分散，对跨域大气生态环境整体性的关注较少；②"跨域大气生态环境整体性协作治理机制与模式"的内涵仍未达成共识，尤其缺乏基于中国情境的跨域大气生态环境整体性协作治理理论框架的系统研究；③协作治理的范围优化与等级划分问题虽受到关注，但兼顾生态系统整体性特征与经济社会发展现状等关键因素的科学定量研究方法体系尤为缺乏；④基于各类政策工具的跨域大气生态环境整体性协作治理机制与模式的定性研究在逐年增加，但关于生态补偿标准、税率水平、排污权交易价格等问题的定量研究和金融期货手段的应用较少，适合中国情境的协作治理机制与模式的对比分析较少；⑤针对大气生态环境监测网络布局优化问题的研究较少，监测数据孤岛化、冗余监测站较多、跨域污染监测体系不健全等问题突出，亟须构建科学有效的跨域大气生态环境监测网络布局优化方法体系。

第二篇　跨域大气生态环境整体性协作治理区域范围优化与等级划分方法研究

要完善跨域大气生态环境整体性协作治理的机制与模式，并切实有效推进其实践进程，首先要科学划分协作治理区域的范围与等级，并据此精准把握各类协作治理主体的行为特征与其之间的博弈关系。本篇综合考虑跨域行政区划、污染物排放、气象条件、污染治理紧迫性、污染影响力、污染治理潜力等多重因素，对跨域大气生态环境整体性协作治理区域的范围优化与等级划分方法开展深入研究，考虑不同情况构建三类方法体系：考虑污染物浓度相关性的协作治理区域范围优化与等级划分方法（第4章）、考虑主风道方向的协作治理区域范围优化与等级划分方法（第5章）、考虑风向与风频的协作治理区域范围优化与等级划分方法（第6章）。

第4章 考虑污染物浓度相关性的协作治理区域范围优化与等级划分研究

本章以跨域各城市大气污染物浓度的海量实时监测数据为基础，考虑各城市污染物日均浓度的相关系数、城市大气污染治理对跨域整体性空气质量的影响程度、跨域大气污染的治理弹性、跨域大气污染治理的紧迫性等关键指标，提出基于城市间污染物浓度相关性的跨域大气生态环境整体性协作治理区域范围优化与等级划分方法，并结合京津冀地区的实证研究结果，对其进行对比分析和调整优化，进而提出具体解决方案和政策启示（Wang and Zhao，2018）。

4.1 国内外研究进展

协作范围优化与协作治理等级划分作为跨域大气生态环境整体性协作治理的基础，其设定科学合理与否会直接影响跨域大气生态环境整体性协作治理的实施范围、过程、强度和最终效果（Xie et al.，2018；Wang and Zhao，2018）。协作治理区域范围的划分不仅要全面考虑大气生态环境区域的自然气候、地理条件、大气污染源分布特征、排污方式、经济发展水平、城镇化水平、产业结构、能源结构、技术水平等多种因素，而且要兼顾现有行政管理体制和行政区划（谢玉晶，2017；蔺丰奇和吴卓然，2017；李建呈和王洛忠，2023）。目前考虑污染物浓度相关性的协作治理区域范围优化的方法主要有两种：第一种是依据某种特定大气污染特征（污染水平）进行区域划分，第二种是基于空气流域理论进行区域划分（王金南等，2012）。但这两种方法均存在固有缺陷，第一种方法仅考虑某种大气污染严重程度的表象特征，划分的协作区域对实施协作治理意义不大。例如，《酸雨控制区和二氧化硫污染控制区划分方案》明确规定了"两控区"划分的基本条件，并提出"划定'两控区'的总面积约为109万平方公里，占国土面积的11.4%，其中酸雨控制区面积约为80万平方公里，占国土面积8.4%；二氧化硫污染控制区面积约为29万平方公里，占国土面积3%"。这就是说，"两控区"涵盖了27个省（自治区、直辖市）的175个地级市，在这么大的范围实施跨域协作治理难度很大（朱文华，2023）。第二种方法虽然更多地考虑了地理特征、气象条件等影响空气流动的自然因素，但不能兼顾行政管理体系，更重要的是，该方法划分的协作区域能否有效实施协作治理策略取决于区域范围大小，当协作区域范围较小，并且隶属一个行政区域时，才有利于跨域大气污染的高效协作和管理。

按照《重点区域大气污染防治"十二五"规划》的要求，我国实施区域大气污染协作治理的"三区十群"（京津冀、长江三角洲、珠江三角洲地区，以及辽宁中部、山东、武汉及其周边、长株潭、成渝、海峡西岸、山西中北部、陕西关中、甘宁、新疆乌鲁木齐城市群），涉及 19 个省（自治区、直辖市），面积约 132.56 万平方公里，占国土面积的 13.81%。对于京津冀、长三角这样的大区域开展协作治理，由于参与的省市、城市主体多，导致协作太困难。而且，仅考虑行政区划和经济发展规划角度的做法，会导致并非同属一个大气流域的城市被划至一个协作区域（薛飞和周民良，2022），没有充分考虑大气污染水平、跨界传输等实际因素，如京津冀的承德、张家口，虽与其他城市群间有燕山山脉、太行山脉相隔，彼此污染传输较少，却仍被划入京津冀地区（曹锦秋和吕程，2014；杨洋，2020）。因此，有学者采用探索性空间数据分析法，以城市为基本划分单元，依据污染物特性，将几个或者单个城市划分为若干协作治理子区域（刘康丽，2020）。目前关于子协作区域等级划分研究的文献比较少，但现有的多属性综合评价理论相关研究成果值得借鉴。TOPSIS 法是现有多属性综合评价理论中的经典方法，被广泛应用于生态环境、经济发展等领域的综合评价中。Freeman 和 Chen（2015）将 TOPSIS 法用于绿色供应商选择。Sun 等（2021）使用熵权 TOPSIS 法评价大气污染联防联控等级。高志远等（2022）构建了黄河流域经济发展-生态环境-水资源评价指标体系，应用熵权 TOPSIS 法确定了各指标权重，结合耦合协调度模型评价了黄河流域经济发展-生态环境-水资源的耦合协调发展水平。

综上所述，目前关于中国大气污染跨域协作区域范围优化与等级划分方法的研究尚少，针对性的方法还需要被进一步探索与丰富。因此，本章以我国六种主要大气污染物中的 $PM_{2.5}$、PM_{10} 为研究对象，提出一种基于污染物浓度相关性的协作治理区域范围优化与等级划分方法，并进行实证研究，以期为我国跨域大气生态环境整体性协作区域范围优化和等级划分提供方法与政策参考。

4.2　考虑污染物浓度相关性的协作治理区域范围优化与等级划分方法

考虑污染物浓度相关性的跨域大气污染长期协作治理机制研究分为四个步骤：第一，对协作区域城市污染物的原始数据进行处理，分别计算出协作区域城市平均日均浓度值、协作区域城市四季的平均污染物浓度及协作区域城市污染物的季度空气质量分指数（individual air quality index，IAQI）值；第二，对 $PM_{2.5}$ 和 PM_{10} 两种污染物的空间分布特征进行分析；第三，优化 $PM_{2.5}$ 和 PM_{10} 两种污染物的协作治理区域范围；第四，基于污染治理弹性、紧迫性等关键指标优化协作治理区域等级。研究框架结构如图 4-1 所示。

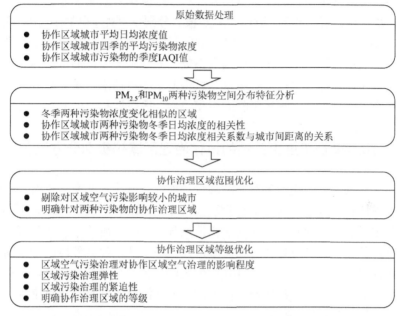

图 4-1　考虑污染物浓度相关性的跨域大气生态环境整体性协作治理机制研究框架

4.2.1　考虑污染物浓度相关性的协作治理区域范围优化方法

首先，计算得到每个市污染物的平均日均浓度值。然后，基于气候特征的相似性，本章将 3～5 月定为春季、6～8 月定为夏季、9～11 月定为秋季、12～2 月定为冬季。接着，计算得到每个城市四季的平均污染物浓度。最后基于 IAQI 对应的污染物浓度限值，计算得到四季污染物平均浓度所对应的 IAQI 值。然后，基于两种污染物在四个季节的季度 IAQI 值，利用带障碍的样条曲线插值法分别针对 $PM_{2.5}$ 和 PM_{10} 两种污染物绘制京津冀地区四季的空气质量状况图，并针对污染物的季度 IAQI 值进行统计分析，通过直观观察和数据对比，分析两种污染物在四季的变化情况以及两种污染物对京津冀地区空气质量的影响。

接下来，从各城市 $PM_{2.5}$ 和 PM_{10} 两种污染物的状况分析着手，探索京津冀地区大气污染协作治理的机理。由于 $PM_{2.5}$ 和 PM_{10} 的污染呈现区域性、季节性特征，因此首先将两种污染物的冬季日均浓度进行聚类分析，得到在冬季两种污染物浓度变化相似的区域；之后对两种污染物的冬季日均浓度进行相关性分析，得到相关系数；将两种污染物变化相似区域中冬季 IAQI 值最大的城市作为两种污染物的区域高浓度城市，并研究这些城市和其他城市的污染物冬季日均浓度相关系数与城市距离之间的关系。考虑到城市污染物浓度状况受地形、气候、距离等多个因素的综合影响，本章针对这种关系进行了多项式拟合，从而探索 $PM_{2.5}$ 和 PM_{10} 的爆发特点。

然后，将两种污染物的全年日均浓度的平均值作为京津冀地区 $PM_{2.5}$ 和 PM_{10} 的全年日均浓度，并求得对应的日 IAQI 值。分别以 $PM_{2.5}$ 和 PM_{10} 为研究对象，针对 13 市污染物的日均浓度与京津冀地区两种污染物对应的日 IAQI 值进行线性拟合，选出北京市以及拟合结果中判定系数（R^2）大于 0.8 的市作为京津冀地区大气污染协作治理的关键城市，将这些城市的全年日均浓度相关系数进行聚类，在相同聚类系数下得到两种污染物的协作治理一级区域和子区域。

4.2.2 考虑污染物浓度相关性的协作治理区域等级划分方法

本章将区域大气污染治理对京津冀地区整体空气质量的影响程度、区域大气污染治理弹性和区域大气污染治理紧迫性三方面相结合，探索对 $PM_{2.5}$ 和 PM_{10} 两种污染物进行协作治理时各地区的协作治理等级。将各地区（i）所辖市的污染物（j）日均浓度的均值作为对应区域的污染物日均浓度，针对各地区污染物日均浓度与京津冀地区污染物对应的日 IAQI 值之间的关系进行线性拟合，对拟合结果中的斜率（S_{ij}）进行标准化处理，得到区域大气污染治理对京津冀空气质量的影响程度（D_{ij}），如式 4-1 所示：

$$D_{ij} = S_{ij} / \mathrm{Max}\{S_{ij}\} \tag{4-1}$$

然后，对各城市以及京津冀地区两种污染物日均浓度的变异系数（CV_{ij}）进行标准化处理，得到区域大气污染治理弹性（E_{ij}），如式 4-2 所示：

$$E_{ij} = CV_{ij} / \mathrm{Max}\{CV_{ij}\} \tag{4-2}$$

对各区域及京津冀地区两种污染物日均浓度的均值（M_{ij}）进行标准化处理，得到区域大气污染治理紧迫性（U_{ij}），如式 4-3 所示：

$$U_{ij} = M_{ij} / \mathrm{Max}\{M_{ij}\} \tag{4-3}$$

用三者的和来表示区域大气污染治理的强度（I_{ij}），如式 4-4 所示：

$$I_{ij} = D_{ij} + E_{ij} + U_{ij} \tag{4-4}$$

最后，以强度的排序作为各地区的协作治理等级，得到京津冀地区针对 $PM_{2.5}$ 和 PM_{10} 两种污染物的关键协作治理区域以及各地区对应的协作治理等级。

4.3 京津冀地区实证分析

4.3.1 数据来源与样本描述

亚洲清洁空气中心在《大气中国 2021：中国大气污染防治进程》报告中披露：

京津冀地区是我国 $PM_{2.5}$ 与 PM_{10} 污染最严重的区域。例如，2020 年，京津冀年均 $PM_{2.5}$ 浓度为 51 微克/米 ^{3}，PM_{10} 年均浓度为 87 微克/米 ^{3}，远高于长三角区域的 35 微克/米 ^{3}、56 微克/米 ^{3}，也高于汾渭平原的 48 微克/米 ^{3}、83 微克/米 ^{3}。由此可见，我国京津冀地区 $PM_{2.5}$ 与 PM_{10} 治理仍面临严峻挑战。因此，本章以京津冀地区为实证研究对象，以期为京津冀地区划分污染物协作治理区域范围与等级提供建议。我国官方从 2013 年开始发布 $PM_{2.5}$ 与 PM_{10} 浓度数据。为确定研究的时间窗，首先收集京津冀地区 2013～2020 年共计 81 个监测站的日均污染物浓度数据，覆盖城市包括北京、天津、廊坊、保定、唐山、张家口、承德、沧州、衡水、石家庄、秦皇岛、邢台、邯郸。另外，计算京津冀地区 2013～2020 年两种污染物的变异系数值，用来衡量京津冀地区污染物浓度的差异（李菲菲等，2023），城市间污染物浓度差异性越大代表越需要实施协作治理。2016 年之后，京津冀地区两种污染物浓度的差异迅速缩小，如图 4-2 所示。这与 2016 年之后我国制定了大量强有力的政策促进污染物减排有关。因此，2016 年前的污染物浓度数据更具有代表性。基于此，选择京津冀地区 13 市 2013 年 1 月 31 日～2016 年 1 月 31 日期间的 $PM_{2.5}$ 和 PM_{10} 的日均浓度数据作为实证分析的样本，数据主要是从公众环境研究中心网站[①]、全球大气研究排放数据库[②]等中通过爬虫技术抓取获得。

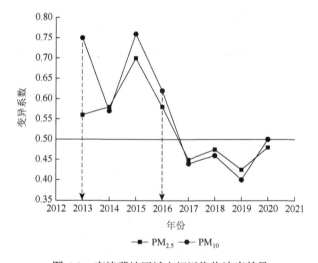

图 4-2　京津冀地区城市间污染物浓度差异

4.3.2　京津冀 13 市 $PM_{2.5}$ 与 PM_{10} 空间分布特征

由各季度的 IAQI 值计算结果可知，秋冬两季 $PM_{2.5}$ 的污染较为严重，夏季污

① Institute of Public and Environmental Affairs，https://www.ipe.org.cn/AirMap_fxy/AirMap.html?q=1。
② Emissions Database for Global Atmospheric Research，https://edgar.jrc.ec.europa.eu/dataset_ap81。

染最轻。在整个京津冀地区 $PM_{2.5}$ 污染较严重的区域主要集中在南部、西南部。其中，保定、邢台、石家庄、邯郸的 $PM_{2.5}$ 污染最为严重。$PM_{2.5}$ 的污染在北部较轻，西北部地区最轻，如承德市与秦皇岛市。

就 PM_{10} 而言，其冬季污染最严重，夏季污染最轻，并且冬季的 PM_{10} 浓度与其他季节的差异相较于 $PM_{2.5}$ 更大。在整个京津冀地区 PM_{10} 污染较严重的区域主要出现在南部、西南部，如保定、邯郸、石家庄、衡水、邢台等城市在冬季 PM_{10} 污染尤为严重。同时，PM_{10} 的污染在京津冀地区也呈现北部较轻，西北部地区最轻的空间特点，如承德、秦皇岛、张家口。此外，北京与唐山的 PM_{10} 污染相较于 $PM_{2.5}$ 更加严重，并且除了夏季外，这两个城市都呈现出较高的 PM_{10} 污染。最后，针对 13 市两种污染物在各季度中的季度 IAQI 值分析发现，对 $PM_{2.5}$ 和 PM_{10} 两种污染物来说，冬季的季度 IAQI 值都为最高值，说明京津冀地区这两种污染物在冬季表现最为活跃。

从变异系数来看也是冬季最高，说明冬季两种污染物在京津冀地区表现出区域性爆发的特点。接下来针对两种污染物冬季日均浓度进行聚类，找到浓度变化相似的区域，如图 4-3 所示。在相同的聚类系数下，从 $PM_{2.5}$ 的冬季日均浓度聚类情况来看，在虚线 A_1 左侧，$PM_{2.5}$ 的浓度相似的区域有四个，衡水（HS）、石家庄（SJZ）、邢台（XT）、邯郸（HD）属于一个区域，天津（TJ）、保定（BD）、唐山（TS）、沧州（CZ）属于一个区域，北京（BJ）、廊坊（LF）、承德（CD）、秦皇岛（QHD）属于一个区域，张家口（ZJK）单独为一个区域。在这四个区域中，"衡水-石家庄-邢台-邯郸"区域的 $PM_{2.5}$ 冬季日均浓度最为相似，其后依次为"天津-保定-唐山-沧州"、"北京-廊坊-承德-秦皇岛"、张家口三个区域。因此，在前三个区域中分别选择该区域 $PM_{2.5}$ 冬季 IAQI 值最大的邢台、保定、廊坊三市为研究对象。从 PM_{10} 的冬季日均浓度聚类情况来看，在虚线 A_2 的左侧，PM_{10} 的

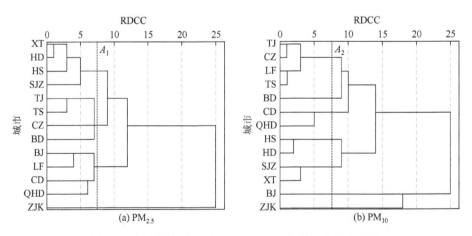

图 4-3　京津冀地区 13 市 $PM_{2.5}$、PM_{10} 冬季日均浓度聚类

RDCC 表示 rescaled distance cluster combine（聚类重新标定距离）

污染浓度相似的区域有七个，分别为"衡水-邯郸"、"石家庄-邢台"、"廊坊-天津-唐山-沧州"、"承德-秦皇岛"、保定、北京、张家口。在这七个区域中，"衡水-邯郸"区域的 PM_{10} 冬季日均浓度最为相似，其后区域的相似性依次减弱。在前五个区域中分别选择该区域 PM_{10} 冬季 IAQI 值最大的衡水、邢台、廊坊、秦皇岛、保定为研究对象。

接下来，对衡水、邢台、廊坊、秦皇岛、保定与其他城市间的距离进行统计，如表 4-1 所示。

表 4-1　衡水、邢台、廊坊、秦皇岛、保定与其他城市间的距离（单位：千米）

城市	HS	XT	LF	QHD	BD
BD	127.41	217.36	128.33	374.21	0
BJ	248.98	355.77	47.06	272.19	140.25
CD	407.93	524.66	191.05	178.83	314.21
CZ	120.09	246.87	137.76	299.25	135.11
HD	159.20	49.55	374.12	574.57	262.79
HS	0	126.90	218.46	418.71	127.41
LF	218.46	333.63	0	253.16	128.33
QHD	418.71	545.58	253.16	0	374.21
SJZ	106.80	108.01	250.87	487.03	124.01
TJ	200.32	325.13	67.26	226.46	151.82
TS	302.70	428.42	128.60	125.94	248.38
XT	126.90	0	333.63	545.58	217.36
ZJK	343.31	412.22	204.90	409.82	216.18

然后，计算邢台、保定、廊坊与其他城市间的 $PM_{2.5}$ 冬季日均浓度相关系数（表 4-2）以及衡水、邢台、廊坊、秦皇岛、保定与其他城市间的 PM_{10} 冬季日均浓度相关系数（表 4-3）。最后，根据得到的城市距离与污染物浓度相关系数，将邢台、保定、廊坊与其他城市的 $PM_{2.5}$ 冬季日均浓度相关系数和城市间距离的关系进行拟合，将衡水、邢台、廊坊、秦皇岛、保定与其他城市的 PM_{10} 冬季日均浓度相关系数与城市间距离的关系进行拟合。

表 4-2　邢台、保定、廊坊与其他城市间的 $PM_{2.5}$ 冬季日均浓度相关系数

XT		BD		LF	
城市	相关系数	城市	相关系数	城市	相关系数
XT	1.00	BD	1.00	LF	1.00
HD	0.92	SJZ	0.77	BJ	0.84
SJZ	0.89	HS	0.75	TJ	0.81

续表

XT		BD		LF	
城市	相关系数	城市	相关系数	城市	相关系数
HS	0.85	LF	0.78	BD	0.78
BD	0.75	CZ	0.75	TS	0.83
CZ	0.78	BJ	0.71	CZ	0.78
TJ	0.68	TJ	0.79	CD	0.72
LF	0.76	ZJK	0.27	ZJK	0.38
BJ	0.70	XT	0.75	HS	0.68
ZJK	0.33	TS	0.74	SJZ	0.73
TS	0.70	HD	0.71	QHD	0.82
CD	0.63	CD	0.55	XT	0.76
QHD	0.69	QHD	0.68	HD	0.68

表 4-3　衡水、邢台、廊坊、秦皇岛、保定与其他城市间的 PM_{10} 冬季日均浓度相关系数

HS		XT		LF		QHD		BD	
城市	相关系数	城市	相关系数	城市	相关系数	城市	相关系数	城市	相关系数
HS	1.00	XT	1.00	LF	1.00	QHD	1.00	BD	1.00
SJZ	0.72	HD	0.74	BJ	0.66	TS	0.77	SJZ	0.75
CZ	0.79	SJZ	0.80	TJ	0.81	CD	0.78	HS	0.71
XT	0.77	HS	0.77	BD	0.75	TJ	0.66	LF	0.75
BD	0.71	BD	0.64	TS	0.84	LF	0.78	CZ	0.74
HD	0.82	CZ	0.65	CZ	0.83	BJ	0.56	BJ	0.62
TJ	0.77	TJ	0.54	CD	0.81	CZ	0.65	TJ	0.70
LF	0.69	LF	0.67	ZJK	0.50	BD	0.66	ZJK	0.53
BJ	0.53	BJ	0.45	HS	0.69	ZJK	0.58	XT	0.64
TS	0.76	ZJK	0.44	SJZ	0.71	HS	0.50	TS	0.69
ZJK	0.37	TS	0.65	QHD	0.78	SJZ	0.56	HD	0.64
CD	0.63	CD	0.72	XT	0.67	XT	0.55	CD	0.72
QHD	0.50	QHD	0.55	HD	0.66	HD	0.43	QHD	0.66

　　图 4-4 显示了邢台、保定和廊坊 3 个代表城市 $PM_{2.5}$ 冬季日均浓度相关系数与城市间距离的关系。去掉张家口的数据又重新绘制了图 4-5，图 4-5 的拟合效果明显好于图 4-4。对于邢台、保定和廊坊而言，基于城市间 $PM_{2.5}$ 冬季日均浓度相关系数和距离的关系得到了以下的多项式拟合方程，这里 Y 代表相关系数，X 代表城市间的距离。

邢台：$Y = 0.966\,76 - 2.367\,33 \times 10^{-4}X - 4.441\,76 \times 10^{-6}X^2 + 7.020\,42 \times 10^{-9}X^3$ ($R^2 = 0.674\,38$, $P < 0.05$)。

保定：$Y = 1.005\,08 - 0.001\,91X + 1.747\,03 \times 10^{-6}X^2 + 1.201\,22 \times 10^{-8}X^3$ ($R^2 = 0.433\,08$, $P > 0.05$)。

廊坊：$Y = 0.997\,88 - 0.003\,19X + 1.046\,87 \times 10^{-5}X^2 + 1.051\,49 \times 10^{-8}X^3$ ($R^2 = 0.430\,74$, $P > 0.05$)。

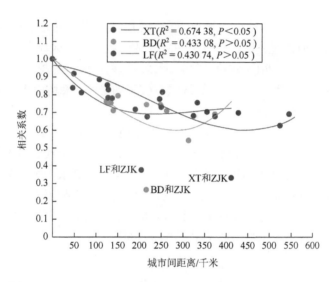

图 4-4　3 个代表城市与 13 市 PM$_{2.5}$ 冬季日均浓度相关系数和距离的关系（见彩图）

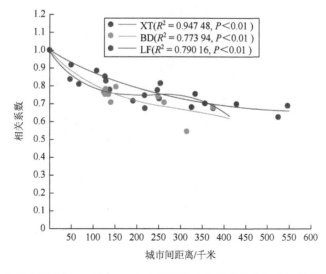

图 4-5　3 个代表城市与 12 市 PM$_{2.5}$ 冬季日均浓度相关系数和距离的关系（见彩图）

去掉张家口的回归方程如下。

邢台：$Y = 0.996\,81 - 0.001\,40X + 2.032\,43 \times 10^{-6}X^2 - 1.072\,94 \times 10^{-9}X^3$ ($R^2 = 0.947\,48$, $P < 0.01$)。

保定：$Y = 0.991\,06 - 0.002\,47X + 7.008\,2 \times 10^{-6}X^2 - 7.781\,94 \times 10^{-9}X^3$ ($R^2 = 0.773\,94$, $P < 0.01$)。

廊坊：$Y = 0.987\,05 - 0.003\,17X + 1.397\,5 \times 10^{-5}X^2 - 2.033\,32 \times 10^{-8}X^3$ ($R^2 = 0.790\,16$, $P < 0.01$)。

图 4-5 中显示对于 3 个代表城市而言，$PM_{2.5}$ 冬季日均浓度相关系数随着城市间的距离的增加而缓慢下降，这表明 $PM_{2.5}$ 的污染呈现出区域大范围严重爆发的特点。邢台和保定的 $PM_{2.5}$ 浓度很高，所以对这两个城市的拟合曲线呈现单调递减，说明 $PM_{2.5}$ 的高污染城市对周边区域有较强的影响；廊坊由于自身 $PM_{2.5}$ 浓度不大、影响范围有限，但其容易受到与其 $PM_{2.5}$ 浓度相关性强的城市的影响，因此拟合曲线发生了波动，在中间距离的地方出现了平台甚至小波峰，然后再单调递减。图 4-6 显示了衡水、邢台、廊坊、秦皇岛、保定 5 个代表城市的 PM_{10} 冬季日均浓度相关系数与城市间距离的拟合关系。张家口与其余 5 个市 PM_{10} 冬季日均浓度相关性较弱（$r < 0.6$），因此去掉张家口的数据又重新绘制了图 4-7。从拟合结果来看，图 4-7 的拟合效果明显好于图 4-6。当包含张家口的数据时，得到以下回归方程，Y 代表相关系数，X 代表城市间的距离。

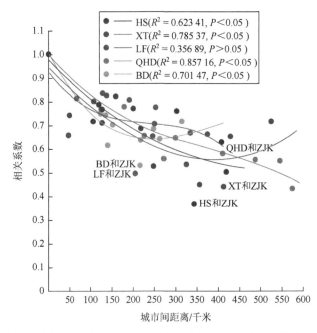

图 4-6　5 个代表城市与 13 市 PM_{10} 冬季日均浓度相关系数和距离的关系（见彩图）

衡水：$Y = 0.977\,22 - 0.001\,91X + 2.374\,71 \times 10^{-6}X^2 - 8.525\,36 \times 10^{-10}X^3$ $(R^2 = 0.623\,41,$ $P < 0.05)$。

邢台：$Y = 1.009\,04 - 0.003\,52X + 1.039\,09 \times 10^{-5}X^2 - 8.752\,55 \times 10^{-9}X^3$ $(R^2 = 0.785\,37,$ $P < 0.05)$。

廊坊：$Y = 0.928\,30 - 0.002\,44X + 9.568\,54 \times 10^{-6}X^2 - 1.339\,88 \times 10^{-8}X^3$ $(R^2 = 0.356\,89,$ $P > 0.05)$。

秦皇岛：$Y = 0.998\,42 - 0.002\,09X + 4.104\,93 \times 10^{-6}X^2 - 3.578\,61 \times 10^{-9}X^3$ $(R^2 = 0.857\,16, P < 0.05)$。

保定：$Y = 0.944\,64 - 0.001\,81X + 1.636\,89 \times 10^{-6}X^2 + 1.159\,75 \times 10^{-9}X^3$ $(R^2 = 0.701\,47, P < 0.05)$。

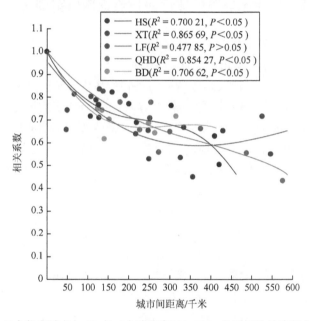

图 4-7　5 个代表城市与 12 市（去除张家口）PM$_{10}$ 冬季日均浓度相关系数和
距离的关系（见彩图）

去掉张家口的数据之后，拟合的效果有了很大改善，Y 代表相关系数，X 代表城市间的距离，回归方程如下。

衡水：$Y = 0.997\,36 - 0.003\,21X + 1.223\,64 \times 10^{-5}X^2 - 1.690\,74 \times 10^{-8}X^3$ $(R^2 = 0.700\,21,$ $P < 0.05)$。

邢台：$Y = 1.004\,66 - 0.003\,70X + 1.312\,54 \times 10^{-5}X^2 - 1.493\,48 \times 10^{-8}X^3$ $(R^2 = 0.865\,69,$ $P < 0.05)$。

廊坊：$Y = 0.920\,81 - 0.002\,42X + 1.199\,21 \times 10^{-5}X^2 - 2.018\,51 \times 10^{-8}X^3$ $(R^2 = 0.477\,85,$

$P > 0.05$)。

秦皇岛：$Y = 0.998\,53 - 0.002\,10X + 4.160\,50 \times 10^{-6}X^2 - 3.648\,61 \times 10^{-9}X^3$ ($R^2 = 0.854\,27$, $P < 0.05$)。

保定：$Y = 0.957\,11 - 0.002\,30X + 4.323\,53 \times 10^{-6}X^2 - 2.198\,82 \times 10^{-9}X^3$ ($R^2 = 0.706\,62$, $P < 0.05$)。

图 4-7 中显示，PM_{10} 冬季日均浓度相关系数并不随着城市间的距离的增加而单调下降，拟合曲线在中间距离的位置出现了平台。此外，图 4-7 中相关系数的变动范围（0.43~1）大于图 4-5 中相关系数的变动范围（0.55~1），这表明 PM_{10} 的污染呈现局部小范围多地爆发的特点。

4.3.3　京津冀大气生态环境整体性协作治理区域范围优化结果

基于以上对京津冀地区的空气质量状况与 $PM_{2.5}$ 和 PM_{10} 两种污染物的特征分析，将京津冀地区 $PM_{2.5}$ 和 PM_{10} 两种污染物的分布状况、变化情况与区域污染相关性分析相结合，针对京津冀地区两种污染物的协作治理区域进行深入探索。首先以京津冀地区所辖的 13 市两种污染物（$j = 1, 2$）全年日均浓度的均值作为京津冀地区两种污染物的全年日均浓度值。然后，将两种污染物的日均浓度值转换为各自对应的日 IAQI 值，表示为 $IAQI_j$。接着，分别以 $IAQI_j$ 值为纵坐标，以 13 市两种污染物日均浓度值为横坐标进行线性拟合。对于具体的一种污染物而言，拟合方程的判定系数越大说明这个城市的污染物浓度与京津冀地区空气质量（基于这种污染物）的关系越大。因此，筛选出判定系数较大（$R^2 > 0.8$）的拟合方程（表 4-4）所对应的城市作为 $PM_{2.5}$ 和 PM_{10} 协作治理的关键城市。其中廊坊、天津、保定、唐山、沧州、衡水、石家庄、邢台、邯郸拟合方程的 R^2 系数大于 0.8，因而将其作为协作治理的关键城市。接下来，对北京和上述 9 个协作治理关键城市的年日均浓度相关性（表 4-5 和表 4-6）进行聚类分析。

表 4-4　$PM_{2.5}$ 和 PM_{10} 日 IAQI 值与污染物日均浓度值的线性拟合结果

城市	$PM_{2.5}$			PM_{10}		
	截距	斜率	R^2	截距	斜率	R^2
BJ	50.864	0.648	0.699	64.882	0.348	0.634
LF	40.452	0.668	0.849	47.910	0.281	0.816
TJ	30.011	0.925	0.854	49.735	0.363	0.853
BD	40.171	0.541	0.917	49.099	0.226	0.875
TS	32.671	0.750	0.801	46.062	0.301	0.819
ZJK	72.614	0.855	0.457	66.297	0.328	0.594
CD	51.087	1.102	0.632	56.103	0.373	0.640

续表

城市	PM$_{2.5}$			PM$_{10}$		
	截距	斜率	R^2	截距	斜率	R^2
CZ	30.468	0.901	0.878	48.676	0.366	0.904
HS	33.534	0.661	0.909	43.716	0.256	0.910
SJZ	37.230	0.579	0.880	45.261	0.223	0.837
QHD	48.641	0.978	0.715	56.516	0.337	0.726
XT	37.839	0.529	0.896	46.095	0.207	0.826
HD	33.085	0.669	0.881	44.406	0.271	0.836

注：所有回归均具有统计学意义（$P < 0.001$）

表 4-5　PM$_{2.5}$ 协作治理关键城市与 PM$_{2.5}$ 年日均浓度的相关系数

城市	BJ	LF	TJ	BD	TS	CZ	HS	SJZ	XT	HD
BJ	1	0.865**	0.721**	0.718**	0.746**	0.620**	0.598**	0.745**	0.680**	0.574**
LF	0.865**	1	0.867**	0.839**	0.842**	0.812**	0.745**	0.804**	0.779**	0.710**
TJ	0.721**	0.867**	1	0.814**	0.873**	0.872**	0.797**	0.766**	0.734**	0.717**
BD	0.718**	0.839**	0.814**	1	0.746**	0.799**	0.852**	0.899**	0.861**	0.823**
TS	0.746**	0.842**	0.873**	0.746**	1	0.788**	0.703**	0.735**	0.673**	0.642**
CZ	0.620**	0.812**	0.872**	0.799**	0.788**	1	0.829**	0.768**	0.788**	0.790**
HS	0.598**	0.745**	0.797**	0.852**	0.703**	0.829**	1	0.849**	0.890**	0.900**
SJZ	0.745**	0.804**	0.766**	0.899**	0.735**	0.768**	0.849**	1	0.928**	0.854**
XT	0.680**	0.779**	0.734**	0.861**	0.673**	0.788**	0.890**	0.928**	1	0.930**
HD	0.574**	0.710**	0.717**	0.823**	0.642**	0.790**	0.900**	0.854**	0.930**	1

**表示相关性在 0.01 水平上显著

表 4-6　PM$_{10}$ 协作治理关键城市与 13 市间 PM$_{10}$ 年日均浓度的相关系数

城市	BJ	LF	TJ	BD	TS	CZ	HS	SJZ	XT	HD
BJ	1	0.690**	0.596**	0.589**	0.655**	0.601**	0.525**	0.592**	0.514**	0.365**
LF	0.690**	1	0.840**	0.809**	0.856**	0.819**	0.723**	0.784**	0.726**	0.660**
TJ	0.596**	0.840**	1	0.812**	0.850**	0.861**	0.806**	0.760**	0.694**	0.719**
BD	0.589**	0.809**	0.812**	1	0.774**	0.826**	0.847**	0.880**	0.803**	0.754**
TS	0.655**	0.856**	0.850**	0.774**	1	0.813**	0.769**	0.764**	0.695**	0.648**
CZ	0.601**	0.819**	0.861**	0.826**	0.813**	1	0.850**	0.783**	0.760**	0.768**
HS	0.525**	0.723**	0.806**	0.847**	0.769**	0.850**	1	0.819**	0.823**	0.845**
SJZ	0.592**	0.784**	0.760**	0.880**	0.764**	0.783**	0.819**	1	0.863**	0.770**
XT	0.514**	0.726**	0.694**	0.803**	0.695**	0.760**	0.823**	0.863**	1	0.809**
HD	0.365**	0.660**	0.719**	0.754**	0.648**	0.768**	0.845**	0.770**	0.809**	1

**表示相关性在 0.01 水平上显著

从图 4-8 来看，两种污染物的协作区域范围大致相同。

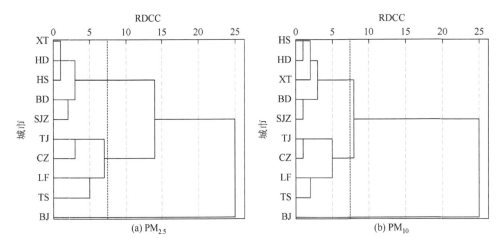

图 4-8　针对 $PM_{2.5}$ 与 PM_{10} 协作治理关键城市日均浓度相关系数聚类

综上所述，可将京津冀（Beijing Tianjin Hebei，BTH）区域中的 10 个关键城市划分为三个子区域 R1、R2、R3，其中 R1、R2 又可再细分为两个更小的区域。具体如下：R1 = {衡水, 邢台, 邯郸, 保定, 石家庄}，其中两个细分区域为 R11 = {衡水, 邢台, 邯郸}，R12 = {保定, 石家庄}；R2 = {天津, 沧州, 廊坊, 唐山}，其中两个细分区域为 R21 = {天津, 沧州}，R22 = {廊坊, 唐山}；R3 = {北京}。

4.3.4　京津冀大气生态环境整体性协作治理区域等级划分结果

京津冀地区是中国大气污染重灾区，7 个协作治理区域及子区域的大气污染治理对京津冀地区整体大气质量的提升都具有一定影响。同时，各区域大气污染治理弹性和紧迫性稍有不同。从上面的分析来看，$PM_{2.5}$ 和 PM_{10} 两种污染物的分布呈现一定的区域性特征，只有将区域重点治理和各区域协作治理相结合才能使京津冀地区的空气质量得到明显改善，本章将区域大气污染治理对京津冀空气质量的影响程度（D），区域大气污染治理弹性（E）和区域大气污染治理紧迫性（U）三方面相结合，设定各区域对 $PM_{2.5}$ 和 PM_{10} 两种污染物进行治理的强度（I）以及各协作治理区域的等级（G）。为此，首先将协作治理区域内各市两种污染物（$j = 1, 2$）的日均浓度均值作为该区域污染物的日均浓度值，表示为 DC_{ij}。然后将 $IAQI_j$ 作为纵坐标、DC_{ij} 作为横坐标，进行线性回归从而明确两者之间的关系。表 4-7 展示了协作治理区域内各市 $PM_{2.5}$、PM_{10} 的日均浓度值与京津冀整体区域空气质量的拟合结果。其中，拟合结果中的斜率可以表示对应子区域对京津冀整体区域空气质量的影响程度。

表 4-7　PM$_{2.5}$ 和 PM$_{10}$ 日 IAQI 值与 7 个区域日均浓度值的线性拟合结果

区域	PM$_{2.5}$			PM$_{10}$		
	截距	斜率	R^2	截距	斜率	R^2
R1	29.525	0.653	0.944	38.474	0.273	0.924
R11	30.595	0.653	0.924	38.806	0.273	0.911
R12	35.309	0.589	0.923	44.415	0.238	0.883
R2	24.535	0.905	0.897	42.173	0.368	0.902
R21	25.244	0.975	0.896	46.124	0.392	0.912
R22	31.088	0.768	0.857	43.680	0.313	0.849
R3	50.864	0.648	0.699	64.882	0.348	0.634

注：所有回归均有统计学意义（$P < 0.001$）

　　当各协作治理区域内污染物 j 的浓度变化相似的时候，IAQI$_j$ 值的变化是不同的。因此，对于污染物 j 而言，将拟合结果中的斜率（S_{ij}）进行标准化，可以用于衡量在区域 i 内展开的大气污染治理对基于污染物 j 的空气质量的影响程度。由于大气污染程度上的差异，每个区域 i 有不同的污染治理紧迫性（U）。对于某种污染物 j 而言，使用标准化的污染物浓度均值（M_{ij}）来衡量区域 i 对于削减污染物 j 的大气污染治理紧迫性（$i = 1 \sim 7$，包括 7 个协作治理区域、子区域；$j = 1, 2$，分别对应 PM$_{2.5}$ 和 PM$_{10}$）。最后，使用 3 个参数的总和（$D + E + U$）来表示协作治理区域 i 对大气污染物 j 的治理强度（I_{ij}），并根据强度值的排序来代表协作治理区域 i 对大气污染物 j 的治理等级。表 4-8 和表 4-9 展示了上述分析过程中所用到的所有参数。

表 4-8　计算协作治理区域 PM$_{2.5}$ 污染治理等级所需的相关参数

区域	S	M/(微克/米^3)	SD	CV	D	E	U	I	G
R1	0.65	112.39	53.44	0.48	0.51	0.96	0.97	2.44	1
R2	0.91	86.61	36.66	0.42	0.72	0.84	0.75	2.31	2
R3	0.65	80.36	39.89	0.50	0.51	1.00	0.70	2.21	3
R12	0.59	114.77	57.94	0.50	0.46	1.00	1.00	2.46	1
R11	0.65	110.81	52.37	0.47	0.51	0.94	0.96	2.41	2
R21	0.98	79.64	33.97	0.43	0.77	0.86	0.69	2.32	3
R22	0.77	93.58	41.27	0.44	0.61	0.88	0.81	2.30	4

注：S 为拟合结果中的斜率；M 为标准化的污染物浓度均值；SD 为标准差；CV 为变异系数；D 为影响程度；E 为污染治理弹性；U 为污染治理紧迫性；I 为治理强度；G 为污染治理等级

表 4-9　计算协作治理区域 PM$_{10}$ 污染治理等级所需的相关参数

区域	S	M/(微克/米^3)	SD	CV	D	E	U	I	G
R1	0.27	189.13	66.21	0.35	0.54	0.71	0.98	2.23	1
R2	0.37	130.05	47.85	0.37	0.74	0.75	0.67	2.16	2
R3	0.35	72.33	35.55	0.49	0.70	1.00	0.37	2.07	3
R12	0.24	191.49	72.38	0.38	0.48	0.77	1.00	2.25	1
R11	0.27	187.55	65.16	0.34	0.54	0.69	0.97	2.20	2
R21	0.39	112.05	45.42	0.41	0.78	0.83	0.58	2.19	3
R22	0.31	148.04	52.92	0.36	0.62	0.73	0.77	2.12	4

注：S 为拟合结果中的斜率；M 为标准化的污染物浓度均值；SD 为标准差；CV 为变异系数；D 为影响程度；E 为污染治理弹性；U 为污染治理紧迫性；I 为治理强度；G 为污染治理等级

经计算得到 $I_{R1j} > I_{R2j} > I_{R3j}$，$I_{R12j} > I_{R11j} > I_{R21j} > I_{R22j}$。这表明在对于污染物 j 的协作治理中，对于协作治理一级区域而言，R1 的区域污染治理强度应该最大，其后依次为 R2 和 R3；对于协作治理子区域而言，R12 的区域污染治理强度最大，其后依次为 R11、R21、R22。因此，从协作治理一级区域来看，R1 区域的协作治理等级最高，其后依次为 R2 和 R3 区域。从协作治理子区域的角度来看，R12 的等级最高，其后依次为 R11、R21、R22。

4.4　结果讨论与政策启示

4.4.1　实证结果讨论

通过考察 13 市的 PM$_{2.5}$ 和 PM$_{10}$ 两种污染物浓度变化对京津冀基于 PM$_{2.5}$ 和 PM$_{10}$ 两种大气污染物的空气质量的影响，筛选出具有较强线性关系的城市和北京作为 PM$_{2.5}$ 和 PM$_{10}$ 协作治理的关键城市。发现纬度在北京以南的 9 个城市（廊坊、天津、保定、唐山、沧州、衡水、石家庄、邢台、邯郸）和北京是两种污染物协作的关键城市。分别针对两种污染物，通过对协作治理关键城市污染物日均浓度相关系数进行聚类，发现在同样的聚类系数下，针对两种污染物的一级协作区域和子区域都具有一致性。

实际上，13 市两种污染物季 IAQI 值变化的同步性暗示了针对两种污染物的协作治理区域存在一致性。从地理特征的分析来看，R1 区域处于太行山脉的山麓地带，R2 位于华北平原低洼处，两个区域的地理特征对于区域内污染物的自然扩散有很大的影响。从主要污染源的分析来看，河北的钢铁和煤矿工业、天津的石油化工、北京的机动车，是造成各地区大气污染的主要原因。R1

区域是河北钢铁、煤炭工业聚集区，对于这个区域而言，应当通过合理削减过剩产能、优化调整布局、推进联合重组、提高装备水平等手段对高能耗产业结构进行调整。具体地说，要加强对钢铁、燃煤等高污染企业的管控、改造和升级，尤其是邯郸和石家庄的钢铁企业以及邯郸、邢台的煤矿企业。在 R2 区域内，则要重点加强对天津、沧州的化工企业以及唐山的钢铁、煤炭企业的管控。同时这些区域要充分利用北京产业转移的需求，对接低能耗产业的转移，实现整个产业结构的优化。对于 R3 区域而言，截至 2020 年北京市机动车颗粒物排放量达 435.2 吨[①]，机动车保有量为 657 万辆[②]。控制机动车数量、提高国内的汽油质量、淘汰老旧机动车是最基本也是最重要的治理途径。从京津冀区域整体来看，则需要在对各个城市分类施策的基础上，量化分析各种污染物和各个城市对区域整体空气质量的影响程度，以及污染物的治理弹性和紧迫性，并科学确定协作治理的等级，开展区域大气生态环境整体性协作治理。

通过计算发现各区域对 $PM_{2.5}$ 和 PM_{10} 两种污染物进行协作治理的等级具有一致性。在针对 $PM_{2.5}$ 的协作治理中，对于三个一级协作治理区域而言，R1 区域的 $PM_{2.5}$ 治理紧迫性最高，R2 区域的 $PM_{2.5}$ 浓度对京津冀地区整体空气质量（基于 $PM_{2.5}$）的影响程度最大，R3 区域的污染治理弹性最大。对于四个子区域而言，R12 区域的污染治理弹性最大，R12 区域的 $PM_{2.5}$ 治理紧迫性最高，R21 区域的 $PM_{2.5}$ 浓度对京津冀地区整体空气质量（基于 $PM_{2.5}$）的影响程度最大。在针对 PM_{10} 的协作治理中，对于三个一级协作治理区域而言，R1 区域的 PM_{10} 治理紧迫性最高，R2 区域的 PM_{10} 浓度对京津冀地区整体空气质量（基于 PM_{10}）的影响程度最大，R3 区域的污染治理弹性最大。对于四个子区域而言，R12 区域的 PM_{10} 治理紧迫性最高，R21 区域的 PM_{10} 浓度对京津冀地区整体空气质量（基于 PM_{10}）的影响程度最大，R21 区域的污染治理弹性最大。

京津冀地区的大气污染治理应该采用有重点、分等级的策略。政府应该将京津冀地区大气污染治理的重点放在 R1 区域，R1 区域的治理重点应放在 R12 区域。在三个一级防控区域中，R3 区域的污染情况较轻。根据北京市生态环境局发布的 $PM_{2.5}$ 源解析结果，一般情况下，跨域传输对北京市 $PM_{2.5}$ 污染的贡献为 28%～36%，但若遭遇传输型的重污染时，其贡献可能会超过 50%。

因此，只有将重点污染区域治理好，R3 区域的大气污染问题才能得到根本性解决。同时，要基于协作治理区域的产业特征分析，根据各区域具体的污染源有针对性地制定协作治理措施；对于不同等级的协作治理区域制定不同的空

---

① 《2020 年北京市排放源统计年报》，https://sthjj.beijing.gov.cn/bjhrb/index/xxgk69/zfxxgk43/fdzdgknr2/hjtj/11181548/index.html，2021 年 12 月 21 日。

② 《北京 2020 年末机动车保有量 657 万辆 比上年末增加 20.5 万辆》，https://baijiahao.baidu.com/s?id=1693996724880737753&wfr=spider&for=pc，2021 年 3 月 12 日。

气质量底线和资源消耗上限，只有这样才能从源头上对京津冀地区的大气污染进行高效治理。

4.4.2 京津冀地区大气污染协作治理的政策启示

要深入打好污染防治攻坚战，必须强化区域协作治理。APEC 峰会是由 APEC 举行的年度会议。2014 年，APEC 峰会在北京举行。为了 APEC 峰会召开，北京、河北、天津、山东、山西、河南、内蒙古等 7 个省区市成立了京津冀及周边地区大气污染防治协作小组。在此期间，北京天空上出现的"APEC 蓝"成为京津冀地区协作治理的成功典范。

APEC 峰会前，北京市牵头建设了覆盖京津冀及山西、内蒙古、山东六省区市的空气质量预报预警会商平台，为实现六省区市环境监测部门视频会商提供了技术支持。在 APEC 峰会期间，京津冀及周边地区大气污染防治协作小组首次尝试区域空气质量会商，该小组以视频会议形式通报京津冀地区空气质量，并在会议上确定与统一需要协作处理的工作。

不仅如此，京津冀地区多个城市协作采取应急减排举措。例如，北京、天津、河北、山东四省市分区域、分时段组织实施应急减排措施：一是自 2014 年 11 月 3 日起，北京以及河北的廊坊、保定、石家庄、邢台、邯郸等太行山一线城市实施最高一级重污染应急减排措施；二是自 11 月 6 日起，除上述城市继续采取应急减排措施外，天津以及河北的唐山、衡水、沧州，山东的济南、淄博、东营、德州、聊城、滨州实施最高一级空气重污染应急减排措施，严格控制高架源，确保达标排放，并采取限、停产措施。APEC 峰会期间严格的协作治理举措为京津冀及周边地区空气质量的改善起到了立竿见影的效果。

"APEC 蓝"证实了区域协作治理对大气污染防控的重要性，也证明了分区域分等级治理大气污染的有效性。但是，为了将"APEC 蓝"转变成"常态蓝"，必须建立长期有效的跨域大气环境整体性协作机制。并且，2021 年，生态环境部联合 16 个部门印发的《2021—2022 年秋冬季大气污染综合治理攻坚方案》中也突出了"精准治污、科学治污"的重要性。然而，国务院发布的《打赢蓝天保卫战三年行动计划》中规定的大气污染治理重点区域范围中城市众多，包括京津冀地区 28 市或地区、长三角区域 41 市以及汾渭平原 12 市或地区，城市协作范围太广，区域协作治理等级尚未明确。因此，本章提出的方法，可以进一步为京津冀地区完善大气污染跨域协作治理机制提供参考。

一是精确跨域协作治理区域范围，控制跨域协作治理成本。APEC 峰会期间参与协作治理的城市将近 40 个，过多的协作城市给长期协作治理机制的有效执行带来了阻碍，有必要进一步精细化协作范围。例如，秦皇岛、承德与张家口的污染物浓度与京津冀地区空气质量相关性较低,可以不将这些地区纳入京津冀地区 $PM_{2.5}$ 与 PM_{10} 协作治理区域中。采用本章提出的考虑污染物浓度相关性的跨域生态协作范围优化方法进一步精确协作治理的区域范围,可以在一定程度上降低实施跨域大气环境协作治理机制的成本及难度。

二是改善以行政区域划分协作治理区域范围的方法。虽然在 APEC 峰会期间京津冀及山西、内蒙古、山东六省区市建立了共同的领导小组统筹污染控制工作,但仍然按照行政区划采取了省–市–区三级联动方案。结合本章研究,在 APEC 峰会期间京津冀地区跨域大气污染协作治理经验的基础上,可进一步优化协作区域范围,实现从基于行政区划的范围划分方法到考虑污染物特性的范围划分方法的转变。

三是在确定协作区域范围的基础上进一步建立分区域、分等级的协作机制,可采用本章提出的考虑污染物浓度相关性的跨域生态协作区域等级划分方法进一步确定各区域的协作治理等级,促进我国各城市实现精准治污与科学治污。

4.5　本章小结

本章基于各城市大气污染物浓度的实时监测数据,对跨域大气生态环境整体性协作治理区域范围优化与等级划分方法进行了理论建模分析与典型案例研究,研究表明:①以城市间污染物浓度的相关性为切入点,提出了考虑污染物浓度相关性、城市间地理距离等因素的协作治理区域范围优化方法,以及考虑单个城市污染治理对整个区域空气质量影响、跨域大气污染治理弹性、治理紧迫性等因素的协作治理等级划分方法;②京津冀地区的实证结果表明,该地区的 $PM_{2.5}$ 与 PM_{10} 污染具有高度同步性,应该将地区划分为三个一级协作治理子区域,以及若干细分子区域和相应的协作治理等级,开展跨域大气生态环境整体性协作治理;③在跨域大气生态环境整体性协作治理具体实践中,可应用本章构建的方法体系,根据治理区域内各城市的污染物排放具体特征与演变趋势,实施分区域、分等级的差异化协作治理策略。

第5章　考虑主风道方向的协作治理区域范围优化与等级划分研究

　　来自外界的气象环境因素"风"会严重影响跨域大气污染的传输水平，进而影响区域内的大气污染特征。本章以大气污染浓度的海量实时监测数据及其之间的相关性为基础，结合城市与区域主风道方向的相对方位、治污紧迫性、污染影响力、污染治理潜力等关键指标，提出考虑主风道方向的跨域大气生态环境整体性协作治理区域范围优化与等级划分方法，并结合长三角地区的实证研究结果，对其进行对比分析和调整优化，进而提出具体解决方案和政策启示（谢玉晶，2017；Xie et al.，2018）。

5.1　国内外研究进展

　　中共中央、国务院对区域大气污染防治高度重视，做出了一系列重要部署。中共中央、国务院印发的《生态文明体制改革总体方案》指出，"建立污染防治区域联动机制。完善京津冀、长三角、珠三角等重点区域大气污染防治联防联控协作机制，其他地方要结合地理特征、污染程度、城市空间分布以及污染物输送规律，建立区域协作机制。在部分地区开展环境保护管理体制创新试点，统一规划、统一标准、统一环评、统一监测、统一执法"。虽然我国大气污染呈现改善态势，但与"美丽中国"目标相比还有一定差距（滕玥，2023）。2020 年，全国仍有 125 个城市 $PM_{2.5}$ 年均浓度超标，$PM_{2.5}$ 污染尚未得到根本性控制；O_3 浓度过去几年呈缓慢升高趋势，已成为仅次于 $PM_{2.5}$ 的重要大气污染物。因此，结合政策要求，进一步健全针对 $PM_{2.5}$ 与 O_3 的跨域大气污染控制协作区域范围优化与等级划分机制，是立足新发展阶段、贯彻新发展理念、推进生态文明建设的重要举措。在以往的研究中，污染物监测数据主要用于分析严重污染事件中大气污染的时空特征。Ji 等（2012）利用中国北方的监测数据，分析了 PM_{10} 的分布变化。一些研究基于大气污染物的监测数据，探究了不同区域的污染物分布特征，如关于珠江三角洲的大气污染治理研究（蔡岚和王达梅，2019）、长三角区域（孙燕铭和周传玉，2022）的大气污染物研究。这些研究为本章研究提供了坚实的理论基础。此外，数据挖掘方法从大量长期的污染监测数据中识别出潜在的污染物特征信息，这极大地支

持了跨域协作治理区域范围优化和等级划分方法的发展。与发达国家相比，中国
实施跨域协作治理战略的历史相对较短，相关定量研究还相对较少。大多数关于
跨域协作治理的定量研究主要集中在评估协作治理政策在大型体育赛事或会议
期间对大气污染物控制的有效性，如评估北京奥运会对大气污染物的影响
（Schleicher et al.，2012）。

　　综上所述，这些研究对大气污染物的分布特征进行了探究，为揭示海量监测
数据中隐藏的大气污染特征信息提供了良好的理论支持。但上述研究都没有考虑
到主风道方向对大气污染物传输的影响。因此，迫切需要找到一种有效方法，同
时考虑污染物特性和主风道方向，这会丰富相关研究成果，有助于促进大气污染
控制进程。

5.2　考虑主风道方向的协作治理区域范围优化与等级划分方法

　　大气污染区域性特征主要源于两方面：一是区域内各地区间存在着高水平的
污染传输，导致各地之间污染特征相似，二是区域内各地区污染排放特征高度相
似，因此污染变化趋势高度一致。协作范围的划分不仅要全面考虑各种复杂多变
的影响因素的综合作用，与大气循环系统的边界一致，还要兼顾现有行政管理体
制，这是决定协作治理区域范围划分科学与否的关键。本章将以城市为单位，根据
区域长期污染物监测数据呈现的特征划分协作区域范围。协作治理等级的划分可归
结为对各协作区域的多个关键属性的综合评价问题。由此，本章提出考虑主风道方
向的跨域大气生态环境协作范围优化和等级划分方法，具体步骤如图 5-1 所示。

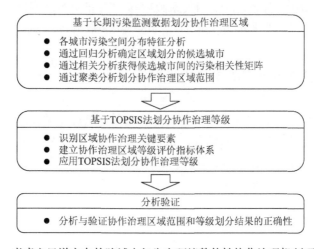

图 5-1　考虑主风道方向的跨域大气生态环境整体性协作治理机制研究框架

5.2.1 考虑主风道方向的协作治理区域范围优化方法

对于区域 R（包含 m 个城市）的某种大气污染 p，采用线性回归分析、相关性分析和聚类分析等方法与技术对 m 个城市的海量长期污染监测数据进行深入挖掘。以城市为基本划分单元，将 R 划分为若干协作子区域，具体步骤如下。

步骤 1：采用一元线性回归分析识别各城市对 R 区域的大气污染影响程度，将那些影响较大的城市作为参与协作治理的候选城市。以某城市的第 p 种污染物日均浓度（X^p）为自变量，以 R 区域的第 p 种污染物日均浓度（Y^p）为因变量进行一元线性回归，回归方程的斜率 a 越大，表明该城市的污染物浓度变化对区域 R 的影响越大。给定一个判别临界值 a_0，当回归方程的斜率 $a > a_0$ 时，对应的城市即可作为协作治理的候选城市。

步骤 2：对候选城市的长期污染数据进行相关性分析，获得城市间的污染相关系数矩阵 M。基于长期污染监测数据，计算任意两城市 x 与 y 之间第 p 种污染物的皮尔逊相关系数 r[式（5-1）]，r 值越接近于 1，说明两城市之间的污染相关性越高，意味着它们彼此间的污染传输水平越高，或它们在污染排放特征方面存在较高的一致性。

$$r = \frac{\mathrm{Cov}(c_x, c_y)}{\sigma_{cx} \cdot \sigma_{cy}} = \frac{E(c_y) - E(c_x)E(c_y)}{\sqrt{E(c_x^{\,2}) - E^2(c_x)} \cdot \sqrt{E(c_y^{\,2}) - E^2(c_y)}} \tag{5-1}$$

其中，c_x 与 c_y 分别表示城市 x、y 的污染物浓度；$\mathrm{Cov}(c_x, c_y)$ 表示城市 x、y 污染物浓度的协方差；σ 表示标准差；$E(\cdot)$ 表示数学期望。

步骤 3：以城市为变量，以相关系数矩阵 M 中的 r 为观察值，对候选城市进行聚类分析，聚类后得到的各类集群即为区域 R 的协作子区域。

5.2.2 考虑主风道方向的协作治理区域等级划分方法

为确定区域 R 的各协作子区域的污染治理等级，首先对 R 区域内的第 p 种污染物的空间分布特征进行深入挖掘，识别区域协作治理关键要素，在此基础上建立协作治理等级评价指标体系。最后在已建立的指标体系的基础上，应用 TOPSIS 法为各区域划分协作治理等级。

1. 等级评价指标设定

首先，大气污染治理的最终目的是减少污染造成的人群健康损害（Xie et al.，

2016)。因此，应从减缓污染健康损害压力的视角，为子区域（R_i）建立治污紧迫性指标（U_i^p）。污染健康损害压力取决于 R_i 的污染水平和人口密度。若 R_i 污染越严重，人口越密集，则它面临的污染健康损害压力越大，治污紧迫性越强，越应优先治理。因此，用平均人口密度（h_i）与其第 p 种污染物年日均浓度（c_i^p）之积来衡量 U_i^p，即 $U_i^p = h_i \times c_i^p$。

其次，R_i 的污染变化对 R 的影响力（I_i^p）是协作治理等级评价的重要依据，R_i 对 R 污染的影响力越大，越应优先治理。按照步骤 1 的方式，以 R_i 的第 p 种污染日均浓度（X_i^p）为自变量 X，将 R 的污染日均浓度（Y^p）为因变量 Y 进行一元线性回归，则回归方程 $Y^p = a_i X_i^p + b_i$ 的斜率 a_i 可衡量 R_i 第 p 种污染物浓度变化对 R 污染物浓度变化的影响程度 I_i^p，即 $I_i^p = a_i$，I_i^p 越大，R_i 越应优先治理。

再次，各子区域由于地理位置、气候条件等存在很大差异，导致它们各自的污染治理潜在空间不同。因此，将污染治理的潜在空间（E_i^p）作为 R_i 第 p 种污染物的协作治理等级评价指标之一。一个地区某种污染物在某段时期的变异系数可以衡量某地区污染物浓度的离散程度，变异系数值越大，则该地区污染物变化幅度越大，说明该地区的污染治理潜力越大。因此区域 R_i 第 p 种污染物的长期变异系数可用来衡量它的污染治理潜在空间 E_i^p。

最后，区域性污染特征的重要原因之一是区域内各地区间存在较高水平的污染传输，而地区之间的距离和相对方位是影响它们之间污染相互传输的两个重要因素，这也是空气流域理论中考察的两个主要因素。例如，距离较近的两个地区比距离较远的两个地区之间的污染传输水平高，主导风的上风向地区向下风向地区的污染传输水平高于它非主导风向地区的污染传输，也比下风向地区向上风向地区的污染传输水平要高。因此，综合考虑污染输出地与输入地间的距离以及它们所处地理位置的相对方位与常年主导风向的一致性程度，以主风道方向的距离（D_i^p）作为协作治理等级评价的指标之一，来衡量 R_i 第 p 种污染输出对 R 内其他子区域污染的恶化程度，D_i^p 值越大，表示 R_i 污染对外传输而导致周边地区污染恶化得越严重，越应优先治理。

在污染最严重的季节，将处于该季节主导风向（亦称主风道方向）上游的子区域设定为参考区域（O），以此衡量其他子区域到 O 的直线距离（d_i）以及它们与 O 的相对方位与主导风向的夹角（β_i），进而以 d_i 与 $\cos\beta_i$ 之比作为主风道方向上的距离 D_i，即 $D_i = d_i / \cos\beta_i$。其中，d_i 按照 R_i 和 O 之间的几何重心距离计算，R_i 和 O 分别视为辖区内各城市市政府所在的点构成的几何图形。

确定 D_i 指标值的另一关键因素是确定区域 R 的主风道方向。基于长期污染监测数据，综合采用相关性分析、线性回归、双因素方差分析等方法对 R 区域的污染空间分布特征进行深入挖掘，分三步确定区域 R 的主风道方向，具体步骤如下。

步骤 1：采用线性回归分析，识别城市间距离（d）对污染相关系数 r 的影响程度，并将 R 内的城市按距离水平分成若干组。选择区域 R 内的几个典型城市作为参照城市，分别以它们与区域 R 内的其他城市之间的污染相关系数 r 为因变量，以它们与其他城市之间的距离 d 为自变量进行回归，判定 r 受 d 的影响程度，按照各城市与参照城市之间的距离将参照城市周边的城市分为 q 组。

步骤 2：采用线性回归分析，初步判断主风道方向。给定一个判别临界值 r_0，当城市 i 和 j 之间的污染相关系数 $r_{ij} > r_0$ 时，将城市 i 和 j 定义为污染高度相关城市。筛选出参照城市的所有污染高度相关城市。然后，以这些污染高度相关城市的纬度为因变量、经度为自变量进行线性拟合，由此初步判断主风道方向。因为受主导风向影响，污染高度相关的大部分城市一定会分布在主风道上。由此，城市间相对方位（d'）可分为两个水平：主风道方向和非主风道方向。

步骤 3：综合采用双因素方差分析、最小显著差异（least significant difference，LSD）法和成组检验等方法，最终确定主风道方向。首先，将 d' 与主风道方向一致的城市定义为传输通道城市，将其他城市定义为非传输通道城市。将参照城市与其传输通道城市和非传输通道城市的污染相关系数分别记为样本数据 S_1 和 S_2。然后，采用双因素方差分析检验在 d 的 q 种水平和相对方位的两种水平（主风道方向和非主风道方向）下，城市间的污染相关系数 r 是否存在显著差异，并检验 d 和 d' 的交互作用对 r 的影响是否显著。然后采用 LSD 法进行多重比较，进一步验证 r 与 d 之间相互影响关系的结论。最后，采用成组检验法进一步检验 S_1 和 S_2 的均值是否存在显著差异。

2. 基于 TOPSIS 的子区域协作治理等级划分

设 $R = \{R_1, R_2, \cdots, R_i, \cdots, R_m\}$ 是区域 R 被划分的所有子区域的集合。对于任意协作子区域 R_i 的第 p 种污染物的协作治理等级，基于治污紧迫性指标（U_i^p）、R_i 的污染变化对 R 的影响力（I_i^p）、主风道方向的距离（D_i^p）、污染治理潜在空间（E_i^p）四个指标进行评价。对各子区域对应的评价指标值进行汇总，如表 5-1 所示。基于此，应用 TOPSIS 法确定协作治理等级的具体步骤如下。

表 5-1　TOPSIS 评价矩阵

类别	指标（k）	U_i^p	I_i^p	D_i^p	E_i^p
区域（i）	R_1	X_{1U}	X_{1I}	X_{1D}	X_{1E}
	R_2	X_{2U}	X_{2I}	X_{2D}	X_{2E}
	$\vdots$	$\vdots$	$\vdots$	$\vdots$	$\vdots$
	R_m	X_{mU}	X_{mI}	X_{mD}	X_{mE}

步骤 1：指标趋同化处理，将评价指标 X_{ik} 全部转化为高优指标，转化为高优指标的方法如式（5-2）所示。

$$X'_{ik} = \begin{cases} X_{ik}, & 若 X_{ik} 为高优指标 \\[2mm] \dfrac{1}{X_{ik}}, & 若 X_{ik} 为低优指标 \\[2mm] \dfrac{M}{\left[\bar{X} + \left|X_{ik} - \bar{X}\right|\right]}, & 若 X_{ik} 为中性指标 \end{cases} \qquad (5\text{-}2)$$

其中，$\bar{X}$ 表示指标均值。在四个评价指标中，X_{iU}、X_{iI} 和 X_{iE} 都是高优指标，其值不变。X_{iD} 为低优指标，转化为高优指标 $X'_{iD} = 1/X_{iD}$。

步骤 2：趋同数据归一化。按照式（5-3）的方法，将 X'_{ik} 归一化转化成 Z_{ik}，由此得到归一化处理后的矩阵 Z，

$$Z_{ij} = \frac{X'_{ik}}{\sqrt{\sum_{i=1}^{m}(X'_{ik})^2}} \qquad (5\text{-}3)$$

$$Z = \begin{bmatrix} Z_{1U} & Z_{1I} & Z_{1D} & Z_{1E} \\ Z_{2U} & Z_{2I} & Z_{2D} & Z_{2E} \\ \vdots & \vdots & \vdots & \vdots \\ Z_{mU} & Z_{mI} & Z_{mD} & Z_{mE} \end{bmatrix} \qquad (5\text{-}4)$$

步骤 3：确定最优方案和最劣方案。

最优方案 Z^+ 由矩阵 Z 中每列的最大值构成：$Z^+ = \{\max(Z_{iU}), \max(Z_{iI}), \max(Z_{iD}), \max(Z_{iE})\}$。最劣方案 Z^- 由矩阵 Z 中每列的最小值构成：$Z^- = \{\min(Z_{iU}), \min(Z_{iI}), \min(Z_{iD}), \min(Z_{iE})\}$。

步骤 4：计算协作子区域 i 与 Z^+ 和 Z^- 的距离 ZD_i^+ 和 ZD_i^-，计算方法如式（5-5）所示：

$$\mathrm{ZD}_i^+ = \sqrt{\sum_j (\max Z_{ij} - Z_{ij})^2}, \quad \mathrm{ZD}_i^- = \sqrt{\sum_j (\min Z_{ij} - Z_{ij})^2} \qquad (5\text{-}5)$$

步骤 5：计算各子区域 i 与最优方案的接近程度 CL_i，

$$\mathrm{CL}_i = \frac{\mathrm{ZD}_i^-}{\mathrm{ZD}_i^+ + \mathrm{ZD}_i^-} \qquad (5\text{-}6)$$

步骤 6：按 C_i 值从大到小排列各协作子区域的顺序，C_i 值越大的子区域越优先治理，由此可得到各协作子区域的等级。

5.3　长三角区域实证分析

5.3.1　数据来源与样本描述

《中共中央关于制定国民经济和社会发展第十四个五年规划和二〇三五年远景目标的建议》中明确提出："强化多污染物协同控制和区域协同治理，加强细颗粒物和臭氧协同控制，基本消除重污染天气。"$PM_{2.5}$ 和 O_3 的协同控制，已经成为我国"十四五"规划和 2035 年远景目标中大气污染防治的一项重要任务。"十四五"是开启全面建设社会主义现代化国家新征程的第一个五年，虽然我国大气环境呈现持续快速改善态势，但与美丽中国建设目标相比还有一定差距。2020 年，全国仍有 34%的城市的 $PM_{2.5}$ 年均浓度超标，$PM_{2.5}$ 污染尚未得到根本性控制；O_3 浓度呈缓慢升高趋势，已成为仅次于 $PM_{2.5}$ 影响空气质量的重要因素。生态环境部部长黄润秋指出："我国以 O_3 为首要污染物的超标天数占比上升，其中长三角区域已经超过 50%，加强 $PM_{2.5}$ 和 O_3 协同控制成为持续改善空气质量的迫切需要。"因此，为了为 $PM_{2.5}$ 与 O_3 协同治理提供实证参考，本章选取 $PM_{2.5}$ 与 O_3 为研究对象。

以上海为中心的长三角区域位于中国东南沿海，属于北亚热带季风气候，秋冬季多西北风，春夏多东南风。长三角区域不仅雾霾污染严重，而且在夏季经常爆发严重的 O_3 污染。相比于京津冀地区，长三角区域 $PM_{2.5}$ 与 O_3 的协同治理更具挑战。如图 5-2 和图 5-3 所示，长三角区域各城市之间 $PM_{2.5}$ 与 O_3 浓度的差异性比京津冀更大，这意味着长三角区域实现 $PM_{2.5}$ 与 O_3 协同治理面临着更加严峻的挑战。

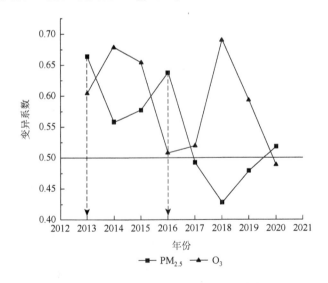

图 5-2　长三角区域城市间 $PM_{2.5}$ 与 O_3 浓度差异

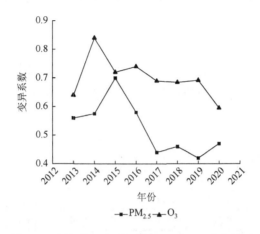

图 5-3　京津冀地区城市间 $PM_{2.5}$ 与 O_3 浓度差异

由此，本章选取长三角区域为研究区域。以长三角区域内的 15 个城市为研究单元，包括上海（SH），浙江的杭州（HAZ）、湖州（HUZ）、嘉兴（JX）、绍兴（SX）、宁波（NB）、台州（TZZ），江苏的南京（NJ）、苏州（SZ）、无锡（WX）、常州（CZ）、扬州（YZ）、镇江（ZJ）、泰州（TZJ）、南通（NT）。这些城市都有着密集的人口，发达的经济、交通、建筑业，等等。

与第 4 章样本时间窗的选取规则一致，本章还计算了长三角区域 2013～2020 年两种污染物的变异系数，用来测度长三角区域内城市间污染物浓度的差异性。如图 5-2 所示，除了 2020 年稍有反弹的情况，2016 年之后长三角区域 $PM_{2.5}$ 的差异值都低于 0.5，这与 2016 年之后采取的各种大气污染物防治政策有关。

因此，2016 年前的长三角区域污染物浓度数据更加能够反映污染物形成的环境、地理、自然等实际因素。基于此，本章选取长三角 15 市共 91 个监测站在 2013 年 1 月 31 日～2016 年 1 月 31 日发布的污染浓度数据进行研究，这些数据主要是从公众环境研究中心网站、全球大气研究排放数据库等，通过爬虫技术抓取获得，本节研究所需要的人口数据依据《中国统计年鉴》及 15 个城市统计年鉴提供的数据整理获得。

5.3.2　长三角 15 市 $PM_{2.5}$ 与 O_3 空间分布特征

为掌握长三角区域大气污染的空间分布特征，本节分析了长三角区域内各个城市间污染物浓度的相关系数（r）及其受城市间距离（d）、城市"相对方位"（d'）等因素的影响关系。

1）城市间的污染相关性

表 5-2 汇总了样本期间 15 市任意两个城市之间两种污染物的皮尔逊相关系

数，对角线下方为 $PM_{2.5}$ 污染相关系数，对角线上方为 O_3 污染相关系数。有些城市之间的污染相关系数较高，大于 0.8，而有些城市间相关系数则很低，不超过0.6。例如，浙江台州，除与杭州、嘉兴、绍兴、宁波和苏州之间 $PM_{2.5}$ 污染的相关系数大于 0.6 外，与其他城市的相关系数均不超过 0.6。

表 5-2　皮尔逊相关系数矩阵

城市	SH	HUZ	HAZ	JX	SX	NB	TZZ	SZ	NJ	WX	YZ	CZ	ZJ	NT	TZJ
SH	1	0.79	0.77	0.90	0.74	0.83	0.73	0.88	0.74	0.84	0.73	0.71	0.78	0.89	0.77
HUZ	0.77	1	0.91	0.90	0.83	0.79	0.70	0.92	0.86	0.91	0.81	0.82	0.82	0.78	0.80
HAZ	0.63	0.88	1	0.90	0.89	0.85	0.77	0.88	0.80	0.85	0.76	0.79	0.75	0.73	0.72
JX	0.90	0.88	0.81	1	0.82	0.88	0.77	0.92	0.79	0.87	0.76	0.78	0.77	0.81	0.75
SX	0.68	0.83	0.93	0.84	1	0.79	0.70	0.81	0.74	0.79	0.69	0.65	0.73	0.71	0.73
NB	0.80	0.81	0.81	0.88	0.85	1	0.86	0.83	0.70	0.77	0.68	0.71	0.69	0.73	0.66
TZZ	0.56	0.60	0.69	0.63	0.67	0.73	1	0.71	0.61	0.68	0.61	0.61	0.61	0.65	0.61
SZ	0.93	0.86	0.75	0.94	0.76	0.83	0.62	1	0.87	0.96	0.84	0.85	0.85	0.87	0.84
NJ	0.71	0.84	0.79	0.81	0.74	0.72	0.55	0.87	1	0.89	0.91	0.81	0.90	0.89	0.86
WX	0.89	0.89	0.78	0.93	0.78	0.82	0.58	0.97	0.88	1	0.88	0.90	0.89	0.87	0.86
YZ	0.71	0.76	0.70	0.75	0.67	0.65	0.52	0.80	0.89	0.82	1	0.82	0.89	0.82	0.90
CZ	0.84	0.86	0.77	0.88	0.75	0.79	0.59	0.93	0.90	0.96	0.89	1	0.75	0.74	0.70
ZJ	0.75	0.79	0.72	0.80	0.70	0.68	0.49	0.83	0.92	0.88	0.95	0.91	1	0.85	0.90
NT	0.92	0.76	0.62	0.84	0.64	0.74	0.55	0.90	0.76	0.89	0.80	0.89	0.83	1	0.89
TZJ	0.77	0.74	0.65	0.76	0.64	0.65	0.51	0.83	0.83	0.85	0.92	0.90	0.92	0.89	1

污染高度相关的城市之间可能存在较高水平的污染相互传输，也可能由于污染源类型、排放水平等因素相仿，各自排放的污染已具备较高的一致性或相似性，因此应将这些高度相关的城市划分至一个协作子区域实施统一的协作措施。

为进一步识别 15 市两种污染相关水平的特征及其影响因素，以城市为变量对表 5-2 中两种污染因子的相关系数为观察值进行聚类，结果如图 5-4 所示。长三角区域 $PM_{2.5}$ 污染可大致分为 4 个城市群，分别是 A = {苏州，无锡，常州，嘉兴，湖州，上海，南通}，B = {扬州，镇江，泰州，南京}，C = {杭州，绍兴，宁波}，D = {台州}。按照 O_3 污染物相关性可将 15 市分为 9 个城市群，分别为 A = {苏州，无锡，湖州}，B = {杭州，嘉兴}，C = {上海}，D = {南通}，E = {南京，扬州，镇江，泰州}，F = {常州}，G = {绍兴}，H = {宁波}，I = {台州}。然后，以上海、南京、杭州三个城市为参照城市，考察它们与周边其他城市之间的 r 与 d 的关系，r 与 d 值如表 5-3 所示。

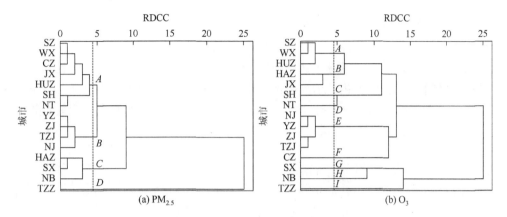

图 5-4　各城市污染相关系数聚类图

表 5-3　污染高度相关城市间的距离与相关系数

城市	SH			NJ			HAZ		
	d/千米	r 值		d/千米	r 值		d/千米	r 值	
		PM$_{2.5}$	O$_3$		PM$_{2.5}$	O$_3$		PM$_{2.5}$	O$_3$
SH	0	1.000	1.000	271.7	0.712	0.757	165.3	0.628	0.758
NJ	271.7	0.712	0.757	0	1.000	1.000	239.0	0.790	0.770
SZ	85.7	0.993	0.911	189.9	0.828	0.858	121.8	0.751	0.845
WX	114.2	0.892	0.854	157.8	0.884	0.872	137.1	0.781	0.826
CZ	157.2	0.836	0.741	115.3	0.895	0.787	173.2	0.767	0.756
YZ	234.8	0.711	0.745	69.4	0.885	0.900	242.0	0.700	0.722
ZJ	222.6	0.752	0.789	61.3	0.917	0.887	226.7	0.722	0.727
TZJ	201.8	0.765	0.768	114.8	0.826	0.849	241.4	0.648	0.686
NT	101.5	0.916	0.870	197.5	0.760	0.791	204.2	0.621	0.701
JX	88.7	0.892	0.886	239.3	0.808	0.770	78.3	0.814	0.885
HAZ	165.3	0.628	0.758	239.0	0.790	0.770	0	1.000	1.000
NB	155.2	0.795	0.821	363.7	0.723	0.697	149.1	0.805	0.852
HUZ	138.5	0.766	0.804	178.9	0.843	0.826	69.6	0.878	0.871
SX	156.1	0.676	0.765	288.0	0.742	0.731	51.9	0.926	0.879
TZZ	288.7	0.561	0.682	456.0	0.550	0.602	220.7	0.691	0.758

　　将 r 与 d 进行拟合，结果如图 5-5 所示。显然，无论是 PM$_{2.5}$ 还是 O$_3$，对于任何一个给定的参照城市，r 与 d 之间均存在显著的线性负相关关系（R^2 均大于或者等于 0.68），即在一定的距离范围内，r 随着 d 的增大是基本上降低的。当然，若给定城市与参照城市之间的距离 d 越大，则地形、地貌、风速、风向等客观条

件对它们之间污染物传输关系的影响程度将会越大、越复杂，r 与 d 之间相关关系的显著性也会由此变弱。例如，对于 $PM_{2.5}$ 而言，$d \leqslant 100$ 千米时，对应的 r 基本上都大于 0.8；当 101 千米 $\leqslant d \leqslant 200$ 千米时，r 值基本上都在减小，而且基本上都落在区间（0.6, 0.9）内；而当距离超过 200 千米时，r 值也基本上都在减小，而且基本上都小于 0.8。同样，对于 O_3 而言，d 在三个距离水平上，相关系数的变化范围与上述变化情况基本相同。

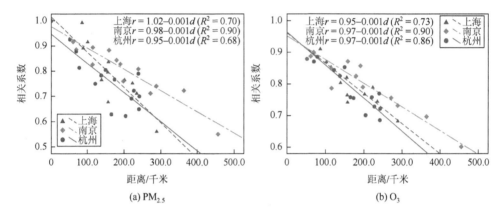

图 5-5　城市间的污染相关性与城市间距离的关系

2）d 对 r 的影响

选择上海、南京、杭州为参照城市，筛选出与其 $PM_{2.5}$ 污染相关系数不低于 0.8 的城市，作为它们各自的 $PM_{2.5}$ 高度相关城市群（表 5-4），进而分别对这三个城市群内城市的经纬度进行拟合，结果表明，与上海、南京、杭州三城市 $PM_{2.5}$ 日均浓度高度相关的城市群呈带状分布于西北—东南方向。采用同样的方法，对上海、南京、杭州三市的 O_3 污染高相关（$r > 0.8$）的城市群进行拟合，结果表明，O_3 污染高度相关的城市呈带状分布于西北—东南方向。

表 5-4　与三个参照城市污染高度相关的城市群

污染物	参照城市	污染高度相关城市群
$PM_{2.5}$	SH	JX、NB、SZ、WX、CZ、NT
	NJ	HUZ、JX、SZ、WX、YZ、CZ、ZJ、TZJ
	HAZ	JX、SX、NB、HUZ
O_3	SH	SZ、WX、NT、JX、NB
	NJ	SZ、WX、YZ、CZ、ZJ、NT、TZJ、HUZ、HAZ
	HAZ	HUZ、JX、SX、NB、SZ、NJ、WX

3）d 和 d′对 r 的交互作用

为进一步探索 d 和 d′的交互作用对 r 的影响，将 d 和 d′作为 r 的两个影响因素，进行双因素方差分析。按照与上海、南京、杭州三个参照城市间的相对方位，将其他城市分为两组，参照城市之间处于西北—东南方向的城市划入传输通道城市，将其他方向的城市划入非传输通道城市（表 5-5）。然后，根据各城市与参照城市之间的距离水平，将长三角区域的城市分别划分至三个距离水平上（表 5-6）。

表 5-5　传输通道城市和非传输通道上的城市分组

相对方位	参照城市	城市分组
传输通道城市	SH	SZ、NJ、WX、YZ、CZ、ZJ、NT、TZJ
	NJ	SH、HUZ、JX、SX、NB、WX、CZ、ZJ、HAZ、SZ
	HAZ	SX、NB、TZZ、NJ、HUZ
非传输通道城市	SH	HUZ、HAZ、JX、SX、NB、TZZ
	NJ	YZ、TZJ、NT、TZZ
	HAZ	SH、JX、SZ、WX、YZ、CZ、ZJ、NT、TZJ

表 5-6　三个距离水平上的城市分组

参照城市	0～100 千米	101～200 千米	>200 千米
SH	JX、SZ、NT	HAZ、HUZ、SX、NB、WX、CZ、TZJ	TZZ、NJ、YZ、ZJ
NJ	YZ、ZJ	HUZ、SZ、WX、CZ、TZJ、NT	SH、HAZ、JX、SX、NB、TZZ
HAZ	HUZ、JX、SX	SH、NB、SZ、WX、CZ	TZZ、NJ、YZ、ZJ、TZJ、NT

双因素方差分析结果如表 5-7 所示。对 $PM_{2.5}$ 而言，城市间的污染相关系数 r 在 3 种 d 水平下存在显著差异，在两个 d′ 水平下存在显著差异。对 O_3 而言，r 仅在不同距离水平上存在显著差异，在 d′两个水平下 r 无显著差异，d 和 d′的交互作用的影响也不显著。

表 5-7　双因素方差分析结果

项目	$PM_{2.5}$				O_3			
	Ⅲ型平方和	均方	F	Sig.	Ⅲ型平方和	均方	F	Sig.
校正模型	0.298[a]	0.099	32.895	0.000	0.136[b]	0.045	23.430	0.000
截距	23.265	23.265	7 691.464	0.000	24.706	24.706	12 724.509	0.000
d	0.240	0.120	39.754	0.000	0.027	0.013	4.609	0.047

续表

项目	PM$_{2.5}$				O$_3$			
	III型平方和	均方	F	Sig.	III型平方和	均方	F	Sig.
d'	0.087	0.087	28.604	0.000	0.006	0.006	2.853	0.099
$d \times d'$	0.008	0.004	1.287	0.328	0.001	0.001	0.175	0.842
误差	0.115	0.003			0.074	0.002		
总计	25.671				27.283			

a：$R^2 = 0.722$（调整 $R^2 = 0.700$）。b：$R^2 = 0.548$（调整 $R^2 = 0.413$）

　　采用 LSD 法对三个距离水平下城市群的污染相关系数进行比较（表 5-8）。与 0～100 千米、101～200 千米、>200 千米距离相对应的 PM$_{2.5}$ 相关性依次降低。对于 O$_3$ 污染而言，100 千米范围内的城市之间污染相关性显著高于（$p < 0.05$）101～200 千米和 >200 千米两个水平，但 101～200 千米与 >200 千米两个距离水平对应的污染相关性并无明显差异（$p = 0.144 > 0.05$），这意味着距离小于 100 千米的城市间的 O$_3$ 污染更容易相互影响。

表 5-8　基于 LSD 法的多重比较结果

污染因子	距离（I）/千米	距离（J）/千米	均值差异（I–J）	标准误	Sig.
PM$_{2.5}$	0～100	101～200	0.112[*]	0.234	0.000
	0～100	>200	0.198[*]	0.238	0.000
	101～200	>200	0.854[*]	0.019	0.000
O$_3$	0～100	101～200	0.094[*]	0.040	0.038
	0～100	>200	0.140[*]	0.041	0.007
	101～200	>200	0.046	0.029	0.144

*表示均值差的显著性水平为 0.05

　　表 5-9 汇总了两种污染因子的样本均值、方差、样本量信息。S1 为 3 个参照城市与其传输通道城市间的样本，S2 为参照城市与非传输通道城市间的样本。经检验，两种污染因子对应的 S1 和 S2 总体均服从正态分布。对于 PM$_{2.5}$，t 统计量为 2.868，即在 95% 的置信水平上通过检验，即传输通道城市间 PM$_{2.5}$ 的污染相关性水平显著高于非传输通道城市。对于 O$_3$，t 统计量为 0.769，在 95% 的置信水平上未通过检验，即传输通道城市间的 O$_3$ 污染相关系性水平与非传输通道城市间的污染相关性水平无显著差异。

表 5-9　基于 t 检验的成组比较结果

污染因子	样本	均值	S^2	样本量	t 检验		
					t	$t_{1-\alpha}$（40）	Sig.（右侧检验）
PM$_{2.5}$	S1	0.8170	0.007	23	2.868	1.684	0.005
	S2	0.7337	0.007	19			
O$_3$	S1	0.8113	0.004	23	0.769	1.684	0.259
	S2	0.7942	0.006	19			

注：$\alpha = 0.05$

5.3.3　长三角跨域大气生态环境整体性协作治理区域范围优化结果

为筛选出对长三角区域的污染影响较大的城市，分别以长三角区域的 PM$_{2.5}$ 浓度为因变量，以各市 PM$_{2.5}$ 浓度为自变量进行拟合，得到各市对整个长三角区域 PM$_{2.5}$ 污染的影响程度的方程。结果如表 5-10 所示。同理，分别以长三角区域的 O$_3$ 浓度为因变量，以各市 O$_3$ 浓度为自变量进行拟合，得到各市对整个长三角区域 O$_3$ 污染的影响程度的方程，结果如表 5-10 所示。由表 5-10 可知，所有的回归都通过了显著性检验。15 个城市对应的 PM$_{2.5}$ 回归方程斜率均大于等于 0.724，说明每个城市 PM$_{2.5}$ 的浓度变化对整个长三角区域的污染水平都会产生显著影响。因此，15 个城市均可作为 PM$_{2.5}$ 协作治理的候选城市。与 PM$_{2.5}$ 不同的是，O$_3$ 所有回归方程的斜率均介于 0.428 和 0.537 之间，说明各城市 O$_3$ 浓度变化对整个区域 O$_3$ 污染水平的影响程度较弱。为了识别哪些城市可能会被划分在一起，组成新的小范围的 O$_3$ 协作区域，仍将 15 个城市作为 O$_3$ 协作候选城市。

表 5-10　长三角与各城市污染浓度的线性回归结果

污染因子	城市	线性回归方程	R^2	Sig.
PM$_{2.5}$	SH	$Y = 14.290 + 0.757X$	0.785	＜0.01
	HUZ	$Y = 8.133 + 0.861X$	0.834	＜0.01
	HAZ	$Y = 9.772 + 0.828X$	0.724	＜0.01
	JX	$Y = 5.937 + 0.924X$	0.885	＜0.01
	SX	$Y = 9.827 + 0.821X$	0.718	＜0.01
	NB	$Y = 16.166 + 0.866X$	0.755	＜0.01
	TZZ	$Y = 21.020 + 0.808X$	0.458	＜0.01
	SZ	$Y = 6.566 + 0.830X$	0.914	＜0.01
	NJ	$Y = 13.189 + 0.734X$	0.832	＜0.01

污染因子	城市	线性回归方程	R^2	Sig.
PM$_{2.5}$	WX	$Y = 4.579 + 0.824X$	0.937	<0.01
	YZ	$Y = 9.292 + 0.832X$	0.788	<0.01
	CZ	$Y = 11.095 + 0.740X$	0.928	<0.01
	ZJ	$Y = 8.570 + 0.780X$	0.841	<0.01
	NT	$Y = 12.991 + 0.739X$	0.818	<0.01
	TZJ	$Y = 10.928 + 0.724X$	0.796	<0.01
O$_3$	SH	$Y = 11.211 + 0.504X$	0.760	<0.01
	HUZ	$Y = 17.558 + 0.428X$	0.790	<0.01
	HAZ	$Y = 19.582 + 0.475X$	0.761	<0.01
	JX	$Y = 13.949 + 0.458X$	0.787	<0.01
	SX	$Y = 25.946 + 0.437X$	0.688	<0.01
	NB	$Y = 10.970 + 0.537X$	0.701	<0.01
	TZZ	$Y = 14.984 + 0.509X$	0.557	<0.01
	SZ	$Y = 14.983 + 0.506X$	0.848	<0.01
	NJ	$Y = 18.838 + 0.448X$	0.773	<0.01
	WX	$Y = 16.084 + 0.484X$	0.825	<0.01
	YZ	$Y = 11.387 + 0.489X$	0.740	<0.01
	CZ	$Y = 21.353 + 0.459X$	0.663	<0.01
	ZJ	$Y = 18.191 + 0.433X$	0.760	<0.01
	NT	$Y = 7.830 + 0.522X$	0.773	<0.01
	TZJ	$Y = 16.519 + 0.473X$	0.716	<0.01

　　然后，对 PM$_{2.5}$ 协作候选城市进行聚类，以城市为变量，以城市间的污染相关系数进行聚类的结果如图 5-6（a）所示。当 RDCC 取值介于 4～5 时，15 市被分成 4 组，每一组内城市间的污染相关性特征最相似，而组间相似性最小。因此，每一组就是长三角区域的一个协作子区域。由此，长三角区域可划分为 4 个 PM$_{2.5}$ 协作子区域，分别为 R1 = {苏州，无锡，常州，嘉兴，湖州，上海，南通}、R2 = {扬州，镇江，泰州，南京}、R3 = {杭州，绍兴，宁波}、R4 = {台州}。然后，采用相同的方法对长三角区域的 15 个 O$_3$ 协作候选城市进行聚类，当 RDCC 取值介于 4～5 时，可将长三角划分为 9 个 O$_3$ 协作子区域，分别为 R1 = {苏州，无锡，湖州}、

R2 = {杭州，嘉兴}、R3 = {上海}、R4 = {南通}、R5 = {南京，扬州，镇江，泰州}、
R6 = {常州}、R7 = {绍兴}、R8 = {宁波}、R9 = {台州}，如图 5-6（b）所示。

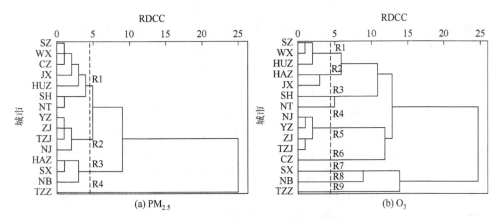

图 5-6　长三角区域协作候选城市聚类图

5.3.4　长三角跨域大气生态环境协作区域等级划分结果

表 5-11 是四个 $PM_{2.5}$ 协作子区域 $PM_{2.5}$ 污染浓度的描述性统计结果。R1、R2、
R3 和 R4 的 $PM_{2.5}$ 治理潜力指标值 E_i 分别为 0.566、0.567、0.540 和 0.583。

表 5-11　各子区域 $PM_{2.5}$ 污染水平描述性统计

协作子区域	均值	标准差	离差
R1 = {SZ, WX, CZ, JX, HUZ, SH, NT}	56.87	32.21	0.566
R2 = {YZ, ZJ, TZJ, NJ}	57.64	32.71	0.567
R3 = {HAZ, SX, NB}	54.77	29.56	0.540
R4 = {TZZ}	41.99	24.50	0.583

以长三角区域的 $PM_{2.5}$ 日均浓度为因变量，以各子区域的日均浓度为自变量，
分别进行线性拟合，结果如表 5-12 所示。

表 5-12　子区域与整个区域 $PM_{2.5}$ 浓度的一元线性回归结果

协作子区域	非标准化方程	R^2	F	Sig.
R1 = {SZ, WX, CZ, JX, HUZ, SH, NT}	$Y = 13.053 + 0.699X$	0.775	1248.32	<0.01
R2 = {YZ, ZJ, TZJ, NJ}	$Y = 15.404 + 0.649X$	0.688	800.39	<0.01
R3 = {HAZ, SX, NB}	$Y = 9.458 + 0.792X$	0.836	1848.57	<0.01
R4 = {TZZ}	$Y = 17.337 + 0.845X$	0.654	687.56	<0.01

注：因变量为长三角区域的 $PM_{2.5}$ 日均浓度；自变量为各子区域的 $PM_{2.5}$ 日均浓度

在四个 $PM_{2.5}$ 协作子区域中，R2 平均污染水平最高（57.64 微克/米^3），且处于冬季主导风（西北风）的上风向，比其他子区域的污染输出更多、影响更恶劣。因此，选 R2 为参照区域 O，以此计算 R1、R3、R4 在主风道方向上距离指标 D_i。在计算 O 与 R3 之间的距离时，O 被视为由扬州、镇江、泰州和南京四城市的市政府构成的平面四边形，R3 被视为由杭州、绍兴和宁波构成的三角形，两个多边形的几何重心距离则是 O 与 R3 之间距离，为 280 千米。

同理计算得到 R1、R4 到 O 的距离分别为 155.07 千米、443.67 千米。R1、R3、R4 与 O 连线相对于正北方向（90°）的相对方位分别为 132.48°、152.84°和 154.14°，与主风道方向——西北—东南方向（相对于正北方向 135°）的夹角分别为 2.52°、17.84°和 19.14°。由此，D_1、D_3、D_4 指标值分别为 155.36 千米、294.13 千米、469.60 千米。D_i 为低优指标，需首先对其取倒数进行趋同化后才能进行归一化处理。同时，将 D_2 指标归一化后的值设为 1，其他子区域的 D_i 指标按照式（5-3）进行归一化处理。四个子区域的 $PM_{2.5}$ 年日均浓度分别为 56.87 微克/米^3、57.64 微克/米^3、54.77 微克/米^3、41.99 微克/米^3，其平均人口密度分别为 0.1449 万人/千米^2、0.0885 万人/千米^2、0.0619 万人/千米^2、0.0635 万人/千米^2。由此，对应的紧迫性指标值分别为 5.03、8.35、3.39、2.67。表 5-13 汇总了 4 个子区域各评价指标值、按 TOPSIS 法计算的最优距离（ZD^+）、最劣距离（ZD^-）、与最优方案的接近程度（CL_i）以及各区域的协作治理等级。四个子区域的等级顺序为 R1＞R2＞R3 ＞R4，采用相同的方法确定 9 个 O_3 协作子区域的等级，由于长三角区域的 O_3 被证实为小范围的局地污染，超过 100 千米的城市间 O_3 污染相互传输非常弱，因此仅针对治污紧迫性 U_i 和污染治理空间 E_i 两个评价指标对 9 个 O_3 协作子区域的等级进行评价，结果如表 5-14 所示。各子区域的协作治理等级顺序为 R3＞R6＞R1＞R7＞R4＞R5＞R2＞R8＞R9。

表 5-13　　$PM_{2.5}$ 协作子区域的 TOPSIS 评价结果

协作子区域	U_i	I_i	D_i	E_i	ZD_i^+	ZD_i^-	CL_i	等级
R1 = {SZ, WX, CZ, JX, HUZ, SH, NT}	5.03	0.699	155.36	0.566	0.17	0.78	0.82	1
R2 = {YZ, ZJ, TZJ, NJ}	8.35	0.649	0	0.567	0.33	0.75	0.70	2
R3 = {HAZ, SX, NB}	3.39	0.792	294.13	0.540	0.72	0.21	0.23	3
R4 = {TZZ}	2.67	0.654	469.60	0.583	0.90	0.04	0.04	4

表 5-14　　O_3 污染浓度描述性统计与各子区域 TOPSIS 评价结果

协作子区域	均值	标准差	U_i	E_i	ZD_i^+	ZD_i^-	CL_i	等级
R1 = {SZ, WX, HUZ}	102.22	50.226	10.569	0.491	0.638	0.129	0.17	3
R2 = {HAZ, JX}	102.33	49.143	6.716	0.480	0.720	0.061	0.08	7
R3 = {SH}	105.39	46.212	40.319	0.438	0.099	0.749	0.88	1

续表

协作子区域	均值	标准差	U_i	E_i	ZD_i^+	ZD_i^-	CL_i	等级
R4 = {NT}	108.25	45.005	9.873	0.416	0.660	0.100	0.13	5
R5 = {NJ, YZ, ZJ, TZJ}	104.43	48.171	9.245	0.461	0.668	0.095	0.12	6
R6 = {CZ}	93.64	47.402	10.686	0.506	0.634	0.137	0.18	2
R7 = {SX}	87.88	50.756	5.261	0.578	0.748	0.121	0.14	4
R8 = {NB}	99.35	41.634	7.714	0.419	0.705	0.055	0.07	8
R9 = {TZZ}	97.02	39.207	6.160	0.404	0.739	0.021	0.03	9

5.4　结果讨论与政策启示

5.4.1　实证结果讨论

　　$PM_{2.5}$ 自身的物化特性决定其在空气中易长时间悬浮并随风传输，适宜在较大的区域范围内开展协作治理。在长三角的四个 $PM_{2.5}$ 协作子区域中，R1 = {苏州，无锡，常州，嘉兴，湖州，上海，南通} 和 R2 = {扬州，镇江，泰州，南京} 的范围均较大，R3 = {杭州，绍兴，宁波} 和 R4 = {台州} 范围较小，这是由于 R3 和 R4 污染水平相对低，且均处于西北风向末端的临海位置，自然扩散条件较好，且受来自西北内陆"脏气团"污染输入的影响比较小。R2 处于长三角区域西北部，受西北内陆污染输入的影响较大，且在 R2 的经济发展中，石油、化工、黑色金属、有色金属等高污染行业扮演重要角色，扬州、镇江、泰州、南京应加强产业结构调整和优化，强化对高污染行业尤其是化工、石化等的污染治理。R1 的高污染行业的石化、化工行业经济贡献远低于 R2，而大气污染排放较小的计算机通信和电子设备业、纺织和服装业相对发达。与 $PM_{2.5}$ 划分结果不同，长三角被细分为 9 个范围较小的 O_3 协作子区域。在 9 个子区域中，除 R1 = {苏州，无锡，湖州} 和 R5 = {南京，扬州，镇江，泰州} 外，其他 7 个子区域所包含的城市均不超过 2 个。尽管 O_3 严重污染事件常在大范围区域集中爆发，但这与"O_3 属于小范围局地污染"的结论并不相悖。快速的工业化和区域一体化进程使长三角区域内各城市资源及生态环境具有共性特征，且各城市自然地理条件相仿、生态功能特征相似，大气环境问题相近，长江、太湖、东海以及纵横交错的水网将苏浙沪生态环境牢牢地嵌套成为一个"唇齿相依"的整体，这些条件也极易使 O_3 污染在各城市间呈现出"一荣俱荣、一损俱损"的共性特征。因此，对呈现小范围局地污染特征的 O_3 污染治理，可将具有共同污染特征的城市作为一个小范围协作子区域，针对域内各城市 O_3 污染的前体物污染排放源实施统一规划、统一监测、统一监管、统一评估和统一协作的管控措施，降低 O_3 生成率。上述分析表明，本章提出的协作范围划分方法，既充分考虑了污染因子自身特征、各城市的经济发展水平、工业结构、城市化水平、人口规模、行政区划等社会经济因素作用，又兼顾了各地相对地理位置、自然气候条件等影响空气流域分布的因素，比仅根据污染水平表象特征或仅考虑空气流域的影响因素以及仅考虑行政区划因素的划分方法更科学，所划分的协作范围更精准，有利于管理和协作，进而更有利于提高整个长三角区域协作治理的战略有效性。

应用 TOPSIS 法对长三角各子区域协作治理等级划分的结果与实际情况相符。具体而言，R1 = {苏州，无锡，常州，嘉兴，湖州，上海，南通}的平均人口密度（0.1449 万人/千米^2）居 4 个子区域之首，约为子区域 R2 人口密度（0.0885 万人/千米 ^{2}）的两倍，且 R1 的污染浓度（56.87 微克/米 ^{3}）仅次于污染最严重的R2（57.64 微克/米^3），人口因素和污染水平共同导致 R1 的治污紧迫性远高于其他子区域。此外，R1 距参考区域 R2 较近，位于长三角区域西北风向的中上游，使得 R1 在主风道上距离和对整个区域的污染影响力这两个指标上得分均较高，因此 R1 被赋予了最高的协作治理等级。R2 自身污染水平较高（年均浓度 57.64 微克/米^3），且平均人口密度仅次于 R1，因而 R2 的治污紧迫性和对长三角区域 $PM_{2.5}$的影响力指标得分均位居第二，而 R2 由于被选为参照区域 O，由此主风道方向上的距离得分位居四个区域之首，且 R2 的 $PM_{2.5}$ 污染治埋潜在空间与 R1 几乎相等，因此 R2 的协作治理等级被评定为第二。子区域 R3 对整个长三角区域的 $PM_{2.5}$污染影响力较大（$I_3 = 0.792$），而 R3 的其他三个指标得分均远低于协作治理等级居于第二的 R2 区域，但这些指标得分均远高于 R4，因此 R3 的协作治理等级为第三，R4 的等级最低。这与 R4 污染水平最低、处于主风道下风向末端位置、临海自然扩散条件佳且人口密度较低的实际情况完全相符。同样，长三角区域的 9 个O_3 协作子区域划分的等级结果也与实际情况吻合。子区域 R3 = {上海}由于人口密度（约 0.38 万人/千米 ^{2}）远大于其他区域，约是第二大人口密集区域 R6 的 3 倍，导致其治污紧迫性指标在 9 个子区域中遥遥领先，因此应最先对 R3 进行治理，以最大程度上降低 O_3 污染对人群健康造成的损害。区域 R6 = {常州}有着较大的治污潜力和治污紧迫性，这决定了 R6 应被赋予第二等级。以此类推，其他各子区域的 O_3 污染水平、治污空间和人口密度，决定了它们的协作治理等级。这样，在财政预算、各类资金条件有限时，可根据各子区域的协作治理等级相应配置资源投入，以获得最高效的治污效果。

上述分析表明，本章提出的协作范围和等级划分新方法具有科学性与可行性。这种将过大的区域划分为若干子区域并对其协作治理等级进行科学评价，进而实施差异化治理的模式与当前在较大范围内实施一视同仁的协作管理模式相比，在管理协作、节约资金资源、提高空气质量改善成效等方面具有更大的优越性。

5.4.2　长三角区域大气污染协作治理的政策启示

《中共中央　国务院关于深入打好污染防治攻坚战的意见》中明确要求，"以实现减污降碳协同增效为总抓手，以改善生态环境质量为核心，以精准治污、科学治污、依法治污为工作方针"，同时要求，"坚持系统观念、协同增效。推进山水林田湖草沙一体化保护和修复，强化多污染物协同控制和区域协同治理，注重综合治理、系统治理、源头治理，保障国家重大战略实施"。为落实该意见中规定的大气污染治理目标，长三角区域已采取相应措施减少大气污染。为促进跨域大气污染协作治理，长三角区域 41 个地级及以上城市的 326 个环境空气质量国控点常规空气质量监测数据实现了实时共享，这支撑了长三角区域空气质量预测预报中心开展日常区域空气质量预报、示范区空气质量预报和会商等工作。此外，在重大活动保障期间，依托长三角区域空气质量预测预报中心，联合总站预报中心及三省一市监测中心，采取首席预报员进驻现场保障和总站预报中心及各省预报分中心联合会商预报的方式，每天开展区域可视化会商和不定期调度会商。长三角区域实施的跨行政边界协作治理举措，不仅落实了该意见中对大气污染攻坚防治的提议与要求，也为全国其他区域提供了大量跨域协作治理的典型案例和方法。

但是，长三角区域中的城市数量超过 40 个，如果将全部城市纳入一个协作治理区域，各城市间协调起来难度大、成本高。为促进建立长期有效的跨域大气环境整体性协作机制，亟须进一步精细化长三角区域协作治理区域范围与治理等级，实现精准治污。因此，本章提出了考虑主风道方向的协作治理区域范围优化与等级划分方法，为长三角区域完善大气污染跨域协作治理机制提供方法参考。

通过实证研究可以得到以下政策启示。

一是精细化长三角协作治理区域，应用本章提出的考虑主风道方向的协作治理区域范围优化方法，在重点污染治理区域中划分协作治理子区域，可分区域联合成立协作治理示范区。例如，根据本章结果，可联合苏州、无锡、常州、嘉兴、湖州、上海、南通七个城市先行成立协作治理示范区，在这个示范区的城市可先行建立污染物数据、治理政策、治污技术共享平台。并且，在此示范区内，苏州、无锡和湖州三个城市应强化 O_3 协作治理措施。

二是改变当前实施的一视同仁的协作治理模式，在同时考虑主风道方向、污染物特性的基础上对不同协作子区域实施差异化治理。例如，本章研究发现可以将苏州、无锡、常州、嘉兴、湖州、上海、南通划分至同一协作区域，并赋予该区域最高的 $PM_{2.5}$ 治理等级。同时，在这一区域内，苏州、无锡和湖州对 O_3 实施最高治理等级。分区域分等级的治理模式可以有效提高跨域协作治理效率，降低协作治理成本。

　　本章研究对深化推进跨域协作治理，显著改善区域空气质量具有重要的现实意义，本章提出的方法还可广泛应用于我国乃至全球其他区域多种大气污染因子的协作治理，如 PM_{10}、SO_2、NO_2、CO 等污染。

5.5　本章小结

　　本章基于各城市的主风道方向、大气污染物浓度海量监测数据及城市间污染物浓度的相关性，深入研究了跨域大气生态环境整体性协作治理区域范围优化与等级划分方法，得到以下主要成果：①提出了基于城市污染影响力、污染传输水平、污染排放特征的协作治理区域范围优化方法，以及基于城市主风道方向、地理距离、相对方位、污染健康损害压力、污染影响力、污染治理潜力等关键因素的协作治理等级划分方法；②长三角地区 15 市的实证研究表明，该地区各城市的污染排放特征相似，而且跨域传输水平高，应将该地区划分为 4 个 $PM_{2.5}$ 协作治理子区域、9 个 O_3 协作治理子区域及若干协作治理等级；③在跨域大气生态环境整体性协作治理具体实践中，既要考虑城市污染因子、经济发展等经济社会因素，又要考虑影响空气流域分布的地理、自然和气候因素，对跨域协作治理区域范围与治理等级应进行调整优化，实施差异化治理。

第6章 考虑风向与风频的协作治理区域范围优化与等级划分研究

风向、风频会对大气污染的跨域传输和扩散水平产生重要影响。本章以大气污染物浓度的海量实时监测数据为基础，将各城市的风向、风频、污染水平、人口密度、治污潜力等关键因素同时纳入指标体系，提出同时考虑风向与风频的跨域大气生态环境整体性协作治理区域范围优化与等级划分方法，并结合"2＋26"城市进行实证研究，对其进行对比分析和调整优化，进而提出具体解决方案和政策启示（张书海，2017）。

6.1 国内外研究进展

区域传输规律对大气污染物防治至关重要（张一炜等，2022）。由于气团、气流和风的作用，大气污染物在不同城市、地区甚至更远的区域之间传输（吕芳等，2023）。风对大气污染物传输和扩散的影响主要表现在对大气污染物的水平输送上。某一风向频率越大，在污染源下风向的区域出现重度大气污染的概率就越高，反之则概率越低（刘延莉，2023）。2016 年 7 月，环境保护部环境规划院发布全国 $PM_{2.5}$ 跨省输送矩阵，除新疆不存在 $PM_{2.5}$ 跨省输送外，其他省区市都存在一定的输送比例。受跨省 $PM_{2.5}$ 污染影响最小的是新疆，受跨省 $PM_{2.5}$ 影响最大的是海南，占比 72%，海南本地 $PM_{2.5}$ 排放仅占 28%，在跨省输送中，海南 20% 的 $PM_{2.5}$ 来自广东，9% 来自湖南，7% 来自湖北，此外，还受福建、广西等地传输影响。其他 29 个省区市 $PM_{2.5}$ 跨省输送比例在 5%～49%。在大气污染形势较严峻的京津冀地区，北京的 $PM_{2.5}$ 来源为本地污染排放贡献 66%，河北输送占 18%，天津、山东输送分别占 4%。天津本地污染物排放对 $PM_{2.5}$ 的贡献是 56%，跨省输送中对其影响较大的分别是河北（20%）和山东（10%）。河北 62% 的 $PM_{2.5}$ 来源于本地排放，11% 来自山东输送，6% 来自河南，5% 为山西输送。河北虽然有 38% 的 $PM_{2.5}$ 来自其他省区市的传输，但其却给北京、天津大气污染带来不小的影响，其中北京 18%、天津 20% 的 $PM_{2.5}$ 均来自河北传输（杨洋，2020）。原环境保护部环境规划院的研究表明，$PM_{2.5}$ 污染呈现典型的区域性特征，各行政单元之间均存在显著的跨区域输送规律。研究建立 $PM_{2.5}$ 跨区域输送矩阵，基于各行政主体之间的"污染权责关系"优化大气污染治理策略，是当前环境管理中的热点问题之一。

综上所述，上述针对大气污染跨区域输送的研究成果，揭示了区域大气污染在大气环流作用下的跨界传输规律和风向频率对于大气污染物跨域传输的重要性。但目前尚缺乏相关的跨域大气环境协作治理研究，因此本章提出考虑下风向频率的跨域大气生态环境整体性协作治理区域范围优化和等级划分方法，这将进一步丰富目前的研究成果。

6.2　考虑风向与风频的协作治理区域范围优化与等级划分方法

大气污染传输通道区域的突出特征是：区域内的传输通道数量、走向、城市分布复杂。并且，不同的传输通道，有不同方向的主导风和相近风。例如，石家庄吹向京津冀地区的主导风向为南风，相近风向如东南风，都可能将石家庄的大气污染物携带到区域中的其他城市。南风与东南风都将被纳入石家庄的下风向频率范围，但从石家庄出发的西北风并不吹向大气污染传输通道区域，因此不被纳入下风向频率统计范围。按照该方法，在同时考虑主风道方向与相近风方向的情况下，本章研究对各城市吹向大气污染传输通道区域内的风频做了统计，并结合子区域污染水平、人口密度、治污潜力因素，建立区域协作治理等级评价指标体系，进而提出符合大气污染传输通道区域实际情况的协作范围优化与等级划分方法。

6.2.1　考虑风向与风频的协作治理区域范围优化方法

对于大气污染传输通道区域 R（包含 m 个城市）的某种大气污染物，采用线性回归分析、相关性分析和聚类分析等方法，以区域内的城市为基本单元，将 R 划分为若干协作子区域，具体步骤如下。

步骤 1：协作治理候选城市的选择。为确定协作治理候选城市，以大气污染传输通道区域内某城市的第 p 种污染物日均浓度（X^p）为自变量，以 R 区域的第 p 种污染物日均浓度（Y^p）为因变量进行一元线性回归，回归方程 $Y^p = \alpha + \beta X^p$，斜率 β 越大，表明该城市的大气污染水平变化对区域 R 的大气污染影响越大。给定一个判别临界值 β_0，当回归方程的斜率 $\beta > \beta_0$ 时，对应的城市被纳入协作治理的候选城市。

步骤 2：城市之间污染相关性分析。对候选城市的长期大气污染数据进行相关性分析，基于长期污染监测数据，计算大气污染传输通道区域内任意两城市 x

与 y 之间第 p 种污染的皮尔逊相关系数 r，得到全部候选城市之间的污染相关系数矩阵 M。r 越接近于 1，说明两城市之间的污染相关性越高，意味着它们彼此间的污染传输水平越高，或者它们在污染排放特征方面存在较高的一致性。

步骤 3：协作治理子区域划分。以城市为变量，以相关系数矩阵 M 中的元素 r 为观察值，对候选城市进行聚类分析，聚类后得到的各类集群即为大气污染传输通道区域 R 的协作子区域 R_i。

6.2.2　考虑风向与风频的协作治理区域等级划分方法

基于前文研究划分出的协作子区域，对大气污染传输通道 R 区域内的第 p 种污染物的空间分布和跨界传输特征进行深入分析，识别关键影响因素。将大气污染传输通道协作治理子区域内各城市吹向区域的风向频率的均值作为该子区域的风频，兼顾各子区域的污染水平、人口密度、治污潜力因素，建立符合大气污染传输通道区域城际污染高水平传输和高相关性特征的协作治理等级评价指标体系，并应用 TOPSIS 技术为各子区域确定协作治理等级。具体步骤包括协作治理等级评价指标的设定和应用 TOPSIS 法确定各子区域协作治理等级两部分。

1. 协作治理等级评价指标的设定

1）子区域平均大气污染水平

大气污染传输通道区域内的某个协作子区域 R_i 的大气污染水平越高，对本地、其他子区域或者整体区域的空气质量危害越大，越应该优先治理。用子区域内所有城市的第 p 种污染年日均浓度（C_i^p）的均值，来衡量子区域 R_i 的大气污染水平，并将其作为协作治理等级评价指标。

2）子区域平均人口密度

在子区域 R_i 污染水平一定的情况下，人口越密集，该子区域面临的污染健康损害压力越大，越应优先治理。所以，将子区域内全部城市的平均人口密度（H_i），选作协作治理等级评价指标。

3）子区域对区域整体污染的影响程度

R_i 的污染变化对 R 的影响力（I_i^p）是协作治理等级评价的重要依据，R_i 对 R 污染的影响力越大，越应优先治理。以子区域 R_i 的第 p 种污染日均浓度（X_i^p）为自变量 X，以区域整体 R 的污染日均浓度（Y^p）为因变量进行一元线性回归，则回归方程 $Y^p = \alpha_i + \beta_i X_i^p$ 的斜率 β_i 可衡量子区域 R_i 第 p 种污染物的浓度变化对整体区域 R 污染浓度变化的影响程度，即 $I_i^p = \beta_i$，I_i^p 越大，R_i 越应优先治理。

4）子区域的污染治理潜在空间

各子区域由于地理位置、气候条件、自身污染净化条件等存在很大差异，导致它们各自的污染治理潜在空间不同。因此，将污染治理的潜在空间（E_i^p）作为 R_i 第 p 种污染物的协作治理等级评价指标之一。一个地区某种污染物在某段期间的变异系数可以衡量该地区污染浓度的离散程度，变异系数值越大，则该地区污染变化幅度越大，说明该地区的污染治理潜力越大。

5）子区域平均下风向频率

本节以各子区域 R_i 内全部城市吹向协作治理区域内的风向频率的均值，代表该子区域 R_i 的下风向频率（记作 W_i），来衡量子区域 R_i 将大气污染物向其他子区域的污染传输能力，W_i 值越大，表示子区域 R_i 由于污染对外传输而导致区域内其他地区空气质量恶化越严重，越应优先治理。所以，将 W_i 作为协作治理等级评价指标之一。

综合以上对五个协作治理等级指标的分析，大气污染传输通道区域的协作治理等级评价指标由 C_i^p、H_i、I_i^p、E_i^p、W_i 构成，分别代表协作子区域 R_i 的平均污染水平、平均人口密度、R_i 对 R 污染变化的影响力、R_i 的污染治理的潜在空间、R_i 对 R 污染传输的下风向频率的均值。

2. 应用 TOPSIS 法确定各子区域协作治理等级

设 $R = \{R_1, R_2, \cdots, R_i, \cdots, R_m\}$ 是区域 R 被划分的所有了区域的集合。对于仸意协作子区域 R_i 的第 p 种污染物的协作治理等级，基于 C_i^p、H_i、I_i^p、E_i^p、W_i 五个指标进行评价。基于此，应用 TOPSIS 法确定协作治理等级的具体步骤如下。

1）指标趋同化处理

采用高优指标对各项评价指标进行趋同化处理，使得全部指标都呈现数值越大越优先的单调性。需要将评价指标 X_{ij} 全部转化为高优指标，并适当调整转换数据，转化为高优指标的方法如式（6-1）所示。

$$X_{ik}' = \begin{cases} X_{ik}, & \text{若 } X_{ik} \text{ 为高优指标} \\ \dfrac{1}{X_{ik}}, & \text{若 } X_{ik} \text{ 为低优指标} \\ \dfrac{M}{\left[\overline{X} + \left| X_{ik} - \overline{X} \right| \right]}, & \text{若 } X_{ik} \text{ 为中性指标} \end{cases} \quad (6\text{-}1)$$

其中，X_{ij}' 表示表 6-1 中第 i 行的第 j 列元素 X_{ij} 的高优指标值。$\overline{X}_j$ 表示表 6-1 中第 j 列元素的均值。$i = 1, 2, \cdots, m$；$j = 1, 2, 3, 4, 5$。在上述 5 个评价指标中，C_i^p、H_i、I_i^p、E_i^p、W_i 的取值越大越应优先治理，所以都是高优指标。

表 6-1　京津冀大气污染传输通道各城市之间大气污染水平的皮尔逊相关系数矩阵

城市	北京	天津	石家庄	唐山	廊坊	保定	沧州	衡水	邢台	邯郸	太原	阳泉	长治	晋城	济南	淄博	济宁	德州	聊城	滨州	菏泽	郑州	开封	安阳	鹤壁	新乡	焦作	濮阳
北京	1.00																											
天津	0.75	1.00																										
石家庄	0.73	0.77	1.00																									
唐山	0.78	0.90	0.77	1.00																								
廊坊	0.85	0.89	0.80	0.09	1.00																							
保定	0.72	0.81	0.84	0.78	0.85	1.00																						
沧州	0.66	0.88	0.79	0.81	0.82	0.82	1.00																					
衡水	0.61	0.75	0.77	0.71	0.74	0.78	0.86	1.00																				
邢台	0.67	0.73	0.90	0.73	0.77	0.82	0.86	0.86	1.00																			
邯郸	0.57	0.68	0.83	0.67	0.69	0.74	0.80	0.84	0.88	1.00																		
太原	0.61	0.61	0.71	0.61	0.64	0.64	0.76	0.56	0.61	0.59	1.00																	
阳泉	0.63	0.54	0.72	0.57	0.62	0.61	0.58	0.61	0.72	0.61	0.73	1.00																
长治	0.44	0.50	0.60	0.49	0.53	0.58	0.57	0.62	0.61	0.64	0.61	0.64	1.00															
晋城	0.41	0.50	0.62	0.48	0.50	0.52	0.54	0.57	0.62	0.66	0.58	0.61	0.80	1.00														
济南	0.46	0.52	0.59	0.53	0.53	0.56	0.62	0.50	0.57	0.71	0.40	0.49	0.60	0.55	1.00													
淄博	0.48	0.61	0.61	0.60	0.59	0.63	0.69	0.62	0.73	0.67	0.44	0.45	0.57	0.52	0.89	1.00												
济宁	0.33	0.45	0.50	0.44	0.47	0.53	0.54	0.54	0.61	0.56	0.31	0.34	0.55	0.56	0.79	0.78	1.00											
德州	0.60	0.75	0.71	0.70	0.74	0.77	0.84	0.91	0.80	0.78	0.53	0.55	0.61	0.540	0.80	0.81	0.68	1.00										
聊城	0.49	0.59	0.61	0.56	0.59	0.64	0.68	0.78	0.69	0.72	0.45	0.47	0.61	0.57	0.88	0.83	0.78	0.88	1.00									
滨州	0.64	0.79	0.68	0.74	0.74	0.73	0.82	0.78	0.71	0.67	0.51	0.49	0.49	0.47	0.71	0.81	0.59	0.85	0.75	1.00								

续表

城市	北京	天津	石家庄	唐山	廊坊	保定	沧州	衡水	邢台	邯郸	太原	阳泉	长治	晋城	济南	淄博	济宁	德州	聊城	滨州	菏泽	郑州	开封	安阳	鹤壁	新乡	焦作	濮阳
菏泽	0.37	0.46	0.59	0.47	0.48	0.59	0.56	0.68	0.65	0.71	0.39	0.43	0.60	0.60	0.83	0.78	0.84	0.74	0.85	0.59	1.00							
郑州	0.44	0.53	0.65	0.54	0.54	0.62	0.59	0.69	0.69	0.75	0.50	0.53	0.66	0.67	0.69	0.68	0.66	0.70	0.73	0.57	0.78	1.00						
开封	0.36	0.46	0.61	0.47	0.47	0.55	0.55	0.66	0.65	0.72	0.42	0.45	0.59	0.65	0.72	0.70	0.69	0.68	0.73	0.56	0.83	0.85	1.00					
安阳	0.48	0.60	0.73	0.60	0.58	0.66	0.69	0.81	0.79	0.88	0.52	0.55	0.64	0.67	0.73	0.73	0.63	0.77	0.75	0.63	0.77	0.82	0.78	1.00				
鹤壁	0.52	0.62	0.75	0.63	0.61	0.65	0.68	0.77	0.81	0.86	0.58	0.63	0.74	0.72	0.74	0.72	0.64	0.74	0.75	0.64	0.77	0.82	0.83	0.91	1.00			
新乡	0.47	0.57	0.68	0.58	0.58	0.65	0.63	0.74	0.77	0.78	0.48	0.56	0.73	0.67	0.79	0.76	0.73	0.77	0.80	0.65	0.84	0.89	0.88	0.85	0.87	1.00		
焦作	0.45	0.49	0.63	0.52	0.50	0.56	0.54	0.64	0.65	0.71	0.51	0.58	0.67	0.73	0.65	0.62	0.58	0.62	0.64	0.52	0.68	0.88	0.75	0.79	0.81	0.84	1.00	
濮阳	0.47	0.58	0.67	0.60	0.58	0.65	0.65	0.75	0.74	0.80	0.47	0.49	0.66	0.61	0.81	0.78	0.75	0.79	0.86	0.67	0.89	0.82	0.85	0.85	0.84	0.87	0.74	1.00

2）趋同数据归一化

按式（6-2），将 X'_{ij} 归一化转化成 Z_{ij}，由此得到归一化处理后的矩阵 Z：

$$Z_{ij} = \frac{X'_{ij}}{\sqrt{\sum_{i=1}^{m}(X'_{ij})^2}} \tag{6-2}$$

$$Z = \begin{pmatrix} Z_{11} & Z_{12} & Z_{13} & Z_{14} & Z_{15} \\ Z_{21} & Z_{22} & Z_{23} & Z_{24} & Z_{25} \\ \vdots & \vdots & \vdots & \vdots & \vdots \\ Z_{m1} & Z_{m2} & Z_{m3} & Z_{m4} & Z_{m5} \end{pmatrix} \tag{6-3}$$

其中，$i = 1, 2, \cdots, m$；$j = 1, 2, 3, 4, 5$。

3）确定最优方案和最劣方案

最优方案 Z^+ 由矩阵 Z 中每列的最大值构成：$Z^+ = \{\max(Z_{i1}), \max(Z_{i2}), \max(Z_{i3}), \max(Z_{i4}), \max(Z_{i5})\}$；最劣方案 Z^- 由矩阵 Z 中每列的最小值构成：$Z^- = \{\min(Z_{i1}), \min(Z_{i2}), \min(Z_{i3}), \min(Z_{i4}), \min(Z_{i5})\}$。

4）计算各个子区域 R_i 与 Z^+ 和 Z^- 的距离 ZD_i^+ 和 ZD_i^-

$$ZD^+_i = \sqrt{\sum_{j=1}^{5}(\max Z_{ij} - Z_{ij})^2} \qquad ZD^-_i = \sqrt{\sum_{j=1}^{5}(\min Z_{ij} - Z_{ij})^2} \tag{6-4}$$

5）计算各子区域 i 与最优方案的接近程度 CL_i：

$$CL_i = \frac{ZD_i^-}{ZD_i^+ + ZD_i^-} \tag{6-5}$$

最后，基于上述步骤，按 CL_i 值从大到小排列各协作子区域的协作治理等级次序，CL_i 值越大的子区域越应优先治理，由此可得到大气污染传输通道区域各子区域的协作治理等级的排序结果。

6.3　"2 + 26"城市实证分析

6.3.1　数据来源与样本描述

中国工程院院士郝吉明指出 $PM_{2.5}$ 具有长距离区域传输的特性，这给区域 $PM_{2.5}$ 防治带来了巨大的挑战。因此，本章将 $PM_{2.5}$ 作为研究对象，选择了 $PM_{2.5}$ 污染严重的京津冀地区，以"2 + 26"城市为案例进行实证分析。"2 + 26"城市包括：北京（BJ），天津（TJ），河北的石家庄（SJZ）、唐山（TS）、廊坊（LF）、保定（BD）、沧州（CZ）、衡水（HS）、邢台（XT）、邯郸（HD），山西的太原（TY）、阳泉（YQ）、长治（CZ）、晋城（JC），山东的济南（JNA）、淄博（ZB）、济宁（JNI）、德州（DZ）、聊城（LC）、滨州（BZ）、菏泽（HZ），河南的郑州（ZZ）、开封（KF）、安阳（AY）、鹤壁（HB）、新乡（XX）、焦作（JZ）、濮阳（PY）。

　　本章计算了"2+26"城市 2013～2020 年 PM$_{2.5}$ 的变异系数值（图 6-1）。再结合"2+26"城市的风向数据的可得性，最终选取 2014～2016 年的 PM$_{2.5}$ 日均浓度数据。这些数据主要是从公众环境研究中心网站、全球大气研究排放数据库等，通过爬虫技术抓取获得。28 个城市的风向数据依据天气后报网站（http://www.tianqihoubao.com/）提供的历史天气数据计算整理获得。28 个城市的人口数据是依据《中国统计年鉴》和 28 个城市统计年鉴数据整理获得。

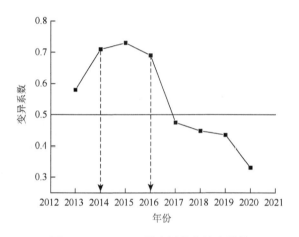

图 6-1　　"2+26"城市污染物浓度差异

6.3.2　　"2+26"城市 PM$_{2.5}$ 空间分布特征

　　为了量化分析"2+26"城市 PM$_{2.5}$ 污染的空间分布特征，计算了 28 个城市间 PM$_{2.5}$ 污染的相关性（r），以及城际污染相关系数受城市间距离（d）的影响。

1. 城市间 PM$_{2.5}$ 污染的相关性

　　表 6-1 汇总了样本期间京津冀大气污染传输通道 28 个城市的任意两个城市之间 PM$_{2.5}$ 污染日均浓度水平的皮尔逊相关系数矩阵。任意两个城市 PM$_{2.5}$ 的污染相关系数均在 0.01 显著水平上通过检验。从表 6-1 可以看出，大部分城市之间的 PM$_{2.5}$ 污染相关系数在 0.65 以上，为高度相关。几乎全部城市之间的相关系数在 0.45 以上，属于中高度相关。仅个别城市之间的相关系数在 0.33～0.44，属于弱相关。

　　大气污染高度相关的城市之间可能存在较高水平的污染相互传输，也可能是由于污染源类型、排放水平等因素具有较高的一致性或相似性。因此应将 PM$_{2.5}$ 污染高度相关的城市划分到一个协作子区域，实施统一的协作治理措施。

为进一步研究"2 + 26"城市之间 PM$_{2.5}$ 污染相关水平的特征及其影响因素，本节以 28 个城市为变量，以表 6-1 中的相关系数为观察值进行聚类分析，结果如图 6-2 所示。

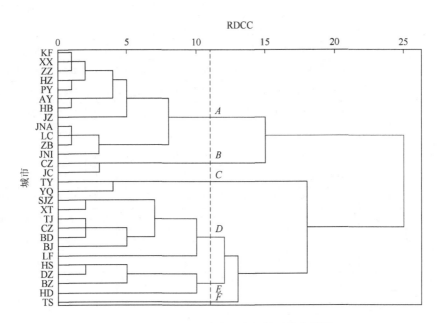

图 6-2　"2 + 26"城市污染相关系数聚类图

由图 6-2 发现，按照 PM$_{2.5}$ 污染相关性特征，"2 + 26"城市大致分为 6 个城市群，分别是 A = {安阳，鹤壁，濮阳，新乡，焦作，郑州，开封，菏泽，济南，淄博，聊城，济宁}，B = {晋城，长治}，C = {太原，阳泉}，D = {北京，天津，廊坊，保定，石家庄，沧州，邢台}，E = {衡水，德州，邯郸，滨州}，F = {唐山}。所划分的每个城市群内的各城市在距离上相对比较靠近，因此可推断这是由于城市间距离因素（d）影响了城市之间 PM$_{2.5}$ 污染的相关性，从而按照 PM$_{2.5}$ 污染相关系数进行聚类分析，得到的大气污染城市群中的城市之间的距离自然比较近。

2. 城际距离对相关系数的影响

以北京、天津、石家庄、太原、济南、郑州 6 个省会以上城市为参照城市，分别考察它们与周边其他城市之间的相关系数 r，与 6 个城市和其他相应城市的距离 d 之间的关系，如表 6-2 所示。

表 6-2 "2 + 26" 城市污染高度相关城市间的距离与相关系数

城市	北京		天津		石家庄		太原		济南		郑州	
	r	d/千米	r	d/千米	r	d/千米	r	d/千米	r	d/千米	r	d/千米
北京	1.00	0	0.75	113.8	0.73	268.8	0.61	403.3	0.46	367.0	0.44	624.0
天津	0.75	113.8	1.00	0	0.77	261.4	0.61	426.8	0.52	270.8	0.53	578.7
石家庄	0.73	268.8	0.77	261.4	1.00	0	0.71	173.4	0.59	276.8	0.65	375.4
唐山	0.78	155.1	0.9	103.6	0.77	362.6	0.61	525.5	0.53	343.9	0.54	676.8
廊坊	0.85	48.0	0.89	66.2	0.8	252.3	0.64	405.6	0.53	322.0	0.54	598.0
保定	0.72	140.8	0.81	152.9	0.84	124.9	0.64	279.5	0.56	285.6	0.62	485.3
沧州	0.66	182.5	0.88	92.3	0.79	206	0.58	379.5	0.62	184.2	0.59	487.1
衡水	0.61	248.6	0.75	201.3	0.77	106.7	0.56	278.3	0.73	173.2	0.69	380.7
邢台	0.67	358.6	0.73	326.4	0.90	109.1	0.64	196.9	0.66	234.9	0.69	268.2
邯郸	0.57	418.1	0.68	360.4	0.83	156.8	0.59	224.4	0.71	229.7	0.75	225.4
太原	0.61	403.3	0.61	426.8	0.71	173.4	1.00	0	0.4	425.3	0.50	358.8
阳泉	0.63	334.2	0.54	343.7	0.72	84.5	0.73	90.4	0.49	340.6	0.53	345.8
长治	0.44	503.0	0.50	481.2	0.60	237.0	0.61	192.1	0.6	361.6	0.66	167.5
晋城	0.41	571.9	0.50	556.8	0.62	321.3	0.58	265.0	0.55	404.7	0.67	108.6
济南	0.46	367.0	0.52	270.8	0.59	276.8	0.4	425.3	1.00	0	0.69	380.0
淄博	0.48	376.0	0.61	265.3	0.61	342.0	0.44	501.3	0.89	85.2	0.68	460.8
济宁	0.33	499.5	0.45	412.0	0.50	346.6	0.31	451.9	0.79	145.7	0.66	279.6
德州	0.60	274.6	0.75	199.0	0.71	174.9	0.53	338.4	0.80	110.2	0.70	386.9
聊城	0.49	385.2	0.59	312.5	0.61	219.4	0.45	342.1	0.88	103.9	0.73	285.8
滨州	0.64	311.5	0.79	202.5	0.68	314.4	0.51	480.8	0.71	110.9	0.57	488.2
菏泽	0.37	525.8	0.46	454.6	0.59	325.0	0.39	391.7	0.83	216.0	0.78	177.5
郑州	0.44	624.0	0.53	578.7	0.65	375.4	0.50	358.8	0.69	380.0	1.00	0
开封	0.36	597.5	0.46	541.9	0.61	362.4	0.42	376.4	0.72	327.1	0.85	62.6
安阳	0.48	458.6	0.6	415.5	0.73	216.6	0.52	254.5	0.73	251.8	0.82	165.5
鹤壁	0.52	497.9	0.62	452.1	0.75	256.6	0.58	281.9	0.74	272.5	0.82	126.9
新乡	0.47	556.6	0.57	513.3	0.68	310.6	0.48	310.7	0.79	324.1	0.89	67.7
焦作	0.45	591.4	0.49	554.8	0.63	334.5	0.51	300.2	0.65	383.9	0.88	62.7
濮阳	0.47	476.3	0.58	416.7	0.67	257.3	0.47	322.7	0.81	212.1	0.82	170.3

将表 6-2 中的 r 与 d 进行拟合即可发现，6 个省会以上城市（即北京、天津、石家庄、太原、济南、郑州）与大气污染传输通道其他城市之间 $PM_{2.5}$ 污染的相

关系数 r 和相应城市的距离 d 之间存在显著的负相关关系，这表明城际距离 d 对相应城市之间 $PM_{2.5}$ 污染的相关系数 r，具有显著的影响。

6.3.3　"2+26"城市生态环境整体性协作治理区域范围优化结果

为筛选出"2+26"城市中对大气污染影响较大的城市，依据该区域内 28 个城市 2014 年 1 月 1 日～2016 年 12 月 31 日的 $PM_{2.5}$ 日均浓度数据，计算出整个区域在此期间的平均 $PM_{2.5}$ 日均浓度，然后以计算出的"2+26"城市的 $PM_{2.5}$ 浓度为因变量，以各城市 $PM_{2.5}$ 浓度为自变量进行拟合，得到各城市对整个传输通道区域 $PM_{2.5}$ 污染的影响程度的方程表达式，结果如表 6-3 所示。

表 6-3　"2+26"城市 $PM_{2.5}$ 污染浓度的线性回归结果

城市	线性回归方程	R^2	Sig.
北京	$Y = 42.980 + 0.525X$	0.715	<0.01
天津	$Y = 27.524 + 0.752X$	0.814	<0.01
石家庄	$Y = 32.070 + 0.513X$	0.881	<0.01
唐山	$Y = 26.798 + 0.668X$	0.807	<0.01
廊坊	$Y = 36.185 + 0.578X$	0.828	<0.01
保定	$Y = 29.524 + 0.503X$	0.860	<0.01
沧州	$Y = 21.617 + 0.828X$	0.860	<0.01
衡水	$Y = 18.736 + 0.669X$	0.903	<0.01
邢台	$Y = 26.537 + 0.542X$	0.908	<0.01
邯郸	$Y = 23.892 + 0.634X$	0.902	<0.01
太原	$Y = 35.681 + 0.763X$	0.681	<0.01
阳泉	$Y = 35.803 + 0.780X$	0.705	<0.01
长治	$Y = 28.979 + 0.825X$	0.729	<0.01
晋城	$Y = 36.588 + 0.810X$	0.719	<0.01
济南	$Y = 17.716 + 0.780X$	0.810	<0.01
淄博	$Y = 10.712 + 0.864X$	0.823	<0.01
济宁	$Y = 23.890 + 0.756X$	0.719	<0.01
德州	$Y = 16.322 + 0.706X$	0.902	<0.01
聊城	$Y = 14.434 + 0.739X$	0.845	<0.01
滨州	$Y = 16.657 + 0.850X$	0.819	<0.01
菏泽	$Y = 21.104 + 0.686X$	0.800	<0.01
郑州	$Y = 25.636 + 0.672X$	0.827	<0.01
开封	$Y = 29.834 + 0.712X$	0.786	<0.01

续表

城市	线性回归方程	R^2	Sig.
安阳	$Y = 27.307 + 0.631X$	0.872	<0.01
鹤壁	$Y = 27.242 + 0.794X$	0.891	<0.01
新乡	$Y = 26.383 + 0.649X$	0.880	<0.01
焦作	$Y = 29.480 + 0.656X$	0.781	<0.01
濮阳	$Y = 27.067 + 0.761X$	0.872	<0.01

由表 6-3 可知，28 个城市对应的 PM$_{2.5}$ 回归方程的斜率介于 0.503 和 0.864 之间，变化幅度较大，说明各城市 PM$_{2.5}$ 浓度变化对整个传输通道区域污染水平的影响程度不同。淄博对"2+26"城市污染物浓度影响最大，影响系数为 0.864。其次是滨州，影响系数为 0.850。沧州对"2+26"城市污染物浓度影响也较大，影响系数为 0.828。

另外，一些城市对区域污染物浓度的影响较小。保定对"2+26"城市污染物浓度影响最小，影响系数为 0.503。石家庄对传输通道区域的影响程度仅次于保定，影响系数为 0.513。为了进一步识别哪些城市可能会被划分至相同的子区域，采取有针对性的协作措施，本节将 28 个城市均作为候选城市进行分析，聚类的结果如图 6-3 所示。

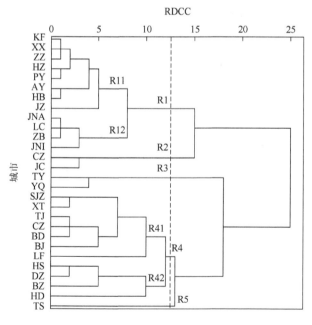

图 6-3　"2+26"城市 PM$_{2.5}$ 协作子区域划分

当 RDCC 取值为 12.5 时，28 市被分成 5 组，每一组内城市间的污染相关性特征最相似，而组间相似性最小。因此，每一组就是"2 + 26"城市的一个协作子区域。由此，"2 + 26"城市可划分为 5 个 $PM_{2.5}$ 一级协作子区域，分别为 R1 = {安阳，鹤壁，濮阳，新乡，焦作，郑州，开封，菏泽，济南，淄博，聊城，济宁}、R2 = {晋城，长治}、R3 = {太原，阳泉}、R4 = {北京，天津，廊坊，保定，石家庄，沧州，邢台，衡水，德州，邯郸，滨州}、R5 = {唐山}。"2 + 26"城市同时包括 4 个 $PM_{2.5}$ 二级协作子区域，分别为 R11 = {安阳，鹤壁，濮阳，新乡，焦作，郑州，开封，菏泽}、R12 = {济南，淄博，聊城，济宁}、R41 = {北京，天津，廊坊，保定，石家庄，沧州，邢台}、R42 = {衡水，德州，邯郸，滨州}。

从地理位置看，R1 处在京津冀大气污染南部传输通道的上风向的源端。R2 和 R3 处在京津冀大气污染西南部传输通道的源端。R4 处在京津冀大气污染传输西南部通道、东南部通道的上中位置。R5 处在京津冀大气污染传输东部通道的上风向源端。从污染水平看，R1、R4 和 R5 为"2 + 26"城市 $PM_{2.5}$ 严重污染子区域。R2 和 R3 为"2 + 26"城市 $PM_{2.5}$ 污染相对较轻的子区域。

6.3.4　"2 + 26"城市大气生态环境整体性协作治理区域等级划分结果

1. 协作治理等级划分评价指标

1）各子区域 $PM_{2.5}$ 污染水平和治理潜力指标的计算

依据 2014 年 1 月 1 日～2016 年 12 月 31 日京津冀大气污染传输通道 28 个城市的 $PM_{2.5}$ 日均浓度数据，计算区域内每个协作子区域所包含城市的 $PM_{2.5}$ 日均浓度的均值，用于代表该区域的 $PM_{2.5}$ 污染水平。表 6-4 是经过上述计算过程，得到的各 $PM_{2.5}$ 协作子区域的描述性统计结果。

表 6-4　子区域 $PM_{2.5}$ 污染水平描述性统计

协作子区域	均值	标准差	离差
R1 = {安阳，鹤壁，濮阳，新乡，焦作，郑州，开封，菏泽，济南，淄博，聊城，济宁}	84.73	50.26	0.593
R2 = {晋城，长治}	63.57	42.90	0.675
R3 = {太原，阳泉}	62.05	41.60	0.670
R4 = {北京，天津，廊坊，保定，石家庄，沧州，邢台，衡水，德州，邯郸，滨州}	89.83	60.54	0.674
R5 = {唐山}	85.38	59.94	0.702
R11 = {安阳，鹤壁，濮阳，新乡，焦作，郑州，开封，菏泽}	84.16	55.03	0.654

协作子区域	均值	标准差	离差
R12 = {济南，淄博，聊城，济宁}	85.47	47.38	0.554
R41 = {北京，天津，廊坊，保定，石家庄，沧州，邢台}	88.99	64.70	0.727
R42 = {衡水，德州，邯郸，滨州}	91.33	57.74	0.632

2）各子区域人口密度计算

依据《中国统计年鉴》，以及北京、天津、河北、山西、山东、河南统计局网站等提供的上述 28 个城市的常住人口、国土面积数据，结合各子区域所包含的城市，计算出各子区域的人口密度。从而得到以 R1、R2、R3、R4、R5、R11、R12、R41 和 R42 的平均人口密度衡量的健康损害指标 H_i 分别为 818.57 人/千米^2、250.76 人/千米^2、499.83 人/千米^2、519.31 人/千米^2、582.24 人/千米^2、860.85 人/千米^2、756.05 人/千米^2、793.51 人/千米^2 和 387.21 人/千米^2。

3）各子区域对整个传输通道区域 PM$_{2.5}$ 污染影响力的计算

计算得到 28 个城市的 PM$_{2.5}$ 日均浓度均值，作为"2 + 26"城市整体的 PM$_{2.5}$ 污染水平。同时，计算每个协作子区域所包含城市的 PM$_{2.5}$ 日均浓度均值，代表该子区域的 PM$_{2.5}$ 污染水平。以"2 + 26"城市的 PM$_{2.5}$ 日均浓度为因变量，以各子区域的 PM$_{2.5}$ 日均浓度为自变量，进行线性拟合，结果如表 6-5 所示。由此可知，R1、R2、R3、R4、R5、R11、R12、R41 和 R42 对整个传输通道区域 PM$_{2.5}$ 污染的影响力指标 I_i 分别为 0.908、0.853、0.888、0.788、0.666、0.812、0.899、0.710 和 0.822。

表 6-5　子区域与整个区域 PM$_{2.5}$ 浓度的一元线性回归结果

协作子区域	非标准化方程	R^2	F	Sig.
R1 = {安阳，鹤壁，濮阳，新乡，焦作，郑州，开封，菏泽，济南，淄博，聊城，济宁}	$Y = 6.98 + 0.908X$	0.920	5 997.41	<0.01
R2 = {晋城，长治}	$Y = 29.71 + 0.853X$	0.737	1 298.26	<0.01
R3 = {太原，阳泉}	$Y = 28.79 + 0.888X$	0.745	1 090.00	<0.01
R4 = {北京，天津，廊坊，保定，石家庄，沧州，邢台，衡水，德州，邯郸，滨州}	$Y = 13.11 + 0.788X$	0.962	13 467.8	<0.01
R5 = {唐山}	$Y = 20.05 + 0.666X$	0.805	2 006.52	<0.01
R11 = {安阳，鹤壁，濮阳，新乡，焦作，郑州，开封，菏泽}	$Y = 15.54 + 0.812X$	0.901	4 709.98	<0.01
R12 = {济南，淄博，聊城，济宁}	$Y = 7.06 + 0.899X$	0.859	3 061.17	<0.01
R41 = {北京，天津，廊坊，保定，石家庄，沧州，邢台}	$Y = 20.69 + 0.710X$	0.926	6 601.88	<0.01
R42 = {衡水，德州，邯郸，滨州}	$Y = 8.82 + 0.822X$	0.957	11 839.9	<0.01

注：因变量为传输通道区域的 PM$_{2.5}$ 日均浓度；自变量为各子区域的 PM$_{2.5}$ 日均浓度

4）各子区域吹向"2 + 26"城市内下风向频率的计算

依据天气后报网站提供的历史风向数据，计算整理出 28 个城市在 2014～2016 年，每年吹向"2 + 26"城市内的下风向天数。然后再依据各子区域包含的城市情况，计算 2014～2016 年各子区域每年吹向"2 + 26"城市内的下风向天数，最后计算出 2014～2016 年各子区域吹向"2 + 26"城市内的下风向频率的均值，用以代表各子区域对"2 + 26"整体的污染传输能力。计算结果如表 6-6 所示。

表 6-6　2014～2016 年子区域吹向传输通道城市内风向频率的均值

协作子区域	均值
R1 = {安阳, 鹤壁, 濮阳, 新乡, 焦作, 郑州, 开封, 菏泽, 济南, 淄博, 聊城, 济宁}	0.306
R2 = {晋城, 长治}	0.290
R3 = {太原, 阳泉}	0.315
R4 = {北京, 天津, 廊坊, 保定, 石家庄, 沧州, 邢台, 衡水, 德州, 邯郸, 滨州}	0.429
R5 = {唐山}	0.330
R11 = {安阳, 鹤壁, 濮阳, 新乡, 焦作, 郑州, 开封, 菏泽}	0.190
R12 = {济南, 淄博, 聊城, 济宁}	0.533
R41 = {北京, 天津, 廊坊, 保定, 石家庄, 沧州, 邢台}	0.440
R42 = {衡水, 德州, 邯郸, 滨州}	0.409

2. 协作治理等级划分结果

综合上述分析和计算，各子区域的五个协作治理等级评价指标值汇总于表 6-7。依据这五个指标的数据矩阵，应用 TOPSIS 方法计算评价，得到的各子区域协作治理等级。

表 6-7　PM$_{2.5}$协作子区域的 TOPSIS 评价结果

协作子区域	C_i/(微克/米^3)	H_i/(人/米^3)	I_i	E_i	W_i	ZD_i^+	ZD_i^-	CL_i	等级
R1	84.73	818.57	0.908	0.593	0.306	0.18	0.49	0.73	1
R2	63.57	250.76	0.853	0.675	0.290	0.51	0.12	0.18	5
R3	62.05	499.83	0.888	0.670	0.315	0.34	0.24	0.42	4
R4	89.83	519.31	0.788	0.674	0.429	0.25	0.33	0.58	2
R5	85.38	582.24	0.666	0.702	0.330	0.26	0.31	0.54	3
R11	84.16	860.85	0.812	0.654	0.190	0.42	0.34	0.45	3
R12	85.47	756.05	0.899	0.554	0.533	0.16	0.50	0.76	1
R41	88.99	793.51	0.710	0.727	0.440	0.17	0.44	0.72	2
R42	91.33	387.21	0.822	0.632	0.409	0.37	0.28	0.43	4

6.3.5 有无风频作用情况下的结果对比

大气污染传输通道区域协作治理的一个关键点是充分考虑大气污染物跨域传输效应。通过传输通道各城市吹向区域内的风，在相当大程度上可以代表各城市对区域整体的污染输送的危害能力。为了比较有无风频作用下 TOPSIS 评价结果的差异，依据 2014～2016 年"2 + 26"城市相关数据，运用前文所述的方法和步骤，计算出有无风频作用下的京津冀的子区域协作治理等级划分结果，如表 6-8 所示。

表 6-8　有无风频作用的 TOPSIS 评价结果

协作子区域	不考虑风频				考虑风频作用			
	ZD_i^+	ZD_i^-	CL_i	等级	ZD_i^+	ZD_i^-	CL_i	等级
R1	0.07	0.48	0.87	1	0.18	0.49	0.73	1
R2	0.48	0.12	0.20	5	0.51	0.12	0.18	5
R3	0.30	0.24	0.44	4	0.34	0.24	0.42	4
R4	0.25	0.28	0.53	3	0.25	0.33	0.58	2
R5	0.23	0.30	0.57	2	0.26	0.31	0.54	3
R11	0.08	0.40	0.83	1	0.42	0.34	0.45	3
R12	0.16	0.32	0.67	3	0.16	0.50	0.76	1
R41	0.13	0.36	0.74	2	0.17	0.44	0.72	2
R42	0.39	0.10	0.20	4	0.37	0.28	0.43	4

1. 对一级子区域 TOPSIS 评价结果差异的比较

从协作治理一级子区域看，有无风频的 TOPSIS 评价结果只有一个显著差异，即在考虑风频作用后，子区域 R4 的协作治理等级超过了 R5，从第三等级上升到第二等级。R5 只包括唐山一个城市。R4 包含北京、天津、廊坊、保定、石家庄、沧州、邢台、衡水、德州、邯郸、滨州，共计 11 个城市。虽然子区域 R4 中单个城市 $PM_{2.5}$ 大气污染水平没有唐山严重，但是子区域 R4 中 11 个城市的整体污染传输能力、对区域整体的影响能力和 $PM_{2.5}$ 污染总量，一定高于 R5 唐山。具体来说，R4 子区域 $PM_{2.5}$ 污染水平为 89.83 微克/米 ^{3}，吹向整体区域内下风向的频率为 0.429；R5 子区域 $PM_{2.5}$ 污染水平为 85.38 微克/米 ^{3}，吹向整体区域内下风向的频率为 0.330。

2. 对二级子区域 TOPSIS 评价结果差异的比较

从表 6-8 还可以看出，在不考虑风频作用下和考虑风频作用下，二级子区域的 TOPSIS 评价结果也有差异，即子区域 R11 和 R12 的协作治理等级发生了交换，R11 从第一等级降低到第三等级，R12 则从第三等级上升到第一等级。

由表 6-7 可知，R11 包括安阳、鹤壁、濮阳、新乡、焦作、郑州、开封、菏泽 8 个城市，该子区域在研究期间的 $PM_{2.5}$ 日均浓度均值为 84.16 微克/米^3，平均每年有 69 天向"2 + 26"城市内输送 $PM_{2.5}$ 污染物，其风频的均值为 0.190，表明其大气污染物传输能力在 4 个二级协作子区域中最弱。R12 包括济南、淄博、聊城、济宁 4 个城市，处在京津冀大气污染南部传输通道的上风向位置。该子区域在研究期间的 $PM_{2.5}$ 日均浓度均值为 85.47 微克/米^3，平均每年有 195 天向"2 + 26"城市内输送 $PM_{2.5}$ 污染物，其风频的均值为 0.533，表明其大气污染物传输能力在所有二级子区域中最强。这两个二级子区域的 $PM_{2.5}$ 污染水平相当，污染物传输能力差距较大。加入风频因素后，协作子区域 R12 比子区域 R11 应该优先治理，这符合这两个子区域所包含城市的地理相对位置分布、$PM_{2.5}$ 污染水平、风向频率等实际情况。

6.4　结果讨论与政策启示

6.4.1　实证结果讨论

大气污染治理的协作范围，应当突破行政区域的局限，根据区域大气污染传输通道城市的分布情况，将传输通道上的城市都划入区域联合治理范围内。比如，原来的协作治理区域范围局限于京津冀 13 个地级城市，没有考虑传输通道城市的污染传输影响。京津冀大气污染传输的西南通道、南部通道、东南通道和东部通道上大多数传输源城市的大气污染物浓度、主导风向频率都很高，对京津冀内各城市的 $PM_{2.5}$ 空气质量有很大传输影响。仅仅减少 13 个地级城市的污染排放，而不控制传输通道城市的污染排放，无法有效改善京津冀地区整体和区域内各城市的空气质量。

跨域大气污染协作治理需要实现城市之间的协作和城市部门之间的协作。然而，实现区域内城市之间协作和城市部门之间协作的前提是正确划分区域内协作治理区域范围。本章依据研究期间"2 + 26"城市 $PM_{2.5}$ 污染数据，结合各城市在传输通道的相对位置、污染水平等实际，采用相关性分析、回归分析和聚类分析方法，将"2 + 26"城市划分为以下五个协作治理子区域：R1 = {安阳，鹤壁，濮阳，新乡，焦作，郑州，开封，菏泽，济南，淄博，聊城，济宁}、R2 = {晋城，长治}、R3 = {太原，阳泉}、R4 = {北京，天津，廊坊，保定，石家庄，沧州，邢台，衡水，德州，邯郸，滨州}、R5 = {唐山}。

结果显示，一级子区域的协作治理等级的优先次序为 R1、R4、R5、R3、R2，二级子区域的协作治理等级的优先次序为 R12、R41、R11、R42。综合相对位置、污染水平，R1 在京津冀大气污染传输通道整体区域大气污染中综合影响最大，所以 R1 排在协作治理第一等级，符合现实情况。R4 中包含北京、天津、廊坊、保定、石家庄、沧州、邢台、衡水、德州、邯郸、滨州，该子区域的 $PM_{2.5}$ 污染水平为 89.83 微克/米^3，在五个一级子区域中居于最高，$PM_{2.5}$ 污染最严重。该子区域的大部分城市都位于京津冀大气污染传输通道西南部通道的上中位置、南部传输通道的中间位置或者东南传输通道的上风向位置，整体大气污染传输能力很强。从表 6-7 看出，R4 子区域传输通道整体区域内的风频均值为 0.429，平均每年有 157 天都在向 "2 + 26" 城市内部输送 $PM_{2.5}$ 污染物，在五个一级子区域中，R4 大气污染传输危害居第一位。但是，由于 R4 子区域包含城市数量少于 R1，且有相当多城市不在京津冀大气污染传输通道的上风向源端，所以 R4 子区域的协作治理等级排在第二位，符合实际情况。R5 只包括唐山一个城市，排在协作治理等级第三位。唐山位于京津冀大气污染东部传输通道的上风向源端，对区域整体的污染输送有很大贡献。研究期间，唐山区域内的风频均值为 0.330，每年大约有 120 天在向京津冀地区内输送 $PM_{2.5}$ 污染物。唐山 $PM_{2.5}$ 污染均值为 85.38 微克/米^3，仅次于包含京津冀大部分城市的 R4 子区域，居第二位。根据《中国城市统计年鉴》《河北统计年鉴》提供的研究期间的唐山经济社会情况数据，唐山的工业废气排放总量和民用机动车拥有量居河北省所有地级城市前列。唐山对 "2 + 26" 城市整体的污染贡献非常突出，鉴于该子区域只包含唐山一个城市，所以 R5 协作治理等级排在第三位，符合唐山在该区域的地理相对位置、$PM_{2.5}$ 污染水平、子区域范围、城市规模等实际情况。R3 包括太原和阳泉两个城市，其中太原为省会城市。该子区域吹向 "2 + 26" 城市内的风频均值为 0.315，该子区域 $PM_{2.5}$ 污染水平均值为 62.05 微克/米^3。R2 包括晋城和长治两个城市，研究期间吹向 "2 + 26" 城市内的风频均值为 0.290，该子区域 $PM_{2.5}$ 污染水平均值为 63.57 微克/米^3。综合考虑这两个子区域所包括城市的规模、地理相对位置、风频、$PM_{2.5}$ 污染水平，将其协作治理等级排在第四位和第五位，符合实际情况。

综合上述分析，考虑各子区域的 $PM_{2.5}$ 污染水平、人口密度、对区域整体影响、大气污染治理潜力和风频指标，进行协作治理等级评价，计算出来的各子区域的协作治理等级优先次序，基本符合各子区域在 "2 + 26" 城市的相对位置分布、风向传输和 $PM_{2.5}$ 污染水平等实际情况。按这样的优先次序，进行协作治理，将会提高 "2 + 26" 城市整体治理效率。对区域内不同协作子区域和不同城市，应当采取差别化、有针对性和有重点的协作治理措施。充分考虑大气污染城际传输的影响，将各协作治理子区域内的风向频率作为关键指标，与各城市 $PM_{2.5}$ 污染水平、人口密度、治污潜力、对区域整体大气污染影响力一起，构建了区域协作子区域评价指标体系，应用多属性评价理论和 TOPSIS 方法，对 "2 + 26" 城市的子区域协作治理等级进行排序，一级子区域的协作治理等级的优先次序为 R1、R4、R5、R3、R2；二级子区域的协作治理等级的优先次序为 R12、R41、R11、R42。依据这个协作治理等级排序结果，在京津冀大气污染常态化治理和突发大气污染事件应急管理中，将有限的人员、信息、技术、资金等资源，有重点、有针对性地配置到协作治理等级排名靠前的子区域和相应城市，可以显著提高区域整体、各子区域和各城市的大气污染协作治理效率，能更有效地改善区域空气质量。

6.4.2　"2+26"城市协作治理的政策启示

"2+26"城市建立的大气污染协作治理机制与路径是全国其他城市及地区的典范。2018 年，在生态环境部的统一调度下，京津冀地区建立了统一的大气重污染预警分级标准，实现区域内部城市共同预警、应急联动；2019 年，区域开始实施重污染天气重点行业绩效分级差异化治理，在污染应急时，优先管控环保管理水平差、污染物排放量大的重点行业企业，避免"一刀切"；2020 年，区域开展夏季挥发性有机化合物治理攻坚，有效遏制了夏季 O_3 污染。同年，三地协作内容又进一步突破，京津冀同步实施《机动车和非道路移动机械排放污染防治条例》，进一步强化移动源联动执法，对超标车辆实现数据共享，加大处罚力度。北京市生态环境局大气环境处原副处长徐向超表示："区域协作的成效非常明显。"2020 年 1 月至 11 月，"2+26"城市的 $PM_{2.5}$ 平均浓度为 49 微克/米^3，同比下降 9.3%。

京津冀协作治理大气污染，确实已经有了明显成效。但是，国家城市环境污染控制工程技术研究中心研究员彭应登指出："京津冀'2+26'城市目前可以说是摸清了大气污染防治的基本路径，但毕竟区域范围太广，要想持续实现整体改善，还得继续探索。"同时，彭应登建议："京津冀协作应该继续向着精细化联防联控发展，这样做有利于削减污染程度，对于单次污染过程中在传输通道上的城市重点严控，不在通道上的就不需要多费力气，这样也降低了社会成本。"2021 年，生态环境部联合 16 个部门制定的《2021—2022 年秋冬季大气污染综合治理攻坚方案》中也提到要"考虑各地秋冬季大气环境状况和区域传输影响"。因此，亟须在考虑"2+26"城市污染传输特征的基础上进一步优化跨域协作治理模式。本章研究提出了在考虑风向与风频因素的基础上确认传输通道上重点城市与区域的方法，结合本章提出的方法，可进一步完善"2+26"城市大气污染跨域协作治理机制。

通过实证研究可以得出以下政策启示。

一是可以对"2+26"城市的相对位置等进行划分，在充分考虑城市距离与污染物特性等因素后将"2+26"城市划分为 5 个协作子区域。例如，在实践中，可将安阳、鹤壁、濮阳、新乡、焦作、郑州、开封、菏泽、济南、淄博、聊城、济宁 12 市划分至同一个协作区域。二是在考虑风向与风频因素后对不同协作子区域实施差异化治理。比如，可以对包含安阳、鹤壁、濮阳、新乡、焦作、郑州、开封、菏泽、济南、淄博、聊城、济宁在内的子区域采取最高的污染协作治理防控等级。

本章研究提出的协作范围优化和等级划分方法，根据"2+26"城市各子区域 $PM_{2.5}$ 污染相关性，对各城市在传输通道的相对位置进行划分，考虑了城市污染水平和传输影响的实际情况，可以有效提高区域协作治理效率，为精细化传输通道区域大气污染协作治理区域范围与等级划分提供具体方案。本章提出的方法还可广泛应用于我国乃至全球其他区域中其他传输特性较强的大气污染因子的协作治理。

6.5　本章小结

本章将风向、风频与城市污染相关性等多种关键因素同时纳入指标体系，对跨域大气生态环境整体性协作治理区域范围优化与等级划分方法进行了深入研究，得到以下主要成果：①提出综合考虑城市各城市的风向、风频、污染水平、人口密度、治污潜力等关键因素的跨域大气生态环境整体性协作治理区域范围优化与等级划分方法；②"2+26"城市的实证研究表明，该城市群 $PM_{2.5}$ 污染物跨域传输严重，而且与城际地理距离密切相关，应将该城市群划分为五个一级协作治理子区域、四个二级协作子区域及对应的协作治理等级；③本章构建的方法体系适用于各类区域、各类大气污染物的跨域整体性协作治理，通过综合考虑风向、风频、污染治理潜力等关键因素，优化协作治理区域范围与等级，实施差异化治理。

第三篇 基于各类政策工具的跨域大气生态环境整体性协作治理机制与模式研究

要切实推进跨域大气生态环境整体性协作治理的实践进程，不仅要精准把握具体的现实困难、治理主体的行为特征及其博弈关系，更需要构建科学可行的长效协作机制及与之相适应的协作治理模式。因此，本篇分别基于行政协调、经济、市场等各类政策工具，对跨域大气生态环境整体性协作治理的机制与模式进行理论建模、实证分析与对比研究，并构建基于行政协调手段的协作治理机制与模式研究（第7章）、基于税收手段的协作治理机制与模式研究（第8章）、基于广义纳什均衡市场手段的协作治理机制与模式研究（第9章），以及就业效应视角下基于排污权期货交易的协作治理机制与模式研究（第10章）、经济效应视角下基于排污权期货交易的协作治理机制与模式研究（第11章）、健康效应视角下基于排污权期货交易的协作治理机制与模式研究（第12章）。

第7章 基于行政协调手段的协作治理机制
与模式研究

大气污染治理不仅会增加各地区的环境治理成本，而且会对各地区的社会就业产生影响。本章以区域污染治理成本最少和区域内所有地区就业量最大为优化目标，构建基于行政协调手段的跨域大气生态环境整体性协作治理模型。同时，以京津冀地区为典型案例进行实证研究，并与行政命令手段下的属地治理模式进行对比分析，进而提出具体的解决方案和政策启示（Xue et al.，2019）。

7.1 国内外研究进展

近年来，由于大气污染物的排放剧增，中国各地先后出现了大范围的雾霾天气，其中 PM$_{2.5}$ 污染问题尤为严重。大范围的大气污染严重影响了公众健康，干扰了城市的正常生产活动和生活，从而降低了中国城市的经济竞争力并损害了国家形象。为此，中国实施了一系列严格的大气污染治理政策，但这些政策带来的负面外部效应不容忽视。例如，企业的运营成本增加，这可能导致就业率下降。因此，探索在减少这些外部影响因素的同时能够改善大气质量的方法已成为必须解决的关键问题。

目前关于大气污染治理外部性的研究主要集中在大气污染治理对就业的影响，其中大部分研究主要采用计量经济学方法。例如，Dissou 和 Sun（2013）以及 Kahn 和 Mansur（2013）分别将税收政策用作污染治理工具，并发现加强污染治理有利于就业增长。Gray 等（2014）使用双重差分法研究了集群规则对受污染治理约束的造纸行业就业的影响，发现严格的污染治理会减少该行业的就业。Zheng 等（2022）研究发现，环境治理对污染密集型企业劳动力需求的影响较为显著，环境治理越严格，污染密集型企业所需劳动力越少。Guo 等（2017）基于宏观经济的视角，系统研究了就业和污染治理之间的权衡关系，并发现在严格的污染治理下，从第一和第二产业向更高比例的第三产业过渡将有助于增加就业。Liu 等（2017）研究发现，严格的污染治理标准对就业产生了异质性影响，其中严格的排放标准使中国私营企业的就业人数减少了 7.4%，但对国有和外资企业几乎没有影响。Färe 等（2018）提出了一个投入距离函数，模拟企业的期望和非期望联合产出，并使用该函数衡量了污染治理成本如何影响就业。Liu 等（2018b）基于个体层面的数据，从区域异质性和行业异质性的角度研究了污染治理对就业的影响，发现污染治理对失业的影响表现出区域和行业的异质性。Wang 等（2022a）研究了排污权交易对企业劳动力需求的影响。结果表明，排污权交易显著降低了企业的劳动力需求。Sheng 等（2019）研究了污染治理强度对制造企业就业的影响，并通过研究产出和替代效应探索了其中的潜在机制，发现污染治理的强度对就业产生负面影响。尽管上述研究从不同角度证明了污染治理对就业的影响，但尚未考虑如何在降低大气污染治理成本的同时，既履行严格的环境治理政策又保持或改善社会就业水平。

此外，之前的研究通常关注属地模式而不是协作治理模式，但协作治理却具有很多优势，如该模式具有更加支持相关政策的激励效应，并具有节省成本和提高效率的潜力。为了实现跨域大气生态环境整体性协作治理，直接治理（如政府指挥和控制）一直是发达国家和发展中国家采用的基本方法。政府更倾向于通过制定环境法律法规、执行排放标准、发放许可证和实施制裁等方式来促进跨域大气生态环境整体性协作治理。例如，美国在实施《清洁空气法》的基础上，实施了跨域大气生态环境整体性协作治理。欧盟试图通过"总量管制与交易"原则，建立欧盟排放交易体系来最小化其治理成本。而且欧盟的排放交易机制可以有效减少温室气体排放，而不会对企业竞争力产生重大负面影响（Joltreau and Sommerfeld, 2019）。我国还尝试使用基于优化理论的建模方法实施协作治理，以实现节约成本和改善大气质量的目标。Xue 等（2015）构建了以行政单位为主体的跨域大气生态环境整体性协作治理模型，以增进跨域大气生态环境整体性协作治理。Zeng 等（2017）提出了一种协调治理大气污染的规划方法，将减排措施与治理多种污染物的成本最小化相结合。Liu 和 Lin（2017）提出了一种降低治理成本和改善大气质量的非线性规划方法，并对中国三个地区建筑业的碳排放配额优化分配进行了实证研究，其研究结果表明，排放配额的最优分配能够将治理成本降至最低。Wang 等（2019a）构建了一个广义纳什均衡博弈（generalized Nash equilibrium game, GNEG）模型，以实现中央政府设定的区域减排目标，同时使得各个地区的污染物治理成本最小化。

上述研究展示了跨域大气生态环境整体性协作治理的潜在好处，与属地治理模式相比，跨域大气生态环境整体性协作治理具有显著的成本优势，而且能够更加高效地改善整个区域的大气质量。然而，这些研究只考虑了单一目标，如治理成本、投资回报或大气质量改善。很少有研究人员从多目标角度考虑协作污染治理。例如，Li 等（2022a）建立了一个基于税收和大气污染物排放的双目标优化模型，结果表明最优的税收方案可以减轻大气污染和温室气体排放，促进经济增长，实现经济和环境的可持续发展。Xie 等（2016）构建了一个双目标优化模型，该模型考虑了污染物治理成本及其对公众的健康损害。He 等（2018）从碳减排的角度出发，构建了一个具有成本导向和碳导向的双目标规划模型。这些研究从不同角度考虑了污染管理、健康成本和其他因素之间的协调关系。然而，这些研究没有考虑如何促进多个实体之间的协作治理，以实现所有参与者的有效协作和双赢。

在跨域大气生态环境整体性协作治理中，一个关键因素是如何考虑在参与者之间合理、公平地分配成本和收益。基于这一原则，许多学者运用协作博弈理论对利益分配等问题进行了广泛的研究。例如，Zhu 等（2021）构建演化博弈模型，分析京津冀地区大气污染治理行为合作联盟的演化路径和稳定性。Liu 等（2022）及 Vanovermeire 等（2014）将沙普利（Shapley）值法应用于协作利益的实际分配，有效解决了协作联盟中三个成员之间利益分配的公平和效率问题。Wu 等（2017）设计了利润分配的数学模型，并使用该模型在运输系统中的不同能源消费者之间分配协作利益，这种做法既有利于协作联盟的集体利益，也有利于其中的个人利益。然而，Chang 等（2016）指出，Shapley 值法作为一种协作分配博弈联盟，可能会在不同类型的参与者之间产生不公平的利益分配。因此，Shapley 值法在实际应用中很少使用。

另外，Wang 等（2018c）利用最小费用（minimum costs-remaining savings，MCRS）法解决了由物流中心、配送中心和客户组成的协作实体之间的利润分配问题，优化了物流网络的效率。Yu 等（2018）将 MCRS 法与其他基于协作博弈的分配方法进行了比较，发现 MCRS 法具有计算过程简单的特点，可以显著减少大量计算负担。该研究还表明，MCRS 法非常适于解决协作博弈中的成本共享或利益共享问题。尽管该方法所需的计算时间随着参与者数量的增加而迅速增加，但仍比以往大多数福利分配方法快。此外，与其他分配策略相比，结果更接近最优分配策略。然而，MCRS 法主要用于分配物流、电力和能源领域的协作利益。目前还没有研究将 MCRS 法应用于多主体博弈中的大气污染协作治理。为了获得新的见解，本章应用 MCRS 法在参与跨域大气生态环境整体性协作治理的各个省区市之间分配协作利益。目标是实现协作利益的公平分配，从而鼓励研究区域内的所有省区市积极参与协作治理。

综上所述，目前研究人员尚未研究如何同时优化多个目标。例如，提高就业率和减小污染治理的成本，同时在多个参与者之间公平地分配协作收益。为此，本章构建了一个同时考虑大气生态环境治理成本和就业的协作治理模型，并制定了跨域协作收益的分配模式，以促进各个污染治理主体参与协作治理。该模型确保每个参与者都能完成政府规定的大气污染物配额，同时将污染治理政策对就业的负面影响降至最低，并在最大化就业的同时最小化其污染治理的成本。

7.2　基于行政协调手段的协作治理模型构建与求解

基于行政协调手段的协作治理模型包括两个主要部分：一个部分是双目标优化模型，其目的是在最大限度地增加协作治理区域就业机会的同时，将大气污染治理的成本降至最低。另一个部分是协作收益的分配模型。为了构建上述各个具体模型，本章做了一些变量、参数和符号的约定，其具体情况如表 7-1 所示。

表 7-1　参数和变量说明

符号	含义	单位
$a_1 \sim a_4$	式（7-1）中投入要素的弹性系数	
$b_0 \sim b_4$	式（7-2）的拟合参数	
A_i	以授权国内专利申请数量为代表的省市 i 的技术水平	个
AC/AC$_i$	所有省市/i 省市中特定大气污染物的年度治理成本	美元
B_i	与省市 i 就业增加相对应的货币价值	美元
$C(I)$	跨域协作治理的总收益	美元
$C(I\text{-}\{i\})$	当省市 i 不参与协作污染治理时，其他联盟组合的收益	美元
I	一个地区中所有省市的集合，对于任何省市 I，$i \in I$	
$u_i/(W_i \cdot K_i)$	省市 i 的平均工资/（工业废气排放量×固定资产净值）	美元/(米$^3 \cdot$美元)
L/L_i	所有省市/i 省市的总就业人数	人
L_{ic}/L_{is}	协作治理/属地治理模式下的省市 i 就业情况	人
P_i/P_i^*	省市 i 特定大气污染物的年度减排/最优去除量	10^4 吨/年
P_{ei}	国家为省市 i 分配的某种污染物最大年排放量	10^4 吨/年
P_{0i}/P_{1i}	省市 i 大气污染物的年度产生量/年度工业产生量	10^4 吨/年
TC$_i$	省市 i 大气污染综合治理总费用	美元
V_i	协作治理下省市 i 综合治理成本节约	美元
X_i	省市 i 分别治理大气污染的收益	美元
$Z_i^*/Z_{i\max}/Z_{i\min}$	省市 i 协作污染治理的收益/最大/最小收益	美元
Y_i/γ_i	省市 i 地区生产总值/给定污染物的国家计划排放指数倍数	美元
α_i/β_i	省市 i 工业年产生的大气污染物量下限/上限	
φ/μ	给定污染物年度排放量/去除量的指数	10^4 吨

7.2.1　协作治理模型的构建与求解

参考 Böhringer 等（2012）的方法，大气生态环境治理可以视为一种投入，并可以将其纳入柯布–道格拉斯（Cobb-Douglas）生产函数框架。该函数用于研究各个省份大气污染去除量与就业量之间的关系。根据 Cobb-Douglas 生产函数，选择年 SO_2 去除量（P_i）作为非生产投入因素，而选择劳动力投入（L_i，代表就业）、技术水平（A_i）、固定资产净值（K_i）和工业总产值（Y_i）作为生产投入因素。就业被选为模型中的关键因素，因为世界上大多数政府在制定政策时都会优先考虑就业。由此可得就业函数方程：

$$Y_i = A_i^{a_1} \cdot K_i^{a_2} \cdot L_i^{a_3} \cdot P_i^{a_4} \tag{7-1}$$

弹性系数 a_1、a_2、a_3 和 a_4 的值介于 0 和 1 之间。对方程（7-1）的两边进行自然对数变换，得到线性方程形式：

$$\ln L_i = b_0 + b_1 \ln A_i + b_2 \ln K_i + b_3 \ln Y_i + b_4 \ln P_i \tag{7-2}$$

其中，$b_1 = -\dfrac{a_1}{a_3}$，$b_2 = -\dfrac{a_2}{a_3}$，$b_3 = \dfrac{1}{a_3}$，$b_4 = -\dfrac{a_4}{a_3}$

因此，就业函数方程（7-2）可以变为

$$L_i = e^{b_0} \cdot A_i^{b_1} \cdot K_i^{b_2} \cdot Y_i^{b_3} \cdot P_i^{b_4} \tag{7-3}$$

为了减少污染物排放，国家和企业投入大量资金来减少工业生产过程中产生的污染物。本章引用 Cao 等（2009）建立的污染物治理成本模型研究年度污染物治理成本、污染物去除量和工业废气排放量之间的关系。即有

$$AC_i = \theta_i \cdot W_i^{\varphi} \cdot P_i^{\mu} \tag{7-4}$$

另外，研究区域内的各个省市均按照国家确定的污染排放配额进行污染治理，以确保区域排放总量不超过政府的排放目标。但只要该地区的污染物排放总量符合国家规定的限制，所有污染都可以在区域内独立调整。因此，所有污染都可以在此区域内流动（如本章实证研究中的北京、天津和河北）。基于式（7-3）和式（7-4），可构建协作治理的双目标优化模型：

$$\begin{cases} \max L = \sum_{i=1}^{n} L_i = \sum_{i=1}^{n} e^{b_0} \cdot A_i^{b_1} \cdot K_i^{b_2} \cdot Y_i^{b_3} \cdot P_i^{b_4} & (7\text{-}5) \\[2mm] \min AC = \sum_{i=1}^{n} AC_i = \sum_{i=1}^{n} \theta_i \cdot W_i^{\varphi} \cdot P_i^{\mu} & (7\text{-}6) \\[2mm] \text{s.t.}\ \ P_{0i} - P_i \leqslant \gamma_i \cdot P_{ei} \quad (i = 1, 2, \cdots, n) & (7\text{-}7) \\[2mm] \qquad \alpha_i \cdot P_{1i} \leqslant P_i \leqslant \beta_i \cdot P_{1i} \quad (i = 1, 2, \cdots, n) & (7\text{-}8) \\[2mm] \qquad \sum_{i=1}^{n} P_i \geqslant \sum_{i=1}^{n} (P_{0i} - P_{ei}) & (7\text{-}9) \end{cases}$$

　　式（7-5）旨在使区域内所有省市的就业最大化。式（7-6）表示将协作治理的总成本降至最低，其中的总成本等于所有省市的治理成本总和。式（7-7）～式（7-9）表示双目标优化模型下的约束条件。研究区域内各个省市的污染物排放总量不能超过国家规定的区域污染物排放总量（排放上限）。其中式（7-7）表明，各个省市的污染物排放量不能超过环境容量，也就是说，各个省市的环境容量是政府当年分配给各个省市的污染物排放配额的一定倍数。但各个省市的污染治理能力有一定的范围，这是由各个省市的经济发展水平、技术水平和污染物治理能力所限定的。当省市 i 的污染治理设备满负荷运行时，其最大去除量可达到工业大气污染物年度产生量的一定倍数。但要消除工业产生的所有污染物是不可能的。另外，不同省市的污染物治理能力不同。也就是说，最低去除量不低于工业产生的年大气污染物量的一定倍数。式（7-9）表明该地区污染物的减排总量必须大于或等于国家规定的减排目标。

　　在此基础上，通过将两个目标表示为相除，可以将双目标优化模型转化为单目标规划问题即 Max $f = L/\text{AC}$，在合作经济计量模型下，本章使用 LINGO 软件的 1.0 版本计算了代表性污染物（SO_2）的最佳减排量、相应的就业人数以及各省市的减排成本。

7.2.2　协作治理收益分配模型的构建

　　在基于行政协调手段的跨域大气生态环境整体性协作治理中，增加就业是大气污染治理的好处之一。就整个地区而言，就业增加带来的总收益可以定义为各个省市就业增加量与其平均工资乘积的总和。因此，整个地区的就业总收益可表示为

$$\sum_{i=1}^{n} B_i = \sum_{i=1}^{n} \left[u_i (L_{ic} - L_{is}) \right] \tag{7-10}$$

　　研究区域内污染物治理成本的总节约量可以定义为大气生态环境属地治理模式下的治理成本与协作治理下的去除成本之差的总和，即有

$$\sum_{i=1}^{n} \text{SC}_i = \sum_{i=1}^{n} (\text{AC}_{is} - \text{AC}_{ic}) \tag{7-11}$$

　　与中国目前实施的大气生态环境属地治理模式相比，跨域大气生态环境整体性协作治理下的综合治理成本节约可以通过将后者对应的就业增加总收益（B_i）与节约的治理成本总量（SC_i）相加得到，即有

$$\sum_{i=1}^{n} V_i = \sum_{i=1}^{n} B_i + \sum_{i=1}^{n} \text{SC}_i \tag{7-12}$$

公平、科学、合理地分配协作收益，已成为推动跨域大气生态环境整体性协作治理的关键。MCRS 法通常用于解决协作博弈中的成本分配或利益分配问题，可以提高协作收益分配的效率（Tijs and Driessen，1986）。因此，本章选择 MCRS 法来分配协作收益（Wang，2015）。在跨域大气生态环境整体性协作治理下，省市 i 的收益分配量可以表示为

$$Z_i^* = Z_{i\min} + \frac{Z_{i\max} - Z_{i\min}}{\sum\limits_{i \in I}(Z_{i\max} - Z_{i\min})}\left[C(I) - \sum\limits_{i \in I} Z_{i\min}\right], \forall i \in I \qquad (7\text{-}13)$$

在式(7-13)中，省市 i 的收益 Z_i，必须介于 $Z_{i\max}$ 和 $Z_{i\min}$ 之间，即 $Z_{i\min} \leqslant Z_i \leqslant Z_{i\max}$。在优化过程中，每个 $Z_{i\max}$ 值都与一个 $Z_{i\min}$ 值对应，交叉点 Z_i^* 通过求解 $Z_i = Z_{i\min} + \lambda(Z_{i\max} - Z_{i\min})$ 和 $\sum Z_i = C(I)$ 得到。在 MCRS 法中，通过求解线性规划问题，得到收益值的上下界，也可用式（7-14）和式（7-15）求解：

$$Z_{i\min} = C(I) - C(I - \{i\})，\quad \forall i \in I \qquad (7\text{-}14)$$

$$Z_{i\max} = X_i，\quad \forall i \in I \qquad (7\text{-}15)$$

在式（7-15）中，$C(I)$ 表示在基于行政协调手段的协作治理模型中，所有省市从协作治理中获得的收益总和。$C(I-\{i\})$ 表示当省市 i 之外的省市协作治理时，对应合作联盟的总收益，X_i 表示省市 i 在属地治理模式下所获得的收益。

7.3　京津冀地区 SO_2 协作治理实证研究

7.3.1　京津冀地区基于行政协调手段的 SO_2 协作治理

京津冀地区是我国大气污染较为严重的区域之一，也是全国重污染天气的高发地区。由于各省市的自然禀赋差异较大、经济发展不平衡，大气污染治理对各省市社会就业和经济发展等方面的影响存在明显差异。同时，由于 SO_2 的排放量大，容易与大气中的其他化合物发生反应，形成 $PM_{2.5}$ 等二级污染物，而且对公众的健康有严重的负面影响。此外，与其他五种污染物相比，现有的 SO_2 数据编制时间更长，数据缺口更小。因此，本章以京津冀地区的 SO_2 协作治理为例进行实证分析。

2015 年，工业 SO_2 排放量占中国 SO_2 排放总量的 83.7%。根据《中国环境状况公报》，2016 年以后京津冀地区未出现以 SO_2 为首要污染物的污染天气。为确定北京、天津和河北的就业函数，本章基于 2004~2015 年的样本数据拟合得到其

中参数 b_0、b_1、b_2、b_3 和 b_4 的估计值（表 7-2）。其中各个省市（北京、天津和河北）的家庭与工业 SO_2 排放量、工业 SO_2 去除量与废气排放以及工业废气治理设施的年度运营成本数据来自《中国环境统计年鉴》。各个省市的就业量、专利申请授权（代表技术水平）、资本存量和地区生产总值数据来自《中国劳动统计年鉴》《中国科技统计年鉴》《中国工业统计年鉴》《中国统计年鉴》。

表 7-2　京津冀地区中各个省市就业函数的拟合结果

指标	省市		
	北京	天津	河北
b_0	4.562	1.454	4.497
b_1	0.281	−0.151	0.149
b_2	0.044	0.376	0.223
b_3	−0.100	0.525	−0.103
b_4	0.012	−0.154	−0.006
R^2	0.995	0.979	0.976
F 检验	323.953（$P<0.01$）	81.592（$P<0.01$）	61.634（$P<0.01$）
自由度	$F(4,7)$	$F(4,7)$	$F(4,6)$
Kolmogorov-Smirnov 检验（P）	0.989	0.701	0.983

注：Kolmogorov-Smirnov 表示科尔莫戈罗夫–斯米尔诺夫

所有省市回归结果的拟合效果都很强（$R^2>0.97$），具有统计学意义（$P<0.01$）。这表明三个就业函数具有统计学意义，因变量（$\ln L_i$）和所有自变量（$\ln A_i$、$\ln K_i$、$\ln Y_i$、$\ln P_i$）之间存在显著的线性关系。此外，还对这三个省市的就业函数进行了 Kolmogorov-Smirnov 检验。Kolmogorov-Smirnov 检验的结果表明，双边渐进显著性值分别为 0.989、0.701 和 0.983，其 P 值大于 0.05。可以看出，三个就业函数中的残差都是呈正态分布的。然后将表 7-2 中的参数值以及 2015 年北京、天津和河北的技术水平、资本存量和地区生产总值数据代入式（7-3）即可得其就业函数。

通过对这三个省市的就业函数求和，可以得到整个京津冀地区的就业函数，其具体形式如式（7-16）所示：

$$L = 1233.950 P_1^{0.012} + 3334.076 P_2^{-0.154} + 1174.853 P_3^{-0.006} \tag{7-16}$$

其中，P_1、P_2 和 P_3 分别表示北京、天津和河北的 SO_2 去除量。

同理，对式（7-4）两边取对数可得：

$$\ln AC_i = \ln\theta_i + \varphi\ln W_i + \mu\ln P_i \tag{7-17}$$

基于北京、天津和河北 2004～2015 年的统计数据，采用线性回归分析方法即可得到式（7-17）中的所有参数（表 7-3）。

表 7-3　京津冀地区中各个省市 SO_2 治理成本函数的拟合结果

指标	省市		
	北京	天津	河北
$\ln\theta_i$	21.979	25.265	0.146
φ	−2.061	−2.480	0.606
μ	2.157	2.181	1.054
R^2	0.992	0.971	0.922
F 检验	536.368（$P<0.01$）	153.380（$P<0.01$）	35.564（$P<0.01$）
自由度	$F(2,9)$	$F(2,9)$	$F(2,9)$
Kolmogorov-Smirnov 检验（P）	0.964	0.999	0.545

从表 7-3 中可以看出，北京、天津和河北 SO_2 治理成本函数的拟合结果都通过了显著性检验，其残差也呈正态分布。这表明，其治理成本函数的因变量（$\ln AC_i$）与所有自变量（$\ln W_i$、$\ln P_i$）之间都存在显著的线性关系。因此，可以由这些参数进一步构建各个省市的 SO_2 治理成本函数。将表 7-3 中的拟合结果和工业废气排放（$\ln W_i$）数据代入式（7-4）即可得到。然后，通过对各个省市的 SO_2 治理成本函数求和，就可以得到京津冀地区的 SO_2 治理成本函数，其具体形式如式（7-18）所示：

$$AC = 157.442 P_1^{2.157} + 17.621 P_2^{2.181} + 476.926 P_3^{1.054} \tag{7-18}$$

我国政府于 2011 年确定了"十二五"期间（即 2011～2015 年）所有地区的 SO_2 排放总量目标，并规定 2015 年全国 SO_2 减排的总治理目标是要在期初（即 2010 年）的基础上减小 8%，即减排 2086.4×10^4 吨。然而，该减排目标比例是因地区而异的，并非所有地区都必须减排 8%。根据总量控制的治理计划，2015 年北京、天津和河北的 SO_2 排放量应分别限制在 9.0×10^4 吨、21.6×10^4 吨和 125.5×10^4 吨。相比之下，2010 年中各个省市的对应数值分别为 10.4×10^4 吨、23.8×10^4 吨和 143.8×10^4 吨。因此，2015 年北京、天津和河北的 SO_2 减排目标比例应分别为 13.5%、9.2% 和 12.7%。利用这些值和政府设定的 SO_2 排放配额，即可以计算出北京、天津和河北的 SO_2 减排目标，其具体数值如表 7-4 所示。

表 7-4　2015 年京津冀地区中各个省市的 SO$_2$ 数据（单位：10^4 吨）

统计指标	北京	天津	河北	合计
政府设定的排放目标：(1)	9.0	21.6	125.5	156.1
SO$_2$ 工业排放量：(2)	2.21	15.46	82.94	100.61
SO$_2$ 家庭排放量：(3)	4.91	1.38	27.89	34.18
SO$_2$ 工业去除量：(4)	4.21	36.77	201.86	242.84
SO$_2$ 年度产生量：(5) = (2) + (3) + (4)	11.33	53.61	312.69	377.63
政府规定的 SO$_2$ 减排目标：(6) = (5) − (1)	2.33	32.01	187.19	221.53
年度工业 SO$_2$ 产生量：(7) = (2) + (4)	6.42	52.23	284.80	343.45

根据现有研究结果（Zhao et al.，2013），将约束中参数 α_i、β_i 和 γ_i 分别取值为 0.4、0.9 和 1.3。可得 2015 年京津冀地区的协作治理模型为

$$\begin{cases} \max_{P_i} L = 1233.950 P_1^{0.012} + 3334.076 P_2^{-0.154} + 1174.853 P_3^{-0.006} \\ \min_{P_i} AC = 157.442 P_1^{2.157} + 17.621 P_2^{2.181} + 476.926 P_3^{1.054} \\ \\ \text{s.t.} \quad 377.63 - \sum_{i=1}^{3} P_i \leqslant 1.3 \times (9 + 21.6 + 125.5) \qquad (7\text{-}19) \\ \\ \qquad 0.4 \times 6.42 \leqslant P_1 \leqslant 0.9 \times 6.42 \qquad\qquad (7\text{-}20) \\ \\ \qquad 0.4 \times 52.23 \leqslant P_2 \leqslant 0.9 \times 52.23 \qquad\quad (7\text{-}21) \\ \\ \qquad 0.4 \times 284.80 \leqslant P_3 \leqslant 0.9 \times 284.80 \qquad (7\text{-}22) \\ \\ \qquad\qquad\qquad\qquad\qquad\qquad\qquad\qquad (7\text{-}23) \\ \qquad \sum_{i=1}^{3} P_i \geqslant (2.33 + 32.01 + 187.19) \end{cases}$$

求解上述模型可得 2015 年北京、天津和河北的 SO$_2$ 最优去除量分别为 2.57×10^4 吨、20.89×10^4 吨、198.07×10^4 吨。进一步可得其就业目标分别为 12.4801×10^6 人、20.8788×10^6 人、11.3816×10^6 人。从而，京津冀地区的总就业人数为 44.7405×10^6 人，SO$_2$ 的治理成本总量为 225.09×10^6 美元。

7.3.2　与行政命令手段下的属地治理模式对比分析

表 7-5 展示了在双目标优化模型下，最优 SO$_2$ 去除量（P_i^*）的计算结果，国家在属地治理模式下分配给各省市的减排量（P_i）、就业量（L_i）和三个省市的 SO$_2$ 治理成本（AC$_i$），以及整个京津冀地区的大气污染治理综合成本（TC$_i$）。

表 7-5　2015 年京津冀地区协作治理和属地治理模式的污染治理效果比较

地区	协作治理模式				属地治理模式			
	P_i^* /($\times 10^4$ 吨)	AC_i /($\times 10^6$ 美元)	L_i /($\times 10^6$ 人)	TC_i /($\times 10^6$ 美元)	P_i /($\times 10^4$ 吨)	AC_i /($\times 10^6$ 美元)	L_i /($\times 10^6$ 人)	TC_i /($\times 10^6$ 美元)
北京	2.57	1.94	12.4801	1.90	2.33	1.57	12.4654	1.57
天津	20.89	21.40	20.8788	18.55	32.01	54.27	19.5507	54.27
河北	198.07	201.75	11.3816	201.75	187.19	190.09	11.3854	190.09
合计	221.53	225.09	44.7405	222.20	221.53	245.93	43.4015	245.93

由表 7-5 可知，协作治理下北京和河北的最优去除量高于属地治理模式下的去除量，而天津的最优去除量恰好相反。这是由于京津冀地区，基于行政协调手段的协作治理模型充分考虑了各个省市在环境容量、污染治理能力和就业条件方面的差异。此外，这三个省市在协作治理中的总就业人数为 44.7405×10^6 人，而在属地治理模式下的总就业人数为 43.4015×10^6 人；前者增加就业人数 1.339×10^6 人（约增加 3.1%）。这表明，在基于行政协调手段的协作治理模型中，京津冀地区各个省市在实施大气污染治理的同时，也可以促进就业增长。这一研究结果与之前单独考虑就业效应的研究基本一致（Liu et al.，2018c）。此外，在基于行政协调手段的协作治理中，北京、天津和河北综合治理成本分别为 1.90×10^6 美元、18.55×10^6 美元和 201.75×10^6 美元。其中，河北省的综合治理成本是京津冀地区最高的。这是因为河北省减少了更多的 SO_2（Xing et al.，2019）。在属地治理模式下，SO_2 综合治理总成本为 245.93×10^6 美元，高于协作治理成本的 222.20×10^6 美元，增加了 23.73×10^6 美元。在就业效应和治理成本方面，协作治理的效果都优于当前的属地治理模式。

与属地治理模式相比，北京在协作治理中的就业人数增加了 0.0147×10^6 人。同样，天津的就业人数增加了 1.3281×10^6 人。然而，河北的就业人数却减少了 3800 人。这可能是因为河北的污染严重，而且其污染密集型行业吸纳的就业人数较多。因此，当增大其污染治理强度、调整区域的产业结构时，其污染治理成本得到一定程度的减小，但这样所造成的负面影响就是需要将更多的就业岗位转移到其周边地区，从而导致其本地的社会就业受到较大的负面影响。现有的研究表明，严重的大气污染将促使各个地区积极调整产业结构，最终将促进区域内的就业迁移，刺激就业增长（Cao et al.，2017）。尽管如此，京津冀地区的就业人数总量仍然增加了 1.339×10^6 人。基于行政协调手段的协作治理模型通过优化社会污染治理资源的配置，不仅可以降低污染治理的总成本，而且可以增加整个协作治理区域的就业。与政府分别确定各个地区 SO_2 去除量的属地治理模式相比，基于行政协调手段的协作治理显然更有利于实现整体利益和个体利益的双赢（He et al.，2018）。

　　为了激发各个省市参与协作治理的积极性，本章采用 MCRS 法对协作收益进行分配。为此，首先基于表 7-6 中的数据和式（7-11）～式（7-13），计算出京津冀地区在协作治理下的综合治理成本。在此基础上，使用式（7-14）和式（7-15）求得该地区中所有省市的总协作收益为 $C(I) = 23.73 \times 10^6$ 美元。另外，如果这三个省市中的某一省市没有参与协作治理，但其他两个省市之间开展协作治理，那么，各个省市在对应的各种组合下获得的收益将减少为 $C(I-\{i\})$。具体来讲，如果北京不参与协作治理，而天津和河北之间开展协作治理，则其所获得的收益为 220.56×10^6 美元；如果天津不参与协作治理，而北京和河北之间开展协作治理，则其所获得的收益为 191.72×10^6 美元；如果河北不参与协作治理，而北京和天津之间开展协作治理，所获得的收益为 52.13×10^6 美元。根据协作收益分配的 MCRS 方法，北京、天津和河北获得的协作收益分别为 11.88×10^6 美元、10.14×10^6 美元和 1.71×10^6 美元。

表 7-6　2015 年京津冀地区在属地治理模式下和一个省市不协作而其余省市协作治理下的综合成本比较

省市	成本/（$\times 10^6$ 美元）				
	属地治理：(1)	协作治理下节约的成本：(2)	协作治理下的成本：(3) = (1) − (2)	协作治理下的实际成本：(4)	转出量：(5) = (3) − (4)
北京	1.57	11.88	−10.31	1.90	−12.21
天津	54.27	10.14	44.13	18.55	25.58
河北	190.09	1.71	188.38	201.75	−13.37
合计	245.93	23.73	222.20	222.20	0.00

　　表 7-6 表明，三个省市的总收益为 23.73×10^6 美元。为了确保所有省市都能从协作中受益，并鼓励他们积极参与区域大气污染协作治理，必须在各个省市之间公平有效地分配收益。根据协作收益分配的 MCRS 方法，天津必须向北京和河北两个省市分别支付 12.21×10^6 美元和 13.37×10^6 美元，即天津向北京和河北两个省市共计支付 25.58×10^6 美元的总成本。

　　综上所述，如果在京津冀中三个省市开展跨域大气生态环境整体性协作治理，则每个省市都可以降低其综合治理成本，从而降低该地区的综合治理费用。与属地治理相比，基于行政协调手段的协作治理充分考虑了各个省市在污染治理技术和能力、产业结构、就业结构和经济发展方面的差异（Li et al.，2018a），因而能够给每个省市和整个区域带来双赢。

7.4　敏感性分析

为了验证跨域大气生态环境整体性协作治理模型的适用性和稳定性以及行政协调手段的优越性，本节剖析该模型中主要参数取值变动对其计算结果的影响，具体分析结果如表 7-7 所示。

表 7-7　跨域大气生态环境整体性协作治理模型的敏感性分析

参数变动		北京		天津		河北		合计	
		L_i /($\times10^6$人)	AC_i/($\times10^6$ 美元)	L_i /($\times10^6$人)	AC_i/($\times10^6$ 美元)	L_i /($\times10^6$人)	AC_i/($\times10^6$ 美元)	L_i /($\times10^6$人)	AC_i/($\times10^6$ 美元)
基线	(0.4,0.9,1.3)	12.4801	1.94	20.8788	21.40	11.3816	201.75	44.7405	225.09
α_i	(0.3,0.9,1.3)	12.4608	1.46	21.8240	11.42	11.3797	207.70	45.6645	220.58
	(0.5,0.9,1.3)	12.5134	3.12	20.1726	34.83	11.3836	195.46	44.0696	233.41
β_i	(0.4,0.8,1.3)	12.4801	1.94	20.8788	21.40	11.3836	201.75	44.7425	225.09
	(0.4,0.7,1.3)	12.4801	1.94	20.8788	21.40	11.3836	201.75	44.7425	225.09
γ_i	(0.4,0.9,1.2)	12.4801	1.94	20.8788	21.40	11.3836	201.75	44.7425	225.09
	(0.4,0.9,1.4)	12.4801	1.94	20.8788	21.40	11.3836	201.75	44.7425	225.09

由表 7-7 可见，当 α_i 从 0.4 降至 0.3 时，京津冀地区的总就业人数增加了 2%，而 SO_2 的治理成本减少了 2%。当 α_i 从 0.4 增加到 0.5 时，该地区总就业人数减少了 1.5%，而 SO_2 的治理成本增加了 3.7%。因此，α_i 值在 0.3 到 0.5 之间的变化对模型结果的影响较小。另外，当 β_i 值在 0.7～0.9 范围变动时，相关结果几乎没有受到影响。此外，当 γ_i 值在 1.2 到 1.4 之间变化时，该地区总就业人数和总 SO_2 治理成本几乎没有变化。因此，γ_i 值在 1.2 到 1.4 之间的变化对模型几乎没有影响。综上所述，基于行政协调手段的协作治理模型是比较稳健的。

7.5　政策启示

本章研究表明，即使去除相同数量的污染物，基于行政协调手段的跨域大气生态环境整体性协作治理模型在社会就业和环境治理成本方面，都明显优于以强制性行政命令为主要手段的属地治理模式。处于毗邻的京津冀地区，协作治理对三个省市以及整个地区的污染治理成本和社会就业情况产生了不同影响；而且对于不同的协作治理联盟而言，考虑就业效应和治理成本的综合治理效果也存在较大差异。

　　环境保护部等印发的《京津冀及周边地区落实大气污染防治行动计划实施细则》中指出大气污染防治的重点任务包含"加快淘汰落后产能。京津冀及周边地区要提前一年完成国家下达的'十二五'落后产能淘汰任务""结合产业发展实际和环境质量状况,进一步提高环保、能耗、安全、质量等标准,加大执法处罚力度,将经整改整顿仍不达标企业列入年度淘汰计划,继续加大落后产能淘汰力度"。严格的生态环境保护制度,要求京津冀及周边地区调整退出部分高污染企业,并要求高污染企业加快淘汰落后产能,对区域经济发展以及就业造成影响。环境保护制度给企业带来减排治污压力,生产和治理成本提高,削弱了企业的竞争优势,进而导致企业规模缩小和劳动力需求的下降,造成生态环境保护制度对就业的负效应。《国务院办公厅关于健全生态保护补偿机制的意见》指出,"实施生态保护补偿是调动各方积极性、保护好生态环境的重要手段,是生态文明制度建设的重要内容。近年来,各地区、各有关部门有序推进生态保护补偿机制建设,取得了阶段性进展。但总体看,生态保护补偿的范围仍然偏小、标准偏低,保护者和受益者良性互动的体制机制尚不完善,一定程度上影响了生态环境保护措施行动的成效""进一步健全生态保护补偿机制"。

　　因此,本章的研究可以为进一步完善我国跨域大气生态环境整体性协作治理机制与模式提供以下启示。

　　第一,受到我国行政管理体制的重要影响,传统的基于强制性行政命令的属地治理模式,对于全面推进国家的重大环境治理方针、政策和战略举措具有很大优势。但是,鉴于该模式难以调动各个省区市参与生态环境治理的积极性,而且对社会就业等负面溢出效应的关注有限。因此,在未来的环境治理实践中,可以考虑将更多的行政协调手段纳入该治理模式,以减小环境治理给社会就业和经济发展等方面带来的负面溢出效应。

　　第二,受到我国地区自然禀赋与经济发展不平衡等因素的影响,大气污染治理对各个省区市在社会就业和经济发展等方面的负面溢出效应程度存在明显差异。因此,在未来的环境治理实践中,可以考虑对不同特征的省区市给予针对性的环境治理扶持或激励。例如,在京津冀地区的协作治理中,河北在社会就业方面受到的负面影响明显大于北京和天津。因而,可以考虑加强对河北的就业指导和扶持,也可以考虑通过加大对其环境治理基础设施建设等方面的投资力度等途径,增强其环境治理能力并创造更多的就业机会和就业岗位。

　　第三,鉴于目前我国各个省区市参与环境协作治理积极性不高的实际情况,可以考虑进一步完善区域乃至全国的环境生态补偿机制,为行政协调手段的顺利实施创造更多的政策保障。同时,也可以考虑进一步完善国家在环境治理方面的财政转移支付机制,以进一步激发区域之间的环境协作治理。

7.6 本 章 小 结

本章以行政协调手段为基础，对行政主导型治理主体之间的协作治理机制与模式进行了系统研究，得到以下成果：①以区域污染治理直接成本最少和区域内所有地区就业量最大为优化目标，构建了基于行政协调手段的跨域大气生态环境整体性协作治理模型，设计了适合中国情境的协作治理机制与模式。②京津冀地区的实证研究表明，本章所构建的协作治理模型、机制与模式比我国现行的属地治理具有显著的优越性，不仅能大幅减小环境治理的直接成本及其对社会就业的负面效应，而且能够激发各地参与协作治理的积极性。同时，敏感性分析表明该模型稳健可靠且适用于其他污染物的协作治理。③为推进该激励模型、机制与模式的落地实施，国家应缩小污染治理在社会就业和治理成本方面的地域差距，并通过政策扶持、环境治理基础设施建设、财政转移支付等途径，加大对劳动密集型与污染密集型行业比重较大城市的支持力度。

第8章　基于税收手段的协作治理机制与模式研究

环境税是将环境污染社会成本内部化的重要手段，但其实施效果受到税率水平、财政转移支付机制与模式等多种因素影响。本章以中央政府与地方政府的纵向治理主体间博弈关系及各地区的减排配额、污染治理能力与治理成本为依据，构建基于税收手段的跨域大气生态环境整体性协作治理机制与模式。同时，以长三角区域为典型案例进行实证研究，并与行政命令手段下的属地治理模式进行对比分析，进而提出具体的解决方案和政策启示（Jiang et al.，2022）。

8.1　国内外研究进展

近年来，我国经济呈高速增长态势，但其很大程度上是由消耗化石燃料来推动的。化石燃料消耗的增加导致大量 SO_2、$PM_{2.5}$ 和 NO_x 等污染物的排放剧增（Shin，2013）。大气污染问题是当今我国面临的一个重大问题，对环境和人类健康产生了深远的影响，特别是在华北平原、长三角和珠三角等人口稠密的地区（Guan et al.，2016；Zheng et al.，2017）。根据《2021 中国生态环境状况公报》（生态环境部，2022），2020 年 337 个地级及以上城市中仍有 40.1%的城市环境空气质量超标。虽然政府已经制定了多项治理污染的措施，但问题仍然严峻。

政府通常使用行政命令、经济与市场等手段来开展大气污染治理，而行政命令是其中最为直接的手段（Beiser-McGrath，2023）。行政命令手段在短期内是有效的，但从长期看，可能没有环境成本收益（Kolstad，1986；Guo and Lu，2019）。在我国，行政命令是目前治理环境的主要手段，在该政策下，中央政府根据地方政府的污染状况来制定污染去除配额（Xie et al.，2016），而地方政府必须独立完成该配额。Eichner 和 Pethig（2018）指出，如果排放标准是唯一的工具，则排放分配规则是低效的。在实践中，由于社会、技术和经济发展的差异，每个地方政府的污染治理成本不同。行政命令忽略了地方政府之间污染治理成本的差异，行政命令可能不是改善我国区域大气质量的最有效途径。

1981 年，美国国家环境保护局提出的"泡泡"概念可以使政府以较低的成本实施环境监管（Elliott and Chainley，1998）。由于大气污染具有区域性流动特征，被监管的地区可以看作一个大"泡泡"。只要从整个"泡泡"中向外界排放的污染物总量符合环境质量标准，"泡泡"中的各个地区之间就可以自主调整所排放的污染物。正是在这种背景下，我国中央政府提出了生态补偿机制，旨在通过经济手段来激励各级地方政府治理污染，并提升大气污染治理的效率（Cui et al.，2021）。然而，如何确定科学合理的大气生态补偿标准是一个尚未解决的重大挑战（Zhou et al.，2019a；Cui et al.，2021）。Zhao 等（2012）构建了以整个流域的污染治理成本最小化为目标的考虑转让税的斯塔克尔伯格（Stackelberg）博弈模型，其中监管部门是领导者，参与污染治理的地区是跟随者。在 Zhao 等（2012）研究中，转让税被看作补偿标准。与跨界水污染类似，大气污染也是一个跨界污染问题，可以通过转让税方案来解决。

　　研究表明，税收等经济激励手段是治理污染的更有效方式（Goulder，1995；Sabzevar et al.，2017）。庇古（Pigovian）税是由经济学家庇古首次提出的，当存在负外部性时，税收可以作为纠正资源竞争性配置效率低下的工具（Sandmo，1975）。在实践中，瑞典、挪威、法国和丹麦等欧洲国家经常将税收用作主要的环境政策工具（Howe，1994；Lin and Li，2011），实践表明税收对污染减排有积极作用（Millock et al.，2004；Färe et al.，2016）。根据 Mardones 和 Cabello（2019）的研究，与智利当前的绿色税收法规相比，如果采用庇古税，污染物排放将进一步减少。但这些国家之间的税收覆盖面和税率水平存在很大差异（Howe，1994）。我国于 2018 年修正了《中华人民共和国环境保护税法》，这是一项针对大气污染排放的省级污染征收机制（Wang et al.，2019c）。《中华人民共和国环境保护税法》以严格的标准对非温室污染物征税，并规定各个省区市可以自主设定税率，但税率幅度以十倍为限（Li and Masui，2019）。例如，建议将大气污染物的规定数量（污染当量）的税率设定为 1.2～12 元（Wu and Tal，2018）。Li 等（2021）认为，与污染物的排放费相比，税收对减少污染排放具有积极作用，而且污染去除量与税率呈倒 "U" 形关系。但是，如何根据地方政府的环境保护和污染减排目标来确定最优税率，仍然是一个难题。

　　博弈论是研究利益相关者行为之间相互作用的有效工具，已被应用于诸多领域，如微电网之间的能源交换（Xiao et al.，2015，2017）。实际上，一个地方政府的环境决策在很大程度上取决于相邻地方政府的决策。因此，博弈论被广泛用于研究污染减排问题（Bird and Kortanek，1974；Huang et al.，2016），其中，微分博弈和协作博弈通常被用来研究同级部门之间的相互作用（Xue et al.，2015；Xie et al.，2016）。在排放许可证交易制度下，Li 和 Mao（2019）采用微分博弈研究了跨界工业污染的激励均衡策略。然而，在现实中，环境治理涉及多个部门，而这些部门通常是分行政等级的。通常，中央政府被认为是领导者，并为地方政府或其他部门制定区域污染治理政策，这些政策主要包括行政命令、污染税等经济政策以及许可证交易制度（Tietenberg，1980；Breton et al.，2010）；而地方政府或其他部门作为执行者，必须根据中央政府的政策选择最优策略。Stackelberg 博弈正是分析政策制定者和政策执行者之间行为特征与博弈关系的有效工具（Huang et al.，2016）。为了分析环境税的经济影响，Hong 等（2017）通过 Stackelberg 博弈分析了排污权交易制度下地方政府和企业的决策问题。Ocampo 等（2021）构建了单个制造商–多个供应商的 Stackelberg 博弈模型，以此研究了按订单生产环境下的定价、订购和生产决策问题。然而，这些研究通常侧重于政府和企业之间的博弈。目前很少有研究者从区域污染治理的角度出发，采用带有约束的单个领导者–多个跟随者的 Stackelberg 博弈理论来分析中央政府和多个地方政府之间的行为特征。

双层规划是数学规划的一个分支，最初是由 Bracken 等（1974）提出，并被认为是求解 Stackelberg 博弈的有用工具。对于具有一个领导者和多个独立跟随者的双层规划，通常将其等价地转化为带有一个代理跟随者的双层规划（bilevel program with a surrogate follower，BPSF）问题（Calvete and Galé，2007；Kassa and Kassa，2017）。由于双层规划的上层问题是由下层问题决定的，因此双层规划是非凸的数学规划，即使其目标函数及所有约束条件都是线性的，也很难用解析方法进行求解（Calvete and Galé，2007）。目前很多研究者已经提出了多种求解双层规划的方法，包括卡罗需–库恩–塔克（Karush-Kuhn-Tucker，KKT）方法（Allende and Still，2013；Dempe and Zemkoho，2012）、罚函数方法（Ankhili and Mansouri，2009）和 K 最好（Kth-best）方法等（Zhang et al.，2008）。其中，最广泛使用的方法是 KKT 方法，该方法利用 KKT 条件将双层规划问题的下层问题进行替换，从而将其转化为具有均衡约束的数学规划（mathematical programs with equilibrium constraints，MPEC）问题（Dempe and Zemkoho，2012）。但是，基于双层规划和松弛化方法的求解算法很少被用于求解环境治理相关的 Stackelberg 博弈模型。

因此，本章通过扩展"泡泡"政策和 Zhao 等（2012）的研究，利用 Stackelberg 博弈理论，构建基于税收手段的区域污染治理（regional pollution control scheme with tax，RPCST）模型，以弥补目前以行政命令为主导的治理模式所存在的不足。具体来讲，本章首先建立以中央政府为领导者、多个地方政府为跟随者（one-leader multi-follower，OLMF）的 Stackelberg 博弈模型。其次，设计基于双层规划和松弛化方法的求解算法，并编制程序求解该模型。最后，将该模型和求解算法应用于长三角区域的 SO_2 减排问题，通过实证分析验证 RPCST 模型的有效性。

8.2 RPCST 模型的构建与求解

8.2.1 模型构建

行政命令是我国目前污染治理政策的主要手段，使得地方政府在不考虑治理成本差异的情况下满足国家分配的减排配额。因此，一般来说在该政策下，地方政府的污染治理潜力无法得到最有效利用，从而导致了更高的治理成本。为了在改善环境质量的同时使区域的污染治理成本最小，中央政府可以通过征税来激励地方政府积极减排。中央政府首先在给定的污染减排配额下设定税率，地方政府据此税率确定各自的最优去除率，但每个地方政府的决策都受到其治理能力的约束。此外，地方政府的污染物排放必须在其环境容量范围内，因为这种情况下的环境损害很小，可以忽略不计。本章假设如果污染排放量在当地环境容量范围内时不存在环境损害（Zhao et al.，2013）。符号和参数约定如表 8-1 所示。

表 8-1　符号说明

符号	定义	单位
t	税率，$t \in [0, t_u]$，t_u 为税率上限	美元/吨
x_i	地方政府 i 的污染去除率，$0 \leqslant x_i \leqslant 1$	
g_i	地方政府 i 的工业污染产生量	10^4 吨
g_{i0}	地方政府 i 的非工业污染产生量	10^4 吨
l_i/u_i	地方政府 i 的污染去除率下限/上限，其中，$0 \leqslant l_i \leqslant 1$，$0 \leqslant u_i \leqslant 1$	
e_i	中央政府分配给地方政府 i 的最大排放配额	
γ	环境容量系数，其中，$\gamma > 1$	
$c_i(x_i)$	地方政府 i 的污染治理成本	10^4 美元
C	区域总的污染治理成本	10^4 美元
C_i	地方政府 i 的污染减排成本，其为污染减排成本和税收之和	10^4 美元
$I = \{1,2,\cdots,n\}$	区域内的地方政府集	

在中央政府与地方政府的博弈过程中，中央政府处于领导者地位，地方政府处于跟随者地位。中央政府首先确定税率水平，地方政府将根据税率水平决定其治理策略，中央政府根据地方政府的治理策略调整其税率水平，这一博弈过程不断重复，直到区域污染治理总成本和地方政府的污染治理成本均降到最低。因此，这是一个典型的 Stackelberg 博弈，据此构建 RPCST 模型。

若中央政府设定的税率 t 给定，则作为理性决策者的地方政府，将确定满足中央政府减排配额且成本最低的去除率。因此，在给定的税率 t 情形下，地方政府 i 的决策模型如式（8-1）~式（8-3）所示：

$$\begin{cases} \min_{x_i} C_i = c_i(x_i) + t[g_i(1-x_i) + g_{i0} - e_i] & (8\text{-}1) \\ \text{s.t.} \quad l_i \leqslant x_i \leqslant u_i, \ 0 \leqslant l_i, u_i \leqslant 1 & (8\text{-}2) \\ \quad g_i(1-x_i) + g_{i0} \leqslant \gamma e_i, \ \gamma > 1 & (8\text{-}3) \end{cases}$$

其中，目标函数包括两部分。第一项（$c_i(x_i)$）表示地方政府单独去除污染物的治理成本。根据 Anand 和 Giraud-Carrier（2020）的研究，$c_i(x_i)$ 为去除率 $x_i(0 \leqslant x_i \leqslant 1)$ 的单调凸函数。第二项表示税收，该项取值为负时，表示地方政府 i 去除的污染物高于行政命令的要求，此时多去除的污染物等于其他地方政府对外转移的污染物数量。因而对外转移污染物的地方政府需要对政府 i 进行补偿，即这些地方政府需要为政府 i 为其额外多去除的污染物付费。否则该项为正。约束（8-2）表示政府 i 的污染物治理能力限制。每个地方政府都具有一定减排设备，中央政府要求其必须去除部分产生的污染物（Xue et al.，2015）。因此，去除率必须不低于 l_i，但由于地方政府不可能完全去除其产生的所有污染物，因此，去除率具有上限 u_i。约束（8-3）确保污染排放量在政府 i 的环境容量范围之内，并假设环境容量要高于中央政府设定的配额。

为便于求解该模型，需要将其约束条件进行简化。由于约束（8-3）可以表示为 $x_i \geqslant 1-(\gamma e_i-g_{i0})/g_i$。令 l_i' 表示去除率 x_i 的下限，则可以得到式（8-4）：

$$l_i' = \max_i \left\{ l_i, 1 - \frac{\gamma e_i - g_{i0}}{g_i} \right\} \tag{8-4}$$

所以，当 $\gamma < (g_i(1-l_i)+g_{i0})/e_i$ 时，有 $l_i' = 1-(\gamma e_i - g_{i0})/g_i < u_i$，否则，则有 $l_i' = l_i$。因此，地方政府 i 的约束条件可以表示为式（8-5）：

$$l_i' \leqslant x_i \leqslant u_i \tag{8-5}$$

由此可知，地方政府 $i(i \in I)$ 的决策模型可以进一步转化为模型 F_i，其具体形式如式（8-6）和式（8-7）所示：

$$\begin{cases} \min C_i = c_i(x_i) + t \left[g_i(1-x_i) + g_{i0} - e_i \right] & (8\text{-}6) \\ \text{s.t.} \quad l_i' \leqslant x_i \leqslant u_i & (8\text{-}7) \end{cases}$$

令 $x = (x_1, x_2, \cdots, x_n)$ 表示地方政府的策略组合，$S_i(t) = \{ x_i : l_i' \leqslant x_i \leqslant u_i \}$ 表示地方政府 $i(i \in I)$，$\forall t \in T$ 的可行集。则可给出地方政府的最优策略定义：

定义 8.1　给定任意 $t \in I$，如果下列不等式成立：

$$c_i(x_i^*) + t \left[g_i(1-x_i^*) + g_{i0} - e_i \right] \leqslant c_i(x_i) + t \left[g_i(1-x_i) + g_{i0} - e_i \right]$$

即

$$c_i(x_i^*) - tg_i x_i^* \leqslant c_i(x_i) - tg_i x_i \tag{8-8}$$

$x^* = (x_1^*, x_2^*, \cdots, x_n^*)$ 是税率为 t 时，地方政府的最优策略组合，其中 $x_i^* \in S_i(t)$，$i \in I$。

令 $\bar{x}_i = c_i'^{-1}(tg_i)$ 表示 $\partial c_i / \partial x_i = c_i'(x_i) - tg_i = 0$ 的解，其中 $c_i'(x_i)$ 是 $c_i(x_i)$ 关于 x_i 的一阶偏导数，$c_i'^{-1}(tg_i)$ 是 $c_i'(x_i)$ 的反函数，则由给定税率 t 可以得到 $\bar{x}_i$。在没有约束条件时，$\bar{x}_i$ 为地方政府 i 的最优策略。但地方政府的决策受到环境容量和污染控制能力的约束，这将影响其最优策略。命题 8.1 给出了地方政府在给定税率 t 下实现最优策略的条件。

命题 8.1　给定 $t \in T$：

（1）如果 $\overline{x}_i < l'_i$，则地方政府 i 的最优策略为 $x^*_i = l'_i$；

（2）如果 $l'_i \leqslant \overline{x}_i < u_i$，则地方政府 i 的最优策略为 $x^*_i = \overline{x}_i$；

（3）如果 $u_i \leqslant \overline{x}_i$，则地方政府 i 的最优策略为 $x^*_i = u_i$。

那么，$x^* = (x^*_1, x^*_2, \cdots, x^*_n)$ 为地方政府在 OLMF Stackelberg 模型中的最优策略组合，命题 8.1 的条件如图 8-1 所示。命题 8.1 为地方政府提供了税率给定时的最优策略选择依据。当中央政府给定税率时，地方政府可以通过比较 $\overline{x}_i$ 与去除率的上下限来得到最优策略。例如，当 $\overline{x}_i < l'_i$ 时，污染控制成本在区间 $[l'_i, u_i]$ 内递增，这种情形如图 8-1（a）所示。作为理性决策者，地方政府 i 将选择 l'_i 作为其最优策略。

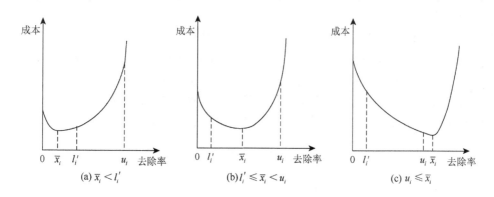

图 8-1　命题 8.1 中三种不同情形条件

中央政府实行统一的税率政策激励地方政府以最低的治理成本进行减排，对于去除量高于行政命令所规定去除量的地方政府，中央政府将转移征收的税款以补偿其损失，税收等于补偿成本。因此，中央政府只考虑整个地区的治理成本。此外，由于中央政府完全了解地方政府的反应，它首先设定税率 t，地方政府根据税率 t 确定各自的污染去除率 x_i。所以 x_i 是税率 t 的隐函数，即有 $x_i(t)$。为简单起见，下文的模型中依然使用 x_i。因此，本章拟构建的 RPCST 模型是一个 OLMF 模型，其具体形式如式（8-9）～式（8-11）所示：

$$\min_t C = \sum_{i=1}^{n} c_i(x_i) \tag{8-9}$$

$$\text{s.t.}\ \ \sum_{i=1}^{n}\left[g_i(1-x_i)\right] + \sum_{i=1}^{n} g_{i0} \leqslant \sum_{i=1}^{n} e_i \tag{8-10}$$

$$0 \leqslant t \leqslant t_u \tag{8-11}$$

其中，式（8-9）是中央政府的目标函数，表示区域内所有地方政府的污染治理成本之和最小。式（8-10）表示整个区域内的排放限制，要确保区域内的污染排放总量低于区域最大允许排放量 $\sum_{i=1}^{n} e_i$。另外，该式也表示鼓励地方政府尽可能多地去除污染物。式（8-11）规定了 t 的取值范围。

8.2.2 算法设计

研究表明双层线性问题是 NP 困难（NP-hard）问题（Bard，1991），甚至搜索局部最优解也是 NP-hard 问题（Vicente et al.，1994）。具有单个领导者和多个独立跟随者的双层规划通常需要进行转化，一般会将其转化为 BPSF 问题（Kassa and Kassa，2017）。在多种求解方法中，KKT 方法是求解非线性双层规划比较常用的方法。

注意到每个地方政府的目标函数仅仅受到其自身决策变量的影响，其约束集也仅仅受到自身决策变量的影响。因此，模型 OLMF 可以等价地转化为 BPSF（Calvete and Galé，2007；Wang et al.，2000；Guo et al.，2015a）。在 BPSF 中，下层的目标函数是所有地方政府目标函数之和，约束集 $S(t)$ 是所有地方政府约束的并集，即 $S(t) = \cup S_i(t)$。因此，BPSF 的下层问题可以表示为

$$\min_{x} C_R = \sum_{i=1}^{n} \left\{ c_i(x_i) + t \left[g_i(1-x_i) + g_{i0} - e_i \right] \right\} \tag{8-12}$$

$$\text{s.t.} \quad l_i' \leq x_i \leq u_i, \forall i \in I \tag{8-13}$$

因此，模型 BPSF 可以转化为

$$\min_{t} C = \sum_{i=1}^{n} c_i(x_i) \tag{8-14}$$

$$\text{s.t.} \quad \sum_{i=1}^{n} \left[g_i(1-x_i) \right] + \sum_{i=1}^{n} g_{i0} \leq \sum_{i=1}^{n} e_i \tag{8-15}$$

$$0 \leq t \leq t_u \tag{8-16}$$

$$\min_{x} C_R = \sum_{i=1}^{n} \left\{ c_i(x_i) + t \left[g_i(1-x_i) + g_{i0} - e_i \right] \right\} \tag{8-17}$$

$$\text{s.t.} \quad l_i' \leq x_i \leq u_i, \forall i \in I \tag{8-18}$$

如前所述，由于 $c_i(x_i)$ 为去除率 x_i 的单调凸函数，税收函数是关于 x_i 的仿射函数。根据凸函数和仿射函数的性质可知，模型 BPSF 的下层目标函数是关于 x 的凸函数。

命题 8.2 模型 OLMF 等价于模型 BPSF。

通过用 KKT 条件代替模型 BPSF 的下层问题，模型 BPSF 可以等价地转化为 MPEC 问题。模型 BPSF 下层问题的拉格朗日（Lagrange）方程如下所示：

$$L(x,\lambda) = \sum_{i=1}^{n}\left\{c_i(x_i) + t\big[g_i(1-x_i) + g_{i0} - e_i\big] + \lambda_{i1}(l_i' - x_i) + \lambda_{i2}(x_i - u_i)\right\} \quad (8\text{-}19)$$

其中，$\lambda = (\lambda_{i1}, \lambda_{i2})^{\mathrm{T}}$，$\lambda_{ij} \geqslant 0$，$i \in I$，$j = 1,2$。

其 KKT 条件如式（8-20）～式（8-22）所示：

$$c_i'(x_i) - tg_i - \lambda_{i1} + \lambda_{i2} = 0 \quad (8\text{-}20)$$

$$0 \leqslant x_i - l_i' \perp \lambda_{i1} \geqslant 0 \quad (8\text{-}21)$$

$$0 \leqslant u_i - x_i \perp \lambda_{i2} \geqslant 0 \quad (8\text{-}22)$$

通过将式（8-17）和式（8-18）替换为式（8-20）～式（8-22），可将模型 BPSF 转化为 MPEC 问题（记为模型 R），其具体形式如式（8-23）～式（8-28）所示：

$$\min_{t,x_i,\lambda_{ij}} C = \sum_{i=1}^{n} c_i(x_i) \quad (8\text{-}23)$$

$$\text{s.t.} \quad \sum_{i=1}^{n}\big[g_i(1-x_i)\big] + \sum_{i=1}^{n} g_{i0} \leqslant \sum_{i=1}^{n} e_i \quad (8\text{-}24)$$

$$0 \leqslant t \leqslant t_u \quad (8\text{-}25)$$

$$c_i'(x_i) - tg_i - \lambda_{i1} + \lambda_{i2} = 0, i \in I \quad (8\text{-}26)$$

$$0 \leqslant x_i - l_i' \perp \lambda_{i1} \geqslant 0, i \in I \quad (8\text{-}27)$$

$$0 \leqslant u_i - x_i \perp \lambda_{i2} \geqslant 0, i \in I \quad (8\text{-}28)$$

罚函数法、增强的拉格朗日法和松弛化方法等许多近似方法已经被用来求解 MPEC 问题（Scholtes，2001；Lin and Fukushima，2005；Hoheisel et al.，2013）。其基本思想是找到一个"好的"非线性规划问题来逼近 MPEC 问题。松弛化方法则是松弛 MPEC 问题的均衡约束，以得到一个好的近似问题。松弛化方法具有简单的实现过程和稳健的数值性能（Hoheisel et al.，2013）。在本章中，转化得到的模型 R 是一个特殊的 MPEC 问题（Luo，1996）。参考 Scholtes（2001）的松弛化方法，本章通过一系列松弛问题（$\epsilon > 0$）来近似模型 R，即有了式（8-29）～式（8-37）。

$$\min_{t,x_i,\lambda_{ij}} C = \sum_{i=1}^{n} c_i(x_i) \quad (8\text{-}29)$$

$$\text{s.t.} \quad \sum_{i=1}^{n}\big[g_i(1-x_i)\big] + \sum_{i=1}^{n} g_{i0} \leqslant \sum_{i=1}^{n} e_i \quad (8\text{-}30)$$

$$0 \leqslant t \leqslant t_u \quad (8\text{-}31)$$

$$c_i'(x_i) - tg_i - \lambda_{i1} + \lambda_{i2} = 0, \forall i \in I \quad (8\text{-}32)$$

$$\lambda_{i1}(x_i - l_i') \leqslant \epsilon, \forall i \in I \quad (8\text{-}33)$$

$$\lambda_{i2}(u_i - x_i) \leqslant \epsilon, \forall i \in I \quad (8\text{-}34)$$

$$x_i - l_i' \geqslant 0, \forall i \in I \quad (8\text{-}35)$$

$$u_i - x_i \geqslant 0, \forall i \in I \quad (8\text{-}36)$$

$$\lambda_{ij} \geqslant 0, \ \forall i \in I, j = 1,2 \quad (8\text{-}37)$$

本章用 $R^s(\epsilon)$ 来表示这个松弛化问题。因为标准的规范约束条件［如曼加萨里安-弗洛维茨（Mangasarian-Fromovitz 条件）］成立，故 $R^s(\epsilon)$ 是比模型 R 更有利的问题。$X=(t, x, \lambda_{ij})$ $(i \in I, j=1, 2)$ 表示 $R^s(\epsilon)$ 的决策变量，$x=(x_1, \cdots, x_n)$，则松弛化方法可以通过表 8-2 所示的迭代方式实现。由于在该算法中令 ϵ_e、ε 都是正数而不是零。因此，本算法可以得到有限终止。在分析松弛化方法的收敛性时，将两个参数 ϵ_e 和 ε 均设置为零，可以得到无限序列。由于模型 R 是一个非凸问题，从理论上讲，松弛化方法能够得到最优解。一般来说，对于非凸模型，近似方法收敛到一个稳定点，这是最优解的一个很好的备选点。以下结果参见 Scholets（2001）中的定理 3.1。

表 8-2　松弛化方法求解模型 R 的迭代过程

初始值：选择初始点 X^0，初始松弛参数 $\epsilon_0>0$，收缩参数 $\sigma \in (0,1)$，最小松弛参数 $\epsilon_e>0$，停止公差 $0<\varepsilon \ll 1$ 令 $\text{Res}\,1=\max_{i \in I} \min\left\{x_i^0-l_i', \lambda_{i1}^0\right\}$，$\text{Res}\,2=\max_{i \in I}\min\left\{u_i-x_i^0, \lambda_{i2}^0\right\}$，设定迭代标号为 $k=0$
当 $\epsilon_k \geqslant \epsilon_e$ 或 $\text{Res}\,1>\varepsilon$ 或 $\text{Res}\,2>\varepsilon$ 时
以 X^k 为起点，搜索松弛问题 $R^s(\epsilon_k)$ 的近似解 X^{k+1} 令 $\epsilon_{k+1} \leftarrow \sigma^* \epsilon_k$　$k \leftarrow k+1$ 令 $\text{Res}\,1=\max_{i \in I} \min\left\{x_i^{k+1}-l_i', \lambda_{i1}^{k+1}\right\}$，$\text{Res}\,2=\max_{i \in I}\min\left\{u_i-x_i^{k+1}, \lambda_{i2}^{k+1}\right\}$
结束 返回值：最终迭代 $X_{\text{opt}}=X^k$，相应的函数值 $C(X_{\text{opt}})$

命题 8.3　令 $\{X^k\}$ 是松弛化方法产生的序列，X^* 是任意的一个聚点。如果 MPEC 型（MPEC-tailed）线性独立约束条件在 X^* 处成立，那么 X^* 是模型 R 的克拉克（Clarke）稳定点。

8.3　长三角区域 SO_2 协作治理实证研究

8.3.1　长三角区域基于环境税率调控手段的 SO_2 协作治理

2014 年召开的长三角区域大气污染防治协作机制会议中提出，2015 年的工作要坚持围绕《长三角区域落实大气污染防治行动计划实施细则》进行。聚焦三项重点，即重点污染物治理、污染源头治理、共性问题研究。2012 年制定的《重点区域大气污染防治"十二五"规划》中提出："到 2015 年，重点区域二氧化硫、氮氧化物、工业烟粉尘排放量分别下降 12%、13%、10%，挥发性有机物污染防治工作全面展开；环境空气质量有所改善，可吸入颗粒物、二氧化硫、二氧化氮、细颗粒物年均浓度分别下降 10%、10%、7%、5%。"在此背景下，为验证本章构

建的 RPCST 模型的稳定性与适用性以及环境税率调控机制的优越性,本章以 2015
年长三角区域中的上海(SH)、江苏(JS)、浙江(ZJ)、安徽(AH)四省市的 SO_2
治理为例进行实证分析。

本章中的数据主要来源于 2002~2016 年的《中国环境统计年鉴》和《中国城
市年鉴》。根据《中华人民共和国国民经济和社会发展第十二个五年规划纲要》,
上海、江苏、浙江和安徽在 2015 年的 SO_2 实际排放量、原环境保护部设定的去除
量配额如表 8-3 所示。

表 8-3　2015 年长三角区域 SO_2 减排任务(单位:10^4 吨)

指标	上海	江苏	浙江	安徽	长三角区域
r_{0i}	27.09	227.54	102.37	290.55	647.55
e_i	30.90	89.46	58.78	49.95	229.09
g_i	51.40	312.97	159.78	334.5	858.65
g_{i0}	6.59	4.03	1.37	6.00	17.99
总量	57.99	317.00	161.15	340.50	876.64

为得到原环境保护部的最优税率和各省市最优去除率,需要得到治理成本
函数的具体表达式。根据 Shi 等(2017)的研究结果,治理成本可以表示为
$c_i = \theta_i(g_i x_i)^{w_i}$,其中,$\theta_i$ 和 w_i 为参数。为了估计参数的值,将治理成本函数表达
式取对数后转化为线性函数形式,即有 $\ln c_i = \ln \theta_i + w_i \ln(g_i x_i)$,用 R 语言 3.5.2 软
件可得回归模型的系数(表 8-4)。

表 8-4　SO_2 治理成本函数回归结果

地区	$\ln\theta_i$	w_i	R^2	F 统计量
上海	5.850	1.611	0.9519	227.9 ($P<0.001$)
江苏	3.272	1.800	0.9807	710.9 ($P<0.001$)
浙江	4.323	1.677	0.8915	124.3 ($P<0.001$)
安徽	3.243	1.640	0.9144	150.6 ($P<0.001$)

根据表 8-4 和四个省市在 2015 年的 SO_2 产生量,上海、江苏、浙江和安
徽的 SO_2 治理成本的具体表达式分别为 $c_1 = 198\,145.54 x_1^{1.611}$、$c_2 = 818\,307.29 x_2^{1.800}$、
$c_3 = 373\,905.75 x_3^{1.677}$ 和 $c_4 = 353\,530.3 x_4^{1.640}$。

由于每个地方政府都有减排设备，且中央政府要求其必须去除部分产生的污染物。如果去除率相对较低的话，地方政府可以很容易地完成减排。因此，在本节中，假设去除率的下限为 0.4，即 $l_i = 0.4$（$i = 1, 2, 3, 4$）。然而，在现实中，每个地方政府不可能完全去除所有的污染物，因此，假设去除率的上限为 0.9，即 $u_i = 0.9$（$i = 1, 2, 3, 4$）。此外，原环境保护部在分配控制任务时会为各个地方政府的环境容量留有部分空间。参考 Xue 等（2015）的研究结果，本章将环境容量系数设置为 1.3。例如，根据模型 F_i 可得上海、江苏、浙江和安徽去除率的下限分别为 0.4、0.6413、0.5303、0.8239。此外，税率不可能无限高，本章中假设最高税率为 10 000 美元/吨。

8.3.2　与行政命令手段下的属地治理模式对比分析

采用前面提出的松弛化方法对模型进行求解，算法是基于软件 MATLAB R2017b 实现。由此可得最优税率为 3310.89 美元/吨，四个省市的最优策略为 $x^* = (0.4, 0.644, 0.7779, 0.9)$。表 8-5 展示了行政命令手段下和 RPCST 模型下的结果对比。

表 8-5　行政命令和 RPCST 模型结果对比

地区	行政命令		RPCST 模型				比较	
	x_{0i}	C_{0i}/ ($\times 10^4$ 美元)	x_i^*	税收/ ($\times 10^4$ 美元)	r_i^*/ ($\times 10^4$ 吨)	C_i^*/ ($\times 10^4$ 美元)	Δr_i/ ($\times 10^4$ 吨)	ΔC_i/ ($\times 10^4$ 美元)
上海	79.59%	137 172.59	40.00%	21 620.11	20.56	66 899.77	−6.53	−70 272.82
江苏	73.98%	475 688.01	64.43%	85 752.05	201.64	456 645.96	−25.90	−19 042.05
浙江	67.07%	191 359.54	77.79%	−72 607.82	124.30	172 796.94	21.93	−18 562.60
安徽	87.44%	283 681.68	90.00%	−34 764.34	301.05	262 665.33	10.50	−21 016.35
整个区域	—	1 087 901.82	—	0	647.55	959 008	—	−128 893.82

注：r_i^* 表示省市 i 的最优去除率；C_i^* 表示省市 i 的最优污染减排成本；$\Delta r_i = r_i^* - r_{0i}$；$C_{0i}$ 表示省市 i 在行政命令下的污染减排成本，$\Delta C_i = C_i^* - C_{0i}$

显然，上海和江苏在 RPCST 模型下的最优去除率要低于行政命令手段下，但浙江和安徽在 RPCST 模型下的最优去除率要高于行政命令手段下。在 RPCST 模型下，上海和江苏将分别转移 6.53×10^4 吨和 25.90×10^4 吨 SO_2 到浙江和安徽。与行政命令手段相比，浙江和安徽在 RPCST 模型下将分别多去除 21.93×10^4 吨和 10.50×10^4 吨 SO_2，这将导致更高的治理成本。为了最小化区域治理成本，并为浙江和安徽进一步去除污染物提供激励，将会对其他两个省市征税。上海和江苏分别需要缴纳 $21\,620.11 \times 10^4$ 美元和 $85\,752.05 \times 10^4$ 美元税收。政府将分别向浙江和安徽拨付 72 607.82×10⁴ 美元和 34 764.34×10⁴ 美元税款。与行政命令手段相比，上海、江苏、浙江和安徽在 RPCST 模型下的污染控制成本分别降低了 70 272.82×10⁴ 美元、19 042.05×10⁴ 美元、18 562.60×10⁴ 美元、21 016.35×10⁴ 美元。整个长三角区域内的污染治理成本降低了 128 893.82×10⁴ 美元（下降约 11.85%）。

由表 8-5 可见，跟随者的最优解分别为 $x_1^* = 0.4000$、$x_2^* = 0.6443$、$x_3^* = 0.7779$ 和 $x_4^* = 0.9000$ 显然，$\bar{x}_1 < l_1'$、$l_2' \leqslant \bar{x}_2 < u_2$、$l_3' < \bar{x}_3 < u_3$ 和 $u_4 < \bar{x}_4$。这些结果与命题 8.1 相符，由此说明松弛化方法可以很好地求解本章所构建的模型。

8.4 敏感性分析

为了验证本章所构建的 RPCST 模型的适用性和稳定性，本节剖析该模型中主要参数取值变动对其计算结果的影响。在该模型中，$u_i (i = 1, 2, 3, 4)$ 表示地方政府的平均污染减排能力。这里假设 $u_i (i = 1, 2, 3, 4)$ 同时变化，且其变化范围为 0.85 到 0.95。为方便表述，该分析中将使用 u 来表示 $u_i (i = 1, 2, 3, 4)$，其变动的结果用百分比表示，具体分析结果如图 8-2 和图 8-3 所示。

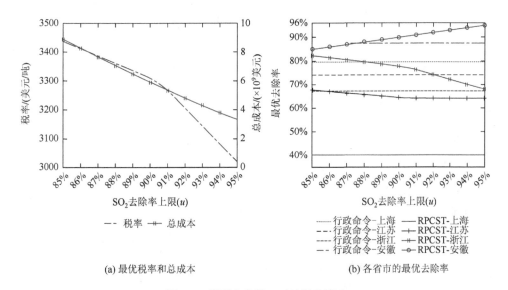

(a) 最优税率和总成本　　　　(b) 各省市的最优去除率

图 8-2　模型中参数 u 对结果的影响

由图 8-2 可知，随着 u 的增加，江苏和浙江的最优去除率都有所降低，从而拨付给浙江的税款以及治理成本都将降低。与降低的治理成本相比，浙江得到的税款降低得更多。因此，浙江的最优污染控制成本升高。

由图 8-2（a）可知，最优税率和区域总的治理成本随着 u 的增加而降低。当 u 比较低时，污染控制能力不足，从而某些省市不能够完成政府下达的任务。因此，当 u 比较低时，税率比较高，这可以为各个省市去除更多的污染物提供激励。而且当 u 比较低时，区域总的治理成本也较高。随着 u 的增加，各个省市可以更好地利用污染减排能力。因此，税率和区域总的治理成本降低。

由图 8-2（b）可知，虽然上海的最优去除率保持不变，但是，其去除率总是低于行政命令手段下的去除率。此外，江苏和浙江的最优去除率随着 u 的增加而降低，而安徽的最优去除率随着 u 的增加而升高。浙江在 RPCST 模型下的最优去除率要高于在行政命令手段下的最优去除率，从而浙江在 RPCST 模型下的治理成本要高于行政命令手段下的治理成本。同时，作为补偿，浙江将会得到政府部门拨付的税款。拨付给浙江的税款等于最优税率乘以 RPCST 模型下最优去除量与行政命令手段下最优去除量的差值。

图 8-3 显示了各个省市最优污染减排成本。由此可见，当 u 增加时，浙江的最优污染控制成本会升高，但其他三个省市的最优污染控制成本有所降低。

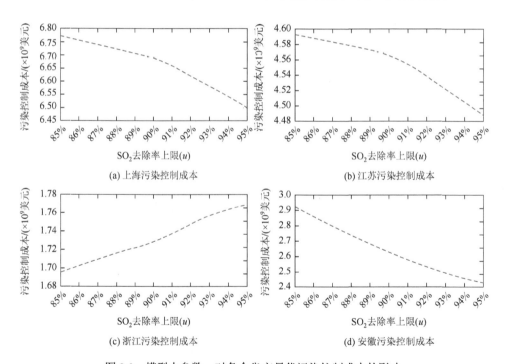

图 8-3　模型中参数 u 对各个省市最优污染控制成本的影响

基于以上分析，本章所构建的模型是比较稳健的，其相应的研究结果可以为我国进一步完善环境税收制度提供决策参考。同时，上述结果也表明，中央政府应该为边际污染控制成本最低的省市提供激励、财政支持或补贴，以通过技术进步和改善生产工程来提高其污染减排能力。同时，边际污染控制成本较高的省市应停止提高自身的污染减排能力，否则将导致更多的能力过剩和资源浪费。相反，这些省市可以向控制能力最低或较低的省市提供援助。根据本章的实证分析结果，上海和江苏可以为安徽提供技术和资金支持，以提高其污染减排能力。

8.5　政　策　启　示

本章研究表明，基于 Stackelberg 博弈的环境税率调控模型能够充分考虑不同省市的减排能力，可以在地方政府和中央政府反复博弈的基础上达到最优的污染去除率和环境税率。因而，本章构建的调控模型和相应的治理机制有利于调动各个地方政府参与治理环境污染的积极性，也有利于大气质量的改善。

我国 2018 年修正的《中华人民共和国环境保护税法》是为保护和改善环境，减少污染物排放，推进生态文明建设而制定的国家法律。环境税作为生态环境治理的重要政策制度，是解决环境污染问题的有效手段。《中华人民共和国环境保护税法》的实施将污染成本转化为企业的生产成本，激励企业主动减排。相较于行政命令的措施，《中华人民共和国环境保护税法》赋予企业更多的选择，企业可根据自身边际减排成本，选择缴纳环境税或者减少排污。然而，如何根据地方政府的环境保护和污染减排目标来确定最优税率，仍然是一个难题。从跨域大气生态环境整体性协作治理来看，当前的环境税还未体现区域协作治理理念，而大气污染物具有显著的空间关联效应。长三角区域是跨域大气生态环境整体性协作治理的重要区域，目前长三角区域内，相邻地区同污染物的环境税额有较大的差异，这极大地影响了地区的污染治理的积极性。此外，协作治理区域内，各个地区的自然禀赋、产业结构和能源结构各不相同，根据不同地区合理的设置环境税尤为重要。

因此，本章的研究可以为进一步完善我国大气生态环境整体性协作治理机制与模式提供以下启示。

第一，鉴于我国目前生态环境补偿制度还不够完善，本章所构建的模型和相应机制的实施可能仍然面临很大困难。因此，在未来的环境治理实践中，可以首先考虑进一步完善相关的配套制度体系建设。例如，将新安江流域等地区在生态补偿方面的成功经验大力推广至其他地区以及大气污染治理领域，构建区域乃至全国性的生态补偿制度体系。并在此基础上，加强环境税收等经济手段的实施力度和范围，以进一步激发各个地区的积极性，并挖掘其环境治理的潜力。

第二，由于我国各个地区的经济社会发展、环境污染状况及其治理水平等仍然存在较大差异。因此，在未来的环境治理实践中，可以考虑加大大气污染监测和信息共享力度等来保障体系建设，以提高生态补偿的针对性、科学性、合理性和公平性。同时，还可以考虑各个地区的自然禀赋、产业结构和能源结构等因素，从而激励各个地区积极参与环境治理。

第三，可以考虑引导社会各界加强对环境税收制度和生态环境补偿制度建设等方面的理论研究，以进一步探索如何构建一个从上到下全面覆盖各级政府的区域生态补偿体系，并进一步明确补偿原则、补偿主体、补偿对象、补偿方式、补偿手段、区域生态补偿因子和补偿标准。

8.6 本 章 小 结

本章以环境税为治理手段，开展了跨域大气生态环境整体性协作治理机制与模式研究，得到以下成果。①构建了以中央政府为领导者、以多个地方政府为跟随者的 Stackelberg 博弈模型，设计了基于双层规划和松弛化方法的求解算法，并以环境税为治理手段，构建了适合中国情境的跨域大气生态环境整体性协作治理模型、机制与模式。②长三角地区的实证研究表明，本章所构建的协作治理模型、机制与模式，能够充分体现污染治理能力与治理成本的地域差异，而且可以在治理主体之间的反复博弈中取到最优的污染去除率和环境税率，但各地的环境容量、污染治理能力对最优税率水平和治理成本有较大影响。同时，敏感性分析表明本章构建的模型稳健可靠。③为有效降低整个协作区域的污染治理成本，边际污染治理成本较高地区应通过资金援助等途径来提高其他协作地区的污染减排能力，中央政府也应为边际成本较低的省市提供资金或技术支持以提升其污染处理能力。

第9章 基于广义纳什均衡市场手段的协作治理机制与模式研究

生态补偿手段是调动各地参与跨域大气生态环境整体性协作治理的重要途径，但其实施效果受补偿标准与补偿机制等因素的影响。本章考虑无纵向上层领导机构协调，下层各地区之间存在耦合约束条件下的跨域协作治理问题。通过对治理主体之间的横向博弈分析，构建基于广义纳什均衡市场手段的跨域大气生态环境整体性协作治理机制与模式，并以长三角区域为典型案例进行实证研究，最后与行政命令手段下的属地治理模式进行对比分析，进而提出具体的解决方案和政策启示（Wang et al.，2019a）。

9.1 国内外研究进展

随着中国工业化进程的发展，许多城市遭遇了严重的大气污染，很多儿童和青少年的身体健康受到较大影响（Kishi et al.，2018；Zheng et al.，2016）。研究表明，高浓度的大气污染物使得居民的健康受到损害，极易引发儿童哮喘（Mizen et al.，2018）、缺血性心脏病（Mirabelli et al.，2018；Parker et al.，2018）、心血管疾病（Cai et al.，2018）、急性冠状动脉综合征（Geels et al.，2015），这些疾病容易造成居民过早死亡。从长远来看，大气污染物还会破坏生态系统，改变全球气候，并可能导致大量人口迁移（Rao et al.，2017）。更严峻的事实是，随着国际贸易需求的不断增长，更多商品与服务的生产和交付，以及来自污染严重地区的大气污染物扩散，使得污染问题更加严重（Zhang et al.，2016a）。

世界各国先后采取了多种措施减少大气污染，包括调整产业结构（Kuai and Yin，2017）、降低污染治理的单位成本（Im et al.，2018）、进行末端治理（Malmqvist et al.，2018）、限制或关停高污染企业（Zhong et al.，2022）等。许多学者研究了不同城市的大气污染问题。Xia 等（2015）研究了澳大利亚阿德莱德（Adelaide）的大气污染问题，指出改变居民出行方式能够减少大气污染对健康的损害，建议较为环保的出行方案是选择公共交通工具或骑自行车代替私家车。Allevi 等（2017）指出，提高用电效率，增加对高效技术的投资能够减少碳排放。Kumar 等（2016）指出，与基于源头减排的策略相比，使用超低排放燃料是减少 CO_2、$PM_{2.5}$ 等大气污染物排放的首选策略。Maji 等（2017）评估了印度阿格拉市大气污染的经济成本和健康损害成本，并揭示了 2002 年至 2014 年，该市有 1362 人死于大气污染，PM_{10} 是损害居民健康的主要污染物。Giannadaki 等（2018）指出，如何量化各种减排措施的减排效果已经成为研究热点。

在我国，政府通过不断修订现行法律法规、增加对违规排污者的惩罚、提高排放总量控制和交易体系可行性等措施治理大气污染（Feng and Liao，2016）。2012 年 10 月，环境保护部印发的《重点区域大气污染防治"十二五"规划》强调推进大气污染的区域联防联控。该模式因此取代传统的属地治理模式而成为治理大气污染的主要模式。《大气污染防治行动计划》（2013 年）第二十六条明确要求："建立京津冀、长三角区域大气污染防治协作机制，由区域内省级人民政府和国务院有关部门参加，协调解决区域突出环境问题。"此后，《中华人民共和国环境保护法》（2014 年修订）、《生态文明体制改革总体方案》（2015 年）等多部文件反复强调，要建立跨行政区域的污染防治协作机制。与此同时，城市居民、众多学者和行政管理部门采取了多种措施来减少大气污染的负面影响（Wang et al.，2018d；Zhai et al.，2016）。雾霾严重时，多数居民会戴上功能性口罩、关上窗户，或者使用空气净化器来减少大气污染的健康损害。Liao 等（2016）在给定预算约束下，提出了一种有效的方法帮助政府分配污染治理成本，以控制美国五个大城市的 SO_2 和碳排放。在中国，众多企业，尤其是那些高污染的火电厂、钢铁厂，被指责是造成大气污染问题的罪魁祸首。因此，开展替代能源发电计划已成为缓解大气污染的主要策略（Chen et al.，2016）。Zeng 等（2017）指出，目前的大气污染减排策略的代价普遍过高，难以实施，各国政府应该提高多种污染物协作减排措施的可行性和成本效益。Xie 等（2018）对长三角区域 $PM_{2.5}$ 和 O_3 污染进行了评估，提出将长三角划分为四个子区域进行污染协作治理，并使用改进的 TOPSIS 法确定协作治理区域优先级。

广义纳什均衡问题是目前的研究热点之一，该理论由 Debreu（1952）首次提出，旨在拓展传统的纳什均衡理论。在广义纳什均衡模型中，一个参与者的策略（或支付函数）不仅与自己的决策变量相关，同时受到其他参与者策略的影响。随后，Rosen（1965）引入了正规均衡点的概念，并证明了该点的存在性和唯一性。von Heusinger 和 Kanzow（2009）深入研究了广义纳什均衡问题的数值求解算法。此后，广义纳什均衡问题吸引了来自不同国家学者的关注，并被应用到包括发电厂、生产制造企业的大气污染治理以及电力市场温室气体排放治理等许多领域（Guo et al.，2014；Jørgensen et al.，2010）。Contreras 等（2010）指出对大气污染物进行征税能够减少大气污染物的排放量。这些研究的共同特点是资源和治理能力都是有约束的，而且相关约束都是耦合的。

污染物转移支付是一种经济手段，能够促进生产者减少污染排放，并促进产业结构升级（Cremer and Gahvari，2004；Halkos，1994）。Li 和 Wang（2016）分析了 2003~2009 年我国 SO_2 污染治理的成本，结果表明，允许各个省份自行选择减排方式能够降低大气污染治理的总成本。Xu 和 Masui（2009）研究发现，强制硫排放者承担的转移支付价格应该高于排放交易体系中硫氧化物的交易价格，这样能够提高减排效果。Zhao 等（2013）构建了污染治理的双层规划模型，并给出了其转移支付价格，该模型与属地治理模式相比，能够减少污染物排放总量，并且使得减排总成本降低 10.5%。

截至目前，属地治理模式一直是我国大气污染治理的主导方式。在属地治理模式中，无论各个省区市减排能力强弱及其边际治理成本高低，区域内的各个省区市必须独立完成中央政府设定的减排目标。在这种情况下，各个省区市不能根据各自的减排能力或者边际治理成本，选择最佳的减排方式。然而，由于大气污染具有流动性、区域性和复合性特征，区域内减排能力强的省区市应当多去除大气污染物，减排能力弱的省区市依据自身的减排能力与边际治理成本去除一定的污染物，超过其减排能力无法去除的污染物应当转移给区域内的减排能力强、边际治理成本低的省区市进行治理，减排能力弱的省区市只需要支付污染物转移支付价格。但为了实现减排目标、避免上级政府的处罚，属地治理模式导致减排能力弱的省区市付出了高昂的治理成本。但即使这样，属地治理模式也难以达到国家的减排目标。例如，四川等地的环境治理成本非常高，减排效果不佳。

为此，本章建立了基于 GNEG 市场手段的协作治理模型。在该模型中，每个子区域/省市的策略都受到竞争对手决策行为的影响。每个参与者/省市根据各自的去除能力和污染物边际去除成本选择最优去除率。污染物减排能力较强的省市帮助污染物减排能力较弱的省市去除部分大气污染物，而减排能力较弱的省市向减排能力较强的省市支付污染物转移成本。也就是说，减排能力较弱的省市可以选择自行去除大气污染物，也可以选择将多余的排放转移给减排能力较强的省市。各参与方都是理性决策者，其目标函数是最小化各自的污染物去除成本，决策变量是污染物去除率。约束条件考虑了各参与方的大气污染物去除能力、国家设定的区域减排目标和各个省市环境容量等因素的影响。

9.2　基于广义纳什均衡市场的协作治理模型构建与求解

9.2.1　模型构建

在本章中，假设协作治理的各个参与方都是理性的决策者，各个参与方致力于减少各个省市工业部门产生的大气污染物排放量，并在实现其减排目标的同时，通过选择最优的污染物去除率来追求各自的最低去除成本。各个省市在决策时必须考虑其他参与方的策略，而且都必须完成国家为整个区域规定的大气污染减排目标。因此，这是一个经典的具有联合约束的 GNEG 问题（Guo et al.，2015b；Rosen，1965；von Heusinger and Kanzow，2009），其博弈关系如图 9-1 所示。鉴于每个子区域都必须完成国家为其设定的减排目标，本章重点关注大区域的大气污染物去除成本的降低问题。

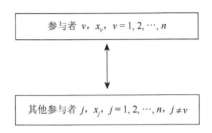

图 9-1　GNEG 模型的示意图

为此，假设该大区域为 D，其中包括 n 个子区域（省或直辖市城市），其中每个子区域 $v(v=1, 2, \cdots, n)$ 都是污染协作治理的参与者，每个参与者的减排策略受到其他参与者的策略影响，以实现国家设定的该区域的减排目标和最小化区域内各参与方的大气污染物去除成本为目的。并假设 $x_v \in R$ 表示省市 v 的大气污染物去除率，x_v 为各个省市的决策变量。污染物去除率等于去除量除以污染物产生量。目标函数 $f_v(x_v)$ 表示省市 v 的去除成本，去除成本是去除率 x_v 的函数。因此，$x=(x_1,\cdots,x_n)^{\mathrm{T}} \in X \subseteq R^n$ 表示该区域的决策变量，其中 X 是可行域，且 $X=\{x \in R^n | h(x_v) \leqslant 0, \ \omega(x) \leqslant 0, \ \forall v=1,2,\cdots,n\}$，而 $h(x_v): R \rightarrow R^m$ 表示参与者的 m 个独立约束，$h(x_v)=(h_1(x_v), h_2(x_v), \cdots, h_m(x_v)) \leqslant 0, \omega(x) \leqslant 0$ 表示一个区域的共同约束，与每个省市 $v(v=1, 2, \cdots, n)$ 的决策变量 x_v 密切相关，即各个省市需要共同努力以实现区域的减排目标。表 9-1 给出了模型使用的参数、变量、函数及其含义。

表 9-1　参数、变量、函数及其含义

参数与集合	含义	单位
a_v	省市 v 的污染物去除成本系数	10^4 美元
b_v	省市 v 的大气污染物年去除率弹性系数	
l_v/μ_v	省市 v 的大气污染物去除率下限/上限	
σ_v	省市 v 的环境容量系数	
g_v	省市 v 的工业大气污染物产生量	10^4 吨
g_{v0}	省市 v 的其他行业大气污染物产生量	10^4 吨
e_{v0}	中央政府确定的省市 v 的大气污染物年度排放目标	10^4 吨

参数与集合	含义	单位
n	区域内各个省市的数量	
x_{v0}	属地治理中省市 v 的大气污染物去除率指标	
r_{v0}	属地治理中省市 v 的大气污染物去除量指标	10^4 吨
f_{v0}	属地治理中省市 v 的大气污染物去除成本	10^4 美元
X	整个区域的大气污染物年去除率	
x_v	省市 v 的大气污染物年去除率	
r_v	省市 v 的大气污染物年去除量	10^4 吨
f_v	省市 v 的大气污染物年去除成本函数	10^4 美元
t	大气污染物单位转移支付价格	美元/吨

现有研究表明（Xue et al.，2015；Zhao et al.，2013），年度大气污染物去除成本与去除率之间存在较强的幂函数关系。由此可见，随着去除率的增加，去除成本开始逐渐增加，当去除率接近 100%时，省市 v 的大气污染物去除成本 $f_v(x_v)=a_v(x_v)^{b_v}$ 增长非常快，$a_v>0$ 和 $b_v>1$。另外，从图 9-1 可以看出，每个参与者的策略不仅由其自身的决策变量决定，还由其他参与者的决策行为决定（Debreu，1952）。即参与方 v 的减排策略不仅由其自身的决策变量 x_v 决定，还受到其他参与方决策变量 $x_j(j\neq v,\ j=1, 2, \cdots, n)$的影响。因此，本章的大气污染协作治理问题可以表示成一个 GNEG 模型，其具体形式如式（9-1）～式（9-4）所示。

$$\min_{x_v} f_v(x_v) = a_v(x_v)^{b_v} \tag{9-1}$$

$$\text{s.t.} \quad g_v(1-x_v)+g_{v0} \leq \sigma_v e_{v0} \tag{9-2}$$

$$l_v \leq x_v \leq \mu_v \tag{9-3}$$

$$\sum_{v=1}^{n} g_v x_v \geq \sum_{v=1}^{n}(g_v + g_{v0} - e_{v0}) \tag{9-4}$$

式（9-1）表明，各省市 v 计划通过选择最优的污染物去除率来实现整个区域的减排目标，同时也希望将各自的大气污染物去除成本降到最低。式（9-2）表示省市 v 的工业部门大气污染物排放总量不能超过当地环境容量 $\sigma_v e_{v0}$，σ_v 取值在 1.2 与 1.5 之间，研究表明，污染越严重，σ_v 取值越大（Xue et al.，2015）。式（9-3）定义了省市 v 的大气污染物去除率上界与下界，表明去除率受到各个省市减排能力限制，$l_v \geq 0$ 和 $\mu_v \leq 1$。式（9-2）～式（9-3）是独立约束，各个省市 v 的减排策略只与自身的决策变量 x_v 有关。式（9-4）是共同约束，表示省

市 v 的大气污染物去除量 $g_v x_v$ 之和必须满足国家设定的区域减排目标。此时，$h(x_v) = \left(h_1(x_v), h_2(x_v), h_3(x_v) \right)^{\mathrm{T}} \leqslant 0$，$h_1(x_v) = g_v(1 - x_v) + g_{v0} - \sigma_v e_{v0}$，$h_2(x_v) = l_v - x_v$，$h_3(x_v) = x_v - \mu_v$ 为独立约束，$\omega(x) = \sum_{v=1}^{n} (g_v(1 - x_v) + g_{v0} - e_{v0})$ 为共同约束。因而，原问题可简化为式（9-5）～式（9-7）所示的优化模型：

$$
\begin{cases}
\min_{x_v} f_v(x_v) = a_v(x_v)^{b_v} & (9\text{-}5) \\
\text{s.t.} \quad h_v(x_v) \leqslant 0, v = 1, 2, \cdots, n & (9\text{-}6) \\
\quad\quad \omega(x) \leqslant 0 & (9\text{-}7)
\end{cases}
$$

9.2.2 解的存在性与唯一性证明

分析 GNEG 模型广义纳什均衡点的存在性与唯一性对于模型的求解至关重要。在广义纳什均衡点上，任何参与者都不能通过单方面改变自身策略来提高收益。也就是说，一个参与者的最优策略受到其他参与者决策行为的影响。均衡点的存在性意味着存在一个协议（即最优去除率），使得整个区域达到减排目标，且使得整个区域内每个参与者的去除成本达到最小。均衡点的唯一性意味着该减排方案是唯一的。否则，多个均衡点的存在将导致各个省市难以在污染物去除率上达成一致（均衡），其减排方案可能会出现冲突。也就是说，多个均衡点可能导致多个不同策略的出现，而这些策略在实践中难以实施，且不能保证各个省市治理成本最小。

为了分析均衡点的存在唯一性，引入函 $S_v(x_v) = -f_v(x_v)$，将极小化问题转化为极大化问题。假设 GNEG 模型的可行域 $X = \{x \in R^n \mid \omega(x) \leqslant 0, h(x) \leqslant 0, \forall v = 1, 2, \cdots, n\}$ 是非空的。由约束（9-2）和约束（9-4）可知，可行域是凸的。若令 $\Psi(x) = \sum S_v(x_v) = -\sum a_v(x_v)^{b_v}$，显然，$\Psi(x)$ 对于所有的 $v = 1, 2, \cdots, n$ 是连续的、凸的。由 Rosen（1965）可知，GNEG 模型存在一个广义纳什均衡点。另外，因为可行域 X 的投影 $P \neq X$，所以无法推导出广义纳什均衡点的唯一性。因此，以下内容将证明其中一种特殊的纳什均衡点具有存在性和唯一性，称此点为正规均衡点。正规纳什均衡点的存在使得共同约束 $\omega(x) \leqslant 0$ 对应的拉格朗日乘子 γ_v 满足 $\gamma_v = \gamma_0 / \xi_v$，$\gamma_0 \geqslant 0$ 是给定的向量，ξ_v 是各个省市 v 的去除成本函数 $f_v(x_v)$ 的权重。如果所有参与者起到相同的作用，则其权重取单位向量。根据 Rosen（1965）的定理 3，GNEG 是凹的。因此，每一个 ξ_v 都有一个标准化平衡点。此外容易看出 $Q_v(x_v, \xi_v) = -\sum_{v=1}^{n} f_v(x_v)$ 是严格凹的，通过变量的可分性 $Q_v(x_v, \xi_v)$ 可知它也是严格凹的。因此，GNEG 模型的归一化平衡点是唯一的（Rosen，1965）。下面证明 GNEG 模型解的存在性与唯一性。

定理 9.1 GNEG 模型存在一个正规均衡点。

证明：假设可行域 X 是非空的，由 GNEG 模型的约束条件可知，X 是有界闭凸集合。由于 $S_v(x_v)$ 对于 x_v 是连续的，有

$$\frac{\mathrm{d}S_v(x_v)}{\mathrm{d}x_v} = -a_v b_v (x_v)^{b_v-1} \tag{9-8}$$

$$\frac{\mathrm{d}^2 S_v(x_v)}{\mathrm{d}(x_v)^2} = -a_v(b_v-1)(x_v)^{b_v-2} \tag{9-9}$$

因为 $a_v>0$，$b_v>1$，所以 $\mathrm{d}^2 S_v(x_v)/\mathrm{d}(x_v)^2 < 0$，$S_v(x_v)$ 是关于 x_v 的凹函数，从而这是一个典型的 n 人凹博弈问题。

对任意参与者 v，给定权重 $\xi_v > 0$，$\xi=(\xi_1,\xi_2,\cdots,\xi_n)^{\mathrm{T}}$ 表示每个决策者在实现区域减排目标时所起到的作用，如果起到的作用相同，则将其权重取单位向量，令 $R(x,\xi)=\sum\limits_{v=1}^{n}\xi_v S_v(x_v)$，依据 Rosen（1965）可知，对于每个给定的权重 $\xi_v > 0$，GNEG 模型都存在一个正规均衡点。

定理 9.2 GNEG 模型的正规均衡点是唯一的。

证明：给定权重 $\xi_v > 0$，$v=1,2,\cdots,n$，$R(x,\xi)=\sum\limits_{v=1}^{n}\xi_v S_v(x_v)=-\sum\limits_{v=1}^{n}\xi_v a_v(x_v)^{b_v}$，假设 $\nabla R(x)$ 表示 $R(x)$ 关于 x 的梯度，$g(x,\xi)$ 表示 $R(x,\xi)$ 的拟梯度，由此可得：

$$g(x)=\begin{pmatrix} \xi_1 \nabla R_1(x_1) \\ \vdots \\ \xi_n \nabla R_n(x_n) \end{pmatrix}=\begin{pmatrix} -\xi_1 a_1 b_1(x_1)^{b_1-1} \\ \vdots \\ -\xi_n a_n b_n(x_n)^{b_n-1} \end{pmatrix} \tag{9-10}$$

假设 $G(x,\xi)$ 表示 $R(x,\xi)$ 关于 x 的雅可比矩阵，则有：

$$G(x,\xi)=\begin{pmatrix} -\xi_1 a_1(b_1-1)(x_1)^{b_1-2} & 0 & 0 \\ 0 & 0 & \\ 0 & 0 & -\xi_n a_n(b_n-1)(x_n)^{b_n-2} \end{pmatrix} \tag{9-11}$$

$$G(x,\xi)+G(x,\xi)^{\mathrm{T}}=\begin{pmatrix} -2\xi_1 a_1(b_1-1)(x_1)^{b_1-2} & 0 & 0 \\ 0 & 0 & \\ 0 & 0 & -2\xi_n a_n(b_n-1)(x_n)^{b_n-2} \end{pmatrix} \tag{9-12}$$

由 $b_v>1$，可知 $G(x,\xi)+G(x,\xi)^{\mathrm{T}}$ 是负定矩阵，$R(x,\xi)=\sum\limits_{v=1}^{n}\xi_v S_v(x_v)=-\sum\limits_{v=1}^{n}\xi_v a_v(x_v)^{b_v}$

是严格对角凹函数。明显的约束集是有界闭凸的集合，从而$-f_v(x_v)$关于 x_v 是凹函数。因此，GNEG 模型的正规均衡点是唯一的。

原问题 GNEG 模型直接求解非常困难。由于 GNEG 模型的去除成本 $f_v(x_v)$ 关于 x_v 是可分的（Guo et al.，2015b）。因此，首先构造一个优化问题（optimization problem，OP）［即式（9-13）～式（9-15）］。可以证明，OP 的 KKT 点是 GNEG 模型的正规均衡点。因此，通过求解 OP 来求解 GNEG 模型问题。

定理 9.3　最优化问题的 KKT 点是 GNEG 原问题的正规均衡点。

$$\text{OP}\quad \min_{x_v}\sum_{v=1}^{n} f_v(x_v) \tag{9-13}$$

$$\text{s.t.}\begin{cases} h_v(x_v)\leqslant 0,\quad v=1,2,\cdots,n & \tag{9-14}\\ \omega(x)\leqslant 0 & \tag{9-15} \end{cases}$$

证明：GNEG 模型的正规均衡点满足 KKT 条件：

$$\begin{cases} \nabla_{x_v}f_v(x_v)+\lambda_v\nabla_{x_v}h_v(x_v)+\beta\nabla_x\omega(x)=0 & \tag{9-16}\\ 0\leqslant \lambda_v\perp -h_v(x_v)\geqslant 0 & \tag{9-17}\\ 0\leqslant \beta\perp \omega(x)\geqslant 0 & \tag{9-18} \end{cases}$$

OP 的最优解满足 KKT 条件：

$$\begin{cases} \nabla_{x_v}f_v(x_v)+\lambda_v\nabla_{x_v}h_v(x_v)+\beta\nabla_x\omega(x)=0 & \tag{9-19}\\ 0\leqslant -h_v(x_v)\perp \lambda_v\geqslant 0 & \tag{9-20}\\ 0\leqslant -\omega(x)\perp \beta\geqslant 0 & \tag{9-21} \end{cases}$$

将 GNEG 模型的 KKT 条件［式（9-16）～式（9-18）］与 OP 的 KKT 条件［式（9-19）～式（9-21）］进行比较，可以得出 OP 的 KKT 点是 GNEG 模型的正规均衡点。

9.3　长三角区域 SO_2 协作治理实证研究

9.3.1　长三角区域基于广义纳什均衡市场手段的 SO_2 协作治理

本章以长三角区域中上海（SH）、江苏（JS）、浙江（ZJ）、安徽（AH）四省市 2012 年的 SO_2 治理为例进行实证分析。

针对长三角区域，在《重点区域大气污染防治"十二五"规划》中，政府制定了污染物减排目标，要求上海、江苏、浙江和安徽等省市 2015 年的 SO_2 排放量分别比 2010 年降低 13.7%、14.8%、13.3%、6.1%，以五个年度的减排总目标为基础即可计算得到 2012 年国家对 v 省市设定的工业 SO_2 去除率（x_{v0}）。各个省市的去除率上下限取值为 $l_v = 0.4$，$\mu_v = 0.9$ 和 $\sigma_v = 1.3$（Xue et al.，2015）。2012 年工业部门 SO_2 产生量（g_v），2012 年其他行业 SO_2 产生量（g_{v0}），2012 年设定的工业 SO_2 减排目标（x_{v0}）和满足环境要求的环境容量去除率下限（$\tilde{l}_v$）等参数的取值如表 9-2 所示。

表 9-2　参数取值表

参数	单位	SH	JS	ZJ	AH	长三角
国家设定的 SO_2 减排目标(A_v)		13.7%	14.8%	13.3%	6.1%	
2010 年 SO_2 排放总量(B_v)	10^4 吨	25.50	108.55	68.40	53.26	255.71
2012 年 SO_2 排放总量(C_v)	10^4 吨	76.35	325.29	218.24	220.53	840.41
2012 年工业部门 SO_2 产生量(g_v)	10^4 吨	73.87	322.01	216.75	215.55	828.18
2012 年其他行业 SO_2 产生量(g_{v0})	10^4 吨	2.48	3.28	1.49	4.98	12.23
2012 年国家设定的 SO_2 减排目标(e_{v0})	10^4 吨	24.10	102.12	64.76	51.96	242.94
2012 年设定的工业 SO_2 减排目标(x_{v0})		70.73%	69.31%	70.81%	78.20%	
环境容量去除率下限($\tilde{l}_v$)		60.94%	59.79%	61.85%	70.97%	

长三角区域在地理上由四个省市构成，所以区域减排博弈参与者有四个，即 $v = 1, 2, 3, 4$。参与者集合 $\Gamma = \{SH, JS, ZJ, AH\}$。$x_v$ 是第 v 个参与者的决策变量（去除率），不仅由其自身的治理成本决定，还受到其他三个省市的减排策略影响，这是一个经典的 GNEP 问题。对于四个参与者 $v = 1, 2, 3, 4$，将参数 a_v 和 b_v 的值代入大气污染物去除成本函数，即可计算出参与者 v 的 SO_2 去除成本函数 $f_v(x_v)$。将 g_v、σ_v、g_{v0}、l_v、μ_v 的值代入独立约束条件，就能够求出最终的 SO_2 去除率下限，将参数 g_v、g_{v0}、e_{v0} 代入共同约束条件，可得长三角区域大气污染治理的 GNEG 模型为

$$
\begin{cases}
\min\limits_{x_1} f_1(x_1) = 48\,168.31(x_1)^{2.40} \\
\text{s.t. } 60.94\% \leqslant x_1 \leqslant 90\%, 73.87x_1 + 322.01x_2 + 216.75x_3 + 215.55x_4 \geqslant 597.47 \\
\min\limits_{x_2} f_2(x_2) = 152\,508.14(x_2)^{2.14} \\
\text{s.t. } 59.79\% \leqslant x_2 \leqslant 90\%, 73.87x_1 + 322.01x_2 + 216.75x_3 + 215.55x_4 \geqslant 597.47 \\
\min\limits_{x_3} f_3(x_3) = 117\,315.44(x_3)^{2.72} \\
\text{s.t. } 61.85\% \leqslant x_3 \leqslant 90\%, 73.87x_1 + 322.01x_2 + 216.75x_3 + 215.55x_4 \geqslant 597.47 \\
\min\limits_{x_4} f_4(x_4) = 53\,524.83(x_4)^{3.84} \\
\text{s.t. } 70.97\% \leqslant x_4 \leqslant 90\%, 73.87x_1 + 322.01x_2 + 216.75x_3 + 215.55x_4 \geqslant 597.47
\end{cases}
$$

（9-22）

其中，x_1、x_2、x_3、x_4 分别表示 SH、JS、ZJ、AH 的 SO_2 去除率。

9.3.2　与行政命令手段下的属地治理模式对比分析

表 9-3 给出了 GNEG 模型的最优去除率（x_v）、GNEG 模型的最优去除量（r_v）和 GNEG 模型的最优去除成本（f_v），以及属地治理模式的去除率指标（x_{v0}）、属地治理模式的去除量指标（r_{v0}），属地治理模式的去除成本（f_{v0}）和污染物的对外转移量（∇r_v）的相关结果。在属地治理模式中，为了完成区域的减排目标，SH、JS、ZJ、AH 四省市对 SO_2 的去除率分别为 70.73%、69.31%、70.81% 和 78.20%。在 GNEG 模型中，四省市的最优去除率分别为 60.94%、69.73%、63.38% 和 88.40%。对比发现，GNEG 模型中 SH 和 ZJ 的去除率低于属地治理模式中的去除率，而 JS 和 AH 的去除率比属地治理模式要高。与属地治理模式相比，GNEG 模型的总去除成本节省了约 4.8×10^7 美元，约占属地治理模式下长三角区域总治理成本的 3.1%。

表 9-3　GNEG 模型减排方案与属地治理模式的比较

主要指标	SH	JS	ZJ	AH	总量
GNEG 模型的最优去除率(x_v)	60.94%	69.73%	63.38%	88.40%	
GNEG 模型的最优去除量(r_v)/($\times 10^4$ 吨)	45.02	224.54	137.38	190.55	597.5
GNEG 模型的最优去除成本(f_v)/($\times 10^4$ 美元)	14 673.28	70 503.57	33 936.36	33 337.42	152 450.6
属地治理模式的去除率指标(x_{v0})	70.73%	69.31%	70.81%	78.20%	
属地治理模式的去除量指标(r_{v0})/($\times 10^4$ 吨)	52.25	223.19	153.48	168.56	597.5
属地治理模式的去除成本(f_{v0})/($\times 10^4$ 美元)	20 980.23	69 597.92	45 878.84	20 819.45	157 276.4
污染物的对外转移量($\nabla r_v = r_v - r_{v0}$)/($\times 10^4$ 吨)	7.23	−1.35	16.11	−21.99	0

由此可见，GNEG 模型下 JS 和 AH 的 SO_2 去除率高于属地治理模式。因此，SH 和 ZJ 两省应向 JS 和 AH 两省支付污染物转移成本。补偿是可行的，因为 SH 和 ZJ 有能力向 JS 和 AH 支付污染物转移成本。另外，JS 和 AH 地域辽阔，森林覆盖率高，自然净化条件较好，可以承担更多的污染治理任务。

9.3.3　长三角区域大气污染治理的转移支付激励机制构建

基于 GNEG 模型的计算结果，本节提出一个激励机制，以提高所有参与者的减排积极性。根据前面的分析，GNEG 模型比属地治理模式节省了约 4.8×10^7 美元的总成本。但对于 AH 而言，其去除成本增加了 60.1%。为了使其发挥边际去除成本低的优势，设定单位转移支付价格 t，以抵消 AH 由于帮助减排能力弱的省市额外去除污染物而消耗的成本。在此激励机制下，减排能力较强的省市（如 JS、AH）将额外去除更多的污染物，并由其额外去除的多余污染物获得相应的奖励，而减排能力较弱、治理成本较高的省市（如 SH 和 ZJ）将根据 GNEG 模型中建议的去除率减少污染物产生量，并向能力强的省市（如 JS 和 AH）支付污染物转移成本。污染物转移成本的支付总额与单位转移支付价格和污染物转移量正相关。

具体来讲，SH 支付的污染物转移成本不应超过其独立治理成本，对于 ZJ，同样成立。因此，污染物的单位转移支付价格 t 满足：

$$7.23t \leqslant f_{10}(70.73\%) - f_1(60.94\%) = 6306.95 \tag{9-23}$$

$$16.11t \leqslant f_{30}(70.81\%) - f_3(63.38\%) = 11\,942.48 \tag{9-24}$$

另外，JS 通过去除转入的污染物获得的收益应当不低于污染物去除成本，对于 AH 而言，同样成立。因此，污染物的单位转移支付价格 t 满足：

$$1.35t \geqslant f_2(69.73\%) - f_{20}(69.31\%) = 905.65 \tag{9-25}$$

$$21.99t \geqslant f_4(88.40\%) - f_{40}(78.20\%) = 12\,517.97 \tag{9-26}$$

因此，单位转移支付价格 t 满足 $670.9 \leqslant t \leqslant 741.3$，这样才能够保证 GNEG 模型中四省市的污染物去除成本不大于属地治理模式中四省市的污染物去除成本。

9.4　敏感性分析

9.4.1　国家减排目标变动的敏感性分析

根据《重点区域大气污染防治"十二五"规划》，中央要求上海（SH）、江苏（JS）、浙江（ZJ）、安徽（AH）四省市 2015 年 SO_2 排放量分别比 2010 年降低 13.7%、14.8%、13.3%、6.1%。如果各个省市达不到减排目标，将会受到处罚。因此，接下来研究国家减排目标的变动对各个参与者去除率和去除成本的影响，并讨论应对减排目标变化的措施。

假设 2015 年 SH、JS、ZJ、AH 的 SO_2 减排目标（$\overline{\overline{A_v}}$）分别变为 13.7%+$\alpha$、14.8%+$\alpha$、13.3%+$\alpha$、6.1%+$\alpha$，即国家在未来实施更严格的减排政策（$\alpha > 0$）或更宽松的减排政策（$\alpha < 0$）。基于表 9-2 中国家"十二五"规划制定的减排目标（A_v），2010 年 SO_2 排放总量（B_v）、2012 年 SO_2 排放总量（C_v）、2012 年工业部

门 SO_2 产生量（g_v），2012 年其他行业 SO_2 产生量（g_{v0}）等数据，即可求出 2012 年 SO_2 减排目标（$\overline{\overline{e_{v0}}}$），2012 年工业部门 SO_2 的去除率指标（$\overline{\overline{x_{v0}}}$）和满足环境容量约束的 SO_2 去除率下界（$\overline{\overline{l_v}}$），参数如表 9-4 所示。

表 9-4　长三角区域 SO_2 去除率指标和参数取值

参数/变量	SH	JS	ZJ	AH	长三角
$\overline{\overline{A_v}}$	13.70%+α	14.80%+α	13.30%+α	6.10%+α	
$\overline{\overline{e_{v0}}} = B_v(1-2\overline{\overline{A_v}}/5)$	24.10−10.20α	102.12−43.42α	64.76−27.36α	51.96−21.30α	242.94−102.28α
$\overline{\overline{x_{v0}}} = g_v + g_{v0} + \overline{\overline{e_{v0}}}/g_v$	13.81α+70.73	13.48α+69.30	12.62α+70.81	9.88α+78.20	
$\overline{\overline{l_v}} = gv + g_{v0} - \sigma_v\overline{\overline{e_{v0}}}/g_v$	17.95α+60.94	17.53α+59.79	16.41α+61.85	12.85α+70.97	

各个省市的 SO_2 去除成本节约百分比等于其在 GNEG 模型下节约的去除成本（即各个省市在属地治理与 GNEG 治理模式下的 SO_2 去除成本之差）与其在属地治理模式下的去除成本之比。因为四个省市的 SO_2 减排目标 13.7%+α、14.8%+α、13.3%+α、6.1%+α 都在区间[0,1]内，所以可求出 α 的变化范围为[−6.1%, 85.2%]。因此，SH、JS、ZJ、AH 四地 SO_2 去除率的变化范围依次为[7.6%, 98.9%]、[8.7%, 100%]、[7.2%, 98.5%]、[0, 91.3%]，结合四地的 SO_2 去处成本函数，即可求出各地在 GNEG 治理模式下的 SO_2 去除成本，进而求出长三角区域在该模式下的 SO_2 去除成本节约量和节约百分比。图 9-2（a）～（c）展示了 SO_2 减排目标变化对最优去除率和去除成本的影响。

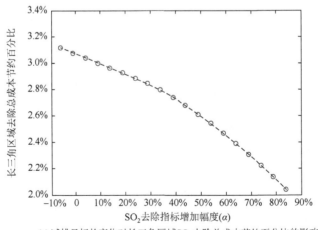

(a) 减排目标的变化对长三角区域 SO_2 去除总成本节约百分比的影响

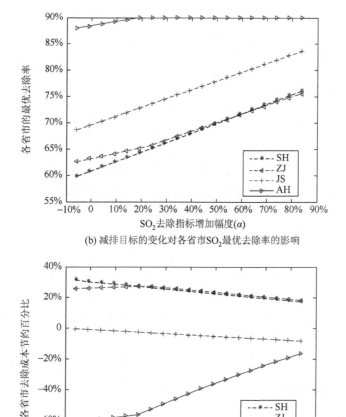

(b) 减排目标的变化对各省市SO₂最优去除率的影响

(c) 减排目标的变化对各省市SO₂去除成本节约百分比的影响

图 9-2　国家减排目标变动的敏感性分析

其中，图 9-2（a）展示了国家设定的 SO_2 减排目标的变化对长三角区域 SO_2 去除总成本节约百分比的影响。α 的取值范围为[−6.1%，85.2%]，增加 α 会降低长三角区域 SO_2 去除总成本节约百分比。特别，当 α 由−6.1%变为85.2 %时，长三角区域 SO_2 总去除成本的节约量将从 5.11×10^6 美元降低到 4.55×10^6 美元，去除总成本的节约百分比将从 3.1%减少到 2.0%。

图 9-2（b）表明，无论 SO_2 减排目标增加多少，AH 和 JS 的 SO_2 去除率应该始终高于 ZJ 和 SH 的去除率，这样才能在达到区域减排目标的同时使四个省市的 SO_2 去除成本达到最小化。提高 SO_2 减排目标时，往往会造成 SH、JS、ZJ 的最优去除率增加，即导致其减排任务增加。当减排目标变化值 α 从−6.1%增加到大约

20.0%时，AH 的最优去除率增加，但当 α 的变化值超过 20.0%时，AH 的 SO_2 最优去除率稳定在 90%，即达到了其减排能力的上限。当国家设定的减排目标增幅在 20.0%～58.9%变动时，ZJ 的 SO_2 去除率应大于 SH；否则，ZJ 的 SO_2 最优去除率应略低于 SH。

图 9-2（c）展示了减排目标的变动对四个省市 SO_2 去除成本节约百分比的影响。当 α 从–6.1%增加到 85.2%时，AH 的 SO_2 去除成本节约百分比有所增加，但是其他省市的 SO_2 去除成本节约百分比会减少。AH 和 JS 应该帮助 SH 和 ZJ 去除更多的 SO_2，SH 和 ZJ 两省应按照其污染物的对外转移量向 JS 和 AH 两省支付污染物转移成本。这种减排方式能在实现区域减排目标的同时，使各个省市的 SO_2 去除成本降至最低。

综上所述，各参与者采用 GNEG 模型选择 SO_2 最优去除率，能够使得各参与者和整个区域的 SO_2 去除成本都明显低于传统的属地治理模式。当减排目标增加较大时，减排能力较弱的省市（如 SH、JS、ZJ）应当各自增加污染物去除率，即使减排能力较强的省市也无法帮助其他省市去除更多的污染物。当 SO_2 减排目标变化较小（如≤20%）时，能力较强的省市（如 AH）可以帮助其他省市额外去除更多的 SO_2。

9.4.2　污染物去除率上限变动的敏感性分析

SO_2 去除率上限的敏感性分析是通过固定去除率下限 $l_v = 0.4$，并在[75%,100%]范围内逐次增加 SO_2 去除率上限进行的，敏感性分析结果如图 9-3 所示。

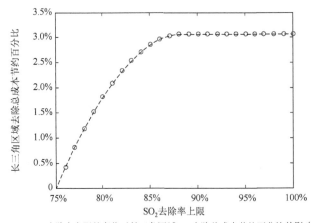

(a) 去除率上限的变化对长三角区域 SO_2 去除总成本节约百分比的影响

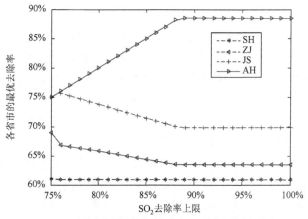

(b) 去除率上限的变化对各省市SO_2最优去除率的影响

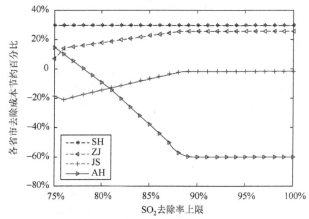

(c) 去除率上限的变化对各省市SO_2去除成本节约百分比的影响

图 9-3　污染物去除率上限变动的敏感性分析

图 9-3（a）给出了 SO_2 去除率上限变动对长三角区域 SO_2 去除总成本节约百分比的影响。将上限从 75% 左右提高到 88%，能够减小长三角区域的 SO_2 去除总成本（即增加其去除总成本节约的百分比）。如果继续提高其上限，则 SO_2 去除总成本节约百分比稳定在 3.1%。这表明，区域内的各个省市应该改进 SO_2 减排技术，提高去除能力，增加去除率上限，这样才能在达到区域减排目标的同时不断降低其 SO_2 的去除总成本。

图 9-3（b）表明，无论 SO_2 去除率的上限增加多少，AH 的 SO_2 最优去除率始终是最高的，JS 和 ZJ 紧随其后，而 SH 的 SO_2 最优去除率始终最低。这可能与 AH 的 SO_2 去除成本低、去除能力强等因素密切相关。即 SO_2 去除率上限的增加，对各个省市减排策略的选择有不同程度的影响。但无论 SO_2 去除率的上限怎么增加，SH 的最优去除率始终保持在 60.9% 左右，说明 SH 的 SO_2 去除成本较高，需

要其周边的省市帮助其减排。另外，随着 SO_2 去除率上限的增加，ZJ 的最优去除率逐渐降低，JS 的最优去除率先小幅增加，然后逐渐降低，最后稳定在 69.7%；而 AH 始终承担着较重的污染物去除任务，最优去除率先逐渐增大，最后稳定在 88.4%。由此可见，当去除率的上限小幅增加时，AH 和 JS 能够承担更多的去除任务，并帮助其他省市去除 SO_2。当其上限增加较大时，AH 需要帮助其他三省市去除更多的 SO_2。当其上限超过 90.0% 时，各个省市的最优去除率达到稳定状态。

图 9-3（c）表明，随着 SO_2 去除率上限的增大，AH 的去除成本节约百分比逐渐减少。这主要是因为 AH 帮助其他省市额外削减了更多污染物，导致其污染物去除成本大幅增加。此时，政府需要建立一种补偿机制，要求其他省市向 AH 支付污染物转移成本，以对 AH 给予补偿。同时可见，SO_2 去除率上限的增加，对 SH 的 SO_2 去除成本没有影响，去除成本节约百分比始终保持在 30.1% 左右，而 ZJ 的 SO_2 去除成本节约百分比逐渐上升，然后稳定在 26% 左右。JS 的去除成本节约的百分比先下降然后略有上升，最终稳定在 -1.3%。因此，SH 和 ZJ 两省应向 AH 和 JS 两省支付污染物转移成本。

当去除率上限从 75% 提高到 100% 时，长三角区域在 GNEG 下的总去除成本明显低于属地治理模式。当其上限小于 90.0% 时，减排能力最强的省市（如 AH）可帮助其他省市减排 SO_2，但当其上限较大时，各个省市需要依靠自身独立完成减排任务。

9.4.3　污染物去除率下限变动的敏感性分析

四个省市 SO_2 去除率下限的敏感性分析是通过将去除率上限 μ_v 固定在 0.9，每次改变一个下限进行的。由于其去除率下限始终不超过上限，从而，各个省市 SO_2 去除率下限的取值范围为 [40%, 75%]，其敏感性分析结果如图 9-4 所示。

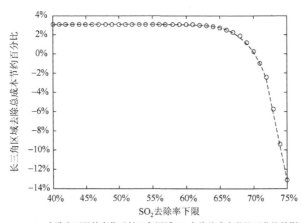

(a) 去除率下限的变化对长三角区域 SO_2 去除总成本节约百分比的影响

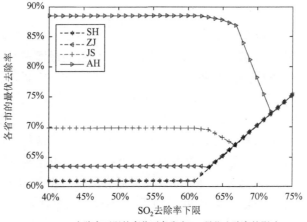

(b) 去除率下限的变化对各省市SO$_2$最优去除率的影响

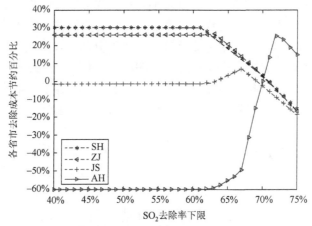

(c) 去除率下限的变化对各省市SO$_2$去除成本节约百分比的影响

图 9-4　污染物去除率下限变动的敏感性分析

图 9-4（a）描述了 SO$_2$ 去除率下限的变化对长三角区域 SO$_2$ 去除总成本节约百分比的影响。将下限从 40% 提高到 62% 左右，长三角区域 SO$_2$ 去除总成本影响不大。如果继续增加该下限，将导致长三角区域 SO$_2$ 去除总成本节约百分比迅速下降。因此，中央如果未准确把握各个省市的最大减排能力而为其分配了较高的减排目标，将导致污染物去除成本较高，影响整个地区的经济发展。

图 9-4（b）给出了 SO$_2$ 去除率下限对最优去除率的敏感性分析结果。由此可见，当下限较为适中时（即最低去除率不高时），各个省市最优去除率基本保持不变。其中 AH 的最优去除率最高（88.4%），而 JS（69.7%）、ZJ（63.4%）和 SH（60.9%）次之。随着去除率下限的增加，每个省市的最优去除率都出现了一个拐点，使得各个省市减排行为发生变化。即在低于 60.9%（根据国家设定的五年减

排目标计算）的下限之前，各个省市的最优去除率保持不变。当下限从 60.9%增加到 63.4%左右时，ZJ 的最优去除率略有下降，而 SH 的最优去除率逐渐增加。当下限从 63.4%提高到 67.0%左右时，AH 和 JS 两省的最优去除率开始下降，也使得 SH 和 ZJ 两省的最优去除率达到下限。将下限从 67.0%提高到 72.0%左右，AH 的最优去除率继续下降，使 JS、ZJ 和 SH 的最优去除率达到去除率下限。这表明去除指标的增加对 AH 起到的作用变小，而其他三个省市主要依靠自身去除更多的污染物。当去除率下限大于 72.0%时，各个省市的最优去除率等于去除率下限，此时随着污染物去除指标的增加，各个省市应该按比例增加最优去除率。

图 9-4（c）表明，当去除率下限（即最低去除率）小于 60.9%时，各个省市的去除成本基本保持稳定。其中 SH 的去除成本节约百分比最高，其次是 ZJ、JS 和 AH。若继续提高 SO_2 去除率下限将导致 SH 和 ZJ 的去除成本节约百分比下降，JS 和 AH 的去除成本节约百分比小幅增加。这表明最低去除指标增加时，减排能力较弱的省市应该不断提高自身的去除率，减少对其他省市的依赖。当其下限大于 70.0%时，SH、JS、ZJ 的 SO_2 去除成本节约百分比明显降低。此时，即使是去除能力较强的省市也只能完成自身的减排任务，因而各个省市去除成本都非常高，以至于地方政府无法承担。因此，若中央在未准确把握各个省市的最大减排能力而为其分配了较高的减排目标时，将导致较高的污染物去除成本，并制约各个省市的经济发展。

总之，当各地区的减排能力差异较大时，减排能力较强的省市可以帮助其他省市完成更多的减排任务，其他省市支付污染物转移成本作为补偿。当各个省市减排能力都较强时，各个地区应依靠自身能力完成去除指标。本章研究结果可为我国进一步完善生态补偿、环境税等制度提供决策参考。同时，本章研究结果也表明，当国家为各个省市分配的 SO_2 减排目标及各省市的 SO_2 去除率的上限和下限较大时，减排能力弱的省市应当依靠自身完成更多的污染物去除指标。当 SO_2 减排目标及各省市的 SO_2 去除率的上限和下限值较小时，减排能力较强的省市可以帮助其他省市去除污染物，其他省市应当支付污染物转移成本作为补偿，由此可使协作治理的各个参与者和整个区域的污染物去除成本都明显低于传统的属地治理模式。

9.5　政策启示

为了完善我国跨域大气污染治理协作机制，本章构建了基于广义纳什均衡市场手段的跨域大气生态环境整体性协作治理机制与模式，并在此基础上设计了一种污染物转移支付激励机制，使得区域内各方相互博弈并最终实现各参与者治理成本最小化。以长三角区域为例的实证分析表明，运用协作治理模式比属地治理模式具有较大优势。协作治理模式及其相应的激励机制不仅大幅节约了污染治理成本，而且能够激发各个省市参与污染治理的积极性。

针对长三角区域大气生态环境治理，我国建立了强制性的区域约束机制。其中，《长江三角洲区域一体化发展规划纲要》中指出，"联合开展大气污染综合防治。强化能源消费总量和强度'双控'，进一步优化能源结构，依法淘汰落后产能，推动大气主要污染物排放总量持续下降，切实改善区域空气质量"。结合本章提出的方法，可以进一步为长三角区域完善大气污染跨域协作治理机制。一是建立污染物转移支付激励机制，使得区域内各方相互博弈并最终实现各参与者治理成本最小化，激发各个省市参与污染治理的积极性。二是考虑区域内各省市的污染物减排能力，减排能力较强的省市帮助污染物减排能力较弱的省市去除部分大气污染物，而减排能力较弱的省市向减排能力较强的省市支付污染物转移成本。

因此，本章的研究可以为进一步完善我国跨域大气生态环境整体性协作治理提供以下启示。

第一，鉴于本章基于 GNEG 模型市场手段所构建的跨域大气生态环境整体性协作治理机制具有较大优势。因此，在未来的环境治理实践中，可以考虑加强环境治理转移支付与生态补偿制度的保障体系建设，以推广相关机制的实施力度。例如，加强大气污染监测与信息共享机制建设。也可以在科学划定大气污染协作治理区域范围与等级的基础上，构建区域性的环境治理转移支付与生态补偿制度体系，大力推进跨域大气生态环境整体性协作治理机制建设。

第二，长三角区域的实证分析表明，当中央为各个省市分配的污染治理指标以及各个省市的污染去除率的上限和下限较小时，减排能力较强的省市可以帮助其他省市去除污染物，并通过环境转移支付等方式建立长期的协作治理关系。但是，当上述指标较大时，各个省市仍然需要依靠自身完成更多的污染物去除指标。因此，在我国未来的环境治理实践中，可以考虑继续提高环境治理的投资与融资力度和精度，以有效提升各个省市的污染治理技术水平。

第三，针对区域工业污染，可以考虑加强以污染排放转移税和排污权交易等激励手段的推广使用，以进一步建立与完善区域工业大气污染治理的激励机制。

9.6　本章小结

本章考虑没有纵向上层领导机构协调下层各地区污染治理但各地区存在耦合的共同治理配额约束的情况，采用广义纳什均衡理论开展了跨域大气生态环境整体性协作治理机制与模式研究，得到以下成果。①构建了基于广义纳什均衡市场手段的博弈模型，证明了其最优解的存在性与唯一性，进而设计了适合中国情境的跨域大气生态环境整体性协作治理的转移支付机制与模式。②长三角地区的实证研究表明，本章所构建的协作治理模型、机制与模式能够在节约治理成本的同时，充分激发各地参与协作治理的积极性，并能够在治理主体之间的反复博弈中得到最优的生态补偿标准。当国家为各省市分配的污染治理指标较小时，治污能力较强、环境容量较大的城市可以帮助其他城市完成减排任务，并通过环境转移支付方式建立协作治理的长效机制，但当国家为各省市分配的污染治理指标较大时，治污能力较弱的地区应自行完成更多的减排任务；同时，敏感性分析表明该模型稳健可靠。③为保障本激励模型、机制与模式的落地实施，我国应进一步提升环境治理的投融资力度，加强环境治理的转移支付机制建设，并强化各地的污染治理水平和参与协作治理的积极性。

第 10 章　就业效应视角下基于排污权期货交易的协作治理机制与模式研究

排污权交易与金融期货交易手段在降低环境治理的社会就业影响、污染物去除成本等方面具有重要潜力，但在跨域大气环境整体性协作治理机制与模式上的实施受价格形成机制、收益分配机制等多种因素的影响。本章以社会就业量最大化和污染物去除成本最小化为目标，构建基于排污权期货交易的跨域大气生态环境整体性协作治理机制与模式。同时，以汾渭平原地区为典型案例进行实证分析，并与行政手段进行对比分析，进而提出解决方案和政策启示（Wang et al., 2019b）。

10.1　国内外研究进展

随着经济的快速发展，区域大气污染已经成为公众关注的全球性问题。我国近年来的大气污染状况也非常严重，京津冀、长三角、珠三角、汾渭平原等大部分地区的大气质量不断下降（Xie et al., 2016）。以汾渭平原为例，该地区以大气 $PM_{2.5}$、灰霾污染为特征的复合型污染频发，其 2018 年的平均 $PM_{2.5}$ 浓度高达 58 微克/米 ^{3}，严重影响了当地居民的生产生活（生态环境部，2022）。为应对如此严峻的大气污染问题，我国实施了一系列全国性和区域性的环境治理政策。虽然大气质量得到明显改善，但为了迅速完成政府分配的大气污染治理任务，许多地方政府强力推行了一系列强制性的环境规制措施，如关闭、搬迁污染企业，造成就业量的迅速下降。张慧玲和盛丹（2019）研究发现，在 2007~2017 年，我国污染密集型行业的平均就业人数远高于非污染密集型行业的平均就业人数，其中仅湖南省就关停或转移了 800 多家污染比较严重的企业，并导致其就业量降低 0.61%。同时，在其他国家或地区，大气污染治理也迫使许多企业转型甚至关闭，并对当地的就业造成了消极影响（Zheng and Wang, 2018；Sheng et al., 2019；Zheng et al., 2019）。Ash 和 Boyce（2018）基于美国国家环境保护局和美国平等就业机会委员会的数据评估了严格工业污染物减排措施对当地就业的影响，并发现工业污染治理的严格程度与当地的就业量呈现负相关关系。因此，在探索大气污染治理措施的过程中，应该基于各个地区的现实情况，充分考虑如何减小或消除大气污染治理对其就业的消极影响。

另外，如何全面降低大气污染的治理成本也受到社会各界的关注，相关的理论研究成果较多。但其中大部分研究主要关注治理成本这一目标（Zhao et al., 2014）。

例如，Pu 等（2019）采用空间自相关方法估算和分析我国 31 个地区在 2015～2030 年的大气污染物（SO_2 和 NO_x）治理成本，其研究结果表明实施严格的污染物治理政策和更多的减排技术能够有效降低其治理成本。Lee 和 Wang（2019）认为应该利用排污权交易方式来降低大气污染物治理的成本。此外，也有部分研究成果在关注治理成本的同时，综合考虑了大气质量指数、大气污染对公众的健康效应等因素（Zhang et al.，2022；Li et al.，2022b）。例如，Pisoni 和 Volta（2009）建立了以降低去污成本和大气质量指数为目标的双目标优化模型，并在最优解基础上估算了大气污染对公众健康损害的影响。然而，现有研究很少同时考虑治理成本和就业量。

在治理模式方面，发达国家的一些具体实践已经表明，必须认识到由大气污染跨区域传输并导致城市之间相互影响的自然规律。然而，目前我国现行的大气污染治理模式仍然以属地治理模式为主（Xue et al.，2015）。在该模式下，各个地区对各自管辖区域内的大气污染治理负有全部责任，并需要独立完成国家设定的污染总量治理目标且达到国家大气生态环境质量标准。大气生态环境是一个整体，其流动性特征不受人为设定的行政边界限制。属地治理模式虽然便于各地区基于行政管理体系进行环境管理，但却忽视了大气生态环境的自然属性，破坏了大气环境的整体性（Wu et al.，2015；Zhou et al.，2019b）。同时，属地治理模式难以充分发挥各个地区在去污成本方面的相对优势，从而难以使区域整体污染治理成本达到最小（Ding et al.，2019）。因此，要想更加有效地治理区域大气污染，必须开展跨域协作治理以顺应大气生态环境的自然规律。

在治理手段方面，社会各界也在不断地积极探索，以全面提升大气污染的治理效率。包括我国在内的很多国家和地区先后实施了直接管制、行政转移支付、税收、排污权交易等多种举措。其中以市场为基础的排污权交易就是其中最有效的手段之一。自 Dales（1968）在科斯理论的基础上首次提出排污权交易的概念以来，基于排污权交易的大气污染治理机制已得到广泛研究和应用。钟小剑等（2017）研究发现，建立和完善排污权交易机制是应对环境变化的重要途径。Lv 等（2014）针对碳排污权交易机制的研究表明，碳排污权交易可以有效缓解大气污染。而且大量的实践经验也表明，排污权交易是有效治理大气污染的方式。同时，也有一些学者试图将碳税（Zimmer and Koch，2017）、大气污染收费（Jia et al.，2018a）、环境税（Hu et al.，2019a）等措施应用于大气污染治理。此外，金融期货理论在污染治理中也得到广泛应用（Zhao et al.，2014）。美国芝加哥气候交易所在 2003 年就开始从事 SO_2 和 NO_x 的排污权期货与期权交易业务。2005 年，欧洲气候交易所也开始推出主要大气污染物的排污权期货与期权交易业务。研究表明，运用期货、期权进行排污权的交易具有套期保值（Bloznelis，2018）、价格发现（Ankamah-Yeboah et al.，2017）和对冲风险（Golub et al.，2017）等功能。因此，除了采用行政治理手段进行大气污染治理外，排污权期货、排污权期权等交易也是一种重要且有实施前景的市场激励手段。如果能够很好地将这些手段与行政手段配合，则可能极大提升区域大气污染协作治理的效果。然而，现有的相关研究仅聚焦于绿色信贷、税收、排污费、排污权交易等单一手段，很少有学者考虑将排污权与期货、期权等金融工具相结合的交易方式用于治理大气污染。因此，探索如何在大气污染治理中运用期货或期权等金融工具进行排污权交易具有重要意义。

综上所述，目前学术界对于大气污染治理的研究多集中于治理成本方面，同时考虑如何降低污染治理成本和就业影响的研究很少，而且目前还未发现学者在综合运用排污权交易和期货交易的同时，讨论如何降低这二者的研究。因此，本章从就业效应视角出发，建立了一个基于排污权期货交易的大气污染双目标优化协作治理模型。基于排污权期货交易的协作治理模型旨在通过期货交易的方式实现跨区域的排污权交易，并达到降低污染治理成本及其对区域就业负面影响的目的。

10.2　就业效应视角下基于排污权期货交易手段的协作治理模型构建

10.2.1　技术路线

本章考虑就业效应的协作治理模型构建包括三个部分。首先，构建模型中涉及的就业量函数和去污成本函数。其次，构建基于期货交易手段的区域大气污染协作治理优化模型。最后，运用二次规划博弈（game quadratic programming，GQP）方法对协作治理的收益进行分配。就业效应视角下协作治理模型的研究框架如图 10-1 所示。

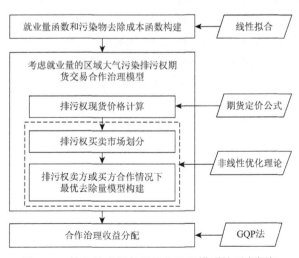

图 10-1　就业效应视角下协作治理模型的研究框架

本章中需要使用的变量和参数如表 10-1 所示。

表 10-1　变量和参数

符号	含义	单位
r_i	地区 i 大气污染物年去除量	10^4 吨
p_{Ii}	地区 i 大气污染物年工业产生量	10^4 吨
p_{Ti}	地区 i 大气污染物年总产生量	10^4 吨
rc_i	地区 i 大气污染物年去除成本	美元
tc_i	地区 i 治理大气污染物年总成本	美元
q_{ri}	地区 i 某年大气污染物的去除量配额（$q_{ri} = p_{Ti} - q_{ei}$）	10^4 吨
q_{ei}	地区 i 某年大气污染物国家规定的排放配额	10^4 吨
L_i	地区 i 的就业量	10^6 人
A_i	地区 i 的技术水平	
K_i / Y_i	地区 i 的资本存量/地区 i 的地区生产总值	美元/美元

10.2.2　基本函数构建

考虑就业效应的协作治理模型包括就业量函数及污染物去除成本函数两类基本函数。首先，在传统的投入产出研究中，只将劳动力、资本和技术作为经济增长的基本投入要素，而没有考虑生产过程对生态环境的负面影响。但实际上，应该将对环境保护的投入也纳入其中，以更加全面地衡量经济增长的影响。因此，本章在柯布-道格拉斯生产函数的基础上，将某种大气污染物年去除量（r_i）作为非生产投入要素，将就业量（L_i）、技术水平（A_i）、资本存量（K_i）和地区生产总值（Y_i）作为生产投入要素，得到改进后的柯布-道格拉斯生产函数关系式为

$$Y_i = A_i^{a_1} K_i^{a_2} L_i^{a_3} r_i^{a_4} \tag{10-1}$$

其中，a_1、a_2、a_3、a_4 均表示大于 0 且小于 1 的参数。为得到就业量与某种大气污染物年去除量（r_i）的函数关系式，将该生产函数（10-1）两边同时取自然对数，得到式（10-2）：

$$\ln Y_i = a_1 \ln A_i + a_2 \ln K_i + a_3 \ln L_i + a_4 \ln r_i \tag{10-2}$$

在式（10-2）中，令 $b_1 = -\dfrac{a_1}{a_3}, b_2 = -\dfrac{a_2}{a_3}, b_3 = \dfrac{1}{a_3}, b_4 = -\dfrac{a_4}{a_3}$，对式（10-2）变形并移项得到某种大气污染物年去除量和就业量之间的函数关系，如式（10-3）所示：

$$\ln L_i = b_0 + b_1 \ln A_i + b_2 \ln K_i + b_3 \ln Y_i + b_4 \ln r_i \tag{10-3}$$

由式（10-3）得到地区 i 的就业量的函数，如式（10-4）所示：

$$L_i = e^{b_0} A_i^{b_1} K_i^{b_2} Y_i^{b_3} r_i^{b_4} \tag{10-4}$$

参考 Shi 等（2017）的做法，地区 i 的大气污染物去除成本函数如式（10-5）所示：

$$\mathrm{rc}_i = \theta_i (g_i x_i)^{\omega_i} \tag{10-5}$$

其中，θ_i、ω_i 表示待估计的参数，$\theta_i, \omega_i > 1$；g_i、x_i 分别表示地区 i 的大气污染物的排放量和去除率，而大气污染物去除量 $r_i = g_i \cdot x_i$。因此，地区 i 的大气污染物去除成本函数如式（10-6）所示：

$$\mathrm{rc}_i = \theta_i (r_i)^{\omega_i} \tag{10-6}$$

为便于函数拟合，将式（10-6）两边取对数得式（10-7）：

$$\ln \mathrm{rc}_i = \ln \theta_i + \omega_i \ln r_i \tag{10-7}$$

10.2.3　就业效应视角下基于排污权期货交易手段的协作治理模型构建与求解

基于就业量函数和大气污染物去除成本函数，即可构建基于期货交易手段的跨域大气生态环境整体性协作治理模型。该模型的构建主要包括以下三个步骤：第一步，计算排污权现货价格；第二步，划分排污权期货交易的买方和卖方；第三步，分别构建排污权期货交易的卖方协作治理和买方协作情况最优去除量模型。

首先，选取期货定价公式 $F = S \times e^{r \times (T-t)}$（Cornell and French，1983）来描述大气污染排污权的现货和期货之间的关系，由此得到：

$$S = F \cdot e^{r \cdot (t-T)} \tag{10-8}$$

这里的 T 为期货合约到期时间（年），S 为大气污染排污权现货价格，F 为第 t 年大气污染排污权期货理论价格，r 为无风险连续复利的年利率。

其次，依据排污权的现货价格 S，可知污染物治理成本 tc_i 包括污染物去除成本 $\theta_i (r_i)^{\omega_i}$ 和排污权期货交易成本 $(q_i - r_i)S$。因此，本章在非协作治理模式下，构建了各地区保证就业量最大和治理成本最小的双目标优化模型，其具体形式如式（10-9）～式（10-13）所示：

$$\begin{cases} \max_{r_i} L_i = e^{b_0} A_i^{b_1} K_i^{b_2} Y_i^{b_3} r_i^{b_4} & (10\text{-}9) \\ \min_{r_i} \mathrm{tc}_i = \theta_i (r_i)^{\omega_i} + (q_{ri} - r_i) S & (10\text{-}10) \\ \mathrm{s.t} \quad r_i \geqslant p_{Ti} - \lambda q_{ei}, \quad i = 1, 2, \cdots, n & (10\text{-}11) \\ \beta_i p_{Ii} \geqslant r_i \geqslant \alpha_i p_{Ii}, \quad i = 1, 2, \cdots, n & (10\text{-}12) \\ r_i \geqslant 0, \quad i = 1, 2, \cdots, n & (10\text{-}13) \end{cases}$$

式（10-9）和式（10-10）分别表示就业量最大和治污成本最小两个目标。tc_i 表示地区 i 的污染治理成本总量，包括其污染物去除成本 rc_i 和其排污权期货交易成本（或收益）$(q_{ri} - r_i) S$。L_i 表示地区 i 的就业量。式（10-11）～式（10-13）是双目标优化模型的约束条件。式（10-11）表示地区 i 的污染物总产生量减去污染物总去除量不得超过国家所规定的排放配额的一定倍数（λ）（Zhao et al.，2014）。式（10-12）表示地区 i 处理污染物的能力有一定的范围，即当给定地区的废气治理设施满负荷工作时，也不能将其排放的污染物全部处理完，但其排放的污染物去除量必须满足国家为其分配的配额要求。因此各地区处理污染物的能力有最大值（$\beta_i p_{Ii}$）和最小值（$\alpha_i p_{Ii}$）（Zhao et al.，2014）。式（10-13）表示地区 i 的污染物去除量大于 0。求解该模型即可得到非协作治理模式下各地区的污染物最优去除量 $\hat{r}_i$。通过比较 $\hat{r}_i$ 与国家为其分配的污染物去除配额 q_{ri}，可以将排污权期货市场划分为不同类型。

同时，在非协作治理模式下，将各个地区污染物的最优去除量 $\hat{r}_i$ 与国家分配给 i 地区的污染物去除配额 q_{ri} 进行比较。如果 $\hat{r}_i > q_{ri}$，则地区 i 为排污权的卖出方（即地区 i 帮助其余地区去除污染物），卖出量为 $\hat{r}_i - q_{ri}$；如果 $\hat{r}_i < q_{ri}$，则地区 j 为排污权的买方（即其余地区帮助地区 j 去除污染物），买入量为 $q_{ri} - \hat{r}_j$。设 n 个卖方地区组成的集合为 G_1，m 个买方地区组成的集合为 G_2。

显然，当期货价格过高或者过低时，所有交易者都期望成为排污权的卖方或买方，因而无法形成交易，各地区只能各自独立完成国家规定的去除量配额。若排污权期货的市场价格适中，而且排污权卖方的卖出量等于买方的买入量，则非协作治理模式下地区 i 的去除量 $\hat{r}_i$ 即为其最优去除量，即 $r_i^* = \hat{r}_i$；非协作治理模式下地区 j 的去除量 $\hat{r}_j$ 为其最优去除量，即 $r_j^* = \hat{r}_j$，此时，双方各自的去除量已达到最优而无须进行协作。由此可知，仅有两种情况能够形成排污权期货交易市场，即当排污权期货的市场价格能使得排污权卖方的卖出量大于买方的买入量，或者能使得排污权卖方的卖出量小于买方的买入量。在这两种情况下，需要构建排污权卖方或买方的协作治理模型。

一方面，当卖方的可售出量大于买方的需求量时，可以形成排污权期货的交易市场。此时，如果所有地区开展大气污染协作治理，则买方地区 j 的最优去除量等于非协作治理模式下的最优去除量，即 $r_j^* = \hat{r}_j$；而在买方地区需求量确定的情况下，n 个卖方地区通过协作来确定各自最优的污染物去除量和售出量，在达到完成国家去除配额的同时，实现区域总体环境治理成本最小化和区域就业量最大化的目标。此时，卖方地区的协作治理模型为

$$\max_{r_i} \sum_{i \in G_1} L_i = \sum_{i \in G_1} e^{b_0} A_i^{b_1} K_i^{b_2} Y_i^{b_3} r_i^{b_4} \tag{10-14}$$

$$\min_{r_i} \sum_{i \in G_1} \mathrm{tc}_i = \sum_{i \in G_1} [\theta_i (r_i)^{\omega_i} + (q_{ri} - r_i)S] \tag{10-15}$$

$$\text{s.t. } r_i \geqslant p_{Ti} - \lambda q_{ei}, i = 1, 2, \cdots, n \tag{10-16}$$

$$\beta_i p_{Ii} \geqslant r_i \geqslant \alpha_i p_{Ii}, i = 1, 2, \cdots, n \tag{10-17}$$

$$r_i \geqslant q_{ri}, \quad i = 1, 2, \cdots, n \tag{10-18}$$

$$\sum_{i \in G_1} r_i = \sum_{i \in G_1} q_{ri} + \sum_{j \in G_2} q_{rj} - \hat{r}_j \tag{10-19}$$

式（10-14）和式（10-15）分别表示参与协作治理的卖方地区污染物治理成本总量最小化和就业量最大化目标。式（10-16）和式（10-17）的含义分别与式（10-11）和式（10-12）相同。式（10-18）表示卖方地区的去除量大于国家分配的去除配额。式（10-19）表示协作治理时，卖方地区的污染物总去除量等于国家规定配额与其售出的排污权之和。G_1 表示卖方地区组成的联盟，G_2 表示买方地区组成的联盟。通过此模型得到卖方各地区最优的去除量 r_i^*，该模型保证了卖方地区协作治理的总成本最小和就业量最大。

在一个公平竞争的排污权市场上，各个卖方地区能够售出的过剩排污权可以由式（10-20）计算得到：

$$r_i = q_{ri} + (\hat{r}_i - q_{ri}) \cdot \sum_{j \in G_2} (q_{rj} - \hat{r}_j) \bigg/ \sum_{i \in G_1} (\hat{r}_i - q_{ri}) \tag{10-20}$$

另外，当卖方的可售出量小于买方的需求量时，也可以形成排污权期货的交易市场。此时，如果所有地区开展大气污染协作治理，则卖方地区 i 的最优去除量等于非协作治理模式下的最优去除量，即 $r_i^* = \hat{r}_i$；而 m 个买方地区通过协作得出最优的污染物去除量，在达到完成国家去除配额的同时，实现总体环境治理成本最小化和区域就业量最大化的目标。此时可得到买方地区的协作治理模型如式（10-21）～式（10-26）所示。

$$\max_{r_j} \sum_{j \in G_2} L_i = \sum_{j \in G_2} e^{b_0} A_j^{b_1} K_j^{b_2} Y_j^{b_3} r_j^{b_4} \tag{10-21}$$

$$\min_{r_j} \sum_{j \in G_2} \mathrm{tc}_i = \sum_{j \in G_2} [\theta_j (r_j)^{\omega_j} + (q_{rj} - r_j)S] \tag{10-22}$$

$$\text{s.t. } r_j \geqslant p_{Tj} - \lambda q_{ej}, \quad j = 1, 2, \cdots, m \tag{10-23}$$

$$\beta_j p_{Ij} \geqslant r_j \geqslant \alpha_j p_{Ij}, j = 1, 2, \cdots, m \tag{10-24}$$

$$r_j \leqslant q_{rj}, j = 1, 2, \cdots, m \tag{10-25}$$

$$\sum_{i \in G_1} r_i = \sum_{i \in G_1} q_{ri} + \sum_{j \in G_2} q_{rj} - \hat{r}_j \tag{10-26}$$

与卖方协作治理模型有所不同的是，式（10-25）表示买方地区的去除量需小于国家分配的去除配额，其他公式的意义与卖方区域协作治理模型中的效应公式意义相似。通过此模型可求得买方协作治理情况下的最优去除量。

为激励各地参与跨域大气生态环境整体性协作治理，本章构建基于 GQP 的协作治理收益分配模型，以分配协作治理收益。为此，需首先求出协作治理的总收益。本章将协作治理模式下所带来的总收益定义为，与属地治理模式相比，协作治理模式下就业量增加所带来的总收益与节约的治理成本总量之和。其中地区 i 就业量增加所带来的总收益定义为由大气污染协作治理而增加的就业量与其人均劳动力产出（g_i）的乘积之和。如果用 L_{ic} 表示地区 i 在协作治理模式下的就业量，L_{is} 表示地区 i 在非协作治理模式下的就业量，而用地区 i 在给定年度中的 GDP 总量与其就业量的比值表示该地区的年度人均劳动力产出，则其就业量增加所带来的总收益可用式（10-27）表示：

$$\sum_{i=1}^{n} I_i = \sum_{i=1}^{n} [g_i (L_{ic} - L_{is})] \tag{10-27}$$

另外，对于整个区域而言，由大气污染协作治理而节约的总成本定义为非协作治理模式下的治理成本总量与协作治理模式下的成本总量之差，即有

$$\sum_{i=1}^{n} RC_i = \sum_{i=1}^{n} (C_{is} - C_{ic}) \tag{10-28}$$

与非协作治理模式相比，协作治理模式下所带来的总收益就可以表示为协作治理模式下就业量增加带来的总收益与节约的治理成本总量，因而有

$$\sum_{i=1}^{n} TP_i = \sum_{i=1}^{n} I_i + \sum_{i=1}^{n} RC_i \tag{10-29}$$

基于 GQP 法对收益进行分配，其基本思想是，首先确定各地区最多分配到的收益，即理想分摊量。然后，通过构造与理想收益分配量的距离函数，求解距离函数的最小收益点，并使各地区实际分配到的收益不小于单独治理时的收益，且所有地区分配到的收益总和与协作治理的总收益相等。其具体形式如式（10-30）～式（10-32）所示：

$$\begin{cases} \min Z = \sum_{i=1}^{n} (x_i - v_i)^2 & (10\text{-}30) \\[2mm] \text{s.t.} \ \sum_{i=1}^{n} x_i = C(N) & (10\text{-}31) \\[2mm] \sum_{i=1}^{n} x_i \geqslant C(S) & (10\text{-}32) \end{cases}$$

目标函数［式（10-30）］表示参与协作的各地区实际所得的收益与其理想分摊量的差额最小，其中 x_i 表示在协作治理时，协作联盟中地区 i 所分配到的收益；v_i 表示

地区 i 最多可以分摊的收益（理想分摊量），即 $v_i = C(N) - C(N-i)$。式（10-31）表示参与协作治理的各地区所分摊的收益之和等于协作治理所获得的总收益 $C(N)$。式（10-32）表示各地区分配的收益之和不小于彼此组合所获得的收益 $C(S)$。

10.3　汾渭平原地区 SO_2 协作治理实证研究

10.3.1　就业效应视角下汾渭平原地区的 SO_2 协作治理

汾渭平原地区是我国大气污染最严重的区域之一，也是全国重污染天气的高发地区，已成为蓝天保卫战的"主战场"。2018 年的全国环境保护工作会议提出："进一步完善京津冀、长三角、汾渭平原大气污染防治协作机制，稳步推进成渝、东北、长江中游城市群等其他跨区域大气污染联防联控工作。"2015 年至 2017 年，汾渭平原各类污染物浓度均呈上升趋势，优良天数比例逐年下降，呈恶化趋势（邓玥，2018）。其中，汾渭平原 SO_2 浓度高于京津冀等其他地区，说明这一地区燃煤污染更加集中，煤化工和煤炭运输的交通污染也更突出。2017 年 1 月针对山西省临汾市大气中出现的高浓度 SO_2 污染，环境保护部与山西省联合派出专家组赶赴当地，帮助地方开展污染成因分析，科学制定应对措施[①]。在此背景下，为了验证本章所构建的协作治理模型的稳定性和适用性以及协作治理模式的优越性，本章以 2017 年汾渭平原地区的 SO_2 治理为例进行实证研究。

汾渭平原地区三个省份在 2000～2017 年的年末就业量数据来源于《中国劳动统计年鉴》，其国内专利申请授权数来源于《中国科技统计年鉴》，固定资产净值数据来源于《中国工业统计年鉴》和《中国工业经济统计年鉴》，各个省份的地区生产总值数据来源于《中国统计年鉴》。各个省份在 2017 年的 SO_2 总产生量和工业 SO_2 总产生量来源于《中国环境统计年鉴》，而中央为各个省份分配的 SO_2 排放配额来源于《"十三五"各地区 SO_2 排放总量控制计划》，其具体数据如表 10-2 所示。

表 10-2　2017 年各个省份 SO_2 的相关指标（单位：10^4 吨）

主要指标	山西	河南	陕西
SO_2 总产生量	391.30	280.13	179.74
工业 SO_2 总产生量	380.21	269.21	167.62
SO_2 排放配额	103.10	101.62	68.21
SO_2 去除配额	288.20	178.51	111.53

---

① 《环境保护部与山西省联合派出专家组赶赴临汾科学指导二氧化硫污染应对》，https://www.gov.cn/xinwen/2017-01/12/content_5159241.htm，2017 年 1 月 12 日。

基于 SPSS 软件和线性拟合方法，结合上述主要参数，即可求解得到各个省份的就业量函数和 SO_2 去除成本函数中的所有参数值。其中各个省份就业量函数中的参数值如表 10-3 所示，其 SO_2 去除成本函数中的参数值如表 10-4 所示。

表 10-3　山西、河南、陕西的就业量函数中各个参数的拟合结果

省份	参数							
	b_0	b_1	b_2	b_3	b_4	R^2	F 检验值	Sig
山西	5.907	0.051	0.103	0.044	−0.038	0.994	278.149	<0.01
河南	7.865	0.014	0.129	−0.030	−0.033	0.997	477.385	<0.01
陕西	7.634	0.000	0.008	−0.021	0.027	0.949	37.329	<0.01

表 10-4　山西、河南、陕西的 SO_2 去除成本函数中各个参数的拟合结果

省份	拟合结果				
	$\ln\theta_i$	ω_i	R^2	F 检验值	Sig
山西	4.802	1.418	0.934	199.127	<0.01
河南	3.672	1.613	0.971	462.910	<0.01
陕西	5.175	1.373	0.981	712.016	<0.01

由此即可求出三个省份在 2017 年的就业量函数和 SO_2 去除成本函数。假设我国已形成一个健全、无摩擦、交易仅限于境内的排污权期货交易市场，并且该市场的借贷利率相等且保持不变。同时，假设 2020 年 1 月 SO_2 排放配额的期货价格为 1922.46 美元/吨，并选取 2017 年 1 月的三年期存款基准利率为 2.75%，持有期 $t = 0$ 年，$T = 3$ 年，代入式（10-7）可得每吨 SO_2 期货的交易价格 1770.22 美元。

本章采用薛俭和李常敏（2015）的研究结果，分别将系数 α_i、β_i 和 λ_i 的值确定为 0.4、0.9、1.3。因此，在非协作治理模式下山西、河南、陕西的 SO_2 最优去除量模型的具体形式分别为式（10-33）～式（10-35）、式（10-36）～式（10-38）和式（10-39）～式（10-41）：

$$\left\{ \begin{aligned} & \max_{r_1} L_1 = 2384.49 r_1^{-0.038} & (10\text{-}33) \\ & \min_{r_1} \text{tc}_1 = 121.75 r_1^{1.418} + 1770.22 \times (288.2 - r_1) & (10\text{-}34) \\ & \text{s.t.} \quad 342.19 \geqslant r_1 \geqslant 257.27 & (10\text{-}35) \end{aligned} \right.$$

$$\left\{ \begin{aligned} & \max_{r_2} L_2 = 7233.97 r_2^{-0.033} & (10\text{-}36) \\ & \min_{r_2} \text{tc}_2 = 39.33 r_2^{1.613} + 1770.22 \times (178.51 - r_2) & (10\text{-}37) \\ & \text{s.t.} \quad 242.29 \geqslant r_2 \geqslant 148.02 & (10\text{-}38) \end{aligned} \right.$$

$$
\begin{cases}
\max_{r_3} L_3 = 1806.82 r_3^{0.027} & (10\text{-}39) \\
\min_{r_3} \mathrm{tc}_3 = 176.80 r_3^{1.373} + 1770.22 \times (111.53 - r_3) & (10\text{-}40) \\
\text{s.t.} \quad 150.85 \geqslant r_3 \geqslant 91.06 & (10\text{-}41)
\end{cases}
$$

采用乘除法将上述模型中的双目标转化为 $\min f = \mathrm{tc}_i / L_i$ 形式的单目标问题，求解可得山西、河南和陕西的 SO_2 最优去除量分别为 257.26×10^4 吨、223.19×10^4 吨、150.85×10^4 吨。这三个省份的削减配额分别为 288.20×10^4 吨、178.51×10^4 吨、111.53×10^4 吨。从而，河南和陕西为排污权期货的卖出省份，山西为排污权期货的买入省份。而且山西、河南和陕西的交易量依次为 30.94×10^4 吨、44.68×10^4 吨、39.32×10^4 吨，交易市场上可售出的排污权期货总量和总需求量分别为 84×10^4 吨和 30.94×10^4 吨。因而排污权期货的可售出总量大于买入省份的总需求量，可形成交易市场，其中河南和陕西应协作治污以最小化其总成本，而且这二者应减少的污染物总量为其削减配额总量与市场上的需求总量之和（即 320.97×10^4 吨），河南和陕西协作治理的模型如式（10-42）～式（10-46）所示：

$$
\begin{cases}
\max_{r_2, r_3} \sum_{i \in G_1} L_i = 7233.97 r_2^{-0.033} + 1806.82 r_3^{0.027} & (10\text{-}42) \\
\min_{r_2, r_3} \sum_{i \in G_1} \mathrm{tc}_i = 39.33 r_2^{1.613} + 176.80 r_3^{1.373} \\
\qquad\qquad\qquad + 1770.22 \times [(111.53 - r_3) + (178.51 - r_2)] & (10\text{-}43) \\
\text{s.t.} \quad 242.29 \geqslant r_2 \geqslant 178.51 & (10\text{-}44) \\
\qquad\quad 150.85 \geqslant r_3 \geqslant 111.53 & (10\text{-}45) \\
\qquad\quad r_2 + r_3 = 320.97 & (10\text{-}46)
\end{cases}
$$

求解上述模型可得，河南和陕西在协作治理模式下的最优去除量分别为 180.57×10^4 吨和 140.40×10^4 吨。

另外，根据式（10-20）可得，河南和陕西两个地区在非协作治理模式下的污染物去除量分别为 194.96×10^4 吨和 126.01×10^4 吨。进一步计算可得，相对于非协作治理模式，河南和陕西在协作治理模式下的收益，其具体情况如表 10-5 所示。其中各个省份在 2017 年的人均劳动力产出是其当年的地区生产总值与就业量的比值。

表 10-5　各个省份在协作治理模式下的收益

主要指标	单位	河南	陕西	合计
非协作治理模式下的去除量	10^4 吨	194.96	126.01	320.97
非协作治理模式下的环境成本（①）	10^6 美元	1651.50	1096.80	2748.30
非协作治理模式下的就业量（②）	10^4 人	6078.67	2058.86	8137.53
协作治理模式下的去除量	10^4 吨	180.57	140.40	320.97

续表

主要指标	单位	河南	陕西	合计
协作治理模式下的环境成本（③）	10^6 美元	1680.23	1058.64	2738.87
协作治理模式下的就业量（④）	10^6 人	6094.07	2064.88	8158.95
环境成本减少量（收益）（$A=①-③$）	10^6 美元	-28.73	38.16	9.43
就业增加量（$B=④-②$）	10^4 人	15.40	6.02	21.42
2017 年人均地区生产总值（C）	10^4 美元	0.99	1.58	
就业量增加带来的收益（$D=B\times C\times100$）	10^6 美元	1524.60	951.16	2475.76
总收益（$A+D$）	10^6 美元	1495.87	989.32	2485.19

由表 10-5 可知，河南、陕西两省协作治理获得的总收益为 2485.19×10^6 美元，即河南和陕西协作形成的联盟所获得的总收益为 2485.19×10^6 美元。用数字 2、数字 3 分别代表河南、陕西两个省份，则河南和陕西的协作治理收益分配模型为

$$\begin{cases} \min = (x_2 - 2485.19)^2 + (x_3 - 2485.19)^2 & (10\text{-}47) \\ \text{s.t.} \quad x_2 + x_3 = 2485.19 & (10\text{-}48) \\ \quad x_2, x_3 > 0 & (10\text{-}49) \end{cases}$$

求解可得，河南和陕西在协作治理模式下分别获得收益 1242.595×10^6 美元。

10.3.2　与行政命令手段下的属地治理模式对比分析

为进一步剖析协作治理模型的稳定性和适用性以及协作治理模式的优越性，本节分两种情况对汾渭平原地区的 SO_2 治理效果进行对比研究，其具体情况如下。

1. 考虑就业效应和不考虑就业效应的治理效果评价

在协作治理模式下，若不考虑就业效应，则只需保证各个省份的污染治理成本最小即可。此时，结合各个省份的就业量函数和成本函数，即可求得其污染治理成本和就业量。其具体情况如表 10-6 所示，从表 10-6 可以看出，在不考虑就业效应的治理模式下，山西、河南、陕西三省的污染治理成本总和为 6484.74×10^6 美元，而考虑就业效应的治理模式下，其污染治理成本总和为 6473.54×10^6 美元，相对于前一种治理模式节省了 11.20×10^6 美元。同时，在不考虑就业效应的治理模式下，三省的就业量总和为 $10\,089.71\times10^4$ 人，而在考虑就业效应的治理模式下，三省的就业量总和为 $10\,090.03\times10^4$ 人，相对于前一种治理模式增加了 0.32×10^4 人。对于各个省份来讲，相对于不考虑就业效应的治理模式而言，山西在考虑就业效应治理模式下的污染治理成本有所增加。这可能是因为煤炭等高耗能产业是山西

的支柱产业（赵连荣和葛建平，2018），其就业主要依赖于这些产业，造成山西严重污染的也主要是这些产业。因此，要保证其就业量最大，就需要付出更高的污染治理成本。然而，对于山西、河南、陕西三省整个区域而言，在考虑就业效应治理模式下其治理成本总和是减少的。此外，在考虑就业效应的治理模式下，河南的就业量有所下降，其主要原因可能是因为河南的人口基数大，随着其治污力度的加强，产业结构调整所带来的负溢出效应迫使就业人口向周边地区转移，从而造成其本地的就业量下降。但总体而言，在考虑就业效应的跨域协作治理模式下，整个地区（山西、河南、陕西三个省份）的就业总量是增加的。

表 10-6　考虑就业效应和不考虑就业效应的治理效果比较

主要指标	单位	山西	河南	陕西	合计
不考虑就业效应的治理模式下最优去除量	10^4 吨	262.05	178.63	137.56	578.24
不考虑就业效应的治理模式下治理成本(A)	10^6 美元	3 734.34	1 684.92	1 065.48	6 484.74
不考虑就业效应的治理模式下就业量(C)	10^4 人	1 929.73	6 096.24	2 063.74	10 089.71
考虑就业效应的治理模式下最优去除量	10^4 吨	257.27	180.57	140.40	578.24
考虑就业效应的治理模式下治理成本(B)	10^6 美元	3 734.67	1 680.23	1 058.64	6 473.54
考虑就业效应的治理模式下就业量(D)	10^4 人	1 931.08	6 094.07	2 064.88	10 090.03
污染治理成本变化量($A–B$)	10^6 美元	−0.33	4.69	6.84	11.20
就业量变化量($D–C$)	10^4 人	1.35	−2.17	1.14	0.32

2. 属地治理模式与协作治理模式治理效果对比

在属地治理模式下，山西、河南、陕西三个省份需要独立完成国家规定的污染物削减配额。在跨域协作治理模式下，山西可以通过购买排污权期货的方式完成其污染治理任务。同时，河南和陕西还可以通过出售排污权期货的方式完全释放其过剩的减排潜力，并由此减小其大气污染治理的总成本。三个省份在两种治理模式下的就业量和去除成本对比情况如表 10-7 所示。从表 10-7 可以看出，山西、河南、陕西三个省份在属地治理模式下的环境治理成本总量为 6573.37×10^6 美元，而在协作治理模式下，其环境治理成本总量为 6473.54×10^6 美元，相对于前一种治理模式节省了 99.83×10^6 美元（节约了 1.52%）。在属地治理模式下三省的就业总量为 $10\,071.23 \times 10^4$ 人，而协作治理模式下的就业量为 $10\,090.03 \times 10^4$ 人，相对于前一种治理模式增加了 18.80×10^4 人（增加 0.19%）。在协作治理模式下，河南和陕西的最优去除量均高于在属地治理模式下，而山西相反。造成这种结果的原因可能是协作治理模式充分考虑了各个省份的环境容量、工业去除能力及就业因素。同时，在协作治理模式下，山西和陕西的就业量都比在属地治理模式下有所增加，而河南的却有所减少。其原因可能是河南人口基数大，当治污力度增加时，产业结构调整所产生的负溢出效应会促使就业人员向周边地区转移。但是，在协作治理模式下，三个省份的就业总量仍然是增加的。因此，基于期货交易手段的区域大气污染协作治理模式不仅降低了环境治理成本，促进了社会资源的再配置，还提升了区域的整体就业量，并提升了总体社会收益。

表 10-7　属地治理模式与协作治理模式下的治理效果比较

主要指标	单位	山西	河南	陕西	合计
属地治理模式下去除配额	10^4 吨	288.20	178.51	111.53	578.24
属地治理模式下的治理成本(A)	10^6 美元	3743.82	1685.22	1144.33	6573.37
属地治理模式下就业量(C)	10^4 人	1922.77	6096.38	2052.08	10071.23
协作治理模式下最优去除量	10^4 吨	257.27	180.57	140.40	578.24
协作治理模式下的治理成本(B)	10^6 美元	3734.67	1680.23	1058.64	6473.54
协作治理模式下就业量(D)	10^4 人	1931.08	6094.07	2064.88	10090.03
环境治理成本变化量($A–B$)	10^6 美元	9.15	4.99	85.69	99.83
就业量变化量($D–C$)	10^4 人	8.31	−2.31	12.80	18.80

综上所述，在协作治理模式下，是否考虑就业效应等因素将对各个省份的污染治理成本和就业情况产生较大影响。相对于不考虑就业效应的治理模式，考虑就业效应的治理模式能够在提升社会就业量的同时降低污染治理成本，即后者的综合治理效果优于前者。另外，相对于属地治理模式，区域协作治理模式不仅提升了社会就业量，而且还减少了环境治理成本。因此，无论是在增加就业量方面还是在减少污染去除成本方面，本章提出的考虑就业效应的协作治理模型都具有明显的优越性，模型既充分考虑了各个省份在环境治理成本方面的差异，又将大气污染治理对社会就业的负面影响及其成本同时纳入目标体系，从而该模型有助于各地区在大气污染治理过程中统筹兼顾环境治理、经济健康发展及社会民生等问题。另外，基于期货的排污权交易手段的运用，可以使各个省份在减少大气污染物去除成本和提升就业量方面达到"多赢"的效果，并由此实现可持续发展，从而本章研究可为各国开展区域大气污染协作治理提供很好的解决途径。

10.4　政策启示

本章研究表明，即使去除相同数量的污染物，协作治理模型都明显优于基于行政命令治理手段的其他模式。即使在协作治理模式下，是否考虑就业效应也会对各个省份及整个区域的污染治理成本和社会就业情况产生较大影响。

2021 年 11 月,《中共中央 国务院关于深入打好污染防治攻坚战的意见》提出要强化多污染物协同控制和区域协同治理,注重综合治理、系统治理、源头治理,到 2025 年,生态环境持续改善,主要污染物排放总量持续下降。该意见中提出聚焦秋冬季细颗粒物污染,加大重点区域、重点行业结构调整和污染治理力度。京津冀及周边地区、汾渭平原持续开展秋冬季大气污染综合治理专项行动。到 2025 年,全国重度及以上污染天数比率控制在 1% 以内。《中国环境报》显示 2015 年至 2017 年,汾渭平原各类污染物浓度均呈上升趋势,优良天数比例逐年下降,呈恶化趋势。其中,汾渭平原 SO_2 浓度高于京津冀等其他地区,说明这一地区燃煤污染更加集中,煤化工和煤炭运输的交通污染也更突出。为应对汾渭平原秋冬季大气环境问题,生态环境部印发的《汾渭平原 2019—2020 年秋冬季大气污染综合治理攻坚行动方案》强调"深化区域应急联动。建立统一的预警启动与解除标准,将区域应急联动措施纳入城市重污染天气应急预案"。本章提出的方法,可以进一步为汾渭平原地区完善大气污染跨域协作治理机制。一是从提升污染治理的社会就业溢出效应视角出发,设计了一套适合中国情境的协作治理机制与模式;二是严格的大气污染综合治理方案,导致汾渭平原地区内就业量的下降,本章的研究考虑了跨域大气生态环境治理引发的社会就业效应;三是通过期货交易手段开展区域大气污染物的排污权交易,以全面提升区域大气污染协作治理的效率。

因此,本章的研究成果可以为我国跨域大气生态环境整体性治理提供以下启示。

第一,受到我国经济发展不平衡等因素的影响,大气污染治理对经济发展和社会就业等方面的负面影响程度存在明显的区域异质性。因此,在未来的环境治理实践中,可以考虑将就业效应纳入生态环境(特别是大气生态环境)治理效果的评价体系,并通过适度增大财政补贴和减免环境税收等方式,加大对部分自然禀赋较差、产业结构和能源结构等失调比较严重地区的环境治理的扶持力度。从而激励各个地区积极参与环境治理。

第二,本章在综合考虑就业效应和治理成本的基础上所构建的协作治理模型明显优于属地治理模式,也明显优于不考虑就业效应的协作治理模式。由此可见,基于期货交易等金融手段的协作治理模式具有优越性。因此,在未来的环境治理实践中,可以考虑将这些手段积极引入环境治理,并为其全面推广和应用搭建必要的制度保障。例如,健全期货市场、完善排污权交易制度、加强污染监测和信息共享等。

10.5　本 章 小 结

本章以排污权交易和金融期货理论为基础,以降低污染物去除成本、提升社会就业量为目的，开展了跨域大气生态环境整体性协作治理机制与模式研究，得到以下成果。①从提升污染治理的社会就业效应视角出发，构建了基于排污权期货交易的跨域大气生态环境整体性协作治理模型，并据此设计了适合中国情境的协作治理机制与模式。②汾渭平原地区的实证研究表明，本章所构建的协作治理模式能够在提升社会就业的同时降低污染治理成本，因而有利于提升社会资源和环境治理资源的配置效率；敏感性分析表明该模型稳健可靠且适用于其他区域及其他大气污染物的跨域协作治理。③在跨域大气生态环境整体性协作治理过程中，我国应将就业效应纳入环境治理的绩效评价体系，并进一步健全排污权期货交易的体制机制。同时，还应通过财政补贴、税收减免等途径，加大对自然禀赋较差、产业结构和能源结构失调严重地区的扶持力度。

第11章 经济效应视角下基于排污权期货交易的协作治理机制与模式研究

为进一步探索排污权交易与金融期货手段在推动区域经济发展、提升大气污染治理绩效的作用，本章以协作治理中经济效应最大化及污染物去除成本与排污权期货交易成本的最小化为目标，构建基于排污权期货交易的跨域大气生态环境整体性协作治理机制与模式。同时，以京津冀地区为案例进行实证检验，并与行政手段进行对比分析，进而提出具体解决方案和政策启示（Zhao et al.，2021b）。

11.1 国内外研究进展

大气污染已成为影响全球社会经济发展、人类健康和社会稳定的重大问题，而且发展中国家的状况更加严重。有报告显示，2018 年在我国 338 个主要城市中，只有 121 个城市的大气质量达到国家标准（占 35.8%）。但传统的属地治理模式仍然是我国目前大气污染治理的重要措施，其手段主要包括限行机动车、关停高排放企业、强化污染治理投资等。在该模式下，各个政府独立行动来完成上级政府为其分配的大气污染治理任务。属地治理模式下资源利用效率低，因而不能有效治理严重的大气污染（Wang et al.，2016）。同时，过度使用强制性的行政措施往往会阻碍各个地区的减排行动、扭曲市场，导致市场化机制的作用相对不足（Lu et al.，2020b），并可能在某些情况下会使问题变得更加严重。鉴于大气污染的外部性特征和跨界传输属性，其治理需要跨域协作。因此，跨域协作治理模式成为改善大气质量的有效途径（Liu et al.，2019b）。

我国政府为此制定了一系列政策和法规，以引入市场、金融等手段达到提升跨域协作治理效果的目的。其中排污权交易就是其中最重要的代表之一。2002 年，我国在天津、上海等 7 个地区开启了排污权交易的试点（Hou et al.，2020），嘉兴也于 2006 年启动全市碳排放交易计划。2007 年以后，我国的排污权交易措施进入强化实施阶段（李嘉馨，2020）。同年，全国 11 个地区（江苏、天津、浙江、湖北、重庆、湖南、内蒙古、河北、陕西、河南和山西）开始开展排污权交易试点，并制定了相关的政策和法律法规。2012 年，国务院印发的《节能减排"十二五"规划》提出"深化排污权有偿使用和交易制度改革，建立完善排污权有偿使用和交易政策体系，研究制定排污权交易初始价格和交易价格政策"。截至 2013 年，在中央政府的指导下，各试点地区已发布 50 多个排污权交易管理政策文件和 70 多个技术文件。在其后颁布的《排污许可证管理暂行规定》、《水污染防治行动计划》《生态文明体制改革总体方案》、《中华人民共和国大气污染防治法》（2015 年修订版）、"十三五"规划等多项文件中，国家进一步明确要求实施大气污染物的总量治理原则，探索地方排污权和潜在金融工具，推动重点区域和重要大气污染物的排污权交易。2014 年 8 月，我国明确提出建立排污权有偿使用和全国排污交易机制。2021 年开始实施的《碳排放权交易管理办法（试行）》对碳排放配额的分配等问题做了详细规定，要求"碳排放配额分配以免费分配为主，可以根据国家有关要求适时引入有偿分配"。各地区据此制定了比较多样化的交易措施（包括其交易主体和对象等）。例如，重庆、陕西以排污权交易单位为核准对象；河北、浙江以大气污染、医疗污水、工业与餐饮废水及污水处理机构、大型畜禽养殖单位为核准对象；而江苏规定 SO_2 排放交易应适用于电力、钢铁、水泥、石化和玻璃行业。

学术界对如何采用多元化的手段与政策工具开展大气污染治理提出了不同见解，并探索构建排污权金融衍生品的可能性。例如，Wang 等（2018a）评估了排污费和排污税对 SO_2 排放水平的影响，并发现适当水平的污染税会刺激行业调整能源结构。Li 等（2019a）建议政府通过补贴和激励制度的设计来促进大气污染排放的减少，同时可以设计合理的引导鼓励减排的策略。另外，关于排污权期货价格和现货价格的关系问题，很多学者也进行了比较深入的研究。例如，Uhrig-Homburg 和 Wagner（2009）采用协整方法研究发现，持有成本的定价模型可以用来表达排污权现货价格和期货价格之间的关系。但该模型需要连续的交易时间，没有税收和交易成本，这些要求对现实的期货交易市场来说太严格了，从而存在较大缺陷。Kim 和 Lee（2013）认为无套利区间定价模型（arbitrage free interval pricing model，AIPM）放松了完整市场的假设，并考虑了许多影响实际期货的市场因素（包括排污权期货的直接交易费用、期货交易保证金、存贷款利差等），因而更接近真正的期货市场。然而，我国的排污权交易市场目前仍处于起步阶段，其交易制度仍然不成熟，激励机制仍然不完善，交易市场仍然不活跃。不同环境政策和行政干预之间的冲突成为阻碍我国 SO_2 排放交易的主要因素（Ye et al.，2020）。为解决这些问题，本章将在排污权交易体系中引入期货市场，目的是通过期货市场提供的对冲功能来激发各个治理主体的积极性。

另外，考虑到大气环境的整体特点，学术界也在积极探索提升大气污染协作治理模式效果的措施。Wang 等（2018d）认为，由于污染治理成本和减排潜力的区域差异性比较明显，各个地区的 SO_2 减排目标是不公平的，而协作治理模式是消除这些区域差异和不公平性的有效措施。Zeng 等（2017）采用线性规划方法设计了多污染物协作治理的协作治理模式，并以我国乌鲁木齐为例进行了实证研究。该研究发现，在治理成本收益方面，协作治理模式明显优于属地治理模式，但该研究只考虑了成本收益，而没有考虑经济收益。Zhou 等（2019c）构建了一个治理 $PM_{2.5}$ 的直接成本和健康收益的协作治理模型，并发现协作治理模式能够有效降低区域 $PM_{2.5}$ 的浓度。这些研究表明，与属地治理模式相比，协作治理模式能更高效地降低污染物去除成本并改善大气质量。另外，Zhang 等（2017b）和 Wang 等（2019a）分别通过建立的线性规划模型和 GNEG 模型核算了 SO_2 污染物的治理成本，但这两项研究也都只考虑了污染物的直接成本，而没有考虑减少 SO_2 排放所产生的经济收益。Bielen 等（2020）构建了一个双目标优化模型，以最小化区域内 O_3 污染和其他污染物排放的治理成本，并评估了以最低成本实现 O_3 大气质量标准的策略。然而，这些研究的模型中也没有考虑到经济收益。因此，本章将对地区生产总值的影响纳入 SO_2 排放治理过程。

显然，要使跨域协作治理能够长期稳定，就必须确定合理、公平的协作收益分配基准。Zhou 等（2019d）采用 Shapley 值法分配协作治理收益，但该方法并没有解决成本再分配后完全协作的稳定性问题。Xue 等（2019）采用剩余成本结余法建立了协作治理模式下的协作收益分配模型。然而，对于多地区协作的情形而言，由于其子联盟的数量较多，利益分配的计算十分困难。Kicsiny 和 Varga（2019）研究表明，在水资源消耗有限的情况下，纳什均衡模型是协作收益最大化的最优策略，而且该模型可以保证各个参与方获得最大的总利益。非对称纳什协商模型（asymmetric Nash negotiation model，ANNM）主要用于团队协作、物流和供应链中的利益分配，该方法可以在一定程度上减少参与者之间由利益问题产生的冲突。由于大气污染协作治理的利益分配本质上是参与者之间的谈判过程，本章采用 ANNM 来分配大气污染协作治理产生的利益，这是协作治理模式下大气污染治理收益分配的一种新方法。

综上所述，本章在考虑经济效应的同时，考察期货市场工具在跨域大气生态环境整体性协作治理方面的潜力。为此，建立了基于排污权期货交易的协作治理模型。该模型在保证所有参与者完成各自大气污染治理目标的同时，将其对经济发展的负面影响降到最低，从而达到污染治理与经济发展双赢的目标。

11.2　经济效应视角下基于排污权期货交易手段的协作治理模型构建

11.2.1　技术路线

考虑经济效应的协作治理模型包括四个主要部分。首先，构建地区生产总值函数和污染物去除成本函数。其次，运用无套利区间定价模型计算排污权的现货价格。再次，构建基于期货交易的区域大气污染协作治理优化模型。最后，采用 ANNM 在所有参与者之间分配协作治理的收益。本章的技术路线如图 11-1 所示。

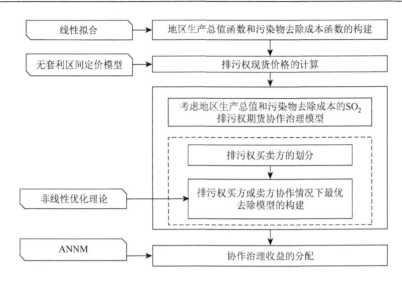

图 11-1　经济效应视角下协作治理模型的技术路线

本章所使用的变量和符号如表 11-1 所示。

表 11-1　变量和参数表

参数和变量	含义	单位
$Y_i(\text{GDP})/(A_i \cdot K_i \cdot L_i)$	i 省的地区生产总值/技术水平/资本/劳动力	亿元/(件·亿元·万人)
C_i/tc_i	i 省的年度大气污染物去除量/治理成本	万吨/万元
TC	协作区域的年度大气污染物治理成本	万元
C_i^*	i 省大气污染物的年度最优去除量	万吨
C_{1i}	i 省某种大气污染物的年度工业产生量	万吨
C_{0i}	i 省某种大气污染物的年度产生量	万吨
C_{ei}	中央分配给 i 省的某种大气污染物的年度排放指标	万吨
H_i	中央分配给 i 省的污染物去除配额	万吨
α_i / β_i	i 省废气处理设施年度处理能力的下限/上限倍数	

11.2.2　基本函数构建

经济效应视角下的协作治理模型中含有地区生产总值函数及污染物去除成本函数两类基本函数。

首先,国内外学者在研究经济增长方式时大多采用柯布-道格拉斯函数来进行实证研究，该函数反映了某种技术水平下的投入产出关系。根据柯布-道格拉斯函数，本章将综合技术水平（A_i）、劳动力投入（L_i）、资本投入（K_i）作为生产投入要素，将 SO_2 的去除量（C_i）作为环境因素投入函数中以构建地区生产总值（Y_i）函数。这样构建函数的原因有两点。第一，如今经济的发展日益受到环境因素的制约，追求经济发展的速度不应以牺牲环境为代价。第二，环境作为一种解释变量，其本身是无法测度的，需要对其进行量化分析，所以许多学者都采用了污染物的排放量或去除量作为量化环境的因素，本章选用 SO_2 的去除量，具有一定的代表性（Hu et al.，2020；Xian et al.，2020；Shang et al.，2020）。本章构建的地区生产总值函数如式（11-1）所示：

$$Y_i = A_i^{P1_i} K_i^{P2_i} L_i^{P3_i} C_i^{P4_i} \tag{11-1}$$

其中，$P1_i$、$P2_i$、$P3_i$、$P4_i$ 都是大于 0 小于 1 的参数。为了便于计算，本章对生产函数两边同时取对数，得到式（11-2）：

$$\ln Y_i = P0_i + P1_i \ln A_i + P2_i \ln K_i + P3_i \ln L_i + P4_i \ln C_i \tag{11-2}$$

其次，根据 Shi 等（2017）的做法，本章用某种大气污染物的工业排放量和去除率这两个指标来构建大气污染物的去除成本（tc_i）函数，若 Z_i 和 f_i 分别表示某种大气污染物的排放量和去除率，则其去除量为 $C_i = Z_i \cdot f_i$，由此可得其去除成本函数为

$$tc_i = \varphi_i \cdot C_i^{\mu_i} \tag{11-3}$$

其中，φ_i、μ_i 表示常数。为便于函数的拟合，将式两边同时取对数，得到式（11-4）：

$$\ln tc_i = \ln \varphi_i + \mu_i \ln C_i \tag{11-4}$$

11.2.3　无套利区间定价模型构建

本节将 SO_2 排污权期货交易引入协作治理双目标优化模型中，构建基于期货市场的协作治理模型。引入期货交易有如下几点优势。第一，SO_2 期货交易可将其现货价格拟合成一条价格随到期时间波动的曲线，该曲线可以反映 SO_2 在市场上的交易价格走势。如果期货交易者的判断准确，可以降低其协作治理成本。第二，各地区的污染减排目标基本都是每年年初就确定的，其周期较长，没有办法通过当时的 SO_2 排污权现货市场价格比较准确地确定整个周期的治理成本，通过 SO_2 期货交易价格来确定治理成本可以更好地优化资源配置，更合理地制定减排计划。第三，由于 SO_2 的期货市场往往采用的是保证金交易，在期货交易的交割日之前并不会产生大额的资金流动，这可以极大地降低 SO_2 排污权期货市场的交易风险，从而保障投资者的合法权益并提高 SO_2 排污权的流动性。

无套利区间定价模型放松了完全市场假设条件，考虑了排污权期货的直接交易费用、期货交易的保证金、存贷款利率的价差等问题，更加符合真实的市场

环境，所以本章选用无套利区间定价模型来描述大气污染排污权期货与现货之间的关系。若价格在无套利区间内，则表明该期货定价合理。无套利定价区间如式（11-5）所示：

$$\left[\frac{\left[(1-\omega)\mathrm{e}^{r_d(T-t)}-\omega\right]S}{(1-\delta)+(\eta+\delta)\mathrm{e}^{r_d(T-t)}}, \frac{\left[\omega+(1+\omega)\mathrm{e}^{\eta(T-t)}\right]S}{(1+\delta)-(\eta+\delta)\mathrm{e}^{\eta(T-t)}} \right] \tag{11-5}$$

其中，ω 表示现货交易费率；δ 表示期货交易保证金率；η 表示期货交易费率；r_l 表示贷款利率；r_d 表示存款利率；$T-t$ 表示持有时间。假定无套利区间的上界为 F_u，下界为 F_d。理论上，当排污权的期货价格位于无套利定价区间时，由于交易成本、存贷款利差和融资成本的差异，套利者将无法获取无风险利润。因此，该区间可以被视为实际交易市场上排污权期货价格的无套利范围，无论使用无套利区间的上界 F_u 还是下界 F_d 都可以倒推出无套利现货的价格，本章使用下界 F_d 推导现货价格，如式（11-6）所示：

$$S = \frac{\left[(1-\delta)+(\eta+\delta)\mathrm{e}^{r_d(T-t)}\right]F_d}{(1-\omega)\mathrm{e}^{r_d(T-t)}-\omega} \tag{11-6}$$

11.2.4 排污权期货买卖双方划分

本章做出以下假设：只要区域满足政府制定的总体减排要求，区域内各地区可以将污染物的减排配额进行交易。根据地区生产总值函数、污染物去除成本函数和排污权现货价格公式，即可构建各地区独立减排时地区生产总值最大和大气污染物去除成本最小的双目标优化模型，并由此求出各地区的最优大气污染物去除量 C_i^*。最后，将 C_i^* 与国家分配给地区 i 的污染物去除配额 H_i 相比较，即可以划分排污权期货交易的买方和卖方。同时，假定各地区的环境容量由政府分配的排放配额决定，即各地区的环境容量等于国家分配给该地区的某种污染物排放量乘以一定倍数，只要不超过政府规定的排放量，区域内各地区污染物的排放可以互相调剂。根据式（11-1）～式（11-6）可构建出地区生产总值最大和去除成本最小的双目标优化模型［式（11-7）～式（11-11）］，其具体表达式为

$$\begin{cases} \max Y = A_i^{P1_i} K_i^{P2_i} L_i^{P3_i} C_i^{P4_i} & (11\text{-}7) \\ \min \mathrm{tc} = \varphi_i C_i^{\mu_i} + (H_i - C_i)S & (11\text{-}8) \\ \mathrm{s.t.} \quad C_{0i} - C_i \leqslant \gamma_i C_{ei} & (11\text{-}9) \\ \alpha_i C_{1i} \leqslant C_i \leqslant \beta_i C_{1i} & (11\text{-}10) \\ \sum_{i=1}^{n} C_{0i} - \sum_{i=1}^{n} C_i \leqslant \sum_{i=1}^{n} C_{ei} & (11\text{-}11) \end{cases}$$

其中，式（11-7）和式（11-8）的目的分别是实现协作治理区域内各地区的地区生产总值最大化与其大气污染物去除成本的最小化目标。式（11-9）表示地区 i 中某种大气污染物的年产生量减去去除量应该不超过其环境容量。式（11-10）表示各地区中治污设备的处理能力有一定的限度，从而各个地区的大气污染物不可能被完全消除，但其去除量也不会小于地区 i 中废气处理设备的最小处理量，且不会超过其处理设备的最大处理量。式（11-11）表示协作治理区域内各地区中给定污染物的排放量之和不能超过政府分配的排放配额。求解模型［式（11-7）～式（11-11）］即可得到各个参与方的最优去除量 C_i^*。

当期货的市场价格过高（过低）时，由于利益驱使，所有地区都将希望成为卖方（买方），只有当期货价格符合市场要求时才会有买卖双方的存在，具体包括以下三种情况。第一，市场确定的期货价格使得买方的买入量少于卖方的卖出量。此时会形成卖方市场，其中买方地区的最优去除量等于非协作情况下的去除量，而卖方地区通过协作联盟确定各自的大气污染物的最优去除量。第二，市场确定的期货价格使得买方的买入量多于卖方的卖出量。此时会形成买方市场，其中买方地区通过协作联盟确定能够从卖方购买的排污权数量，以达其大气污染物去除成本最小和地区生产总值最大的目的。第三，市场确定的期货价格使得买方的买入量等于卖方的卖出量。此时买卖双方各自的最优去除量等于非协作治理情况下的最优去除量。

在期货市场独自治理模式下，即各地区通过排污权期货市场独自买卖排污权。其中卖方可以通过式（11-12）确定各自能够通过排污权交易市场购买的排污权数量，而买方的污染物最优去除量可以通过双目标优化模型［式（11-7）～式（11-11）］确定。

$$\hat{C}_i = H_i + \left[\sum_{j \in u2} (H_j - C_j^*) \right] \cdot (C_i^* - H_i) \bigg/ \sum_{i \in u1} (C_i^* - H_i) \qquad (11\text{-}12)$$

其中，$\hat{C}_i$ 表示地区 i 在期货市场独自治理模式下的去除量；u1 表示卖方联盟，地区 i 属于卖方联盟的成员；u2 表示买方联盟，地区 j 属于买方联盟的成员。

11.2.5　排污权期货卖方或买方协作治理模型构建

在卖方协作联盟情况下，买方各地区的最优去除量即为式（11-7）～式（11-11）求解的最优去除量，而卖方各地区通过双目标优化模型确定各自的最优去除量，以达到联盟地区生产总值总量和大气污染物去除总成本最优的目标。卖方协作治理的优化模型为

$$\begin{cases} \max Y = \sum_{i \in u1} Y_i = \sum_{i \in u1} A_i^{P1_i} K_i^{P2_i} L_i^{P3_i} C_i^{P4_i} & (11\text{-}13) \\[2mm] \min TC = \sum_{i \in u1} tc_i = \sum_{i \in u1} \left[\varphi_i C_i^{\mu_i} + (H_i - C_i) S \right] & (11\text{-}14) \\[2mm] \text{s.t.} \quad H_i \leqslant C_i & (11\text{-}15) \\[2mm] \quad\quad C_{0i} - C_i \leqslant \gamma_i C_{ei} & (11\text{-}16) \\[2mm] \quad\quad \alpha_i C_{1i} \leqslant C_i \leqslant \beta_i C_{1i} & (11\text{-}17) \\[2mm] \quad\quad \sum_{i \in u1} C_{0i} - \sum_{i \in u1} C_i \leqslant \sum_{i \in u1} C_{ei} & (11\text{-}18) \\[2mm] \quad\quad \sum_{i \in u1} C_i = \sum_{i \in u1} H_i + \sum_{j \in u2} (H_j - C_j) & (11\text{-}19) \end{cases}$$

式（11-13）和式（11-14）表示满足地区生产总值最大与去除成本最小的双目标。式（11-15）表示中央分配给联盟内各个卖方的去除配额要小于联盟内各地区的去除量。式（11-19）表示卖方联盟内各地区的去除量之和等于联盟内中央规定的各地区去除配额之和加上买方联盟内各地区的需求量。通过卖方协作治理的优化模型可以求得各卖方地区在协作治理下的最优去除量 C_i^*，使得卖方地区联盟的去除成本最小和地区生产总值最大。

在买方协作联盟情况下，各卖方地区的最优去除量即为式（11-7）～式（11-11）对应的最优去除量，而各买方地区通过双目标优化模型确定，买方协作治理模型为

$$\begin{cases} \max Y = \sum_{j \in u2} Y_j = \sum_{j \in u2} A_j^{P1_j} K_j^{P2_j} L_j^{P3_j} C_j^{P4_j} & (11\text{-}20) \\[2mm] \min TC = \sum_{j \in u2} tc_j = \sum_{j \in u2} \left[\varphi_j C_j^{\mu_j} + (H_j - C_j) S \right] & (11\text{-}21) \\[2mm] \text{s.t.} \quad C_j \leqslant H_j & (11\text{-}22) \\[2mm] \quad\quad C_{0j} - C_{1j} \leqslant \gamma_j C_{ej} & (11\text{-}23) \\[2mm] \quad\quad \alpha_j C_{1j} \leqslant C_j \leqslant \beta_j C_{1j} & (11\text{-}24) \\[2mm] \quad\quad \sum_{j \in u2} C_{0j} - \sum_{j \in u2} C_j \leqslant \sum_{j \in u2} C_{ej} & (11\text{-}25) \\[2mm] \quad\quad \sum_{j \in u2} C_j = \sum_{j \in u2} H_j - \sum_{i \in u1} (C_i - H_i) & (11\text{-}26) \end{cases}$$

式（11-22）表示在买方协作联盟中地区 j 的去除量要小于国家对其分配的去除量配额。式（11-26）表示买方联盟中各个地区的实际去除量之和须等于地区 j 的去除配额减去卖方可以供给去除量的总和。本章采用遗传算法进行求解。

11.2.6　不对称的纳什协商模型构建

假设有 n 个地区参与协作，每个地区根据自身利益最大化的方法分配协作收

益，所提出最利于自身发展的分配方案为 $P_i = \{P_{1i}, P_{2i}, \cdots, P_{ji}\}$，其中 P_{ji} 表示第 i 个协作地区提出的第 j 个地区的利益分配系数，$0 < P_{ji} < 1$ 且 $\sum P_{ji} = 1$。设第 i 个协作地区期望的利益分配方案为 $P^+(i)$，$P^+(i) = \max\{P_{ji}\}$，则理想的利益分配方案为 $P^+ = \{P^+(1), P^+(2), \cdots, P^+(n)\}$。但由于 $\sum P^+(i) \geqslant 1$，导致所有协作地区的利益分配系数之和大于 1，所以需要各个地区进行协商。假设通过协商之后协作地区 i 的折扣系数为 X_i，则该地区最终的收益分配系数 $R_i = P_i^+ - X_i$。设第 i 个协作地区最不理想的利益分配方案为 $P^-(i)$，$P^-(i) = \min\{P_{ji}\}$，则协作地区之间最不理想的利益分配方案为 $P^- = \{P^-(1), P^-(2), \cdots, P^-(n)\}$。$W_i$ 表示第 i 个地区在协作联盟中的重要程度。本章以协作联盟中最不理想的利益分配方案为谈判的起点，则不对称的纳什协商模型为

$$
\begin{cases}
\max Z = \prod_{i=1}^{n} \left[P^+(i) - X_i - P^-(i) \right]^{W_i} & (11\text{-}27) \\
\text{s.t. } P^+(i) - X_i \geqslant P^-(i) & (11\text{-}28) \\
\sum_{i=1}^{n} \left[P^+(i) - X_i \right] = 1 & (11\text{-}29)
\end{cases}
$$

在约束条件中，式（11-28）表示最终的利益分配方案不小于最不理想的分配方案且不大于最理想的分配方案。式（11-29）表示利益分配系数总和为 1。由库恩-塔克（Kuhn-Tucker）条件得：

$$
X_i^* = P^+(i) - P^-(i) - W_i \left[1 - \sum_{i=1}^{n} P^-(i) \right] \tag{11-30}
$$

则地区 i 的利益分配系数为

$$
R_i = P^-(i) + W_i \left[1 - \sum_{i=1}^{n} P^-(i) \right] \tag{11-31}
$$

式（11-31）表示地区 i 的利益分配系数最终由两部分组成。其中由于 $P^-(i)$ 是最不理想的利益分配方案，所以 $P^-(i)$ 表示各地区进行利益分配谈判的起点，而 $W_i \left[1 - \sum_{i=1}^{n} P^-(i) \right]$ 表示通过协商之后地区 i 获得的利益补偿。

11.3　京津冀地区 SO_2 协作治理实证研究

11.3.1　经济效应视角下京津冀地区的 SO_2 协作治理

本章选择京津冀地区进行实证分析，该地区严重的空气污染已经危及居民的

健康。根据河北省生态环境厅的公开数据（http://hbepb.hebei.gov.cn/），2018年收到的居民与环境问题相关的来信数量达到30 862封，主要原因与大气污染问题有关。本章实证研究所需数据选自2004～2017年《中国统计年鉴》《中国科技统计年鉴》《北京统计年鉴》《天津统计年鉴》《河北统计年鉴》。在拟合地区生产总值函数时，因劳动力、资本、技术水平等在统计年鉴中没有统一的统计标准，本章用就业量来代替劳动力，用专利申请授权数代替技术水平，规模以上企业的固定资产净值来代替资本，这样可以使得拟合结果更加稳健。

基于上述数据和线性拟合方法，可求得式（11-2）和式（11-4）中的主要参数，结果如表11-2和表11-3所示。

表 11-2　京津冀地区的地区生产总值函数拟合结果

参数值	北京	天津	河北
$P0_i$	−11.303	−3.335	14.134
$P1_i$	2.754	1.271	−1.501
$P2_i$	0.050	0.301	0.777
$P3_i$	0.098	0.116	0.011
$P4_i$	0.111	0.139	0.189
R^2	0.999	0.998	0.990
F 检验	2271.099	970.296	218.379
P 值	<0.001	<0.001	<0.001

表 11-3　京津冀地区去除成本拟合结果

参数值	北京	天津	河北
$\ln\varphi_i$	8.575	8.869	6.304
μ_i	1.003	1.001	1.480
R^2	0.991	0.849	0.917
F 检验	581.956	67.684	133.338
P 值	<0.001	<0.001	<0.001

在计算排污权现货价格的基础上，可构建京津冀地区中地区生产总值总量最大和污染物去除成本最小的双目标优化模型。进一步，可以计算得到北京、天津、河北地区 SO_2 的最优去除量，结合国家规定的 SO_2 去除配额等数据（表11-4），可确定各个卖方或买方地区。

表 11-4 2017 年京津冀地区 SO$_2$ 数据（单位：万吨）

指标	北京	天津	河北	总计
中央规定的 SO$_2$ 排放配额（C_{ei}）	6.12	16.74	98.39	121.25
工业 SO$_2$ 排放量（Z_i）	0.38	4.23	108.19	112.80
工业 SO$_2$ 去除量（C_i）	24.85	56.75	271.17	352.77
生活 SO$_2$ 排放量	1.63	1.33	2.66	5.62
SO$_2$ 产生量（C_{0i}）	26.86	62.32	382.02	471.19
工业 SO$_2$ 产生量（C_{1i}）	25.23	60.99	379.36	465.57
中央规定的 SO$_2$ 去除配额（H_i）	20.74	45.58	283.63	349.95

根据 Xue 等（2020a）的研究结果，本章中 α、β、γ 的值分别取 0.4、0.9、1.3。参考我国的期货市场以及排污权交易市场的实际情况，对式（11-5）中的参数进行赋值并选取 $T=3$，$t=0$，$\omega=0.0587$‰，$\delta=5\%$，$\eta=0.6$‰，$r_l=4.35\%$，$r_d=1.5\%$。本章假定无套利定价区间为[3232.85, 3556.77]，由式（11-6）可得 SO$_2$ 排污权期货的现货价格为 3100 元/吨。由此可得北京、天津和河北的双目标优化模型分别为式（11-32）～式（11-35）、式（11-36）～式（11-39）和式（11-40）～式（11-43）：

$$\begin{cases} \max Y_1 = 20\,086.06 C_1^{0.111} & (11\text{-}32) \\ \min tc_1 = 5297.55 C_1^{1.003} + 3100 \times (20.74 - C_1) & (11\text{-}33) \\ \text{s.t.} \quad 10.09 \leqslant C_1 \leqslant 22.71 & (11\text{-}34) \\ \qquad C_1 \geqslant 18.9 & (11\text{-}35) \end{cases}$$

$$\begin{cases} \max Y_2 = 10\,512.46 C_2^{0.139} & (11\text{-}36) \\ \min tc_2 = 7108.17 C_2^{1.001} + 3100 \times (45.58 - C_2) & (11\text{-}37) \\ \text{s.t.} \quad 24.4 \leqslant C_2 \leqslant 54.89 & (11\text{-}38) \\ \qquad C_2 \geqslant 40.56 & (11\text{-}39) \end{cases}$$

$$\begin{cases} \max Y_3 = 10\,951.48 C_3^{0.189} & (11\text{-}40) \\ \min tc_3 = 546.75 C_3^{1.480} + 3100 \times (283.63 - C_3) & (11\text{-}41) \\ \text{s.t.} \quad 151.74 \leqslant C_3 \leqslant 341.42 & (11\text{-}42) \\ \qquad C_3 \geqslant 254.11 & (11\text{-}43) \end{cases}$$

由遗传算法可得北京、天津和河北的 SO$_2$ 最优去除量分别为 $C_1^* = 22.71$ 万吨、$C_2^* = 40.56$ 万吨、$C_3^* = 341.42$ 万吨。由于国家为其分配的 SO$_2$ 去除配额分别为 20.74 万吨、45.58 万吨、283.63 万吨，所以北京和河北均为卖方，其卖出量分别为 1.97 万吨、57.79 万吨，而天津是买方，其买入量为 5.02 万吨。由于卖方的卖出总量（59.76 万吨）大于买方的买入总量（5.02 万吨），所以京津冀地区的期货协作治理属于卖方联盟的情况。

由此可得北京和河北的协作治理联盟的优化模型，其具体形式如式（11-44）～式（11-48）所示：

$$\max Y = \sum_{i \in u1} Y_i = 20\,086.06C_1^{0.111} + 10\,951.48C_3^{0.189} \tag{11-44}$$

$$\min TC = 5297.55C_1^{1.003} + 3100 \times (20.74 - C_1)$$
$$+ 546.75C_3^{1.480} + 3100 \times (283.63 - C_3) \tag{11-45}$$

$$\mathrm{s.t.} \quad 20.71 \leqslant C_1 \leqslant 22.74 \tag{11-46}$$
$$283.63 \leqslant C_3 \leqslant 340.64 \tag{11-47}$$
$$C_1 + C_3 = 309.39 \tag{11-48}$$

采用遗传算法即可求得 $C_1 = 22.71$ 万吨，$C_3 = 286.68$ 万吨。由此可知，北京和河北在期货协作治理模式下实现的 SO_2 去除量分别为 22.71 万吨、286.68 万吨。

11.3.2　与行政命令手段下的属地治理模式对比分析

表 11-5 和表 11-6 分别展示了期货协作治理模式、期货市场独自治理模式和属地治理模式下，各个地区中对应地区生产总值和去除成本的求解结果。由表 11-5 可以看出，北京在期货协作治理模式中受益最大，与期货市场独自治理模式相比，期货协作治理模式下地区生产总值增加了 259.20 亿元，增加了 0.92%。与属地模式相比，期货协作治理模式下地区生产总值增加了 284.69 亿元，增加了 1.01%。然而河北和天津在期货协作治理模式下地区生产总值却有所下降。与期货市场独自治理模式相比，期货协作治理模式下河北地区生产总值下降了 37.77 亿元，下降了 0.12%。与属地治理模式相比，期货协作治理模式下天津地区生产总值减少了 287.60 亿元，降低了 1.61%。但从整个京津冀地区而言，与期货市场独自治理模式相比，协作治理情况下京津冀地区的地区生产总值增加了 221.43 亿元，增加了 0.29%。与属地治理模式相比，协作治理模式下京津冀地区的地区生产总值增加了 61.53 亿元，增加了 0.08%。

表 11-5　三类模式的地区生产总值计算结果（单位：亿元）

地区	期货市场独自治理：A	期货协作治理：B	属地治理：C	$B-A$	$B-C$
北京	28 148.42	28 407.62	28 122.93	259.20	284.69
河北	31 947.34	31 909.57	31 845.13	−37.77	64.44
天津	17 588.55	17 588.55	17 876.15	0	−287.60
合计	77 684.31	77 905.74	77 844.21	221.43	61.53

表 11-6　三类模式去除成本计算结果（单位：万元）

地区	期货市场独自治理：A	期货协作治理：B	属地治理：C	B–A	B–C
北京	111 259.71	115 332.75	110 875.16	4 073.04	4 457.59
河北	2 376 958.76	2 360 482.74	2 332 716.69	−16 476.02	27 766.05
天津	304 938.89	304 938.89	325 230.23	0	−20 291.34
合计	2 793 157.36	2 780 754.38	2 768 822.08	−12 402.98	11 932.30

由表 11-6 可知，与属地治理模式相比，天津在期货协作治理模式下的去除成本下降了 20 291.34 万元，下降了 6.24%。但由于北京和河北在期货协作治理模式下承担了更多的治理任务，所以其去除成本分别增加了 4457.59 万元、27 766.05 万元，分别增加了 4.02%、1.19%。从京津冀地区整体来看，虽然期货协作治理模式比属地治理模式的去除成本合计增加了 11 932.30 万元，增加了 0.43%，但是期货协作治理模式下的地区生产总值收益更加显著，所以期货协作治理模式要优于属地治理模式。另外，与期货市场独自治理模式相比，在期货协作治理模式下京津冀地区整体的去除成本减少了 12 402.98 万元，下降了 0.44%。因此，期货协作治理模式也优于期货市场独自治理模式。

从总收益情况看，京津冀地区期货协作治理模式比期货市场独自治理模式增加了 222.67 亿元收益（增加了 0.29%）。与属地治理模式相比，期货协作治理模式下京津冀地区增加了 60.34 亿元的收益（增加了 0.08%）。根据协作收益模型及上述结果，可以求出各个地区的协作收益（表 11-7）。具体来讲，在各个省份不协作的情况下，由遗传算法计算出的最优去除量大于国家配额的省份可以在排污权期货交易市场卖出多余的去除配额。因而北京在卖出去除配额后的去除量为 20.74 + 5.02×1.97/(1.97 + 57.79) = 20.91 万吨，即北京还可以在排污权期货交易市场卖出 0.17 万吨。河北的去除量为 288.48 万吨，即河北在完成国家规定的去除配额之外，还可以在排污权期货交易市场卖出 4.85 万吨。

表 11-7　各个地区在期货协作治理模式下的收益

模式	单位	北京	河北	总计
期货协作治理模式下的去除量	万吨	22.71	286.68	309.39
期货协作治理模式下的地区生产总值（a）	亿元	28 407.62	31 909.57	60 317.19
期货协作治理模式下的去除成本（b）	万元	115 332.75	2 360 482.74	2 475 815.49
期货市场独自治理模式下的去除量	万吨	20.91	288.48	309.39
期货市场独自治理模式下的地区生产总值（c）	亿元	28 148.42	31 947.34	60 095.76
期货市场独自治理模式下的去除成本（d）	万元	111 259.71	2 376 958.76	2 488 218.47

续表

模式	单位	北京	河北	总计
期货协作治理模式较期货市场独自治理模式增加的地区生产总值收益（$e=a-c$）	亿元	259.20	−37.77	221.43
期货协作治理模式较期货市场独自治理模式减少的去除成本收益（$f=d-b$）	万元	−4 073.04	16 476.02	12 402.98
期货协作治理模式较期货市场独自治理模式增加的期货协作治理模式下的收益（$e+f$）	亿元	258.79	−36.12	222.67

在协作治理模式下，北京可在排污权期货交易市场上卖出 1.97 万吨，河北只能卖出 3.05 万吨，而在期货市场独自治理模式下，北京只能卖出 0.17 万吨的 SO_2 去除量，河北可以卖出 4.85 万吨的 SO_2 去除量。因此，北京希望按照期货协作治理模式下的卖出量来进行利益分配，而河北是促成协作的关键城市，所以河北希望按照期货市场独自治理模式下的卖出比例来获得收益，以达到利益最大化。

假设 P_1 代表北京根据自身利益最大化要求所提出的利益分配方案，$P_1 = \{0.39, 0.61\}$，P_3 代表河北提出的利益分配方案，$P_3 = \{0.03, 0.97\}$。则理想的分配方案为 $P^+ = \{0.39, 0.97\}$，而最不理想的分配方案是 $P^- = \{0.03, 0.61\}$。因为协作联盟中只有两个省份，所以本章假定北京和河北地区在联盟中的重要程度各为 50%，即 $W_1 = W_2 = 0.5$。由此可得，$R_1 = 0.21$，$R_3 = 0.79$，北京分得的收益为 $0.21 \times 222.67 = 46.76$ 亿元，河北分得的收益为 $0.79 \times 222.67 = 175.91$ 亿元。

综上，期货协作治理模式要优于期货市场独自治理模式和属地治理模式。本章不仅为解决严重的区域大气污染治理问题提供了一种新的实践与理论研究视角，而且有助于调动各个治理主体的积极性。

11.4　政　策　启　示

我国面临的大气污染问题，严重威胁了经济的平稳发展和居民的生活质量，本章构建的协作治理模型分别从期货交易、排污权交易和经济效应的视角全面考虑了区域大气污染治理的机制与模式，基于京津冀地区 SO_2 治理的实证分析表明，即使去除相同数量的污染物，协作治理模型都明显优于基于行政命令治理手段的其他模式。

在《生态文明体制改革总体方案》、《中华人民共和国大气污染防治法》、"十三五"规划等多项文件中，国家进一步明确要求实施大气污染物的总量治理原则，探索地方排污权和潜在金融工具，推动重点区域和重要大气污染物的排污权交易，排污权交易制度已经确定为生态环境保护的重要手段之一。因此，充分发挥排污权交易制度的市场调节作用、提升排污权交易制度的活力和效率显得尤为重要。河北省出台的《关于深化排污权交易改革的实施方案（试行）》中强调要完善市场交易机制，通过建立交易市场和加强宣传等方式提高企业的参与度，并且提出建立排污权政府储备，用于鼓励新兴产业和重大科技项目。然而，现有制度下大多数地区排污权交易价格由政府制定，排污权价格难以体现其市场价值，导致排污权市场交易活跃度下降。此外，排污权市场建立的初期，可出售的排污权规模较小，导致排污权交易规模小、市场低迷、市场不活跃等问题，使排污权交易陷入低效困境。本章提出的方法，可以进一步为京津冀地区完善大气污染协同治理机制。一是完善排污权交易价格体系，充分发挥价格的市场作用。价格是激励排污权交易的重要因素，价格应充分反映排污权的市场价值。二是打破地区限制，结合建立全国统一大市场的宏观政策，根据污染物排放与扩散特征建立更大范围的排污权交易市场。因此，本章的研究结果可为进一步完善我国的大气污染治理机制与模式提供以下启示。

第一，由于各个区域在自然禀赋、地形地貌、工业结构、运输结构、能源结构和土地使用结构等方面存在明显差异，大气污染治理对其经济发展的负面影响程度存在明显的差异性。因此，在未来的治理实践中，可以考虑将大气污染治理对各个地区的地区生产总值的负面影响程度纳入我国生态环境（特别是大气生态环境）治理效果的评价体系，以激励各个地区参与大气污染协作治理的积极性。

第二，本章在综合考虑地区生产总值最大化和去除成本最小化的基础上构建的协作治理模型明显优于期货市场属地治理模式。由此可见，基于期货交易的协作治理模式是治理大气污染的有效措施。因此，各级政府可以在健全期货市场和排污权交易市场、完善排污权期货交易相关制度、加强信息交流和资源共享的基础上，考虑将两种模式有机结合，以充分发挥各种模式（特别是协作治理模式）的优势，并将更多的市场手段和金融手段引入大气污染治理，以达到全面提升环境治理效果的目的。

11.5　本　章　小　结

本章以排污权交易和金融期货理论为基础，以降低污染物的去除成本、推动经济发展为目的，开展了跨域大气生态环境整体性协作治理机制与模式研究，得到以下成果。①基于污染治理的经济效应视角，构建了基于排污权期货交易的跨域大气生态环境整体性协作治理的激励模型，设计了适合中国情境的协作治理机制与模式。②京津冀地区的实证研究表明，与属地治理相比，本章所构建的协作治理模型、机制与模式能使区域地区生产总值保持最佳水平的同时降低污染治理成本，实现区域污染治理与经济发展双赢的目标；同时，敏感性分析表明该模型稳健可靠且适用于其他区域及其他大气污染物的跨域协作治理。③在跨域大气生态环境整体性协作治理过程中，我国应将污染治理对各地区生产总值的负面影响纳入环境治理绩效评价体系，并健全期货交易与排污权交易机制，将两种交易机制有机结合，同时加强跨域环境治理的资源共享。

第 12 章　健康效应视角下基于排污权期货交易的协作治理机制与模式研究

为发挥生态环境治理对降低公众健康损害方面的潜力，提升排污权期货交易手段在跨域大气生态环境整体性协作治理中的作用，本章以公众健康损害效应（adverse health effects，AHEs）减少量最大化和污染治理直接成本最小化为目标，构建基于排污权期货交易的跨域大气生态环境整体性协作治理机制与模式。同时，以京津冀地区为典型案例进行实证检验，并与行政手段进行对比分析，提出推进此类协作治理机制与模式落地实施的解决方案和政策启示（Xue et al.，2021）。

12.1　国内外研究进展

日益严重的区域性大气污染正逐渐发展成为"全球大气污染危机"（McNeill，2019），并成为目前社会各界关注和担忧的主要问题之一。研究表明，长期的大气污染暴露不仅极易引发公众的心理健康损害（Sui et al.，2018）、缺血性心脏病（Mirabelli et al.，2018；Parker et al.，2018）、心血管疾病（de Bont et al.，2022；Bhatnagar，2022）、儿童哮喘（Mizen et al.，2018），而且还可能导致公众的中枢神经系统（Shou et al.，2019）和认知功能失调（Schikowski et al.，2015），也可能大幅增大心脑血管疾病和呼吸系统疾病易感人群的发病率与死亡率（Maji et al.，2018；Chen et al.，2019）。然而，在 2021 年 IQAir 公司追踪的 6475 个城市中，仅有 222 个城市（约占样本城市总量的 3%）的年均大气质量达到世界卫生组织认定的健康限值，仅覆盖全球总人口的 9%左右（IQAir，2022）。每年仍然有数以百万计的儿童和青少年由于大气污染而遭受严重的 AHEs（Kishi et al.，2018；Zheng et al.，2016）。而且 AHEs 的严重程度受到各地区人口数量、人口密度、年龄结构、产业结构等因素的严重影响，大气污染的浓度越高，人群暴露的时间越长，相应的 AHEs 就越严重（Burnett et al.，2018）。然而，由于大气污染与 AHEs 的关系复杂且相关政策的制定面临较大的可行性挑战，各国政府仍未将 AHEs 纳入大气污染治理的评价体系及其相关的政策体系（Zhang et al.，

2016b)。因此，积极探索有效治理大气污染并减少 AHEs 的方法具有十分重要的意义。

我国大气污染的严重状况受到社会各界的广泛关注，中央为此相继推行了很多重大战略举措（Wan et al.，2020）。其中协作治理策略/模式就是最早和最具代表性的措施之一，该模式旨在促进协作治理区域内的不同主体（如地理上毗邻的省市）相互协作以提升大气污染治理的效果（Wang and Zhao，2018）。而且从京津冀、长三角、珠三角等污染严重区域的治理实践来看，协作治理的效果较好并使这些区域的大气质量得到显著改善。例如，继"APEC 蓝""阅兵蓝"之后北京市又呈现出"常态蓝"的良好局面。这是因为该模式综合考虑了大气污染的整体性和流动性特征以及不同主体之间的污染治理成本差异，因而能够有效实现各地区的优势互补和协作共赢。然而，目前协作治理模式在我国的推进节奏仍然较慢、实施范围依然较小、效果还不是非常理想，而且因为其激励机制的缺乏而无法有效调动各地区的参与积极性。因此，我国当前仍然以属地治理/非协作治理模式为主。在属地治理下，各地区必须无条件地完成中央设定的治理任务，而不考虑其治理成本和其他因素的异质性（Yang et al.，2021a），由于其实施完全依赖于强制性的行政命令治理手段，因而必然导致治理成本高而效果差等问题。受经济利益的驱使，各地区往往以环境污染和 AHEs 为代价来获取经济的高速增长（Ding et al.，2017）。因此，亟须将排污权和期货交易等市场手段或金融工具引入其激励机制的框架设计，以弥补属地治理的缺陷并有效推进协作治理。

为此，我国相继推出了许多金融和市场手段及其配套政策体系，并引起了学术界的广泛关注。Mayer 等（2017）研究发现，期货交易能促进公平竞争、降低商品的流通成本、提高市场效率；Daskalakis（2018）认为，期货交易能够转移市场价格的波动风险并引导投资方向。另外，也有研究表明，排污权（Yan et al.，2020）和期货交易（Liu et al.，2018d）在大气污染治理方面都具有较大潜力。尽管现有文献对排污权交易和期货交易手段分别进行了深入研究。但很少有研究同时考虑二者在大气污染治理方面的潜力，更没有人尝试在综合考虑这两种工具的同时，将污染治理成本、AHEs 等议题结合起来开展跨域大气生态环境整体性协作治理问题的研究。因而，如何在协作治理模式中，引入排污权交易和期货交易等手段，以最大限度地治理大气污染并有效降低其治理成本与 AHEs 是非常值得探索和研究的问题。

综上所述，对于目前我国的大气污染治理而言，要解决的首要问题是如何有效推进协作治理模式，以解决属地治理模式效率低且成本高的问题。其次要解决的是如何将排污权交易与期货交易等市场手段和金融手段应用于该领域，以激发各主体参与协作治理的积极性。同时，AHEs 的减小也应该得到充分考虑。然而，据研究所知，目前仅有一项研究将排污权期货交易引入大气污染治理（Zhao et al.，2014）。该研究利用排污权期货交易分析了协作治理的优越性，但该研究仅考虑了排污权期货交易在污染治理中的潜在作用没有考虑健康损害成本。另外，目前关于 AHEs 问题的研究也主要集中在大气污染与各种疾病之间的关系（Lu et al.，2017；Mishra，2017）以及如何降低由大气污染引发的 AHEs（Voorhees et al.，2014）。目前仅发现一项研究在协作治理模式中同时考虑了 AHEs 和污染治理成本两个目标（Xie et al.，2016），该研究在定量分析健康损害成本的基础上讨论了协作治理模式的优越性，但该研究并未考虑使用排污权、期权与期货交易等市场工具和金融工具。

为此，本章讨论将期货交易和排污权交易结合的可能性，构建的模型（即排污权期货交易模型）可以在治理区域大气污染的同时，将治理成本与 AHEs 降至最低，并提高各地区参与协作治理的积极性。

12.2 公众健康视角下基于排污权期货交易手段的协作治理模型构建

12.2.1 研究框架

考虑公众健康效应的跨域大气生态环境整体性协作治理模型由四个子模型组成：排污权期货交易市场分类模型、买方协作优化模型、卖方协作优化模型及协作收益分配模型。具体来讲，本章首先建立了排污权期货交易市场分类模型，将排污权期货交易市场划分为卖方市场与买方市场等不同类别。其次，分别建立了排污权期货交易的买方/卖方协作优化模型，对各协作治污地区的污染物消减量和排污权期货交易转移量进行优化，并求出相应的协作治理收益。再次，构建基于 Shapley 值法的协作收益分配模型，将协作收益公平合理地分配给各个协作伙伴，以进一步激发其参与协作治理的积极性。最后，以京津冀地区的 SO_2 治理为例对排污权期货交易模型进行实证分析，并将其与基于行政命令治理手段的属地治理模式进行对比分析，以进一步验证模型的适用性与稳定性以及协作治理的优越性。排污权期货交易模型的研究框架如图 12-1 所示。

为构建排污权期货交易模型，本章定义了相关参数和变量，其具体情况如表 12-1 所示。

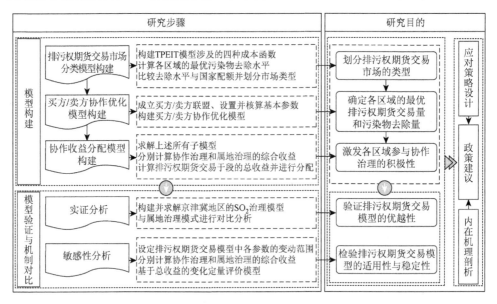

图 12-1　排污权期货交易模型的研究框架

表 12-1　集合、参数和变量

符号	含义	单位
A	参与协作治理的区域集合	
Ω_S/Ω_B	协作治理区域内排污权期货的卖方/买方区域集合	
R_i	地区 i 某种污染物的年均去除量	10^3 吨
T/t	期货合约到期的时间/期货的当前时间	年/年
P_{Ii}	地区 i 中给定类型大气污染物的年度工业产生量	10^3 吨
P_{Ti}	地区 i 中给定类型大气污染物的年度产生量	10^3 吨
r/u	无风险连续复利的年利率/单位公众健康损害降低的货币价值	
h_i/Q_i	地区 i 中给定类型大气污染物的年度国家去除配额/排放配额	千吨
ω_{it}	地区 i 在 t 年的废气排放量	立方米
p_{ijt}	地区 i 中第 j 年龄组人群在第 t 年度内的人口数量	人
h_{ijk}	地区 i 中第 j 年龄组人群每十万人由于患有第 k 种疾病而死亡的基线值	人
β_{ijk}	地区 i 中第 j 组人群由单位污染物浓度变化导致的第 k 类疾病死亡率的变化量	
ΔC_{it}	第 t 年度中地区 i 中给定类型污染物年均浓度较前一年的变化量	10^3 吨
$|A|$	集合 A 中的元素个数	个
$V(A\backslash\{i\})$	除地区 i 外，其余的 $|A|-1$ 个区域协作治理产生的综合成本	美元

12.2.2　基本函数构建

考虑公众健康效应的排污权期货交易模型中含有四类基本函数，分别是环境损害成本函数（EDC$_i$）、污染物去除成本函数（RC$_i$）、排污权期货交易成本函数（EC$_i$）和 AHEs 成本函数（ΔE_{it}）（本章将前三种成本统称为直接治理成本），其具体定义如下。

首先，大气污染对环境损害的程度与环境容量有关（Jia et al.，2018b），但由于环境要素特性与社会功能等方面的差异，各地区的环境容量存在较大差异。地区 i 中给定类型大气污染物造成的环境损害成本（EDC$_i$）可以表述为

$$\text{EDC}_i = \text{EDC}_i(R_{Ti} - R_i) \tag{12-1}$$

其次，根据 Cao 等（2009）的研究，地区 i 中给定类别大气污染物的去除成本（RC$_i$）和其年度去除量之间的关系为

$$\text{RC}_i = \theta_i \times \left(\omega_{it}\right)^{\varphi_i} \times \left(R_i\right)^{\mu_i} \tag{12-2}$$

其中，参数 θ_i、φ_i、μ_i 反映给定区域的产业结构、企业所有权结构、污染治理水平等因素。为简化计算，对式（12-2）两边进行对数变换，可得：

$$\ln \text{RC}_i = \ln\theta_i + \varphi_i\ln \omega_{it} + \mu_i\ln R_i \tag{12-3}$$

再次，参考 Wang 等（2019b）的思想，假设研究区域有一个近乎完美且无摩擦的排污权期货交易市场。根据科斯产权交易理论的基本假设可知，该市场中不存在交易成本。因此，给定类别大气污染物 i 的排污权期货交易转移成本（EC$_i$）可以表示为

$$\text{EC}_i = (h_i - R_i)S \tag{12-4}$$

其中，每单位排污权期货交易成本既可以用现货价格 F 表示，也可以用期货价格 S 表示，二者之间的关系可以用经典的期货定价式来表示（Cornell and French，1983）：

$$S = F\exp[r(t-T)] \tag{12-5}$$

最后，由单位 AHEs 减少而产生的经济价值（ΔE_{it}）可用 Li 等（2004）定义的线性关系来表示，即

$$\Delta E_{it} = up_{ijt}h_{ijk}\beta_{ijk}\Delta C_{it} \tag{12-6}$$

根据 Zhao 等（2014）的研究，给定地区的污染物浓度变化与其去除量成反比关系，即

$$\Delta C_{it} = C_{it-1} - C_{it} = \rho_i - (\sigma_i / R_i), \quad \forall i, t \tag{12-7}$$

将式（12-7）代入式（12-6）中，可以得到污染治理所降低的 AHEs 成本，其具体形式如式（12-8）所示：

$$\Delta E_{it} = u \times p_{ijt} \times h_{ijk} \times \beta_{ijk} \times [\rho_i - (\sigma_i / R_i)], \quad \forall i, t \tag{12-8}$$

12.2.3 市场类型划分模型构建

根据 Deland（1979）提出的"泡泡"政策理论，本章把整个协作治理区域看作一个大"泡泡"。即只要协作治理区域内的污染物排放总量不超过国家规定的排放量限额，则该区域内的各个地区内所排放的大气污染物就可以相互跨域转移（即其排污权可以相互交易）。此外，假设"泡泡"中的所有地区的决策者都是理性的，即这些决策者的目标都是在完成国家排放要求的基础上，最大限度地去除各自区域内污染物排放量并尽可能地降低大气污染物引发的公众健康损害。本章设计了排污权期货交易市场类型的分类模型，其具体形式如式（12-9）～式（12-13）所示：

$$\min F(R_i) = EDC_i(P_{Ti} - R_i) + \theta_i(\omega_{it})^{\varphi_i}(R_i)^{\mu_i} + (h_i - R_i)S \tag{12-9}$$

$$\max G(R_i) = u\sum_{j=1}^{n}\sum_{k=1}^{q} p_{ijt} h_{ijk} \beta_{ijk} \Delta C_{it} \tag{12-10}$$

$$\text{s.t.} \quad \alpha_i P_{Ti} \leqslant R_i \leqslant \beta_i P_{Ti}, \quad i = 1, 2, \cdots, m \tag{12-11}$$

$$R_i \geqslant P_{Ti} - \lambda Q_i, \quad i = 1, 2, \cdots, m \tag{12-12}$$

$$R_i \geqslant 0, \quad i = 1, 2, \cdots m \tag{12-13}$$

显然，这是一个多目标规划问题（Ravina et al., 2018）。其中第一个目标，即式（12-9）表示最小化协作治理区域中各个地区的大气污染直接治理成本，而第二个目标，即式（12-10）表示最大限度地降低协作治理区域中各个地区的 AHEs。式（12-11）～式（12-13）是该模型的约束条件。其中式（12-11）表示协作治理区域中的任何地区都必须根据中央的环境治理要求去除掉一定数量的污染物。但是，由于受到技术、资金等条件的限制，任何地区都不可能完全去除其产生的所有污染物。式（12-12）表示受到各个区域内大气污染物的总产生量（P_{Ti}）和国家配额（Q_i）的限制，地区 i 的污染物排放量不能超过国家的环境保护要求。

根据上述模型即可将排污权期货交易市场划分为不同类型，其具体的划分过程包含三个步骤。首先，根据排污权期货交易市场类型的划分模型［式（12-9）～式（12-13）］，即可评估各个地区的最优大气污染治理水平（即该模型的最优解 R_i^*）。其次，通过对比各个地区的最优大气污染治理水平以及中央政府为其分配的污染物减排配额（将地区 i 的最高污染物减排配额记为 h_i），即可将协作治理区域中的各个地区在排污权期货交易市场内的身份划分为不同的类型（即排污权期货市场中的买方或卖方），并由此求出其需要购入的排污权期货量或者其可以售出的排污权期货量。具体来讲，如果 $R_i^* > h_i$，则地区 i 是排污权期货交易市场中的卖方，而如果 $R_i^* < h_i$，则地区 i 是排污权期货交易市场中的买方。其中各个卖方地区 i 的排污权期货可售出量为 $R_i^* - h_i$，而买方地区 j 需要购入的排污权期货量为 $h_i - R_i^*$。最后，根据排污权期货交易市场中所有参与协作治理地区的需求总量与供给总量之间的大小关系、各地区的边际污染治理成本（即各地区中污染治理成本函数关于其去除量的导数）、排污权期货的市场价格的四种具体情形，可将排污权期货交易市场划分为不同类型，具体情况如表 12-2 所示。

表 12-2　排污权期货交易市场的类型及其划分标准

市场价格	类型	划分标准
过高或过低	1	参与协作治理的各地区均为买方（价格过低）或均为卖方（价格过高）
适中	2	卖方的卖出总量等于买方的买入总量，即 $\sum_{i \in \Omega_S}(R_i^* - h_i) = \sum_{j \in \Omega_B}(h_j - R_j^*)$
适中	3	卖方的卖出总量大于买方的买入总量，即 $\sum_{i \in \Omega_S}(R_i^* - h_i) > \sum_{j \in \Omega_B}(h_j - R_j^*)$
适中	4	卖方的卖出总量小于买方的买入总量，即 $\sum_{i \in \Omega_S}(R_i^* - h_i) < \sum_{j \in \Omega_B}(h_j - R_j^*)$

12.2.4　买方/卖方协作优化模型构建

由表 12-2 可知，类型 1 中的两种情形（即排污权期货的市场价格远远低于或高于各地区的边际污染物治理成本）均不能形成交易市场。此时，各个地区只能独自完成国家为其分配的减排配额。当排污权期货的市场价格相对适中时，参与协作治理的各个地区之间即可形成排污权期货交易市场。此时，根据该市场中排污权期货交易总需求量与其总供应量之间的大小关系，即可将排污权期货交易市场分为类型 2、类型 3 和类型 4，并可进一步确定协作治理区域内各个治理主体的最优污染物去除量及其最优排污权期货交易量。

$$\min \sum_{i \in \Omega_S} F(R_i) = \sum_{i \in \Omega_S} \mathrm{EDC}_i(P_{Ti} - R_i) + \sum_{i \in \Omega_S} \theta_i(\omega_{it})^{\varphi_i}(R_i)^{\mu_i} + \sum_{i \in \Omega_S}(h_i - R_i)S \quad (12\text{-}14)$$

$$\max \sum_{i \in \Omega_S} G(R_i) = u \sum_{i \in \Omega_S} \sum_{j=1}^{n} \sum_{k=1}^{q} p_{ijt} h_{ijk} \beta_{ijk} \Delta C_{it} \quad (12\text{-}15)$$

$$\text{s.t.} \quad \sum_{i \in \Omega_S} R_i = \sum_{i \in \Omega_S} h_i + \sum_{j \in \Omega_B}(h_j - R_j^*) \quad (12\text{-}16)$$

$$h_i \leqslant R_i, i \in \Omega_S \quad (12\text{-}17)$$

$$\alpha_i P_{Ii} \leqslant R_i \leqslant \beta_i P_{Ii}, \quad i \in \Omega_S \quad (12\text{-}18)$$

$$R_i \geqslant P_{Ti} - \lambda Q_i, \ i \in \Omega_S \quad (12\text{-}19)$$

对于类型 2 而言，由于市场中排污权期货交易的总需求量等于其总供应量。所以，协作治理区域内所有治理主体的污染物去除量等于其最优污染治理水平。对于类型 3 而言，市场中排污权期货交易的总需求量小于其总供应量（即买方市场），因此所有排污权期货交易买家的需求都能得到满足。此时，各个排污权期货交易买家的污染物去除量等于其最优污染治理水平，而所有卖家的污染物去除量将通过联盟进行优化，从而使得协作治理区域内所有治理主体的综合成本总量达到最小。因此，类型 3 对应的排污权期货交易买方协作优化模型可以表示为形式如式（12-14）～式（12-19）所示的多目标优化模型。

本模型含有两个目标，即式（12-14）和式（12-15）。其中式（12-14）表示最小化协作治理区域内所有卖家基本成本的总量，而式（12-15）表示最大限度地减少协作治理区域内的 AHEs。买方协作优化模型反映了基于排污权期货交易的协作治理系统要求，该模型将协作治理区域内所有卖家的基本成本总量与其 AHEs 总量作为整体进行优化，而不是优化单个治理主体的相关成本。式（12-16）～式（12-19）是该模型的约束条件，式（12-18）的含义与式（12-11）的含义相似，式（12-19）与式（12-12）的含义相似。需要注意的是，式（12-18）和式（12-19）的约束对象是买方市场中的所有卖家，而式（12-11）和式（12-12）中约束对象是特定的地区 i。式（12-16）表示协作治理区域内所有卖家的污染减排总量必须等于其排放配额总量与所有买家排污权期货交易的总需求量的总和。式（12-17）表示协作治理区域内所有排污权期货交易卖家的污染物去除量必须超过国家规定的污染排放限额。

不难发现，买方协作优化模型和排污权期货交易市场类型划分模型的根本区别在于协作治理区域内各个治理主体之间是否存在协作关系。显然，买方协作优化模型中体现了卖方之间的协作关系，而排污权期货交易市场类型划分模型中的各个治理主体之间没有协作。因此，这两种模型的形式虽然比较相似，但其意义完全不同。在买方协作优化模型中，为使协作治理区域内所有治理主体的综合成本之和最小，则污染治理成本较低的治理主体需要处理更多的污染物，但为了最大限度地降低 AHEs 并满足国家的环保要求，成本较高的治理主体必须向其他主体购买更多的排污权。这样，虽然污染治理成本较低地区的污染减排负担较大，但其出售单位排污权期货而获得的收入可能远远高于其边际污染治理成本。另外，污染治理成本较高地区的污染物去除量虽然较少，但又必须通过排污权期货交易市场来购买更多排污权，从而间接承担相对较低的排污权期货交易转移成本。因此，基于排污权期货交易的协作优化模型不仅能激发各个治理主体参与协作治理的积极性，而且可以激励污染物去除成本高的治理主体以合理的期货价格购买更多的排污权，或者在污染治理方面增加更多投资从而提升全社会的污染治理水平。

对于类型 4 而言，由于市场中排污权期货交易的总需求量大于其总供应量（即卖方市场），所以，所有卖家可出售的排污权都可以售出但仅有部分买家的需求能够得到满足。此时，各个卖家的污染物去除量等于其最优污染治理水平，而所有买家的排污权期货交易购入量及其污染物去除量将通过联盟进行优化，从而使得协作治理区域内所有治理主体的综合成本总量达到最小。因此，类型 4 对应的排污权期货交易卖方协作优化模型可以表示为

$$
\left\{
\begin{aligned}
& \min \sum_{j \in \Omega_B} F(R_j) = \sum_{j \in \Omega_B} \mathrm{EDC}_j (P_{Tj} - R_j) + \sum_{j \in \Omega_B} \theta_i (\omega_{jt})^{\varphi_i} (R_j)^{\mu_i} + \sum_{j \in \Omega_B} (h_j - R_j) S \\
& \max \sum_{j \in \Omega_B} G(R_j) = u \sum_{j \in \Omega_B} \sum_{j=1}^{n} \sum_{k=1}^{q} p_{ijt} h_{ijk} \beta_{ijk} \Delta C_{it} \\
& \text{s.t.} \quad \sum_{j \in \Omega_B} R_j = \sum_{j \in \Omega_B} h_j + \sum_{i \in \Omega_S} (R_i^* - h_j) \\
& \qquad R_j \leqslant h_j, j \in \Omega_B \\
& \qquad \alpha_j P_{Tj} \leqslant R_j \leqslant \beta_j P_{Tj}, \quad j \in \Omega_B \\
& \qquad R_j \geqslant P_{Tj} - \lambda Q_j, \quad j \in \Omega_B
\end{aligned}
\right.
$$

（12-20）

本模型［式（12-20）］的含义与买方协作优化模型相似，不再赘述。

12.2.5　协作收益分配模型构建

利用上述协作优化模型即可计算出不同联盟中各个治理主体的最优污染物去除量与最优排污权期货交易转移量，并可由此求得整个联盟总成本的最优值（包括其污染治理的直接成本减去由 AHEs 降低而节省的成本的差）。然而，这并不能保证每个治理主体所付出的总成本都是最优的。因此，构建一个能使得联盟整体及其所有成员的总成本都能取到最优的协作收益分配机制是协作治理能够得以推行的前提条件。在常见的四种协作收益分配方法中，Shapley 值法被认为是最公平和最稳健的分配方法（Roth and Shapley，1991）。该方法的优点是简单易操作，因而该方法也是目前使用最广泛的一种协作收益分配方法（An et al.，2019）。本章将基于 Shapley 值法构建跨域大气生态环境整体性协作治理的协作收益分配模型。这里以买方市场（即类型 3）为例来说明其具体构建流程，其他类型市场中协作收益分配模型的构建方法类似。

在买方协作优化模型中，共涉及四种成本（直接治理成本中的三种具体成本以及由 AHEs 减少而节省的成本）。若用减排配额（h_i）代替污染物去除量（R_i）可以获得属地治理模式下的各个治理主体的直接治理成本以及由 AHEs 减少而节省的成本，从而得到其综合成本 I_{TGM}。如果将协作治理中各个成员最优污染物去除量对应的综合成本（$\mathrm{RC}_i - \Delta E_i + \mathrm{EC}_{it} + \mathrm{EDC}_i$）定义为 I_{CGM}，则可将跨域大气生态环境整体性协作治理的协作收益定义为 $I_{\mathrm{TGM}} - I_{\mathrm{CGM}}$。根据 Shapley 值法，该收益分配模型可以表示为

$$X_i(V) = \sum_{A\setminus\{i\}\subset A} w(|A|) \times \Delta V$$

$$w(|A|) = \frac{[(n-|A|)!] \times [(|A|-1)!]}{n!}, \quad \Delta V = [V(A) - V(A\setminus\{i\})] \qquad (12\text{-}21)$$

其中，$V(A)$ 表示排污权期货交易买方协作优化模型中各个治理主体协作收益的总和，$V(A) = I_{\text{TGM}} - I_{\text{CGM}}$；$X_i(V)$ 表示第 i 个治理主体所得的协作收益。

12.3 京津冀地区 SO_2 协作治理实证研究

12.3.1 京津冀地区考虑公共健康效应的 SO_2 协作治理

为展示排污权期货交易模型的适用性与稳定性以及协作治理模型的优越性，本章以 2015 年京津冀地区的 SO_2 治理为例进行实证分析，需要说明的是，本模型具有广泛适用性，它不仅适用于多个地区之间的 SO_2 协作治理，也适用于各个地区中其他污染物的协作治理。只是对于不同的协作治理区域而言，其不同污染物对公众造成健康损害的机制和程度可能不同，各种相关成本的计算式可能有所差异，但是其基本方法完全类似。

京津冀地区北依燕山，西靠太行山，东接渤海湾，南邻山东省。由于大型山脉和渤海的阻隔，从其北部、西部和东部自然流出或流入京津冀地区的污染物很少，而只有山东省与该地区之间可能会有污染物的相互流动。因此，京津冀地区可以看作一个大"泡泡"，并可以直接利用其 SO_2 监测数据开展相关研究，而不需要评估该地区与其周边城市之间的污染转移情况。

考虑到我国的实际情况，各个地区的排放指标选择以国民经济和社会发展的五年规划为准，即本章所用数据恰好覆盖 2001~2015 年的三个五年规划时期。本章所涉及的 SO_2 年度排放量、年度去除量和年度去除成本等数据从《城市统计年鉴》《环境统计年鉴》《中国环境公报》中获取。各个地区的污染排放限额从《重点区域大气污染防治"十二五"规划》中获取。各个地区在 2015 年的人口数据从《中国统计年鉴》中获取，并采用其中的标准将所有人群分为三个年龄组，因而模型中的 $j \in \{1, 2, 3\} = \{0\sim14\ \text{岁}, 15\sim64\ \text{岁}, >64\ \text{岁}\}$（表 12-3）。

表 12-3 2015 年京津冀地区人口统计

年龄组	人口/($\times 10^2$ 万人)		
	北京（$i=1$）	天津（$i=2$）	河北（$i=3$）
0~14 岁（$j=1$）	2.1910	1.2859	14.3085
15~64 岁（$j=2$）	17.2860	7.5137	53.1046
>64 岁（$j=3$）	2.2280	4.1071	7.5426

鉴于数据的可得性，本章选择用心血管疾病（$k=1$）和呼吸系统疾病导致的过早死亡率（$k=2$）评估大气污染引发的 AHEs 成本。采用 Wang 等（2002）、Wang 和 Pan（2007）研究中的剂量反应系数和基线死亡率（表 12-4），并选择 83 600 美元作为由单位人群 AHEs 降低而节省的货币价值。另外，由于无法精确核算各个地区的环境容量，本实证分析中不明确考虑环境损害成本，而参照 Zhao 等（2014）的研究，选取 $\alpha_i=0.4$，$\beta_i=0.9$，$\lambda_i=1.3$。根据我国 SO_2 去除成本的状况，即 2012 年 1 月我国排污权期货交易的数据，本章假设 2015 年 1 月的 SO_2 的期货交易价格为 585 美元/吨。

表 12-4　三个年龄组的相关参数值

年龄组	β_{ijk}		$h_{3jk}/(\times 10^5 人)$	
	β_{ij1}	β_{ij2}	h_{3j1}	h_{3j2}
0～14 岁（$j=1$）	18.82%	10.23%	23.64	3.04
15～64 岁（$j=2$）	9.54%	10.23%	51.92	420.49
>64 岁（$j=3$）	8.14%	4.66%	710.07	3116.50

采用线性回归方法，即可求得北京、天津和河北的相关成本函数，并由此得到其最优污染物去除水平模型［式（12-22）～式（12-24）］，其具体表达式为

$$
\begin{cases}
\min F(R_1) = 161.367 \times R_1^{1.279} + 503.508 \times (14.36 - R_1) \\
\max G(R_1) = 10\,574\,085.3 - \dfrac{16\,136\,551}{R_1} \\
\text{s.t.}\quad R_1 \leqslant 17.64 \\
\qquad\; R_1 \geqslant 11.33
\end{cases}
\tag{12-22}
$$

$$
\begin{cases}
\min F(R_2) = 525.276 \times R_2^{1.006} + 503.508 \times (40.06 - R_2) \\
\max G(R_2) = 10\,507\,062.78 - \dfrac{7\,931\,979}{R_2} \\
\text{s.t.}\quad R_2 \geqslant 26.38 \\
\qquad\; R_2 \leqslant 47.01
\end{cases}
\tag{12-23}
$$

$$
\begin{cases}
\min F(R_3) = 331.352 \times R_3^{1.044} + 503.508 \times (167.47 - R_3) \\
\max G(R_3) = 44\,341\,004.47 - \dfrac{1\,019\,288\,407}{R_3} \\
\text{s.t.}\quad R_3 \geqslant 148.21 \\
\qquad\; R_3 \leqslant 256.32
\end{cases}
\tag{12-24}
$$

上述模型中的双目标优化（即最小化 $F(R_i)$ 和最大化 $G(R_i)$）可以转化为求

$f = F(R_i)/G(R_i)$ 最小化的单目标规划问题。由此可以求得北京（15.57 万吨）、天津（27.37 万吨）和河北（256.32 万吨）的最优 SO_2 治理水平，而 2015 年中央分配给北京、天津和河北的 SO_2 排放配额分别为 14.36 万吨、40.06 万吨、167.47 万吨。因此，天津成为京津冀地区内的排污权期货交易的买方，而北京和河北将成为卖方并相互协作以使得该地区的治理成本总量达到最小。此外，由于该市场中排污权期货交易的总销量大于总需求量，因而这三个地区之间形成排污权期货交易买方市场。因此，此时的卖方协作优化模型为

$$
\begin{cases}
\min \sum_{i \in \Omega_S} F(R_i) = 161.367 \times R_1^{1.279} + 331.352 \times R_3^{1.044} + 503.508 \times (181.83 - R_1 - R_3) \\
\max \sum_{i \in \Omega_S} G(R_i) = 54\,915\,089.77 - \dfrac{16\,136\,551}{R_1} - \dfrac{1\,019\,288\,407}{R_3} \\
\text{s.t.} \quad R_1 \geqslant 14.36 \\
\qquad R_3 \geqslant 167.47 \\
\qquad R_1 \leqslant 22.05 \\
\qquad R_3 \leqslant 281.42 \\
\qquad R_1 + R_3 = 194.52
\end{cases}
$$

$$(12\text{-}25)$$

求解模型（12-25）可得北京和河北在协作治理下的最优 SO_2 去除量分别为 214.96×10^3 吨和 1730.25×10^3 吨。进一步可得京津冀地区的协作收益（4.778×10^9 美元）以及北京、天津和河北的协作收益分别为 0.831×10^9 美元、2.273×10^9 美元、1.674×10^9 美元。

12.3.2　与行政命令手段下的属地治理模式对比分析

表 12-5 展示了两种治理模式（即基于行政命令治理手段的属地治理模式和基于排污权期货交易手段的跨域大气生态环境整体性协作治理模式）的主要指标。由此可见，排污权期货交易的效果与行政命令治理手段有显著差异（$p < 0.01$）。基于排污权期货交易手段的协作治理模式可以有效地解决基于行政命令治理手段的属地治理模式存在的效率低、成本高、AHEs 严重以及各个治理主体治理积极性低等问题。

表 12-5　2015 年京津冀地区污染物去除协作收益比较

模式	主要指标	单位	北京	天津	河北	合计
协作治理	污染物去除量	10^3 吨	214.955	273.700	1730.245	2218.900
	污染物的去除成本（A）	10^9 美元	0.082	0.147	0.719	0.948
	降低 AHEs 的收益（B）	10^9 美元	98.234	102.173	384.500	584.907

续表

模式	主要指标	单位	北京	天津	河北	合计
协作治理	排污权交易成本（C）	10^9 美元	−0.036	0.064	−0.028	0
	综合成本（$A-B+C$）	10^9 美元	−98.188	−101.962	−383.809	−583.959
	减少的死亡人数	10^6 人	1.175	1.222	4.599	6.996
属地治理	污染物的去除量	10^3 吨	143.600	400.600	1674.700	2218.900
	污染物的去除成本（D）	10^9 美元	0.049	0.215	0.695	0.959
	降低 AHEs 的收益（E）	10^9 美元	94.504	103.091	382.546	580.141
	排污权交易成本（F）	10^9 美元	0	0	0	0
	综合成本（$D-E+F$）	10^9 美元	−94.455	−102.876	−381.851	−579.182
	减少的死亡人数	10^6 人	1.130	1.233	4.576	6.939
死亡人数的变化量：57.012×10^3 人			协作收益的变化量：4.778×10^9 美元			

具体来讲，即使去除相同数量的污染物（即 2218.900×10^3 吨），当京津冀地区中所有地区采用排污权期货交易手段开展协作治理时，其综合成本为 -583.959×10^9 美元。但是，当各地区在基于行政命令治理手段的属地治理模式下，京津冀地区的综合成本为 -579.182×10^9 美元，相当于采用前者时可以减少 4.777×10^9 美元的综合成本。因此，与基于行政命令治理手段的属地治理模式相比而言，基于排污权期货交易手段的协作治理模式能将京津冀地区的综合成本减少 0.825%。同时，在降低 AHEs 成本方面，基于排污权期货交易手段的协作治理模式可以减少死亡人数 6.996×10^6 人，而基于行政命令治理手段的属地治理可以减少死亡人数 6.939×10^6 人，即与后者相比，基于排污权期货交易手段的协作治理模式能挽救该地区更多的生命（多挽救 57000 人）。因此，基于排污权期货交易手段的协作治理模式在增加经济收益和降低 AHEs 成本方面的表现都明显优于基于行政命令治理手段的属地治理。另外，对参与协作治理的各个地区而言，其综合成本也明显减少。例如，北京和河北虽然替天津额外分担了 12.69 万吨的 SO_2 减排任务，但二者分别从协作收益中获得了 0.831×10^9 美元和 1.674×10^9 美元的经济补偿。本章提出的协作治理模型，不仅考虑了不同地区人口差异导致的 AHEs 成本差异，还考虑了不同地区在污染治理技术和污染治理成本等方面的相对优势。

上述各个因素之间的变动关系，是因为本章提出的模型同时考虑了污染物的去除成本及其 AHEs。在协作治理下，为了使整个协作治理区域的治理成本总量最小，边际去除成本较低的地区就需要去除更多的污染物。但为了最大限度地减少 AHEs 并满足国家的环保要求，边际去除成本较高的地区虽然可以少去除一些污染物，但需要通过排污权交易的方式向其余地区购买排污权。因此，污染治理水平较高、污染物边际去除成本较低的地区可以充分发挥其优势来处理更多的污染物，而其他地区则采用排污权交易的方式对其损失进行补偿。因此，基于排污权期货交易手段的协作治理模式为各个治理主体提供了一个平台，以对冲由排污权价格变动导致的风险，并使每个地区最大限度地利用其优势或通过协作治理模式中的排污权手段，来减轻其污染治理技术劣势给其综合成本带来的负面影响。然而，在目前普遍采用的基于行政命令治理手段的属地治理模式下，无论各个地区的边际污染物去除成本有多高，都必须独立完成中央政府为其分配的污染治理任务。以京津冀地区的 SO_2 治理为例，天津的污染物边际去除成本很高，但它可以以相对较低的价格从北京和河北购买一些排污权期货，而不是依靠自身的高成本去完成国家对其分配污染治理任务，这样也就减少了天津和整个地区的总成本。当然，上述交易必须在单位排污权价格不超过买方地区污染物边际去除成本的前提下实现（即使其交易价格可能远远高于整个社会的平均边际成本）。否则，这些地区将自行完成各自的治理任务。

综上所述，本章在健康效应视角下构建的协作治理模型，不仅将 AHEs 纳入大气污染的跨域协作治理，而且充分考虑了大气污染的整体性和流动性特征以及各个地区在人口数量和易感人群规模等方面的差异性，还同时充分考虑了不同地区在污染治理水平和治理成本方面的相对优势。该方法对 AHEs 的量化分析，可以在一定程度上弥补目前大气污染治理效果评价体系的缺陷。基于排污权期货交易的协作治理模式有助于鼓励各个地区利用期货交易等手段来充分发挥并增强其污染治理技术和成本的相对优势，并使技术较好的地区在实现其污染治理目标的同时受益于排污权期货交易，同时也可以成为解决技术相对落后地区污染治理问题的一种技术框架。从而该方法可以激发所有地区参与协作治理的积极性。因此，本章在健康效应视角下构建的排污权期货交易模型，不仅为解决严重的区域大气污染治理问题提供了一种新的研究视角，而且为跨域大气生态环境整体性协作治理模式的进一步完善提供了实证数据支持和决策参考。有助于优化环境资源和社会资源的配置效率，也有助于环境政策体系的进一步完善。另外，如果根据各个区域或污染物的特征的实际情况作适当修改，本模型也可以适用于其他区域或者其他污染物的治理，因此，该模型具有一定的推广价值。

然而，该模型将所研究的协作治理区域视为一个独立的系统（即大"泡泡"），并假设所有的污染治理主体都来自系统内部。因此，在未来的研究中可以考虑放宽这些假设条件，以全面揭示"泡泡"内、外部区域之间的污染转移关系。此外，也可以考虑改进监测数据的共享机制与融合技术，以便增强各个治理主体的互信并为该方法的实施提供数据支持。

12.4　敏感性分析

为了验证排污权期货交易模型的适用性与稳定性以及协作治理的优越性，本节剖析该模型中主要参数取值变动对计算结果的影响，具体分析结果如表 12-6 所示。

表 12-6　排污权期货交易模型的敏感性分析结果

参数	变动范围 [α, β, λ]	综合成本/($\times 10^9$美元)			AHEs/($\times 10^6$人)			排污权期货交易较属地治理模式的改进幅度	
		北京	天津	河北	北京	天津	河北	综合成本	AHEs
基线	[0.4, 0.9, 1.3]	−98.188	−101.962	−383.809	1.175	1.222	4.599	0.822%	0.825%
α	[0.3, 0.9, 1.3]	−98.188	−101.962	−383.809	1.175	1.222	4.599	0.822%	0.825%
	[0.5, 0.9, 1.3]	−98.188	−101.962	−383.809	1.175	1.222	4.599	0.822%	0.825%
β	[0.4, 0.85, 1.3]	−98.188	−101.962	−383.809	1.175	1.222	4.599	0.822%	0.825%
	[0.4, 0.95, 1.3]	−98.188	−101.962	−383.809	1.175	1.222	4.599	0.822%	0.825%
λ	[0.4, 0.9, 1.2]	−94.394	−102.168	−385.503	1.130	1.225	4.620	0.495%	0.498%
	[0.4, 0.9, 1.4]	−98.377	−101.723	−384.328	1.777	1.219	4.605	0.902%	0.906%

在排污权期货交易模型中，α 表示各个地区污染物去除能力的最低水平，增加（减小）其取值表示提高（降低）该地区的污染物去除水平或能力。由表 12-6 可见，当 α 由 0.4 减小到 0.3 或由 0.4 增大到 0.5 时，这三个地区在两种模式下的相关成本都没有发生显著变化，即两种模式的相对优势没有显著变化。β 表示各个地区污染物去除能力的最高水平，减小（增大）其取值意味着对应地区的污染物去除能力下降（增强）且相关优化模型的最优解上限也随之减小（或增大）。当 β 从 0.9 减小到 0.85 或从 0.9 增大到 0.95 时，这三个地区的相关指标都没有发生显著变化。

表 12-6 中，λ 代表各个地区的污染承载能力。其取值越大（越小）则该地区潜在的污染物承载能力就越大（越小），污染治理的压力就越小（越大）。当 λ 从 1.3 减小到 1.2 时，北京参与协作治理的优势变弱，因为其综合成本的改善幅度有所减小，而且其挽救的生命数量也相应减少。但是，天津和河北的指标发生了相反的变化，即二者参与协作治理的优势变强。但从整个京津冀地区看，协作治理模式相对于属地治理模式的优势有所变弱，因为采用协作治理而产生的综合成本的改进量从 λ 变动之前的 0.822%下降到 λ 变动之后的 0.495%，而采用协作治理所

挽救的生命数量从 λ 变动之前的 0.825%下降到 λ 变动之后的 0.498%。当 λ 从 1.3 增加到 1.4 时，天津参与协作治理的优势变弱，因为其综合成本的改善情况有所变差，其挽救的生命数量也相应减少。然而，北京和河北的指标却发生了相反的变化，即二者参与协作治理的优势变强。从整个京津冀地区看，协作治理模式相对于属地治理模式的优势变强，因为采用协作治理而产生的综合成本的改进量从 λ 变动之前的 0.822%增加到 λ 变动之后的 0.902%，而采用协作治理所挽救的生命数量从 λ 变动之前的 0.825%增加到 λ 变动之后的 0.906%。综上所述，本章在健康效应视角下所构建的排污权期货交易模型是科学的，其实证分析结果对其关键参数值的变化仅有微小的敏感性，因而该模型的敏感性程度是合理且稳健的。此外，当所有关键参数值在上述范围内变动时，基于排污权期货交易的协作治理模式始终表现出比较明显的优势，因为其综合成本和所挽救的生命数量始终明显优于基于行政命令治理手段的属地治理模式。

12.5　政策启示

本章在协作治理框架下所构建的排污权期货交易模型分别从期货交易、排污权交易和公众健康视角全面考虑了跨域大气生态环境整体性协作治理机制与模式，基于京津冀地区 SO_2 治理的实证分析表明，即使去除相同数量的污染物，排污权期货交易模型在降低污染治理成本和保障人类健康方面的表现，都明显优于基于行政命令治理手段的属地治理模式。

《重点区域大气污染防治"十二五"规划》中提出重点区域内的减排要求和目标，但是，当区域内各地完成减排要求时，公众感知的环境空气质量未改善。这是因为目前的减排政策，以减少区域内各类污染物排放、改善空气质量为目标，而未考虑公众健康效应。因此，本章提出的方法，可以进一步完善考虑公众健康效应的大气污染跨域协同治理机制。一是考虑各地区经济、财政、就业的差异，开展跨域大气生态环境整体性协作治理，各区域受到影响的程度不同。对于经济相对落后的省份，其高污染的产能占比较高，开展跨域大气生态环境整体性协作治理受到的影响必然猛烈。因此，在推进跨域大气生态环境整体性协作治理中，要考虑排污权交易这一市场手段提高区域内各地区协作治理的积极性。二是各地区的经济发展水平、产业结构、资源禀赋等各不相同，导致各地区大气污染物排放总量、污染物成分各不相同，因此，由大气污染引发的疾病种类和死亡率也各不相同。建立跨域大气生态环境整体性协作治理机制时，不仅要考核区域内各地区的空气质量状况，还要考核区域内公共健康水平提升的显著性。

因此，本章的研究可以为进一步完善我国跨域大气生态环境整体性协作治理机制与模式提供以下启示。

第一，鉴于大气污染引发的 AHEs 大小不仅受到各个地区污染物浓度的较大影响，而且受到其人口数量与密度、易感人群规模（64 岁以上和 14 岁以下人口数量）等因素的重要影响，而我国的大气污染物浓度、人口数量、结构与密度等因素都存在比较明显的地区差异。因此，在未来的治理实践中，可以考虑将大气污染的 AHEs 程度纳入我国生态环境（特别是大气生态环境）治理效果的评价体系，以更加全面、彻底地贯彻"人民至上，生命至上"的理念。

第二，从模式看，协作治理模式比属地治理模式有更多优势。因为相对于协作治理模式而言，属地治理模式对各个地区在污染治理成本和治理技术等方面的相对优势考虑有限、其治理手段和政策工具相对单一且很难调动各个地区的积极性。因此，可以考虑在准确评估各个区域自然禀赋、地形地貌、工业结构、运输结构、能源结构和土地使用结构等方面具体特征的基础上，将两种模式有机结合并优先推进协作治理模式的实施范围与力度，以充分发挥各种模式的优势。同时，还可以将更多的市场、金融等手段和工具引入各种治理模式，以达到全面提升大气污染治理效果的目的。

第三，在协作治理框架下，将期货交易与排污权交易手段有机结合，不仅为解决严重的区域大气污染治理问题提供了一种新的视角，而且有助于优化环境资源和社会资源的配置效率，有助于减少大气污染对公众的健康损害，并能够充分调动各个治理主体参与协作治理的积极性。但是，目前我国在排污权交易体系与期货交易体系方面还有待进一步建设或完善。因此，在未来的实践中，可以考虑从技术、市场、金融等方面，建立灵活多样的配套政策体系，以进一步推进相关治理措施的落地实施。例如，加强对区域污染物排放总量的监测、完善数据共享机制与融合技术、建设全国大气污染排污权的交易市场等。

12.6　本 章 小 结

本章在统筹考虑区域治理成本、环境损害成本、期货交易成本及公众健康效应的基础上，将排污权交易手段和期货交易手段相结合，系统研究了跨域大气生态环境整体性协作治理机制与模式，得到以下成果。①从污染治理的健康效应视角出发，构建了基于排污权期货交易的跨域大气生态环境整体性协作治理模型，设计了适合中国情境的协作治理机制与模式。②京津冀地区的实证研究表明，相对于属地治理，本章所构建的协作治理模型、机制与模式，能在控制区域大气污染的同时，将治理成本与健康损害程度降至最低，且可以提高各地参与协作治理的积极性，有助于环境治理资源和社会资源的优化配置。同时，研究发现各地的人口数量与密度及其易感人群的规模，对跨域协作治理效果具有显著影响；另外，敏感性分析表明该模型稳健可靠且适用于其他区域及其他大气污染物的跨域协作治理。③在跨域大气生态环境整体性协作治理过程中，我国应将污染治理在公众健康方面的协同效应纳入环境治理绩效评价体系，并从技术、市场、金融等方面建立灵活多样的配套政策体系。

第四篇　跨域大气生态环境监测网络布局优化研究

　　监测网络的科学、合理布局，不仅直接决定其运营与维护成本，而且关乎大气污染跨域传输量的准确计量，进而影响各地减排配额的分配、政府转移支付标准的制定以及生态补偿标准与排污权期货交易价格的形成，并由此影响跨域大气生态环境整体性协作治理机制与模式的可行性。但是，随着我国经济社会发展与环境治理进程的加速，现有AQMN所存在的冗余监测站、跨域监测机制缺失等问题日益突出。因此，本篇对跨域大气生态环境监测网络布局优化方法与解决方案进行理论分析、实证检验与对比研究，并构建基于主成分分析-聚类分析的跨域大气生态环境监测网络布局优化方法体系（第13章）、基于多元线性回归分析-支持向量回归的跨域大气生态环境监测网络布局优化方法体系（第14章）、基于逐步回归分析-BP神经网络的跨域大气生态环境监测网络布局优化方法体系(第15章)。

第13章 基于主成分分析–聚类分析的跨域大气生态环境监测网络布局优化研究

本章将主成分分析、聚类分析法在识别城市相似污染源与污染行为及冗余监测站等方面的优势和指派法有机结合，构建跨域大气生态环境监测网络布局优化的方法体系，并以上海及周边地区 AQMN 布局优化为典型案例，进行实证检验、对比研究和调整优化，进而提出具体布局优化方案（Zhao et al., 2015；周奕，2022）。

13.1　国内外研究进展

大气污染不仅影响人类的身体健康及其他生物的生存环境，还进一步破坏整个生态环境。大气污染不仅可以在短期造成局部地区的生态问题，更是一个亟待解决的全球性问题。造成大气污染的原因众多，需首先对其产生原因进行详尽分析，才能提出有效的应对措施。获得准确的大气污染信息是分析污染物来源的研究基础，构建 AQMN 则是获取大气质量监测数据的有效方式（张义，2021）。

为满足空气质量监测数据的及时性和科学性，世界各国已建立了较为全面的 AQMN。我国 AQMN 建设始于 20 世纪 70 年代中期，80 年代中后期 AQMN 基本建成，并在 90 年代初进入调整优化期。截止到 2020 年，我国已经设置国家、省、市、县四个层级共计 5000 余个监测站，建成 AQMN，并定期发布 PM_{10}、$PM_{2.5}$、SO_2、NO_2、O_3 和 CO 的实时监测数据和空气质量指数。

近年来，主成分分析和聚类分析被证实为分析空气质量问题的有效方法，常用于如识别城市相似污染源、相似污染行为以及 AQMN 冗余监测站等。Lu 等（2010）采用上述两种方法对香港 AQMN 监测的 SO_2、悬浮颗粒物和 NO_2 进行分类，评价了 AQMN 的运行绩效。Pires 等（2008a，2008b）先后对波尔图市区的 SO_2、PM_{10} 和 CO、NO_2、O_3 污染源进行分类，识别相似的污染行为并依据风向统计定位了污染源。但现有研究在采用主成分分析和聚类分析进行监测站优化时，仅将相似污染行为或污染源分成大类的基础上确定是否存在重复监测的低效率情况，并未识别具有重复监测信息的监测站，也未能解决如何对低效率的污染监测网络进行布局优化。

另外，现有研究对于 AQMN 监测数据的应用主要集中于统计分析单个城市或某次严重污染期间的时空分布特性。例如，Zheng 等（2016）采用 2004 年至 2013 年期间全球自动监测数据研究了北京市 PM_{10} 的时空变化特征。也有少数研究基于跨域监测数据对典型区域的污染特征进行统计分析。例如，Zhao 等（2013）分析了我国北方平原区域冬季发生的大范围重污染事件的形成原因。Zhang 等（2016b）采用 AQMN 污染数据对比分析了中国 74 个城市的时空分布特征差异。李维和蒋明（2015）指出，一个区域大量的长期污染监测数据是其地理区域与空间位置紧密相关的数据集，并与社会经济等相关的环境因子共同构成"环境监测数据场"，也就是说，AQMN 长期污染监测数据隐含着影响区域内污染分布的自然和地理特征、经济发展水平、能源结构、减排技术水平等各类影响因素。应充分利用 AQMN 长期污染监测数据剖析影响污染的因素信息，为跨域大气生态环境整体性协作治理提供决策依据。

13.2　基于主成分分析-聚类分析的跨域大气生态环境监测网络布局优化方法

AQMN 布局优化问题可归结为指派问题，将当前 AQMN 监测信息呈现的污染特征分类后，每一类污染特征代表一个监测任务，而监测站则充当完成各污染监测任务的承担者。一个运行绩效良好、无须进行布局优化的 AQMN 应具备以尽量少的监测站完成监测各类污染信息的能力。存在监测站重复监测相同的污染信息时，则需要转移冗余监测站至必需的位置以扩大监测范围；若区域污染信息类别较多，而以现有监测站不能完全承担所有监测任务，则需要新建监测站提升监测能力。

本章为有效评价 AQMN 绩效，准确识别冗余监测站和缺乏监测站的位置，从跨域视角出发，借鉴 0-1 整数规划常用的匈牙利指派法，并创新性地将其与主成分分析、聚类分析结合，提出一种跨域 AQMN 绩效评价布局优化的方法体系。

13.2.1　主成分分析及其应用

主成分分析作为一种有效的"降维"方法，常用于解决变量较多，且变量之间可能存在一定相关性的问题，可将较多的原始变量转化为较少的相互独立的主成分（principal component，PC）（宋玉茹等，2023；Yang et al.，2023），既保留了大部分原始信息，又克服了原始数据间的相关性和重叠性。

假定 n 个样本，每个样本有 p 个变量，构成 $n \times p$ 阶矩阵：

$$X = \begin{bmatrix} x_{11} & x_{12} & \cdots & x_{1p} \\ x_{21} & x_{22} & \cdots & x_{2p} \\ \vdots & \vdots & & \vdots \\ x_{n1} & x_{n2} & \cdots & x_{np} \end{bmatrix} \qquad (13\text{-}1)$$

根据式（13-1），定义 $X_1, X_2, \cdots, X_P$ 为原变量指标，通过线性变换，得到了新变量指标 $Z_1, Z_2, \cdots, Z_m (m \leqslant p)$，如式（13-2）所示：

$$Z = \begin{cases} Z_1 = l_{11}x_1 + l_{12}x_2 + \cdots + l_{1p}x_p \\ Z_2 = l_{21}x_1 + l_{22}x_2 + \cdots + l_{2p}x_p \\ \qquad\qquad \vdots \\ Z_m = l_{m1}x_1 + l_{m2}x_2 + \cdots + l_{mp}x_p \end{cases} \qquad (13\text{-}2)$$

Z_1 表示原变量的第一线性组合所形成的主成分指标，每一个主成分所提取的信息量可以用其方差来度量，Z_1 的方差越大，表示 Z_1 包含的信息越多。第一主成分 Z_1 包含的信息量最大，因此在所有的线性组合中选取的 Z_1 应该是 $X_1, X_2, \cdots, X_P$ 所有线性组合中方差最大的，因此 Z_1 称为第一主成分。若第一主成分不能充分代表原来 p 个指标的信息，再考虑选取第二主成分指标 Z_2，此时 Z_1 已具备的信息在 Z_2 中不再出现，即 Z_1 和 Z_2 是独立且不相关的，在数学上定义为 Z_1 和 Z_2 的协方差为 0，所以 Z_2 是和 Z_1 不相关的 $X_1, X_2, \cdots, X_P$ 的所有线性组合中方差最大的，因此 Z_2 为第二主成分，以此类推，直到找出 $Z_1, Z_2, \cdots, Z_m$ 为原变量指标的 m 个主成分（林海明与杜子芳，2013）。

在本方法中，使用主成分分析的目的在于获得每个污染因子（如 $PM_{2.5}$）的主成分，并使用主成分代表不同的污染特征。然后用因子负荷值（factor loading value，FLV）来量化每个主成分对不同监测站的依赖程度。主成分的因子负荷值越大，表明监测站对解释该主成分的差异贡献值越大，也表明该监测站对此类污染物的监测任务更明显（即该监测站应执行此类污染物的的监测任务）。

具体步骤为：首先对 AQMN 中所有监测站进行主成分分析，缺失值采用"按对排除个案"、旋转采用最大方差法。主成分的抽取综合采用凯撒（Kaiser）准则，即特征值大于 1 和累计方差贡献率大于 85%两个原则。主成分分析法用于判断不同污染因子下监测站的分类，同时也为指派法提供旋转因子矩阵。

13.2.2　指派方法及其应用

为保证 AQMN 以最少的监测站在最大水平上捕获原始数据所表达的污染信息，采用处理工作任务多于人数的不平衡指派问题常用的指派法，根据因子载荷值大于等于 0.5 的标准将各监测站指派给各个主成分，使每个主成分的污染信息监测都至少由一个有着最大因子载荷值的监测站来承担。每个监测站可以同时承担多个主成分的监测任务。因此，不难推断所有主成分的监测任务可能仅需部分监测站即可完成。由此，可实现以最少的监测站完成污染信息捕获量最大化的目的，从而实现优化 AQMN、消除低效率监测站的目标。具体指派步骤如下。

步骤 1：在每个主成分所在列中，用最大值减去本列各载荷值，将其转化为最小指派问题。

步骤 2：统计各监测站所在行 0 值的个数，并相应做出标记。

步骤 3：在 0 值个数最多的监测站所在行打"√"，本行 0 值画"〇"，并将其所在列打"√"。

步骤 4：对于未打"√"监测站，重复步骤 2～步骤 4，直至所有主成分所在列都打"√"。打"√"的监测站就是承担所有主成分所代表的监测任务必需的监测站，能够表达所有主成分的监测信息。

步骤 5：将因子载荷矩阵中所有画"〇"的 0 值改写为 1，其余全部改写为 0，此 0-1 矩阵便是最终指派的结果。1 值表示将本行对应的监测站指派给本列对应的主成分，0 则表示无指派。

13.2.3　聚类分析及其应用

聚类分析是一种寻找数据之间内在结构的技术。聚类把全体数据分成一些相似组，并且这些相似组被称作簇。聚类分析的基本原理是根据样本间的相似性程度将样本对象进行分类，常见的聚类分析包括层次聚类法、划分聚类法与模糊聚类法等（Requia et al., 2020）。图 13-1 为聚类分析基本思路示意图，图中显示了一个按照数据对象之间的距离进行聚类的示例，距离相近的数据对象被划分为一个簇。其中，层次聚类法是聚类分析中最常用的一种方法，它是高效的大型数据库聚类分析方法（d'Urso et al., 2013）。

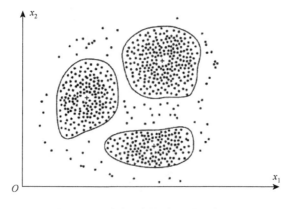

图 13-1　聚类分析基本思路示意图

层次聚类法将数据对象组成一棵聚类的树。它是一种自下而上的方法，在聚类初始阶段一个样本为一类，然后计算样本之间的相互距离并以距离作为分类依据，距离最小的两个小类被分归于一类。再继续度量剩下的样本与新形成的类之间的距离，把距离最小的小类与上一次形成的类再聚成一个新的类，反复更迭至所有研究样本都被聚成一个大类为止。本章以欧氏距离作为聚类度量指标：

$$d_{ij} = \sqrt{\sum_{k=1}^{n} (x_{ik} - x_{jk})^2} \tag{13-3}$$

其中，d_{ij} 表示第 i 个监测站和第 j 个监测站之间的欧氏距离；x_{ik} 表示第 i 个监测站的第 k 时刻的污染物浓度；x_{jk} 表示第 j 个监测站的第 k 时刻的污染物浓度；n 表示监测站的数据总量。

通过以上主成分分析和指派法可初步识别冗余监测站，但仍需对初步识别结果进行验证，也就是说，若 AQMN 中存在冗余监测站，必然存在可替代它的一个或多个监测站。因此，本章采用层级聚类法识别某一冗余监测站的替代方案，具体步骤如下。

步骤 1：假设 AQMN 总共有 n 个监测站，初步识别出存在 m 个冗余监测站，首先检验第一个冗余监测站，将其放置在剔除了剩余 $m-1$ 个监测站的 AQMN 中进行逐步聚类分析。

步骤 2：将每个监测站独自聚成一类，共有 $n-(m-1)$ 类，根据所确定监测站的欧氏距离公式［式（13-3）］，把"距离"较近的两个监测站聚合为一类，其他监测站仍各自聚为一类，共聚成 $n-(m-2)$ 类。

步骤 3：将新聚成的 $n-(m-2)$ 类中"距离"最近的两个类进一步聚成一类，共聚成 $n-(m-3)$ 类；重复以上步骤，直至将所有的监测站聚成一类。

步骤 4：根据上述聚类分析得到的谱系图，可识别出包含第一个冗余监测站的聚类组，同组内的其他监测站即可作为该冗余监测站的替代站点。

步骤 5：重复上述步骤 1 至步骤 4，可得剩余 $m-1$ 个冗余监测站的替代方案。

通过上述分析，可对 AQMN 进行上述主成分分析—指派—聚类分析的过程，以此识别需要增设监测站的位置。基于此，可进一步调整和优化区域 AQMN 布局，实现提高资源利用率、扩大监测范围的目的，提高跨域空气质量评价的准确性。

13.3　实证分析

13.3.1　上海及其周边城市 AQMN 概况

本章以上海 AQMN 布局优化为研究目标进行实证分析。目前，上海 AQMN

由 10 个监测站组成，主要分布在静安区、普陀区、黄浦区、徐汇区、虹口区、杨浦区等人口稠密的中心城区（表 13-1），本章将其监测的区域称为"小区域"Γ，简称"小上海"（CSH）。其中，淀山湖（DSL）作为清洁对照点，不参与全市整体空气质量水平的评价。

表 13-1　各监测站概况

监测站	简称	区/市	位置	监测环境
静安	JA	静安区	6 楼顶	居民区
普陀	PT	普陀区	4 楼顶	居民区
十五厂	SWC	黄浦区	6 楼顶	居民区
徐汇上师大	XHSNU	徐汇区	6 楼顶	居民区
虹口	HK	虹口区	3 楼顶	居民区
杨浦四漂	YPSP	杨浦区	4 楼顶	居民区
浦东新区	XQ	浦东新区	6 楼顶	居民区
张江	ZJ	浦东新区	5 楼顶	高科技园区
川沙	CS	浦东新区	6 楼顶	商务区、交通
淀山湖	DSL	青浦区	3 楼顶	对照点
太仓科教新城实小	TCEPS	太仓市	5 楼顶	居民区
昆山震川中学	KSZMS	昆山市	6 楼顶	居民区
苏州工业园	SZIP	苏州市	4 楼顶	工业区
吴江开发区	WJIZ	吴江区	4 楼顶	工业区
嘉兴监测站	JX	嘉兴市	5 楼顶	居民区

为有效识别上海 AQMN 中的冗余监测站，本研究将距离上海边界较近，且不属于上海 AQMN 的太仓科教新城实小（TCEPS）、昆山震川中学（KSZMS）、苏州工业园（SZIP）、吴江开发区（WJIZ）、嘉兴（JX）5 个监测站也纳入其中，并将 CSH 与这 5 个监测站所监测的区域（共涵盖 14 个监测站）称为"大区域"Γ^+，简称"大上海"（GSH）。各监测站详细信息汇总于表 13-1。

13.3.2　数据来源及说明

本章采用 2014 年 1 月 1 日至 2014 年 8 月 22 日六种污染物（$PM_{2.5}$、PM_{10}、SO_2、NO_2、O_3、CO）的 24 小时平均质量浓度和 1 小时平均质量浓度数据，数据主要是从公众环境研究中心网站、全球大气研究排放数据库等通过爬虫技术抓取获得。在样本期间，由于 PT 所发布的 SO_2、NO_2、O_3、CO 数据缺失量较大，因此未将 PT 纳入实证分析。考虑到 PT 是上海最早设立的发布 $PM_{2.5}$ 浓度数据的两个监测试点之一，备用设备齐全，且处于上海人口密集的曹杨新村，$PM_{2.5}$、PM_{10} 污染信息对于保障民众健康具有重要意义，因此在监测站布局优化过程中默认 PT 原有位置保持不变。

13.3.3　CSH 研究结果

首先对 CSH 中 9 个监测站的 $PM_{2.5}$、PM_{10}、SO_2、NO_2、O_3、CO 依次进行主成分分析，结果如表 13-2 和表 13-3 所示。

表 13-2　CSH 所有监测站 $PM_{2.5}$、PM_{10}、SO_2、NO_2 污染因子的主成分分析结果

监测站	$PM_{2.5}$		PM_{10}		SO_2			NO_2		
	PC_1	PC_2	PC_1	PC_2	PC_1	PC_2	PC_3	PC_1	PC_2	PC_3
XQ	**0.94**	0.30	**0.72**	**0.60**	**0.91**	0.00	0.15	**0.90**	0.27	0.12
HK	**0.93**	0.33	**0.50**	**0.80**	**0.90**	0.28	0.13	**0.93**	0.14	0.23
SWC	**0.93**	0.34	**0.90**	0.40	**0.96**	0.06	0.05	**0.86**	0.31	0.15
CS	**0.94**	0.26	**0.88**	0.40	**0.93**	−0.10	0.15	**0.91**	0.03	0.17
JA	**0.93**	0.26	**0.91**	0.34	**0.90**	0.26	0.10	**0.93**	0.08	0.15
XHSNU	**0.92**	0.31	0.44	**0.84**	**0.83**	0.42	0.18	**0.90**	0.21	0.27
YPSP	**0.92**	0.33	**0.89**	0.40	**0.91**	0.26	0.08	**0.93**	0.10	0.21
ZJ	**0.94**	0.29	**0.91**	0.37	0.13	**0.95**	0.22	0.18	**0.96**	0.18
DSL	0.30	**0.95**	0.26	**0.90**	0.16	0.22	**0.96**	0.26	0.20	**0.95**
特征值	8.05	0.64	7.44	0.87	6.32	1.29	0.64	6.61	1.03	0.62
方差贡献率	89.41%	7.06%	82.67%	9.67%	70.17%	14.32%	7.11%	73.45%	11.45%	6.88%
累计方差贡献率	89.41%	96.47%	82.67%	92.35%	70.17%	84.49%	91.60%	73.45%	84.90%	91.79%

注：粗体数字表示因子载荷值大于等于 0.5

表 13-3　CSH 所有监测站 O_3 和 CO 污染因子的主成分分析结果

监测站	O_3		CO					
	PC_1	PC_2	PC_1	PC_2	PC_3	PC_4	PC_5	PC_6
XQ	**0.89**	0.39	**0.71**	0.38	0.36	0.16	0.18	0.32
HK	**0.90**	0.31	**0.75**	0.36	0.25	0.19	0.16	0.28
SWC	**0.85**	0.42	0.41	**0.71**	0.48	−0.01	−0.04	−0.01
CS	**0.91**	0.27	**0.86**	0.23	0.26	0.10	0.19	0.18
JA	**0.81**	0.45	0.29	**0.83**	0.02	0.28	0.06	0.29
XHSNU	**0.82**	**0.51**	0.38	0.22	0.28	0.17	0.05	**0.81**
YPSP	**0.83**	0.44	0.37	0.15	**0.85**	0.05	0.03	0.27

监测站	O$_3$		CO					
	PC$_1$	PC$_2$	PC$_1$	PC$_2$	PC$_3$	PC$_4$	PC$_5$	PC$_6$
ZJ	**0.90**	0.19	0.14	0.15	0.04	**0.96**	0.12	0.12
DSL	0.29	**0.95**	0.19	0.02	0.02	0.12	**0.97**	0.04
特征值	7.57	0.62	5.28	1.11	0.86	0.57	0.38	0.31
方差贡献率	84.07%	6.90%	58.61%	12.36%	9.55%	6.36%	4.26%	3.43%
累计方差贡献率	84.07%	90.97%	58.61%	70.97%	80.53%	86.89%	91.15%	94.58%

注：粗体数字表示因子载荷值大于等于 0.5

如果仅按 Kaiser 原则对特征值大于等于 1 的主成分进行抽取，PM$_{10}$ 和 O$_3$ 仅能抽取出第一个主成分，仅能解释原始数据方差的 82.67% 和 84.07%，低于 85%。SO$_2$、NO$_2$ 和 CO 仅能抽取出前两个主成分，累计方差贡献率分别为 84.49%、84.90% 和 70.97%。为使累计方差贡献率不低于 85%，PM$_{10}$、SO$_2$、NO$_2$ 和 O$_3$ 抽取的最小特征值分别为 0.87、0.64、0.62 和 0.62，抽取的主成分个数分别为 2 个、3 个、3 个、2 个，累计方差贡献率均达到 90% 以上。特别地，PM$_{2.5}$ 按照 Kaiser 原则仅有一个主成分，方差贡献率 89.41%，满足累计方差贡献率大于 85% 的原则。但由于 DSL 作为清洁对照点，应作为独立的主成分被单独抽取，因此对 PM$_{2.5}$ 抽取两个主成分，累计方差贡献率为 96.47%。同样，CO 抽取 6 个主成分而非 4 个，累计方差贡献率为 94.58%。

表 13-2 和表 13-3 中，对 PM$_{2.5}$ 和 O$_3$ 而言，DSL 是第二个主成分（PC$_2$）的主要贡献者，剩余的其他监测站是第一个主成分（PC$_1$）的主要贡献者。对于 PM$_{10}$，PC$_2$ 的主要贡献者是 XQ、HK、XHSNU 和 DSL，XQ、HK 也是 PC$_1$ 的主要贡献者。SO$_2$ 和 NO$_2$ 分类结果相同，PC$_2$ 的主要贡献者是 ZJ，PC$_3$ 则主要依赖于 DSL，其余监测站是 PC$_1$ 的主要贡献者。同样，9 个监测站在 CO 中分别贡献于 6 个主成分中的其中之一。表 13-4 是在表 13-2 和表 13-3 的基础上对"小上海"9 个监测站进行指派的结果。

表 13-4　CSH 监测站的指派结果

监测站	PM$_{2.5}$		PM$_{10}$		SO$_2$			NO$_2$			O$_3$		CO					
	PC$_1$	PC$_2$	PC$_1$	PC$_2$	PC$_1$	PC$_2$	PC$_3$	PC$_1$	PC$_2$	PC$_3$	PC$_1$	PC$_2$	PC$_1$	PC$_2$	PC$_3$	PC$_4$	PC$_5$	PC$_6$
XQ	0	0	0	0	0	0	0	0	0	0	0	0	0	0	0	0	0	0
HK	0	0	0	0	0	0	0	0	0	0	0	0	0	0	0	0	0	0
SWC	1	0	0	0	0	0	0	0	0	0	0	0	0	0	0	0	0	0
CS	0	0	0	0	0	0	0	0	0	0	1	0	1	0	0	0	0	0
JA	0	0	1	0	0	0	0	1	0	0	0	0	0	1	0	0	0	0

续表

监测站	PM$_{2.5}$		PM$_{10}$		SO$_2$			NO$_2$			O$_3$		CO					
	PC$_1$	PC$_2$	PC$_1$	PC$_2$	PC$_1$	PC$_2$	PC$_3$	PC$_1$	PC$_2$	PC$_3$	PC$_1$	PC$_2$	PC$_1$	PC$_2$	PC$_3$	PC$_4$	PC$_5$	PC$_6$
XHSNU	0	0	0	0	0	0	0	0	0	0	0	0	0	0	0	0	0	1
YPSP	0	0	0	0	0	0	0	1	0	0	0	0	0	0	1	0	0	0
ZJ	1	0	1	0	0	0	1	0	0	1	0	0	0	0	0	1	0	0
DSL	0	1	0	1	0	0	1	0	0	1	0	1	0	0	0	0	1	0

注：粗体字母表示的监测站为冗余监测站，即其所在的行中没有 1 值

　　显然，SWC、CS、JA、XHSNU、YPSP、ZJ 和 DSL 是以最大因子载荷承担 6 种污染因子监测任务所必需的全部监测站。XQ 和 HK 未被选入，说明它们与上述 7 个监测站所监测的污染特征相似，也就是冗余监测站。可考虑去除 XQ 和 HK，以剩余 7 个监测站代替原有 9 个监测站。为验证剩余 7 个监测站能否全面监测原 AQMN 监测的污染信息，对这 7 个监测站的污染物浓度数据重新进行主成分分析，如表 13-5 和表 13-6 所示。

表 13-5　CSH 7 个监测站 PM$_{2.5}$、PM$_{10}$、SO$_2$、NO$_2$ 的主成分分析结果

监测站	PM$_{2.5}$		PM$_{10}$		SO$_2$			NO$_2$		
	PC$_1$	PC$_2$	PC$_1$	PC$_2$	PC$_1$	PC$_2$	PC$_3$	PC$_1$	PC$_2$	PC$_3$
CS	**0.94**	0.26	**0.89**	0.36	**0.93**	−0.12	0.16	**0.91**	0.03	0.17
SWC	**0.93**	0.34	**0.91**	0.38	**0.96**	0.04	0.06	**0.87**	0.33	0.14
JA	**0.93**	0.27	**0.92**	0.32	**0.92**	0.25	0.11	**0.92**	0.09	0.15
XHSNU	**0.92**	0.31	0.48	**0.81**	**0.85**	0.41	0.19	**0.90**	0.23	0.26
YPSP	**0.92**	0.34	**0.90**	0.38	**0.92**	0.24	0.10	**0.93**	0.11	0.20
ZJ	**0.94**	0.29	**0.92**	0.35	0.14	**0.95**	0.22	0.16	**0.96**	0.18
DSL	0.30	**0.95**	0.27	**0.93**	0.15	0.22	**0.96**	0.26	0.20	**0.95**
特征值	6.11	0.63	5.83	0.76	4.67	1.25	0.63	4.84	1.01	0.60
方差贡献率	87.26%	8.96%	83.26%	10.89%	66.73%	17.80%	8.94%	69.18%	14.47%	8.60%
累计方差贡献率	87.26%	96.22%	83.26%	94.15%	66.73%	84.53%	93.47%	69.18%	83.65%	92.26%

注：粗体数字表示因子载荷值大于等于 0.5

表 13-6　CSH 7 个监测站 O$_3$、CO 的主成分分析结果

监测站	O$_3$		CO					
	PC$_1$	PC$_2$	PC$_1$	PC$_2$	PC$_3$	PC$_4$	PC$_5$	PC$_6$
CS	**0.90**	0.27	0.29	0.31	0.13	0.25	0.33	**0.78**
SWC	**0.86**	0.41	**0.70**	0.47	0.01	−0.05	0.02	0.44
JA	**0.82**	0.44	**0.87**	0.08	0.27	0.09	0.31	0.11

续表

监测站	O₃		CO					
	PC₁	PC₂	PC₁	PC₂	PC₃	PC₄	PC₅	PC₆
XHSNU	**0.83**	0.50	0.25	0.31	0.18	0.06	**0.85**	0.23
YPSP	**0.85**	0.43	0.19	**0.90**	0.05	0.05	0.29	0.21
ZJ	**0.92**	0.18	0.17	0.04	**0.96**	0.13	0.14	0.08
DSL	0.30	**0.95**	0.04	0.04	0.12	**0.98**	0.05	0.12
特征值	5.76	0.60	3.58	1.11	0.84	0.57	0.38	0.27
方差贡献率	82.30%	8.55%	51.14%	15.88%	12.03%	8.18%	5.43%	3.91%
累计方差贡献率	82.30%	90.85%	51.14%	67.02%	79.04%	87.22%	92.65%	96.56%

注：粗体数字表示因子载荷值大于等于 0.5

　　由表 13-5 和表 13-6 可知，6 种污染因子各主成分分类与表 13-2 和表 13-3 基本一致，且累计方差贡献率均在 90% 以上，说明 SWC、CS、JA、XHSNU、YPSP、ZJ 和 DSL 这 7 个监测站代替原 AQMN 中的 9 个监测站可行，能够充分表达原 AQMN 的污染信息，从当前 AQMN 中去掉 HK 和 XQ 基本不影响原始污染信息的监测。一般情况下，因子载荷值大于等于 0.5 的变量被认为可明确划归为某个主成分。尽管 6 种污染因子各主成分对应的因子载荷值足够大，且可解释其 85% 以上的总方差变化，但对于 HK 和 XQ 两个监测站，仍然很难将它们明确地分类到 PM₁₀ 两个主成分中的某一个中去，因为 HK 和 XQ 对应于 PM₁₀ 的两个主成分的因子负荷值均大于等于 0.5。同样，XHSNU 在 O₃ 的两个主成分中也存在类似的问题，这很可能影响指派结果。因此，有必要进一步进行聚类分析加以验证。6 种污染因子的聚类分析树状图如图 13-2（a）～（f）所示。

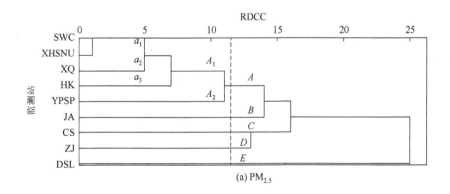

(a) PM₂.₅

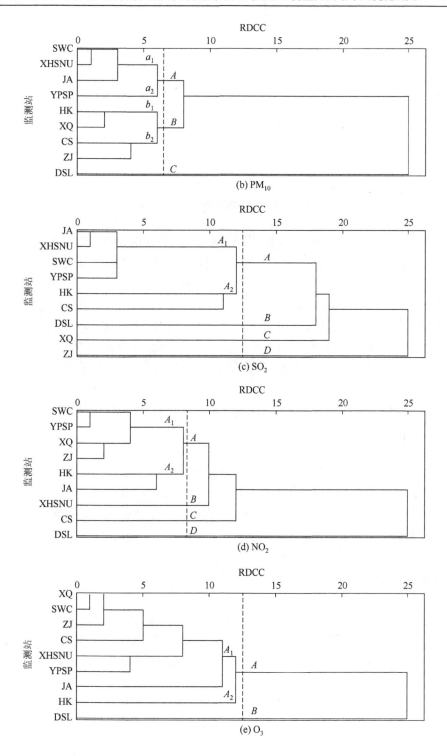

(b) PM$_{10}$

(c) SO$_2$

(d) NO$_2$

(e) O$_3$

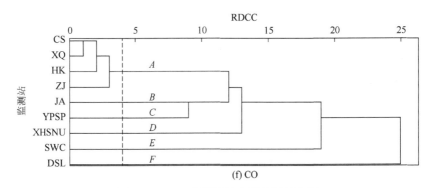

图 13-2　CSH 监测站的聚类分析树状图

根据 $PM_{2.5}$ 污染的 RDCC［图 13-2（a）］，A_1 包含由 SWC 和 XHSNU 聚成的 a_1、由 XQ 聚成的 a_2 和 HK 聚成的 a_3，说明它们监测的 $PM_{2.5}$ 污染信息非常接近，因此可用 a_1 替代 XQ、HK 两个监测站；对于 PM_{10}［图 13-2（b）］，由 XQ 和 HK 聚成的 b_1 可由 ZJ 和 CS 聚成的 b_2 替代；对于 SO_2［图 13-2（c）］，A_2 中的 HK 可由 CS 替代，而 XQ 可由 A 或 B 替代；对于 NO_2［图 13-2（d）］，XQ 和 HK 可分别由 ZJ 和 JA 替代；O_3 树状图［图 13-2（e）］表明，XQ 和 HK 可分别由 SWC 和 A_1 替代；对于 CO［图 13-2（f）］，XQ 和 HK 同样可在较小的 RDCC 内被 CS 替代。

总之，对于 6 种污染因子，XQ 和 HK 均可在较小的 RDCC 内找到替代监测站，说明 XQ 和 HK 是冗余监测站，可从当前 AQMN 中去掉。这一结果与前文在主成分分析基础上进行指派的结论一致。然而，去除 XQ 和 HK 两个监测站后剩余的 7 个监测站主要位于中心城区，基于此 AQMN 提供的监测数据进行的全市空气质量评价可能会不准确、不全面。因此，有必要将冗余监测站转移到上海的其他区域，以便准确评价上海的空气质量。为确定监测站转移的具体位置，需要进一步研究 GSH 的 14 个监测站。

13.3.4　GSH 研究结果

为进一步确定 XQ 和 HK 两个监测站的转移方向，扩大当前 AQMN 的监测范围和全市空气质量评估准确性，将距上海边界较近的 TCEPS、KSZMS、SZIP、WJIZ 和 JX 的监测数据纳入原始数据分析，对 GSH 整体进行分析。因为空气的流动不受行政边界的约束，上海污染很大程度上受周边城市输入的影响。

为保证将 5 个监测站纳入 GSH 进行统计分析的可行性和必要性，需要首先验证上海与周边 5 个监测站污染的相关性与差异性。表 13-7 汇总了 CSH 与周边 5 个监测站各污染物间的皮尔逊相关性检验。

表 13-7　CSH 与周边 5 个监测站各污染因子间的相关性

污染因子	TCEPS	KSZMS	SZIP	WJIZ	JX
$PM_{2.5}$	0.938**	0.893**	0.909**	0.817**	0.721**
PM_{10}	0.936**	0.932**	0.893**	0.831**	0.847**
SO_2	0.826**	0.726**	0.827**	0.738**	0.870**
NO_2	0.653**	0.825**	0.877**	0.808**	0.833**
O_3	0.879**	0.923**	0.838**	0.741**	0.893**
CO	0.525**	0.410**	0.518**	0.789**	0.770**

**表示 $p<0.01$（双尾检验）

由表 13-7 可知，大部分皮尔逊相关系数都在 0.7 以上，且在置信水平上通过显著性检验（$p<0.01$，双尾检验）。仅少数皮尔逊相关系数位于 0.4 至 0.7 之间，在一般水平上相关，如 CSH 与 TCEPS、KSZMS 和 SZIP 之间的 CO 污染相关性，以及 CSH 与 TCEPS 之间的 NO_2 污染相关性。由此，可得出 CSH 与周边各监测站的污染存在显著相关关系的结论。

对 CSH 和 GSH 各污染因子的平均质量浓度进行描述性统计分析，如表 13-8 所示。

表 13-8　CSH 与 GSH 各污染因子的均值、标准差及其差异性比较

污染因子	均值/(微克/米³)		标准差/(微克/米³)		配对样本 t 检验
	CSH	GSH	CSH	GSH	t
$PM_{2.5}$	53.99	55.81	33.90	33.11	6.290**
PM_{10}	77.28	81.58	46.50	46.36	10.092**
SO_2	17.76	21.45	9.70	10.59	26.219**
NO_2	41.77	40.54	16.54	15.90	−8.262**
O_3	74.97	73.44	31.83	31.65	−5.727**
CO	794	875	247	242	21.195**

**表示 $p<0.01$（双尾检验）

根据表 13-8 可知，GSH 的 $PM_{2.5}$、PM_{10}、SO_2、CO 平均质量浓度高于 CSH，NO_2 和 O_3 则呈现相反趋势。为进一步确定以上差异是否显著，继而对 CSH 和 GSH 的 6 种污染因子进行配对 t 检验，结果表明：两者间 6 种污染因子平均质量浓度确实都存在显著差异，显著水平均低于 1%。

综合相关性和差异性检验结果可知，将 TCEPS、KSZMS、SZIP、WJIZ 和 JX 5 个监测站纳入 GSH 进行分析是可行而且是必要的。首先，分别对 GSH 共 14 个监

测站的 6 种污染物浓度数据进行主成分分析，表 13-9 为 GSH 的 14 个监测站监测的 $PM_{2.5}$、PM_{10}、SO_2、NO_2 污染物主成分分析结果，表 13-10 为 14 个监测站监测的 O_3、CO 污染物主成分分析结果。

表 13-9　GSH 的 14 个监测站监测的 $PM_{2.5}$、PM_{10}、SO_2、NO_2 污染物主成分分析结果

监测站	$PM_{2.5}$		PM_{10}		SO_2					NO_2				
	PC_1	PC_2	PC_1	PC_2	PC_1	PC_2	PC_3	PC_4	PC_5	PC_1	PC_2	PC_3	PC_4	PC_5
HK	**0.88**	0.44	0.44	**0.85**	**0.80**	0.33	0.27	0.27	0.10	**0.85**	0.34	0.22	0.14	0.20
JA	**0.88**	0.37	**0.88**	0.40	**0.75**	0.43	0.33	0.20	0.08	**0.86**	0.28	0.22	0.07	0.13
CS	**0.88**	0.37	**0.82**	0.47	**0.92**	0.23	0.09	−0.04	0.13	**0.78**	0.40	0.17	0.08	0.12
XQ	**0.88**	0.43	**0.66**	**0.66**	**0.85**	0.27	0.20	0.01	0.13	**0.86**	0.27	0.10	0.26	0.09
ZJ	**0.88**	0.41	**0.86**	0.44	0.06	0.17	0.15	**0.94**	0.21	0.21	−0.03	0.02	**0.95**	0.19
SWC	**0.88**	0.45	**0.85**	0.46	**0.86**	0.34	0.27	0.03	0.03	**0.73**	0.37	0.31	0.33	0.11
XHSNU	**0.88**	0.41	0.39	**0.87**	**0.64**	0.49	0.34	0.34	0.17	**0.81**	0.34	0.25	0.22	0.24
YPSP	**0.84**	0.47	**0.84**	0.46	**0.77**	0.41	0.29	0.22	0.05	**0.83**	0.37	0.17	0.12	0.17
DSL	0.25	**0.93**	0.26	**0.86**	0.13	0.13	0.08	0.20	**0.95**	0.24	0.13	0.10	0.20	**0.93**
TCEPS	**0.86**	0.42	**0.88**	0.39	0.46	**0.51**	0.45	0.32	0.18	0.49	**0.76**	0.20	−0.21	0.06
KSZMS	**0.92**	0.22	**0.90**	0.36	0.39	0.28	**0.83**	0.18	0.09	**0.50**	**0.69**	0.26	0.19	0.24
SZIP	**0.91**	0.28	**0.82**	0.42	**0.54**	**0.75**	0.17	0.07	0.10	**0.75**	0.27	0.39	0.09	0.22
WJIZ	**0.84**	0.25	**0.78**	0.43	0.35	**0.83**	0.18	0.18	0.09	**0.78**	0.00	0.47	0.01	0.21
JX	**0.84**	0.12	**0.88**	0.20	0.46	**0.57**	0.38	0.16	0.23	0.35	0.26	**0.86**	0.02	0.08
特征值	11.98	0.68	11.36	1.07	9.55	1.37	0.72	0.54	0.42	9.68	1.26	0.69	0.60	0.45
方差贡献率	85.60%	4.88%	81.14%	7.65%	68.23%	9.80%	5.15%	3.88%	3.02%	69.13%	9.00%	4.92%	4.29%	3.23%
累计方差贡献率	85.60%	90.48%	81.14%	88.79%	68.23%	78.03%	83.18%	87.06%	90.08%	69.13%	78.13%	83.05%	87.34%	90.57%

注：粗体数字表示因子载荷值大于等于 0.5；粗体字母表示的监测站为冗余监测站

表 13-10　GSH 的 14 个监测站监测的 O_3、CO 污染物主成分分析结果

监测站	O_3			CO					
	PC_1	PC_2	PC_3	PC_1	PC_2	PC_3	PC_4	PC_5	PC_6
HK	**0.80**	0.33	0.27	**0.61**	**0.54**	0.15	0.33	0.12	0.23
JA	**0.75**	0.43	0.33	0.21	**0.53**	0.34	0.55	0.27	0.01
CS	**0.92**	0.23	0.09	**0.64**	**0.53**	0.15	0.24	−0.02	0.29
XQ	**0.85**	0.27	0.20	**0.70**	0.47	0.25	0.28	0.16	0.23
ZJ	0.06	0.17	0.15	0.15	−0.05	0.03	**0.89**	0.17	0.16
SWC	**0.86**	0.34	0.27	0.38	**0.67**	0.23	0.10	0.39	−0.03
XHSNU	**0.64**	0.49	0.34	**0.79**	0.12	0.34	0.34	−0.01	−0.05

续表

监测站	O₃			CO					
	PC₁	PC₂	PC₃	PC₁	PC₂	PC₃	PC₄	PC₅	PC₆
YPSP	**0.77**	0.41	0.29	**0.82**	0.27	−0.02	0.01	0.27	0.03
DSL	0.13	0.13	0.08	0.12	0.05	0.10	0.14	−0.08	**0.95**
TCEPS	0.46	**0.51**	0.45	0.35	**0.70**	0.31	−0.24	−0.06	0.00
KSZMS	0.39	0.28	**0.83**	0.15	0.10	0.07	0.21	**0.92**	−0.08
SZIP	**0.54**	**0.75**	0.17	0.12	0.22	**0.88**	0.19	0.04	0.07
WJIZ	0.35	**0.83**	0.18	**0.53**	0.45	**0.53**	−0.05	0.24	0.22
JX	0.46	**0.57**	0.38	**0.63**	0.26	**0.57**	−0.15	0.09	0.15
特征值	9.55	1.37	0.72	7.36	1.50	1.24	0.87	0.63	0.50
方差贡献率	68.23%	9.80%	5.15%	52.54%	10.68%	8.84%	6.24%	4.48%	3.58%
累计方差贡献率	68.23%	78.03%	83.18%	52.54%	63.22%	72.06%	78.30%	82.78%	86.36%

注：粗体数字表示因子载荷值大于等于 0.5；粗体字母表示的监测站为冗余监测站

由表 13-9 和表 13-10 可知，HK、XQ、SWC、XHSNU 在 GSH 的 AQMN 中可由其他监测站完全代替，可从当前 AQMN 中去掉。在上述主成分分析的基础上分别对 GSH 共 14 个监测站的 6 种污染物浓度数据进行指派，结果如表 13-11 和表 13-12 所示。

表 13-11　GSH PM₂.₅、PM₁₀、SO₂、NO₂ 污染物 14 个监测站指派结果

监测站	PM₂.₅		PM₁₀		SO₂					NO₂				
	PC₁	PC₂	PC₁	PC₂	PC₁	PC₂	PC₃	PC₄	PC₅	PC₁	PC₂	PC₃	PC₄	PC₅
HK	0	0	0	0	0	0	0	0	0	0	0	0	0	0
JA	0	0	0	0	0	0	0	0	0	1	0	0	0	0
CS	0	0	0	0	1	0	0	0	0	0	0	0	0	0
XQ	0	0	0	0	0	0	0	0	0	0	0	0	0	0
ZJ	0	0	0	0	0	0	0	1	0	0	0	0	1	0
SWC	0	0	0	0	0	0	0	0	0	0	0	0	0	0
XHSNU	0	0	0	0	0	0	0	0	0	0	0	0	0	0
YPSP	0	0	0	0	0	0	0	0	0	0	0	0	0	0
DSL	0	1	0	1	0	0	0	0	1	0	0	0	0	1
TCEPS	0	0	0	0	0	0	0	0	0	0	1	0	0	0
KSZMS	1	0	1	0	0	0	1	0	0	0	0	0	0	0
SZIP	0	0	0	0	0	0	0	0	0	0	0	0	0	0
WJIZ	0	0	0	0	0	1	0	0	0	0	0	0	0	0
JX	0	0	0	0	0	0	0	0	0	0	0	1	0	0

注：粗体字母表示的监测站为冗余监测站（其所在行不含有 1 值）

表 13-12　GSH O_3、CO 污染物 14 个监测站指派结果

监测站	O_3			CO					
	PC_1	PC_2	PC_3	PC_1	PC_2	PC_3	PC_4	PC_5	PC_6
HK	0	0	0	0	0	0	0	0	0
JA	0	0	0	0	0	0	0	0	0
CS	1	0	0	0	0	0	0	0	0
XQ	0	0	0	0	0	0	0	0	0
ZJ	0	0	0	0	0	0	1	0	0
SWC	0	0	0	0	0	0	0	0	0
XHSNU	0	0	0	0	0	0	0	0	0
YPSP	0	0	0	1	0	0	0	0	0
DSL	0	0	1	0	0	0	0	0	1
TCEPS	0	0	0	0	1	0	0	0	0
KSZMS	0	0	0	0	0	0	0	1	0
SZIP	0	0	0	0	0	1	0	0	0
WJIZ	0	1	0	0	0	0	0	0	0
JX	0	0	0	0	0	0	0	0	0

注：粗体字母表示的监测站为冗余监测站（其所在行不含有 1 值）

　　GSH 有些监测站仍然存在主成分划分不清晰的情况，如 XQ 在 PM_{10} 的两个主成分下对应的因子载荷均大于等于 0.5，因此有必要进一步以聚类分析加以验证。

　　图 13-3（a）～（f）展示了 GSH 各污染因子的聚类分析树状图及监测站分类图。

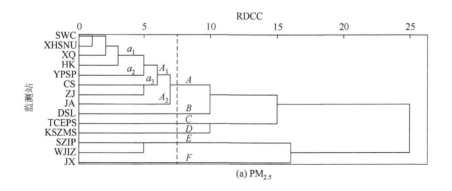

(a) $PM_{2.5}$

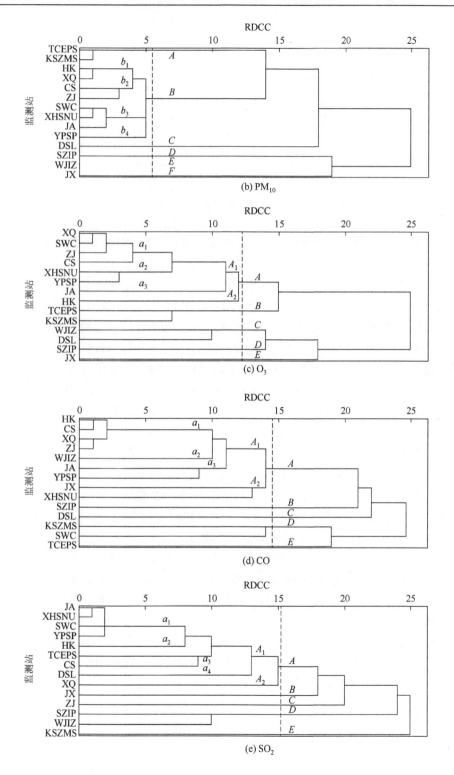

(b) PM₁₀

(c) O₃

(d) CO

(e) SO₂

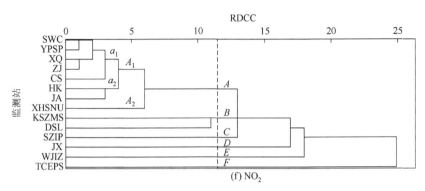

图 13-3　GSH 6 种污染因子聚类树状图及监测站分组示意图

由图 13-3 可知，对于 $PM_{2.5}$ 而言，SWC、XHSNU、XQ、HK 在较小的 RDCC 内聚为 a_1，且 a_1 与 YPSP 之间 RDCC 最近，说明 a_1 监测的 $PM_{2.5}$ 污染或污染排放源信息与 YPSP 的污染监测呈现出相同的特征，因此，a_1 可由 YPSP 代替；对于 PM_{10} 而言，b_1 为 HK 与 XQ 在较小的 RDCC 上聚成的一个新类，b_1 与 CS 与 ZJ 聚成的新类 b_2 较近，可被后者代替。同样，SWC 与 XHSNU 聚成的 b_3 可被 JA 代替。在 SO_2、NO_2、O_3 和 CO 树状图（图 13-3）中，SWC、XHSNU、XQ、HK 均可在较小的 RDCC 内找到替代者，如 JA、ZJ、YPSP、KSZMS、JX 等。由此可判断，聚类分析结果与在主成分分析基础上进行指派的结果一致，HK、XQ、SWC、XHSNU 均能在较小的 RDCC 内找到替代者并与之聚为新类，说明这四个监测站是冗余监测站，可以从当前 AQMN 中撤掉。

另外，TCEPS、KSZMS、SZIP、WJIZ、JX 和 DSL 则在各聚类分析图中多是各自为一类或多被较晚合并，RDCC 较远，说明这些监测站所监测的污染信息与其他监测站所监测的差异性较大，在 AQMN 中这些监测站所监测的污染信息不容忽视。这与现实的各监测站在 AQMN 中的地理分布相符。实际上，TCEPS、KSZMS、SZIP、WJIZ 和 JX 距离中心城区较远，这些地区的污染源与中心城区的污染源差异较大，除了工业污染外，还有较大的外源输入污染影响，DSL 作为清洁对照点，污染水平较低。SWC、XHSNU、XQ、HK 与 JA、YPSP、CS、ZJ 距离较近，分布集中且监测环境相似，污染源差异性不大，因此，在聚类分析过程中多被优先聚为新类。

综合以上主成分分析和指派法、聚类分析的结果，可以得出以下结论：①在 GSH 14 个监测站构成的 AQMN 中，SWC、XHSNU、XQ、HK 重复监测，可以从 AQMN 中去掉；②TCEPS、KSZMS、SZIP、WJIZ、JX 监测的污染信息并不与其他监测站信息重叠，因此在 GSH 当前的 AQMN 中是必需的、不可替代的。上述两点结论为制订上海 AQMN 的调整方案提供了有力依据。

本章提出的跨域大气生态环境监测网络布局优化方法体系成功识别出当前上

海 AQMN 中，虹口、浦东新区、十五厂和徐汇上师大为冗余监测站，并制订了"转移＋新建"的优化方案，即上海应在其境内靠近太仓科教新城实小、昆山震川中学、苏州工业园、吴江开发区、嘉兴监测站 5 个方向上分别设立监测站，并将上述 4 个冗余监测站的软、硬件设备考虑转移至上述 5 个方向，以扩大上海 AQMN 监测范围、提升其监测资源利用率的目的。转移后剩余的一个位置，可以考虑在该处新建一个监测站。通过此"转移＋新建"的方法即可优化上海市的 AQMN。

13.4　方法评价与讨论

在既有条件下优化调整 AQMN 布局，提升其污染监测绩效，是深化推进区域大气污染联动治理的前提和保障。基于现有 AQMN 提供的多种污染物浓度监测数据，从跨域监测的视角出发，综合采用主成分分析、指派法和聚类分析进行 AQMN 绩效与布局优化调整的方法具有科学性和可行性。既实现了以最少的监测站完成初始污染信息监测的任务，又明确制订了区域 AQMN 布局优化调整方案，通过"转移＋新建"的方式，能够较为容易地完成 AQMN 布局优化工作。

该方法不仅适用于城市 AQMN 绩效评价和布局优化，也适用于国内较大范围区域的跨域大气生态环境监测网络布局优化，如京津冀、长三角区域等。在本实证案例中，仅研究了国家级监测站的污染物浓度数据，也可将该方法应用于分析省市级等更微观层面的监测数据，这对提高 AQMN 监测利用的贡献会更大。

13.5　本 章 小 结

本章以持续提升跨域大气生态环境监测网络的监测绩效为出发点，对其布局优化方法进行了系统研究，得到以下主要结果。①基于主成分分析、指派法和聚类分析，构建了跨域大气生态环境监测网络布局的优化方法体系。②基于上海及其周边区域的实证研究表明，用于监测该区域 6 种主要大气污染物实时浓度的 AQMN 中有 4 个冗余监测站，分别为虹口、浦东新区、十五厂和徐汇上师大监测站，且剩余 7 个监测站可保留原有监测网络的监测能力。但为提升该网络的监测范围和监测资源利用，应至少在太仓科教新城实小、昆山震川中学、苏州工业园、吴江开发区和嘉兴监测站 5 个方向上通过"转移＋新建"的方式建立监测站。③本章构建的方法体系既能在原始大气监测网络中快速筛选出可完成监测任务所需的最少监测站，又能优化监测网络布局，提升环境监测资源的利用率、降低监测成本，为跨域大气生态环境整体性协作治理机制与模式的落地实施提供技术支撑。同时，该方法体系也可用于其他区域大气监测网络的布局优化。

第14章 基于多元线性回归分析-支持向量回归的跨域大气生态环境监测网络布局优化研究

为提升跨域大气生态环境冗余监测站识别的准确性及其替代方案的科学性，本章首先运用相关性分析、主成分分析和多元线性回归分析初步识别冗余监测站，然后综合使用聚类分析、对应分析和支持向量回归法提出并验证监测站替代方案，构建跨域大气生态环境监测网络布局优化方法体系，并以上海为典型案例进行实证研究，提出监测网络布局优化方案（Zhao et al.，2022b；周奕，2022）。

14.1 国内外研究进展

为获取准确的空气质量监测信息，国内外学者开展了一系列有关监测站布局优化的研究，如张丽辉（2020）从布点确立的步骤及原则出发，详细描述了确定监测点数量的方法。在明确布点基本优化方法后，详细介绍其功能区建立法、数理统计法、模拟法、建立审查制度法这四种方法的具体内容，为有空气质量自动监测布点优化需求的企业、政府提供理论支持，以提高空气质量监测水平。熊成（2017）在车联网产业迅速发展的背景下，针对监测模式单一以及很难适应城市建成区面积不断扩大、建筑结构和人口分布发生的巨大改变等棘手的问题，提出了一套适合我国发展中城市 $PM_{2.5}$ 监测的实时可靠的、具有高扩展性的、优化的、适应物联网时代发展需求的监测模式——环境监测行业与车联网产业相融合的"车联网＋$PM_{2.5}$ 监测"智慧环保新模式，实现了环境监测监控的现代化和环境管理的智慧化。Ríos-Cornejo 等（2015）采用相关性分析以及其他统计方法，利用 144 个气象监测站的数据，在 3 个时间尺度（月、季、年）上描述了西班牙 1961 年至 2010 年的降雨与 4 种远距关联模式之间的关系。结果发现，冬季月份和冬季季节的气象监测站所占百分比最高，并具有统计上的显著相关性。Boso 等（2019）对智利南部许多中等城市的木材烟雾造成的大气污染问题进行研究，通过统计分析，确定了与环境污染有不同关系的 3 个人口群体，并根据 7 个社会心理变量重构了这 3 个人口群体。Liu 等（2019a）发现，对于自然通风的地下停车库，其通风性能可能不足以将车内污染物全部排出封闭的地下空间，从而对居民健康造成威胁，并以中国保定市 8 个居住区为例，对自然通风的地下停车库的工作日 $PM_{2.5}$、PM_{10}、CO_2 和总挥发性有机化合物（total volatile organic compounds，TVOC）浓度以及它们与交通量之间的关系进行了定量评估。叶继（2021）提出，大气环境污染问题已经成为危害人类健康、制约经济发展以及影响社会稳定的重要因素。针对上述问题，结合数据融合技术，提出一种基于数据融合的大气污染物监测方法，以实现大气污染物监测。王长梅等（2021）为分析长沙市 $PM_{2.5}$ 浓度时间变化特征、空间分布特征及其影响因子，利用数据统计分析、克里金（Kriging）空间插值技术、地理探测器等方法与 ArcGIS 平台表达，选取长沙市中心城区 10 个监测站 2013～2019 年 $PM_{2.5}$ 日变化数据进行系统全面的分析。周剑等（2018）针对目前空气质量监测只反映一个城市的总体水平、监测指标不全面、交互方式不佳等问题，设计并实现了一个基于多种交互方式的分布式空气质量监测系统，以实现对空气质量的实时高效监测。张雪亚（2018）针对当前空气质量监测数据存储模式存在的数据加密所用时间较长、存储模式的安全系数较低的问题，提出一种城市空气质量监测大数据安全存储模式，采用基于主成分分析神经网络的混沌加密方法对城市空气质量监测大数据进行加密。

此外，Requia 等（2019）使用空间约束聚类方法对 2008～2016 年美国表现出不同污染物特征或混合物的大气污染监测点进行分组。根据土地利用信息所代表的源排放，对产生的污染混合物簇进行了表征和验证。董昊等（2021）基于 2016～2018 年安徽省 68 个监测站的 O_3 浓度数据，研究分析了 O_3 污染特征及其与气象因子的相关性。结果表明，安徽省 O_3 污染程度呈现逐年加重趋势，并有显著的季节和月度变化特征。

现有文献虽对 AQMN 中存在的冗余监测站进行了识别，但仍然存在以下缺陷：①大多研究采用的方法过于单一，涉及的污染物局限于 1～2 种；②未能在识别冗余监测站前判别 AQMN 中是否存在冗余监测站；③验证冗余监测站的替代方案时，放置于原有 AQMN 会导致出现替代监测站同时为冗余监测站的情况；④对于某些污染因子，未能明确找出冗余监测站的替代监测站。目前亟须找出一套更加科学有效的 AQMN 冗余监测站识别方法，尤其是替代监测站的可行性对于优化 AQMN 布局、降低污染监测成本、提高监测的全面性和空气质量评估的准确性有重大意义。

14.2　基于多元线性回归分析-支持向量回归法的跨域大气生态环境监测网络布局优化方法

区别于"主成分分析-指派-聚类分析"识别冗余监测站的研究过程，本章增添了相关性分析来初步判断 AQMN 中是否存在冗余监测站，再将主成分分析与多元线性逐步回归方法相结合更为准确地初步识别冗余监测站，最终采用支持向量回归法验证冗余监测站替代方案的合理性。

14.2.1 相关性分析及其应用

相关性分析是研究两个或两个以上处于同等地位的随机变量间的相关关系的统计分析方法（俞珊等，2022）。目前常用的相关性分析方法有图表相关性分析、相关系数、协方差及协方差矩阵、一元回归及多元回归、信息熵及互信息五种相关性分析方法。

在相关系数中，选用皮尔逊系数来衡量数据特征间的相关程度（李松洲，2020）。对于两个变量的皮尔逊相关系数 r 的定义是：假设 x_i 和 y_i（$i = 1, 2, \cdots, n$）是变量 X 和 Y 的观测值，两变量的样本均值为 $\bar{x}$ 和 $\bar{y}$，具体计算公式见式（14-1）。对于某一特定污染物，r_{xy} 为监测站 x 与监测站 y 之间的相关系数；$\bar{x}$ 和 $\bar{y}$ 分别表示监测站 x 和监测站 y 的平均值。相关系数 r_{xy} 值介于[-1, 1]区间内，当 $r_{xy} > 0$，表示正相关，即两监测站同向相关；当 $r_{xy} < 0$，表示负相关，即两监测站异向相关；当 $r_{xy} = 0$ 时，说明两监测站之间没有相关性（肖建能等，2016）。

$$r_{xy} = \frac{\sum_{i=1}^{n}(x_i - \bar{x})(y_i - \bar{y})}{\sqrt{\sum_{i=1}^{n}(x_i - \bar{x})^2 \sum_{i=1}^{n}(y_i - \bar{y})^2}} \qquad (14-1)$$

采用相关系数判断各监测站的六种污染物是否存在高度相关性，由此初步识别 AQMN 中是否存在潜在冗余监测站。皮尔逊系数值有一种常见解释，将两个相关变量之间的关联度分为零（r 为 0）、弱（r 为 0.1 到 0.3）、中（r 为 0.4 到 0.6）、强（r 为 0.7 到 0.9）和完美（$r = 1$）。如果相关系数 $r > 0.7$，表明污染物在监测站之间有很强的相关性。反之则相关性不高，这也表明，该监测站不容易被其他监测站取代，因此，它们不是冗余监测站。如果某一监测站的六种污染物的数据信息均可由其他监测站提供，可初步判断该监测站是冗余的。

14.2.2 主成分分析–多元线性回归分析及其应用

主成分是原始变量的线性组合，并按照方差大小依次排序，因此不仅保留了原始向量的主要信息，且彼此互不相干，从而避免了原始变量的共线性影响。其中，较大的因子负荷值表示监测站对解释该主成分的方差的贡献更大，并表明该监测站对监测该主成分更重要。但主成分分析方法的结果是定性的，因为它们只能区分看起来有联系的变量和没有联系的变量。为了解决这一限制，本章结合主成分分析和多元线性回归分析，目的在于量化每个主要组成部分中每个监测站的权重（Galán-Madruga，2021）。若监测站具有较高权重则表明该监测站与监测目标污染物高度相关，因此该监测站不应被认为是冗余监测站。具体步骤如下。

步骤 1：首先将原始数据进行标准化，随后计算各变量之间的协方差矩阵。由于原始数据的标准不一且单位不同，将会影响分析结果。

步骤 2：计算协方差矩阵的特征向量为 $\lambda_1 \geq \lambda_2 \geq \lambda_p$，相应的单位特征向量为 $T_1, T_2, \cdots, T_p$，按照大小将对应的特征值进行排序，最大的特征值是第一主成分，第二大的特征值是第二主成分，以此类推。

步骤 3：第 k 个主成分 Y_k 的方差贡献率为

$$\eta_k = \frac{\lambda_k}{\sum_{k=1}^{p} \lambda_k} \tag{14-2}$$

若取 $m\,(m<p)$ 个主成分，主成分 $Y_1, Y_2, \cdots, Y_m$ 的累计方差贡献率为

$$\xi_m = \frac{\sum_{k=1}^{m} \lambda_k}{\sum_{k=1}^{p} \lambda_k} \tag{14-3}$$

步骤 4：在选取主成分个数时，一般根据累计方差贡献率进行选择。通常取 m 个主成分使得累计方差贡献率达到85%以上，则对应的前 m 个主成分的样本信息量包含 p 个原始变量所能提供的绝大部分信息。

步骤 5：设某监测站为 Y，影响该监测站收集的污染物信息的 k 个自变量分别为 $X_1, X_2, \cdots, X_k$，假设每一种自变量污染物对因变量监测站 Y 的影响都是线性的，也就是说，在其他自变量不变的情况下，Y 的均值随着自变量 X_i 的变化均匀变化，这时有

$$Y = \beta_0 + \beta_1 X_1 + \beta_2 X_2 + \cdots + \beta_k X_k \tag{14-4}$$

式（14-4）称为总体回归模型，$\beta_0, \beta_1, \beta_2, \cdots, \beta_k$ 称为回归参数。

14.2.3　对应分析及其应用

对应分析也称关联分析、关系–数量（relationship-quantity，R-Q）型因子分析，是一种多元相依变量统计分析技术，通过分析由定性变量构成的交互汇总表来揭示变量间的联系（Zhao et al.，2020；Krishnan et al.，2022）。该方法的主要目的是从两个定性变量列联表中提取信息，将变量内部各水平之间的联系以及变量之间的联系同时反映在二维的对应图中，并使关系紧密的类别点聚集在一起，而关系疏远的类别点距离较远。

本章采用相应分析从定性变量定量化的角度验证冗余监测站的替代方案，不仅对聚类分析结果进行定量检验，也是对监测站的冗余性进行再次验证，保障冗

余监测站识别的准确性。具体步骤如下。

步骤 1：根据 AQMN 的原始数据整理得到关于监测站与污染因子两个定性变量的列联表，进行相应分析，可得二维对应图和 Q 型因子分析表。

步骤 2：从向量分析的角度对二维对应图进行分析，可直观得出对于每类污染因子，各监测站受其影响程度的大小。

步骤 3：Q 型因子分析表表示各个监测站对每种污染因子的贡献率，结合聚类谱系图，对于各类污染因子，只要替代方案（一个替代监测站或多个替代监测站组合）的贡献率等于或大于冗余监测站的贡献率，便从定量分析的角度验证了替代方案的合理性。

14.2.4　支持向量回归法及其应用

支持向量回归（support vector regression，SVR）是支持向量机算法应用的一个延伸。支持向量机是一类按监督学习方式对数据进行二元分类的广义线性分类器，其决策边界是对学习样本求解的最大边距超平面（周志华，2016）。该方法的核心思想是找到一个分离超平面（超曲面），使到超平面最远的样本点的"距离"最小（图 14-1）。

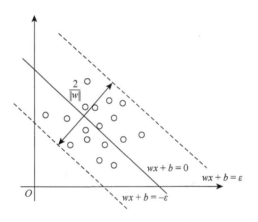

图 14-1　支持向量回归示意图

给定训练样本 $D = \{(x_1, y_1), \cdots, (x_m, y_m)\}$，$y_i \in \mathbf{R}$，得到一个回归模型，使得 $f(x)$ 与 y 尽可能接近，w 和 b 是待确定的模型参数。假设 $f(x)$ 与 y 之间最多有 ε 的偏差，即仅当 $f(x)$ 与 y 之间的差别绝对值大于 ε 时才计算损失。此时支持向量回归问题可以形式化为

$$\min_{\omega,b} \frac{1}{2}\|\omega\|^2 + C\sum_{i=1}^{m} l_\varepsilon\left(f(x_i), y_i\right) \tag{14-5}$$

其中，C 表示正则化常数；l_ε 表示 ε 不敏感损失函数。

$$l_\varepsilon(z) = \begin{cases} 0, & \text{if } |z| \leqslant \varepsilon \\ |z| - \varepsilon, & \text{otherwise} \end{cases} \tag{14-6}$$

通过引入松弛变量 ξ_i，式（14-6）可改写为

$$\min_{\omega,b,\xi_i,\hat{\xi}_i} \frac{1}{2}\|\omega\|^2 + C\sum_{i=1}^{m}(\xi_i + \hat{\xi}_i)$$

$$\text{s.t. } f(x_i) - y_i \leqslant \varepsilon + \xi_i$$

$$y_i - f(x_i) \leqslant \varepsilon + \hat{\xi}_i \tag{14-7}$$

$$\xi_i \geqslant 0, \hat{\xi}_i \geqslant 0, i = 1, 2, \cdots, m$$

引入拉格朗日乘子 μ_i：

$$L(\omega, b, \alpha, \hat{\alpha}, \xi, \hat{\xi}, \mu, \hat{\mu})$$

$$= \frac{1}{2}\|\omega\|^2 + C\sum_{i=1}^{m}(\xi_i + \hat{\xi}_i) - \sum_{i=1}^{m}\xi_i\mu_i - \sum_{i=1}^{m}\hat{\xi}_i\hat{\mu}_i$$

$$+ \sum_{i=1}^{m}\alpha_i(f(x_i) - y_i - \varepsilon - \xi_i) \tag{14-8}$$

$$+ \sum_{i=1}^{m}\hat{\alpha}_i(y_i - f(x_i) - \varepsilon - \hat{\xi}_i)$$

令式（14-8）中的偏导数等于 0，可得到式（14-9）：

$$\omega = \sum_{i=1}^{m}(\hat{\alpha}_i - \alpha_i)x_i \tag{14-9}$$

支持向量回归的解的形式为

$$f(x) = \sum_{i=1}^{m}(\hat{\alpha}_i - \alpha_i)x_i^{\mathrm{T}}x + b \tag{14-10}$$

若 $0 < \alpha_i < C$，则必有 $\xi_i = 0$。

$$b = y_i + \varepsilon - \sum_{i=1}^{m}(\hat{\alpha}_i - \alpha_i)x_i^{\mathrm{T}}x \tag{14-11}$$

若考虑特征映射形式，则：

$$\omega = \sum_{i=1}^{m}(\hat{\alpha}_i - \alpha_i)\phi(x) \tag{14-12}$$

支持向量回归可以表示为

$$f(x) = \sum_{i=1}^{m}(\hat{\alpha}_i - \alpha_i)k(x_i^{\mathrm{T}}x) + b \tag{14-13}$$

其中核函数为

$$K(x_i^{\mathrm{T}}x) = \varphi(x_i)^{\mathrm{T}}\varphi(x_j) \tag{14-14}$$

本章采用决定系数（R^2）对回归结果进行评估。具体计算为

$$R^2 = \frac{\left(\sum_{i=1}^{N}(y_p^i - \bar{y}_p)(y_0^i - \bar{y}_0)\right)^2}{\sum_{i=1}^{N}(y_p^i - \bar{y}_p)^2 \sum_{i=1}^{N}(y_0^i - \bar{y}_0)^2} \tag{14-15}$$

根据式（14-15）（Paschalidou et al., 2011），y_p^i 和 y_0^i 分别表示第 i 个数据的预测值和真实值；$\bar{y}_p$ 和 $\bar{y}_0$ 分别表示预测数据和真实数据的平均值；N 表示样本总数量。

对某个监测站的某一污染物，y_p^i 指该污染物在第 i 时的预测值，y_0^i 指该污染在第 i 时的真实值，$\bar{y}_p$ 指通过预测得到的该监测站对某污染物监测数据的平均值，$\bar{y}_0$ 指该监测站对该污染物监测到的真实数据的平均值。本章研究采用了多项式核（polynomial kernel，PK）函数进行建模，通过建模运算，可以得到某监测站对某一污染物的决定系数 R^2，决定系数 R^2 越接近 1，表明回归预测模型越好，说明对于该监测站监测的污染信息可以利用其他监测站的污染物信息进行合理预测，则该站为冗余站。

14.3 实 证 分 析

14.3.1 上海 AQMN 布局概况

上海市土地面积为 6340.5 平方千米，位于太平洋西岸，亚洲大陆东沿，长江三角洲前缘，地理坐标为北纬 31°14′，东经 121°29′。上海气候温和湿润，春秋较短，冬夏较长。上海属亚热带季风气候，四季分明，日照充分，雨量充沛。秋冬的主导风向是西风和西北风。表 14-1 显示了 10 个监测站的基本信息。

表 14-1　上海空气质量监测站基本信息

序号	监测站	缩写	区/市	监测环境	经纬度
1	静安	JA	静安区	市区：居民区	N121.425°，E31.226°
2	普陀	PT	普陀区	市区：居民区	N121.400°，E31.238°
3	十五厂	SWC	黄浦区	市区：居民区	N121.478°，E31.204°
4	徐汇	XH	徐汇区	市区：居民区	N121.412°，E31.165°
5	虹口	HK	虹口区	市区：居民区	N121.467°，E31.301°

续表

序号	监测站	缩写	区/市	监测环境	经纬度
6	浦东	PD	浦东新区	郊区：居民区	N121.533°，E31.228°
7	张江	ZJ	浦东新区	郊区：高新技术区	N121.577°，E31.207°
8	川沙	CS	浦东新区	郊区：商业区	N121.703°，E31.228°
9	青浦	QP	青浦区	乡村：背景站	N120.978°，E31.094°
10	杨浦	YP	杨浦区	市区：居民区	N121.536°，E31.266°

上海目前的 AQMN 由 10 个国家级监测站组成：静安（JA）、普陀（PT）、十五厂（SWC）、徐汇（XH）、虹口（HK）、浦东（PD）、张江（ZJ）、川沙（CS）、青浦（QP）、杨浦（YP）。其中大部分监测站主要分布在城市人口密集的中心城区内，少数位于车流量小的郊区。QP 位于乡村区域，作为背景站用于对照其他监测站的环境质量污染水平。

14.3.2　数据来源及预处理

本章数据主要是从公众环境研究中心网站、全球大气研究排放数据库等，通过爬虫技术抓取获得。选取上海 AQMN 监测的六种污染物 $PM_{2.5}$、SO_2、NO_2、O_3、PM_{10} 和 CO 自 2014 年 1 月 1 日至 2018 年 12 月 31 日的 24 小时平均质量浓度。在整理原始数据的过程中，发现存在缺失值和噪声干扰，因此需对数据进行预处理，否则将会影响后续分析结果。数据预处理存在一个基本目的，即从大量、混乱的、难以理解的数据中抽取并推导出合理的、有意义的数据（孔钦等，2018）。由于监测设备故障、恶劣天气影响、维修停工等因素影响，空气质量监测设备在收集数据时可能会造成数据缺失（廖祥超，2017）。各监测站的六种污染物的缺失率如表 14-2 所示。

表 14-2　各监测站六种污染物浓度值缺失率

污染物	JA	PT	SWC	XH	HK	CS	PD	ZJ	YP	QP
$PM_{2.5}$	0.01	0	0	0	0	0.01	0	0	0	0.01
O_3	0.01	0.01	0.01	0	0.01	0.01	0.01	0.01	0.01	0.01
PM_{10}	0.01	0.01	0	0.01	0	0	0	0	0	0.02
SO_2	0	0.01	0.01	0	0.01	0.01	0	0.01	0.01	0.01
NO_2	0.01	0	0.01	0	0.01	0	0.01	0.01	0.01	0.01
CO	0	0.01	0.01	0	0.01	0.02	0.02	0.02	0	0.01

由表 14-2 可知，空气质量监测数据中存在一定量的缺失值，缺失值处理方法

有很多，常用的包括以下几种。

（1）直接删除含有缺失值的记录。这种方法最为简单，同时能够保证数据的真实性。当缺失值在总体数据中占比较小时，这种处理方法较为合理。

（2）人工补全缺失值。在数据量较大的情况下，这种方法费时费力，一般不采用。

（3）使用全局常量补充缺失值。这种方法将所有缺失值补充为一个全局常量，并且可当作一个完整的属性值使用，该方法可在一定程度上反映数据的规律。

（4）中心度量填补缺失值。一般使用反映中心趋势的值来填补。

由于本章研究数据中缺失值的量不是特别大，因此采用直接删除缺失值的方式来处理缺失值。对于监测信息数据中存在的噪声数据（污染物浓度为负值、连续零值等情况），本章进行了去噪声处理。

为了提高预测模型的收敛速度和模型精度，本章采取 Min-Max 标准化对原始数据进行归一化处理，原始数据经过线性变换，所得结果值会映射到[0, 1]或某个自定的区间（汤荣志等，2016），转换函数为

$$x^* = \frac{x - x_{\min}}{x_{\max} - x_{\min}} \tag{14-16}$$

其中，$x_{\max}$ 表示污染物数据中的最大值；$x_{\min}$ 表示污染物数据中的最小值；x^* 表示归一化之后的污染物值。

14.3.3　上海 AQMN 监测站间的相关性分析

使用相关性分析来判断 AQMN 中是否存在冗余监测站。图 14-2 显示了六种污染物的监测站之间的相关性。

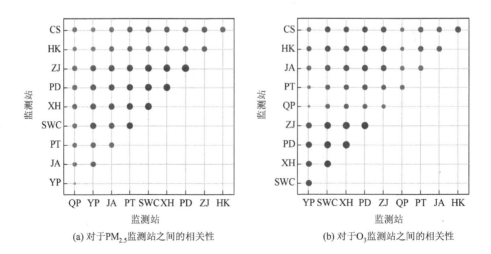

(a) 对于PM$_{2.5}$监测站之间的相关性　　　　(b) 对于O$_3$监测站之间的相关性

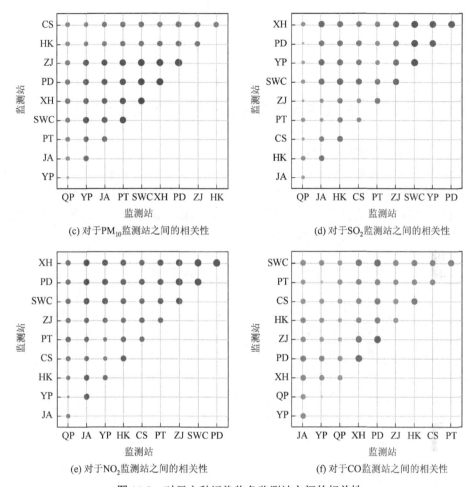

(c) 对于 PM$_{10}$ 监测站之间的相关性

(d) 对于 SO$_2$ 监测站之间的相关性

(e) 对于 NO$_2$ 监测站之间的相关性

(f) 对于 CO 监测站之间的相关性

图 14-2　对于六种污染物各监测站之间的相关性

由图 14-2 可知，对于 PM$_{2.5}$ 和 O$_3$，大多数情况下 $r>0.7$（大圆）。说明这些污染物在监测站之间有很强的相关性。例如，ZJ 和 PD 以及 PD 和 XH，PM$_{2.5}$ 相关性非常强，证明 ZJ 和 PD、PD 和 XH 监测到的 PM$_{2.5}$ 信息相似度很高。对于 SO$_2$，PT、QP 的 r 为 0.4~0.5；对于 CO，QP、YP 等站的 $r<0.5$（小圆），说明相关性很弱。

O$_3$ 和 PM$_{2.5}$ 的相关性强于其他污染物，这是因为 O$_3$ 和 PM$_{2.5}$ 是二次污染物，是周围空气中的物质相互作用形成的，并且它们的反应速率趋于平滑浓度场。其他污染物，如 CO、SO$_2$ 等，是污染源直接排放到大气中的主要污染物，属于一次污染物。与周围污染物相互作用的二次污染物相比，它们受周围空气的影响较小，因此它们的相关性较弱。这也表明，无论是针对一次污染物还是二次污染物，相关性普遍较低的监测站不容易被其他监测站取代，它们是冗余监测站的可能性较低。相关性分析显示，在大多数情况下，这 10 个监测站具有强相关性，这表明 AQMN 包含潜在冗余监测站。因此，首先需要找出潜在冗余监测站，然后再确认它们确实是冗余的。

14.3.4　主成分分析–多元线性回归分析初步识别冗余监测站

基于六种污染物的浓度数据，借助主成分分析中的旋转变换可将分量相关的原始随机变量转化为分量不相关的新的综合随机变量的原理,根据 AQMN 中的污染行为的异同特征将监测站分为若干个主成分。首先选择特征值大于或等于 1 的主成分，然后继续选择主成分，直到累计方差贡献率超过 85%。六种污染物的主成分分析结果如表 14-3～表 14-5 所示。

表 14-3　监测站对于 $PM_{2.5}$、O_3、PM_{10} 的主成分分析结果

监测站	$PM_{2.5}$			O_3			PM_{10}			
	PC_1	PC_2	PC_3	PC_1	PC_2	PC_3	PC_1	PC_2	PC_3	PC_4
HK	**0.80**	0.25	0.46	**0.87**	0.11	0.28	**0.77**	0.26	0.39	0.41
CS	**0.81**	0.32	0.21	**0.85**	0.20	0.28	**0.78**	0.26	0.38	0.30
PD	**0.96**	0.12	0.11	**0.95**	0.17	0.03	**0.94**	0.09	0.13	0.07
ZJ	**0.95**	0.12	0.11	**0.93**	0.21	0.01	**0.95**	0.12	0.10	0.01
PT	**0.89**	−0.01	0.05	**0.82**	0.37	0.11	**0.88**	0.06	0.04	0.07
QP	**0.74**	**0.50**	0.38	**0.77**	0.38	0.49	**0.70**	**0.58**	0.34	0.10
SWC	**0.94**	0.13	0.06	**0.93**	0.17	0.05	**0.93**	0.16	0.08	0.02
XH	**0.96**	0.13	0.11	**0.94**	0.18	0.10	**0.92**	0.03	0.21	0.14
YP	**0.82**	0.33	0.12	**0.84**	0.31	0.08	**0.81**	0.37	0.07	0.04
JA	**0.85**	0.08	0.07	**0.86**	0.10	0.04	**0.82**	0.11	0.14	0.29
特征值	7.65	0.59	0.45	7.72	0.57	0.42	7.25	0.66	0.49	0.37
方差贡献率	76.51%	5.91%	4.51%	77.17%	5.71%	4.23%	72.56%	6.63%	4.93%	3.79%
累计方差贡献率	76.51%	82.42%	86.93%	77.17%	82.88%	87.11%	72.56%	79.19%	84.12%	87.91%

注：粗体数字表示因子载荷值大于等于 0.5

表 14-4　监测站对于 SO_2、NO_2 的主成分分析结果

监测站	SO_2				NO_2			
	PC_1	PC_2	PC_3	PC_4	PC_1	PC_2	PC_3	PC_4
HK	**0.83**	0.08	0.13	0.23	**0.84**	0.05	0.41	0.06
CS	**0.77**	−0.02	0.20	0.52	**0.82**	0.25	0.35	0.20
PD	**0.87**	0.23	0.04	−0.07	**0.94**	−0.10	0.12	0.16

续表

监测站	SO₂				NO₂			
	PC$_1$	PC$_2$	PC$_3$	PC$_4$	PC$_1$	PC$_2$	PC$_3$	PC$_4$
ZJ	**0.80**	0.02	0.44	−0.1	**0.87**	0.01	0.17	0.35
PT	**0.74**	0.37	0.39	0.17	**0.84**	0.27	0.04	0.10
QP	0.42	**0.67**	0.28	0.24	**0.77**	0.46	0.25	0.27
SWC	**0.93**	−0.13	−0.05	0.01	**0.91**	0.13	0.15	0.03
XH	**0.90**	−0.13	−0.02	0.19	**0.93**	0.13	0.13	0.05
YP	**0.88**	−0.22	0.01	0.16	**0.82**	0.39	0.02	0.21
JA	**0.79**	0.16	0.37	0.12	**0.87**	0.21	0.11	0.21
特征值	6.69	0.74	0.62	0.49	7.44	0.59	0.45	0.37
方差贡献率	66.96%	7.40%	6.23%	4.96%	74.35%	5.86%	4.48%	3.65%
累计方差贡献率	66.96%	74.36%	80.59%	85.55%	74.35%	80.21%	84.69%	88.34%

表 14-5　监测站对于 CO 的主成分分析结果

监测站	CO					
	PC$_1$	PC$_2$	PC$_3$	PC$_4$	PC$_5$	PC$_6$
HK	**0.77**	0.01	0.16	0.42	0.21	0.15
CS	**0.77**	0.08	0.08	0.39	0.16	0.34
PD	**0.87**	0.12	0.22	0.08	−0.05	0.10
ZJ	**0.77**	0.16	0.39	0.21	0.27	0.11
PT	**0.74**	0.39	0.19	0.15	0.20	0.23
QP	**0.65**	**0.52**	0.33	0.34	0.03	0.24
SWC	**0.82**	0.01	0.12	−0.1	0.31	0.12
XH	**0.81**	−0.09	0.18	0.21	0.12	−0.01
YP	**0.69**	0.49	0.36	0.01	0.30	0.13
JA	**0.75**	0.09	0.33	0.24	0.26	0.37
特征值	5.87	0.72	0.66	0.62	0.45	0.44
方差贡献率	58.74%	7.22%	6.57%	6.20%	4.53%	4.40%
累计方差贡献率	58.74%	65.96%	72.53%	78.73%	83.26%	87.66%

注：粗体数字表示因子载荷值大于等于 0.5

　　根据表 14-3，PM$_{2.5}$ 中提取了三个主成分，第一主成分的特征值为 7.65，此时
方差贡献率为 76.51%，累计方差贡献率低于 85%，因此提取第二主成分，特征值
为 0.59，方差贡献率为 5.91%，累计方差贡献率为 82.42%，未达到要求，继续提
取第三主成分，特征值为 0.45，方差贡献率为 4.51%，累计方差贡献率为 86.93%，
累计贡献率超过了 85%，不再提取主成分。因此 PM$_{2.5}$ 中能提取三个主成分。其余污

染物都是按照这个步骤进行主成分的筛选。

　　一般情况下，因子载荷值大于等于 0.5 的变量被认为可明确划分到某个主成分中。表 14-3 至表 14-5 中，PC_1 至 PC_6 分别代表了第一至第六主成分。从 $PM_{2.5}$ 的原始数据提取了 3 个成分，从 O_3 中提取了 3 个成分，从 PM_{10} 中提取了 4 个成分，从 SO_2 中提取了 4 个成分，从 NO_2 中提取了 4 个成分，从 CO 中提取了 6 个成分。从这六种污染物中提取的所有主成分的累计方差贡献率都超过了 85%，分别是 86.93%、87.11%、87.91%、85.55%、88.34%、87.66%。但是，主成分分析技术的结果是定性的，它们只能区分看起来有联系的变量和没有联系的变量，因此，为了厘清这一局限性，使用主成分分析结果进行了主成分分析和多元线性回归相结合的分析。将主成分分析和多元线性回归分析结合在一起进行后续分析的目标是量化每个主成分中每个监测站的权重（表 14-6～表 14-12）。

表 14-6　基于主成分分析–多元线性回归分析对监测的 $PM_{2.5}$ 数据分析结果

监测站	PC_1	PC_2	PC_3	总计
HK	7.01%	0.87%	1.39%	9.27%
CS	7.16%	1.13%	0.65%	8.94%
PD	8.38%	0.11%	0.15%	8.64%
ZJ	8.39%	0.10%	0.20%	8.69%
PT	7.83%	0.05%	0.17%	8.05%
QP	6.50%	1.72%	1.15%	9.37%
SWC	8.30%	0.29%	0.05%	8.64%
XH	8.23%	0.19%	0.20%	8.62%
YP	7.18%	1.17%	0.36%	8.71%
JA	7.51%	0.27%	0.20%	7.98%
方差贡献率	76.49%	5.90%	4.52%	86.91%

注：粗体字母表示的监测站为贡献值高于平均值的监测站

表 14-7　基于主成分分析–多元线性回归分析对监测的 O_3 数据分析结果

监测站	PC_1	PC_2	PC_3	总计
HK	7.75%	0.30%	0.81%	8.85%
CS	7.60%	0.52%	0.81%	8.94%
PD	8.15%	0.44%	0.09%	8.68%
ZJ	8.09%	0.57%	0.02%	8.69%
PT	7.35%	0.99%	0.31%	8.65%
QP	6.86%	1.00%	1.42%	9.29%
SWC	8.11%	0.46%	0.13%	8.71%

续表

监测站	PC$_1$	PC$_2$	PC$_3$	总计
XH	8.09%	0.34%	0.28%	8.71%
YP	7.48%	0.83%	0.24%	8.55%
JA	7.68%	0.26%	0.10%	8.05%
方差贡献率	77.16%	5.71%	4.21%	87.08%

注：粗体字母表示的监测站为贡献值高于平均值的监测站

表 14-8　基于主成分分析–多元线性回归分析对监测的 PM$_{10}$ 数据分析结果

监测站	PC$_1$	PC$_2$	PC$_3$	PC$_4$	总计
HK	6.61%	0.85%	1.03%	1.07%	9.56%
CS	6.71%	0.84%	0.95%	0.78%	9.28%
PD	7.98%	0.29%	0.34%	0.17%	8.78%
ZJ	8.05%	0.40%	0.27%	0.02%	8.74%
PT	7.51%	0.19%	0.11%	0.19%	8.00%
QP	5.99%	1.90%	0.90%	0.27%	9.06%
SWC	7.98%	0.52%	0.20%	0.06%	8.76%
XH	7.77%	0.10%	0.55%	0.36%	8.78%
YP	6.91%	1.20%	0.19%	0.11%	8.41%
JA	7.06%	0.34%	0.38%	0.77%	8.55%
方差贡献率	72.57%	6.63%	4.92%	3.80%	87.92%

注：粗体字母表示的监测站为贡献值高于平均值的监测站

表 14-9　基于主成分分析–多元线性回归分析对监测的 SO$_2$ 数据分析结果

监测站	PC$_1$	PC$_2$	PC$_3$	PC$_4$	总计
HK	6.81%	0.30%	0.41%	0.62%	8.14%
CS	6.36%	0.08%	0.64%	1.42%	8.50%
PD	7.16%	0.84%	0.12%	0.18%	8.30%
ZJ	6.60%	0.07%	1.43%	0.27%	8.37%
PT	6.10%	1.34%	1.25%	0.46%	9.15%
QP	5.10%	2.44%	0.91%	0.67%	9.12%
SWC	7.61%	0.49%	0.16%	0.03%	8.29%
XH	7.44%	0.47%	0.06%	0.53%	8.50%
YP	7.26%	0.79%	0.04%	0.44%	8.53%
JA	6.52%	0.58%	1.20%	0.34%	8.64%
方差贡献率	66.96%	7.40%	6.22%	4.96%	85.54%

注：粗体字母表示的监测站为贡献值高于平均值的监测站

表 14-10　基于主成分分析-多元线性回归分析对监测的 NO_2 数据分析结果

监测站	PC_1	PC_2	PC_3	PC_4	总计
HK	7.31%	0.15%	1.06%	0.13%	8.65%
CS	7.14%	0.72%	0.89%	0.45%	9.20%
PD	7.86%	0.30%	0.32%	0.35%	8.83%
ZJ	7.53%	0.04%	0.43%	0.78%	8.78%
PT	7.28%	0.79%	0.10%	0.21%	8.38%
QP	6.67%	1.34%	0.64%	0.60%	9.25%
SWC	7.94%	0.39%	0.38%	0.07%	8.78%
XH	7.94%	0.39%	0.34%	0.11%	8.78%
YP	7.12%	1.13%	0.04%	0.47%	8.76%
JA	7.55%	0.61%	0.29%	0.47%	8.92%
方差贡献率	74.34%	5.86%	4.49%	3.64%	88.33%

注：粗体字母表示的监测站为贡献值高于平均值的监测站

表 14-11　基于主成分分析-多元线性回归分析对监测的 CO 数据分析结果

监测站	PC_1	PC_2	PC_3	PC_4	PC_5	PC_6	总计
HK	5.96%	0.00%	0.44%	1.21%	0.49%	0.36%	8.46%
CS	5.97%	0.30%	0.22%	1.12%	0.37%	0.82%	8.80%
PD	6.79%	0.44%	0.62%	0.23%	0.11%	0.25%	8.44%
ZJ	5.46%	0.59%	1.08%	0.61%	0.64%	0.28%	8.66%
PT	5.77%	1.44%	0.54%	0.43%	0.48%	0.56%	9.22%
QP	5.06%	1.93%	0.91%	0.99%	0.07%	0.57%	9.53%
SWC	6.28%	0.05%	0.35%	0.29%	0.74%	0.30%	8.01%
XH	6.28%	0.35%	0.50%	0.62%	0.29%	0.03%	8.07%
YP	5.33%	1.79%	1.01%	0.02%	0.71%	0.31%	9.17%
JA	5.83%	0.33%	0.91%	0.69%	0.63%	0.91%	9.30%
方差贡献率	58.73%	7.22%	6.58%	6.21%	4.53%	4.39%	87.66%

注：粗体字母表示的监测站为贡献值高于平均值的监测站

表 14-12　六种污染物主成分分析-多元线性回归分析汇总结果

污染物	贡献值高于平均值的监测站				
$PM_{2.5}$	HK	CS	QP	YP	
O_3	HK	CS	QP		
PM_{10}	HK	CS	QP		
SO_2	PT	QP	JA		
NO_2	CS	QP	JA		
CO	CS	PT	QP	YP	JA

　　为了在 AQMN 中选择更有代表性的监测站，考虑了网络内每个固定站的总权重，以维持数据集原始信息的 86.93%、87.11%、87.91%、85.55%、88.34%、87.66%。因此，任何固定监测站都应达到高于平均值（8.69%、8.71%、8.79%、8.56%、8.83%、8.77%）的贡献才能被包括在非冗余监测站列表中，即这些监测站是不能被替代的。

　　根据表 14-6，$PM_{2.5}$ 数据集原始信息的 86.91%的平均值为 8.69%，主成分累计方差之和超过此平均值的监测站有 HK、CS、QP、YP。根据表 14-7，O_3 数据集原始信息的 87.08%的平均值为 8.71%，主成分累计方差之和超过此平均值的监测站有 HK、CS、QP。根据表 14-8，PM_{10} 数据集原始信息的 87.92%的平均值为 8.79%，主成分累计方差之和超过此平均值的监测站有 HK、CS、QP。表 14-9 显示 SO_2 数据集原始信息的 85.54%的平均值为 8.56%，主成分累计方差之和超过此平均值的监测站有 PT、QP、JA。根据表 14-10，NO_2 数据集原始信息的 88.33%的平均值为 8.83%，主成分累计方差之和超过此平均值的监测站有 CS、QP、JA。根据表 14-11，CO 数据集原始信息的 87.66%的平均值为 8.77%，主成分累计方差之和超过此平均值的监测站有 CS、PT、QP、YP、JA。

　　通过表 14-12 可知，对于 $PM_{2.5}$，HK、CS、QP、YP 为非冗余监测站，其贡献值高于平均值；对于 O_3，HK、CS、QP 为非冗余监测站；对于 PM_{10}，HK、CS、QP 为非冗余监测站；对于 SO_2，PT、QP、JA 为非冗余监测站；对于 NO_2，CS、QP、JA 为非冗余监测站；对于 CO，CS、PT、QP、YP、JA 为非冗余监测站。一个监测站若是冗余监测站，那该监测站对六种污染物中的任一污染物都应该是冗余的，因此，一旦该监测站被验证为某一污染物的非冗余监测站，那该监测站则不能成为冗余监测站。若某一站为冗余监测站，则对于六种污染物它的贡献值都应低于平均值（低于平均值为非重要监测站，可能存在冗余）。

　　由表 14-12 也可知，HK 监测站对于 $PM_{2.5}$、O_3、PM_{10} 来说贡献值高于平均值（为重要监测站，即不存在冗余情况），因此 HK 站是重要监测站，不能作为冗余监测站剔除；JA 监测站对于 SO_2、NO_2 和 CO 来说贡献值高于平均值，因此 JA 站也是重要监测站；PT 监测站对于 SO_2 和 CO 来说，其贡献值高于平均值，因此 PT 站也是重要监测站；QP 站对 $PM_{2.5}$、O_3、PM_{10}、SO_2、NO_2 和 CO 的贡献值高于平均值，QP 站也不是冗余监测站；YP 站对于 $PM_{2.5}$ 和 CO 来说，其贡献值大于平均值，YP 也不是冗余监测站；CS 站对 $PM_{2.5}$、O_3、PM_{10}、NO_2 和 CO 来说，其贡献值都高于平均值，它对于六种污染物中的五种都是重要监测站，CS 站必不可能为冗余监测站。因此，该方法筛选出的非冗余监测站有：HK、CS、QP、YP、JA、PT，那么剩下的四站 XH、ZJ、SWC、PD 则为冗余监测站。

14.3.5　聚类分析初步确定冗余监测站的替代方案

通过主成分分析-多元线性回归分析确定了潜在的四个冗余监测站（XH、ZJ、SWC、PD）。为了验证潜在冗余监测站的准确性，本节继续使用聚类分析进行进一步验证。采用聚类分析方法时，验证每个可能冗余监测站，要去掉另外三个可能冗余监测站再进行分析。也就是说，当验证 XH 的冗余性时，将 ZJ、SWC 和 PD 从 AQMN 中移除；验证 PD 的冗余性时，将 ZJ、SWC 和 XH 从 AQMN 中移除；验证 SWC 的冗余性时，将 ZJ、XH 和 PD 从 AQMN 中移除；验证 PD 的冗余性时，将 ZJ、SWC 和 XH 从 AQMN 中移除。这样在研究过程中，能有效避免潜在冗余监测站的干扰，避免了以冗余监测站代替冗余监测站的情况出现。

1）验证 XH 监测站，确定 XH 的替代监测站

为了证实 XH 监测站是冗余的，本节用聚类分析的方法对这六种污染物进行验证。图 14-3 显示了结果树状图。

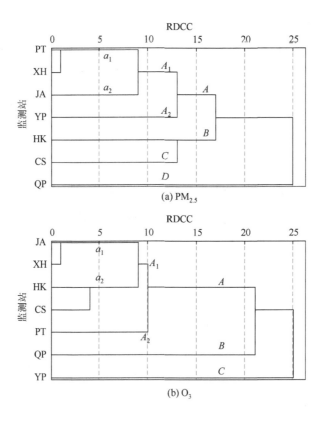

(a) $PM_{2.5}$

(b) O_3

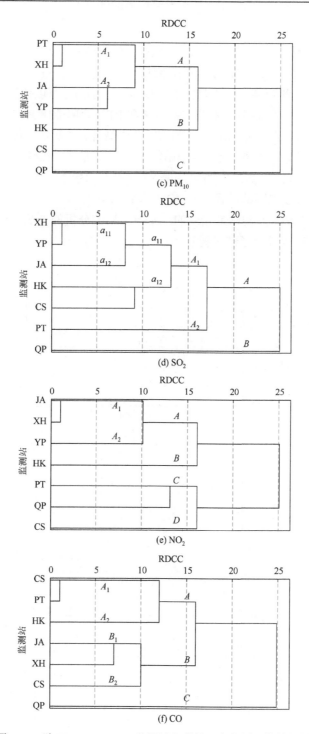

图 14-3　除 SWC、ZJ、PD 监测站之外的 7 个监测站的树状图

六种污染物的聚类分析结果可概括如下。

（1）基于 $PM_{2.5}$ 的距离，a_1 类包括 XH 和 PT 监测站，这表明这些集群正在监测类似的污染物。因此，PT 可以取代 XH。

（2）基于 O_3 的距离，a_1 类包括 XH 和 JA，因此 JA 可以代替 XH。

（3）基于 PM_{10} 的距离，A_1 类包括 XH 和 PT，表明能用 PT 来代替 XH。

（4）基于 SO_2 的距离，a_{11} 类中的 XH 监测站能被 YP 站代替。

（5）基于 NO_2 的距离，XH 监测站能被 A_1 类中的 JA 监测站代替。

（6）基于 CO 的距离，B_1 类包括了 XH 和 JA，因此，JA 能代替 XH。

2）验证 SWC 监测站，确定 SWC 的替代监测站

为了证实 SWC 监测站是冗余的，本节用聚类分析的方法对这六种污染物进行了验证。图 14-4 显示了结果树状图。

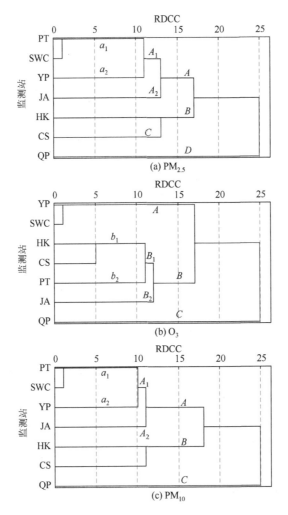

(a) $PM_{2.5}$

(b) O_3

(c) PM_{10}

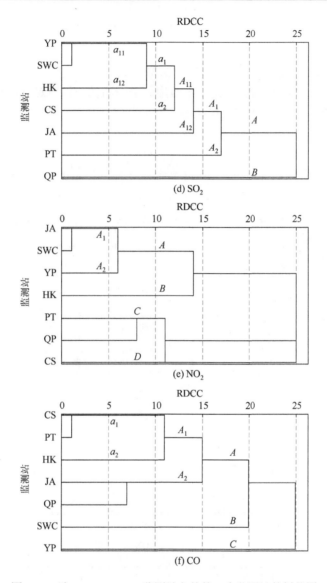

图 14-4　除 XH、ZJ、PD 监测站之外的 7 个监测站的树状图

六种污染物的聚类分析结果可概括如下。

（1）基于 $PM_{2.5}$ 的距离，SWC 能被 a_1 类中的 PT 监测站代替。

（2）基于 O_3 的距离，SWC 能被 A 类中的 YP 监测站代替。

（3）基于 PM_{10} 的距离，A_1 类包括了 a_1 类，SWC 能被 PT 监测站代替。

（4）基于 SO_2 的距离，SWC 能被 a_{11} 类中的 YP 监测站代替。

（5）基于 NO_2 的距离，SWC 能被 A_1 类中的 JA 监测站代替。

（6）基于 CO 的距离，*A* 类中的 QP、JA、HK、PT 和 CS 或者它们之间的任意组合都能代替 SWC 监测站。

3）验证 ZJ 监测站，确定 ZJ 的替代监测站

为了证实 ZJ 监测站是冗余的，本节用聚类分析的方法对这六种污染物进行了验证。图 14-5 显示了聚类结果树状图。

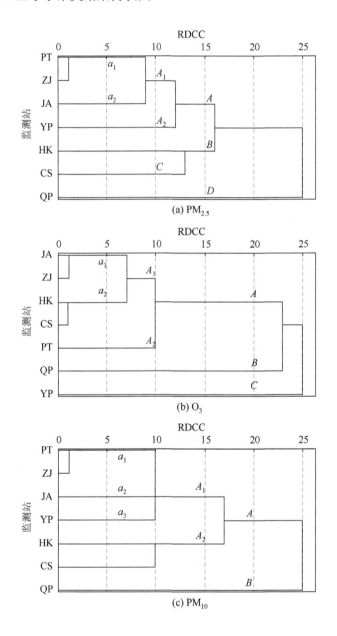

(a) PM$_{2.5}$

(b) O$_3$

(c) PM$_{10}$

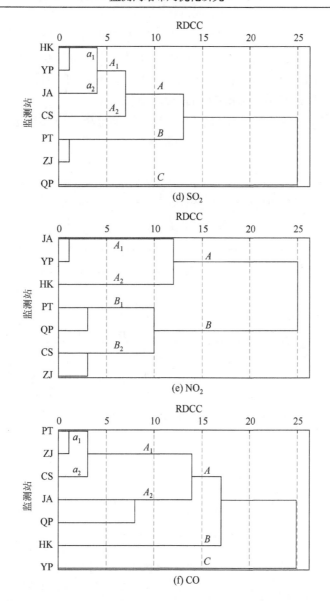

图 14-5　除 XH、SWC、PD 监测站之外的 7 个监测站的树状图

六种污染物的聚类分析结果可概括如下。

（1）基于 $PM_{2.5}$ 的距离，a_1 类包括 ZJ 和 PT 监测站，这表明这些集群正在监测类似的污染物。因此，PT 可以取代 ZJ。

（2）基于 O_3 的距离，a_1 类包括 ZJ 和 JA，因此 JA 可以代替 ZJ。

（3）基于 PM_{10} 的距离，a_1 类包括 ZJ 和 PT，表明能用 PT 代替 ZJ。

（4）基于 SO$_2$ 的距离，B 类中的 ZJ 监测站能被 PT 监测站代替。

（5）基于 NO$_2$ 的距离，ZJ 监测站能被 B_2 类中的 CS 监测站代替。

（6）基于 CO 的距离，a_1 类包括 ZJ 和 PT，因此，PT 能代替 ZJ。

4）验证 PD 监测站，确定 PD 的替代监测站

为了证实 PD 监测站是冗余的，本节用聚类分析的方法对这六种污染物进行了验证。图 14-6 显示了聚类结果树状图。

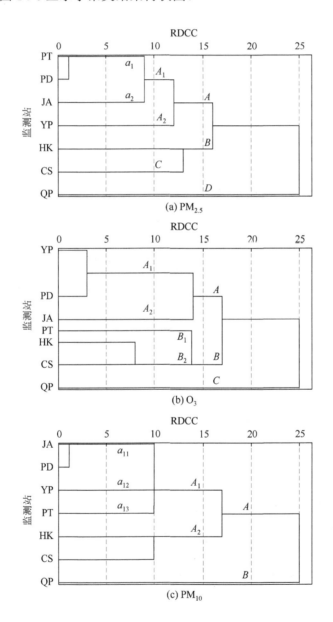

(a) PM$_{2.5}$

(b) O$_3$

(c) PM$_{10}$

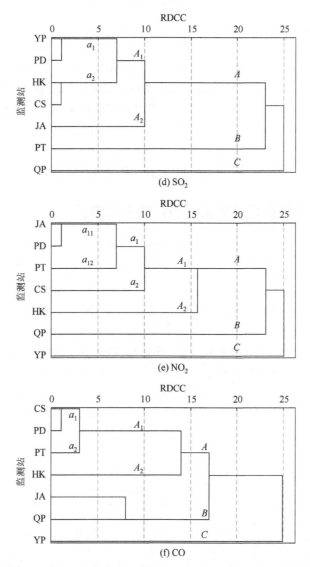

图 14-6　除 XH、SWC、ZJ 监测站之外的 7 个监测站的树状图

六种污染物的聚类分析结果可概括如下。

（1）基于 $PM_{2.5}$ 的距离，a_1 类包括 PD 和 PT 监测站，这表明这些集群正在监测类似的污染物。因此，PT 可以代替 PD。

（2）基于 O_3 的距离，A_1 类包括 PD 和 YP，因此 YP 可以代替 PD。

（3）基于 PM_{10} 的距离，a_{11} 类包括 PD 和 JA，表明能用 JA 来代替 PD。

（4）基于 SO_2 的距离，a_1 类中的 PD 监测站能被 YP 代替。

（5）基于 NO_2 的距离，PD 监测站能被 a_{11} 类中的 JA 代替。

（6）基于 CO 的距离，a_1 类包括 PD 和 CS，因此，CS 能代替 PD。

综上所述，六种污染物的聚类分析结果表明上海 AQMN 中确实存在四个冗余监测站（XH、SWC、ZJ 和 PD）。优化后的 AQMN 中可找到相应替代监测站，这也验证了主成分分析-多元线性回归分析所得的结果。然而，出现了这样一种情况，一些污染物有多个可选的替代监测站，使得不能明确得到冗余监测站的最佳替代选择。比如，对于 SWC 站的 CO，QP、JA、HK、PT 和 CS 的两个或多个监测站组合都可作为 SWC 的替代方案。因此，很难识别缺乏特定替代方案的冗余监测站。为了解决这个问题，继续采用对应分析进行深入研究。

14.3.6　对应分析验证多监测站组合的替代方案

聚类分析虽然确定了冗余监测站的替代监测站，但仅通过欧氏距离来判断各监测站的类别，确定和冗余站在一类中的监测站为其替代站，并没有通过定量分析来确定这一替代结果，并且存在多个监测站可以替代一个冗余监测站的情况。因此，本节通过对应分析来量化各监测站对各污染物的贡献程度，以此来验证替代监测站是否合理。

在聚类分析结果中确定的替代监测站的贡献率等于或大于相应冗余监测站的贡献率，则表明用该替代监测站来代替冗余监测站是合理的。例如，对于 $PM_{2.5}$，PD 的替代监测站为 PT，PD 对 $PM_{2.5}$ 的贡献率为 0.105，PT 对 $PM_{2.5}$ 的贡献率为 0.113，数据显示，PT 的贡献是大于 PD 的，这说明用 PT 代替 PD 是合理的。

各监测站对各污染物监测信息的贡献率如表 14-13 所示。

表 14-13　Q 因子载荷矩阵

监测站	污染物的贡献率					
	$PM_{2.5}$	O_3	PM_{10}	SO_2	NO_2	CO
HK	0.104	0.103	0.090	0.104	0.096	0.098
JA	0.097	0.112	0.104	0.096	0.106	0.101
CS	0.096	0.091	0.108	0.111	0.107	0.097
PD	**0.105**	**0.101**	**0.102**	**0.102**	**0.106**	**0.098**
ZJ	**0.103**	**0.102**	**0.104**	**0.108**	**0.103**	**0.105**
PT	0.113	0.093	0.109	0.101	0.102	0.107
QP	0.067	0.080	0.086	0.073	0.083	0.077
SWC	**0.109**	**0.103**	**0.104**	**0.100**	**0.093**	**0.110**
XH	**0.108**	**0.105**	**0.101**	**0.102**	**0.105**	**0.103**
YP	0.097	0.109	0.091	0.102	0.098	0.103
贡献率之和	1.000	1.000	1.000	1.000	1.000	1.000

注：粗体数字表示四个冗余站对每种污染物监测的贡献

对于多个替代监测站合并的备选方案，对于 SWC 站的 CO，可用 QP、JA、HK、PT 和 CS 来代替 SWC，通过贡献率可知，SWC 对 CO 的贡献率是 0.110，低于其替代监测站的组合贡献率 0.480，且任意两个站点的贡献率之和均大于 0.110，因此证明了选择的替代监测站是合理的。总体而言，Q 因子载荷矩阵证实了本方法识别冗余监测站的准确性。

表 14-14 显示了四个冗余监测站的替代方案。

表 14-14　四个冗余监测站的替代方案

污染物	PD 的替代监测站	ZJ 的替代监测站	SWC 的替代监测站	XH 的替代监测站
$PM_{2.5}$	PT	PT	PT	PT
O_3	YP	JA	YP	JA
PM_{10}	JA	PT	PT	PT
SO_2	YP	PT	YP	YP
NO_2	JA	CS	JA	JA
CO	CS	PT	QP/JA/HK/PT/CS （任意两个或以上站点组合）	JA

对于 PD 监测站的 $PM_{2.5}$、O_3、PM_{10}、SO_2、NO_2、CO，它的替代监测站分别是 PT、YP、JA、YP、JA、CS；对于 ZJ 监测站的 $PM_{2.5}$、O_3、PM_{10}、SO_2、NO_2、CO，它的替代监测站分别是 PT、JA、PT、PT、CS、PT。

对于 SWC 监测站的 $PM_{2.5}$、O_3、PM_{10}、SO_2、NO_2、CO，它的替代监测站分别是 PT、YP、PT、YP、JA、QP/JA/HK/PT/CS（任意两个或以上站点组合）；对于 XH 监测站的 $PM_{2.5}$、O_3、PM_{10}、SO_2、NO_2、CO，它的替代监测站分别是 PT、JA、PT、YP、JA、JA。

14.3.7　支持向量回归法最终验证冗余监测站

为进一步验证研究的结果，使用支持向量回归测试了调整后的 AQMN 预测能力。利用了 2014 年至 2018 年各监测站的历史污染物数据。数据集分为训练数据和验证数据，训练数据占原始数据的 4/5，验证数据占原始数据的 1/5。具体来说，使用 2014～2017 年的数据作为训练数据，并使用 2018 年的数据进行验证。对于 XH 监测站的 $PM_{2.5}$，在训练集中，输入变量为 XH 的替代监测站（PT 监测站）2014～2017 年的 $PM_{2.5}$ 数据，输出变量为 XH 监测站 2014～2017 年的 $PM_{2.5}$ 数据，以此训练出比较合适的模型；在验证集中，采用训练好的模型，输入变量为 XH 替代监测站 PT 的 2018 年 $PM_{2.5}$ 数据，输出变量为通过训练模型训练输出的 XH 监测站 $PM_{2.5}$ 预测数据，并将该预测数据和 XH 监测站 2018 年真实的 $PM_{2.5}$ 数据进行比较。表 14-15 显示了使用替代方案的预测能力。

表 14-15　上海 AQMN 中利用备选站代替冗余监测站的预测能力

冗余站	R^2					
	PM$_{2.5}$	O$_3$	PM$_{10}$	SO$_2$	NO$_2$	CO
XH	0.85	0.66	0.60	0.63	0.66	0.54
SWC	0.85	0.67	0.81	0.68	0.60	0.59
ZJ	0.80	0.65	0.77	0.61	0.63	0.55
PD	0.84	0.66	0.61	0.60	0.63	0.58

通过 PT 监测站的 PM$_{2.5}$ 数据预测 XH 监测站的 PM$_{2.5}$，得到了 $R^2 = 0.85$，说明 PT 监测站的 PM$_{2.5}$ 数据可以预测到 XH 监测站 PM$_{2.5}$ 数据的 85%，即 XH 监测站的 PM$_{2.5}$ 数据的 85%的信息都可以被 PT 代替。因此，PT 数据为该监测站提供了一个很好的数据替代。据支持向量回归的总体预测结果可知，PM$_{2.5}$ 浓度模型的 R^2 大于 0.80，说明拟合效果很好，O$_3$、PM$_{10}$、SO$_2$、NO$_2$ 浓度模型的 R^2 均大于 0.60，说明拟合效果好，CO 浓度模型的 R^2 大于 0.50，表明拟合效果良好，这表明选择的替代监测站是合理的（Liu et al.，2021；Zaman et al.，2021；Gryech et al.，2020）。

4 个潜在的冗余监测站的污染信息可以被其余 6 个监测站合理取代，即上海 AQMN 中 6 个监测站可有效获得原有 10 个监测站的信息，覆盖了原有监测范围，也保证了 AQMN 原有的监测能力，在不降低监测精度的前提下大大降低了监测成本，显著提高了监测效益。

14.4　方法评价与讨论

为弥补第 13 章中初步识别冗余监测站的缺陷，本章综合使用主成分分析法和多元线性回归分析法初步识别冗余监测站。引入多元回归分析，主成分分析-多元回归分析可量化每个主要组成部分中每个监测站的权重，根据权重大小区分监测站的冗余性，改善了第 13 章中主成分分析结果只能区分看起来有联系的变量和没有联系的变量这一关键问题。第 13 章中涉及的指派法适用于小方阵列，一旦数据很大，计算就会复杂，并且计算缓慢，容易出错。本章使用多元回归分析方法使得原有跨域大气生态环境监测网络布局优化方法体系也适用于监测站数量众多和数据排列复杂的情况，拓宽了第 13 章冗余监测站识别方法体系的适用范围。

14.5　本 章 小 结

本章将不同监测站之间的污染物相关性、监测对象的多样性、冗余监测站替代方案的可靠性等因素作为关键指标，对跨域大气生态环境监测网络布局优化方

法进行了更加深入的研究，得到以下主要结果：①基于相关性分析、主成分分析
和多元线性回归构建初步识别冗余监测站的方法体系，再结合聚类分析、对应分
析和支持向量回归提出跨域大气生态环境监测网络布局优化方案；②实证研究表
明上海 AQMN 中存在四个冗余监测站，分别为徐汇、张江、十五厂和浦东监测站，
并提出了冗余监测站的替代方案；③本章构建的冗余监测站识别方法体系，在对
监测站数量众多、数据规模庞大的监测网络布局进行优化时，具有更加显著的优
越性，因而，能够有效提升冗余监测站识别的准确性及其替代方案的科学性。

第15章 基于逐步回归分析–BP 神经网络的跨域大气生态环境监测网络布局优化研究

为进一步提升冗余监测站识别方法体系的普适性、对应算法的收敛性、识别结果的准确性及替代方案的科学性，本章将反向传播（back propagation，BP）神经网络在大数据挖掘方面的优势与相关性分析、逐步回归分析、聚类分析、对应分析等方法有机结合，构建跨域大气生态环境监测网络布局优化方法体系，以上海 AQMN 为典型案例进行实证检验，提出布局优化方案，并与第 13 章和第 14 章的方法体系进行对比分析。

15.1 国内外研究进展

对于监测站数据预测的研究，由于空气中的污染物是不断扩散和稀释的，大气具有整体性。众多学者尝试使用 AQMN 监测数据建立预测模型，及时掌握未来大气变化特征，提前制定合理的减排政策，缓解大气污染问题。例如，李晓岚等（2018）应用 BP 人工神经网络法建立沈阳市不同地点小风和高湿条件下的 $PM_{2.5}$ 浓度集成预报模型，并对预报结果进行检验，结果表明和单一模式的空气质量相比，集成预报模型的 $PM_{2.5}$ 浓度更接近真实值，预报的 $PM_{2.5}$ 浓度的平均偏差和归一化均方误差均明显减小，预报的 $PM_{2.5}$ 浓度是模拟值在观测值两倍范围内的百分比有明显升高。

梁泽等（2020）基于北京市 AQMN 的污染物浓度数据，构建了耦合径向基人工神经网络算法与遗传算法的预测模型，预测北京市未来 24 小时 $PM_{2.5}$ 平均质量浓度。Su 等（2020）提出了一种基于核极值学习机和支持向量机回归预测臭氧浓度的方法，并利用小波变换和偏最小二乘对其进行预处理。为验证该方法的有效性，对南京工业区 2014～2016 年夏季的气象因子和每小时 O_3 浓度进行了预测。张丹宁等（2020）基于陕西咸阳市两寺渡监测站的六种污染物（$PM_{2.5}$、PM_{10}、NO_2、NO、NO_x、CO）和相关气象数据，建立了基于非线性有源自回归神经网络的预测模型，并分别针对不同预测时间段确定最优网络结构，从而实现了对未来 6 小时、12 小时及 24 小时 $PM_{2.5}$/PM_{10} 浓度的有效预测。上述预测模型大多应用于预测固定时间段的大气污染物，本章引入 BP 神经网络并运用预测模型验证优化后的 AQMN 是否仍具有原有 AQMN 的监测能力。

15.2　基于逐步回归分析-BP 神经网络的跨域大气生态环境监测网络布局优化方法

本章识别冗余监测站的核心方法是逐步回归分析，并采用 BP 神经网络结果进行验证。研究方法框架如图 15-1 所示。

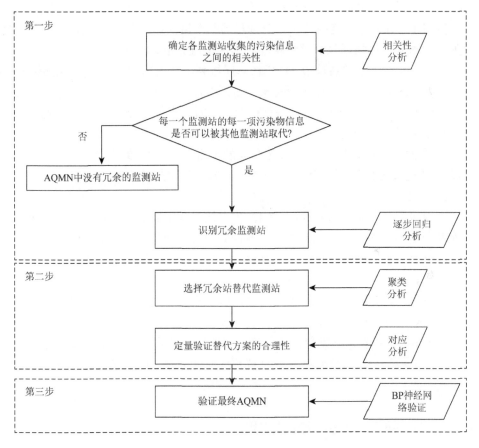

图 15-1　研究框架

15.2.1　逐步回归分析及其应用

在现有研究中,逐步回归分析常作为建立线性回归模型的方法之一(Wu et al.,2020；高飞等，2023)，其基本思想是将变量一个接一个地引入模型。每引入一个解释变量后都要进行 F 检验，以确定模型是否具有统计学意义，并对新引入的解释变量逐个进行 t 检验，以确定它们能否显著改善回归结果。当原始的解释变量由于引入新的解释变量后而不再显著时，则将其删除；如果它仍然显著，那么这两个变量都被保留在回归方程中。确保每次引入新的变量之前，回归方程中只包含显著性变量。这是一个反复的迭代过程，直到既没有显著的解释变量引入回归方程，也没有不显著的解释变量从回归方程中剔除为止，以保证最后所得到的解释变量集是最优的。该方法的优点在于消除变量间的多重共线性。本章使用前向选择来识别冗余监测站，具体步骤如下。

步骤 1：对于每个监测站 X_j，分别与另一个监测站 X_i 建立一元回归模型。然后进行 F 检验，如果通过显著性检验，则保留监测站 X_i，否则去除 X_i。

步骤 2：根据回归系数 β_i 将 X_i 按降序排列，然后依次引入 X_i，观察引入 X_i 后回归方程的 F 检验值。如果所有检验都通过，则保留 X_i，否则将删除 X_i。直到 $p-1$ 个监测站都被引入回归方程进行检验。此时，得到监测站 X_j 与其他通过检验的监测站 X_i 的线性组合。

步骤 3：计算上述 X_j 线性组合方程的拟合强度 R^2，如果 $R^2 > 0.7$，那么 X_j 可以被 X_i 的线性组合所取代。如果 $R^2 < 0.7$，则无法取代（Chen et al.，2013；Shi et al.，2017）。

步骤 4：对于给定的某种污染物，首先依据其余监测站对该监测站的影响程度 β_i 从大到小依次引入回归方程，并对回归方程所含的全部监测站进行检验，看其是否仍然显著，如不显著就将该监测站剔除；否则，则继续按影响大小顺序引入新的监测站。

步骤 5：直到所有显著的监测站都被引入模型中，同时所有不显著的监测站均已被剔除，逐步回归结束。

步骤 6：对所有监测站每一污染物的决定系数 R^2 进行分析，R^2 越接近 1，表明对于此类污染物，该监测站的信息被替代性就越高，即在某一污染物下该监测站是冗余的。

15.2.2 BP 神经网络分析及其应用

BP 神经网络是一种按误差反向传播（简称误差反传）训练的多层前馈网络，该算法称为 BP 算法，梯度下降法是其基本思想，利用梯度搜索技术，使网络的实际输出值和期望输出值的误差均方差为最小。

基本 BP 算法有两个过程：信号的正向传播和误差的反向传播（曾穗平等，2022）。BP 神经网络拓扑结构包含三个部分，即输入层、隐藏层和输出层，如图 15-2 所示。

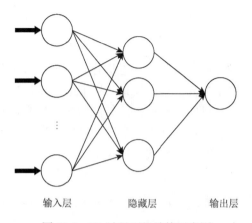

图 15-2　BP 神经网络结构示意图

不同层次中的每一层都包含很多的神经元，不同层的数量是不一样的，隐藏层又称为中间层，可能有一层也可能有多层。在一般情况下，BP 神经网络至少要含有一个隐藏层，隐藏层中的神经元大多采用 Sigmoid 型传递函数（又称 S 型生长曲线）。图 15-3 显示了 BP 神经网络训练过程示意图。

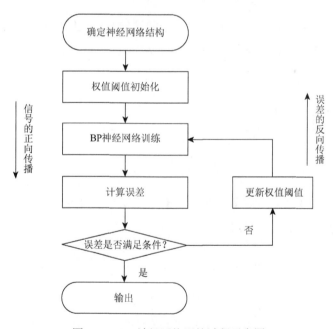

图 15-3　BP 神经网络训练过程示意图

输入信息从输入层进入之后，通过隐藏层进行变换，再传递到输出层，然后计算均方误差。如果均方误差值超过要求，则此时误差开始反向传播，经过隐藏层，接着传向输入层。然后调整参数再次进行训练，经过多次训练后均方误差达到要求。

在 BP 神经网络构建中，最重要的是选择合适的隐藏层节点数。如果隐藏层节点数选取过大，网络结构会变得太复杂，可能会出现过拟合，网络的容错性变差、泛化能力下降、对信息的处理能力降低的情况；反之，隐藏层节点数选取过小，会导致网络结构过于简单，输入信息不能被网络充分学习和训练，进而影响最终效果。隐藏层节点数的计算见式（15-1）：

$$H = \sqrt{m+n} + L \tag{15-1}$$

其中，H 表示隐藏层节点数；m 表示输入变量数；n 表示输出变量数；L 表示 1～10 的常数。

BP 神经网络的训练过程如下：对于给定数据集给定训练样本 $D = \{(x_1, y_1), \cdots, (x_m, y_m)\}$，$y_i \in \mathbf{R}$。输入层神经元数目与 x 的维数保持一致，输出层神经元的数目则要与 y 的维数保持一致。

信号由输入层传递到隐藏层，隐藏层的神经元输入由式（15-2）计算：

$$h_h = \sum_{i=1}^{n} w_{ih} x_i - \theta_h \tag{15-2}$$

其中，w_{ih} 表示第 i 个输入神经元到第 h 个隐藏神经元之间的权值；θ_h 表示隐藏层第 h 个神经元的阈值。本章使用的激活函数是 Sigmoid 型传递函数：

$$h_j = \frac{1}{1+e^{-h_h}} \tag{15-3}$$

输出层神经元输出的计算方法与隐藏层神经元相同，输出层神经元的输出用 y_j 表示。神经网络的优化目标函数使用均方差函数表示：

$$E = \frac{1}{2} \sum_{j=1}^{n} (y_j^* - y_j)^2 \tag{15-4}$$

其中，y_j 表示输出神经元的期望输出。对于隐藏层神经元与输出层神经元间连接的权值的更新公式如式（15-5）所示：

$$\Delta w_{hj} = -\alpha \frac{\partial E}{\partial w_{hj}} = \alpha \cdot y_j (1-y_j^*)(y_j - y_j^*) h_j \tag{15-5}$$

$$\Delta \theta_j = -\alpha y_j^* (1-y_j)(y_j - y_j^*) \tag{15-6}$$

其中，α 表示学习率，$\alpha \in [0, 1]$。其中神经网络的学习率反映了权值以及阈值更新的速度，因此通过学习率可以判断输出层与隐藏层的权值和阈值更新的速度。

BP 算法的具体步骤如下。

步骤 1：初始化网络中的权值和偏置项，分别记为 $\omega^{(0)}$、$b_1^{(0)}$、$v^{(0)}$、$b_2^{(0)}$。

步骤 2：激活正向传播，得到各层输出和损失函数的期望值。

$$E(\theta) = \frac{1}{n} \sum_{i=1}^{n} (y_i - \hat{y}_i)^2 \qquad (15\text{-}7)$$

其中，θ 表示参数集合；y 表示真实值；$\hat{y}$ 表示预测值；$1/n$ 表示对总的误差值取得平均值。

步骤 3：根据损失函数，计算输出单元的误差项和隐藏单元的误差项。其中，输出单元的误差项，即计算损失函数关于输出单元的梯度值或偏导数，根据链式法则，有

$$\nabla_{(k)} v = \frac{\partial E}{\partial v} = \frac{\partial \text{net}_2}{\partial v} \frac{\partial \hat{y}}{\partial \text{net}_2} \frac{\partial E}{\partial \hat{y}}$$

$$\nabla_{(k)} b_2 = \frac{\partial E}{\partial b_2} = \frac{\partial \text{net}_2}{\partial b_2} \frac{\partial \hat{y}}{\partial \text{net}_2} \frac{\partial E}{\partial \hat{y}} \qquad (15\text{-}8)$$

步骤 4：隐藏单元的误差项，即计算损失函数关于隐藏单元的梯度值或偏导数，根据链式法则，有

$$\nabla_{(k)} w = \frac{\partial E}{\partial w} = \frac{\partial \text{net}_1}{\partial w} \frac{\partial h}{\partial \text{net}_1} \frac{\partial \text{net}_2}{\partial h} \frac{\partial \hat{y}}{\partial \text{net}_2} \frac{\partial E}{\partial \hat{y}}$$

$$\nabla_{(k)} b_1 = \frac{\partial E}{\partial b_1} = \frac{\partial \text{net}_1}{\partial b_1} \frac{\partial h}{\partial \text{net}_1} \frac{\partial \text{net}_2}{\partial h} \frac{\partial \hat{y}}{\partial \text{net}_2} \frac{\partial E}{\partial \hat{y}} \qquad (15\text{-}9)$$

步骤 5：更新神经网络中的权值和偏置项，输出单元参数更新：

$$v^{(k)} = v^{(k-1)} - \eta \nabla_{(k)} v = v^{(k-1)} - \eta \frac{\partial E}{\partial v}$$

$$b_2^{(k)} = b_2^{(k-1)} - \eta \frac{\partial E}{\partial b_2} \qquad (15\text{-}10)$$

隐藏单元参数更新：

$$w^{(k)} = w^{(k-1)} - \eta \nabla_{(k)} w = w^{(k-1)} - \eta \frac{\partial E}{\partial v}$$

$$b_1^{(k)} = b_1^{(k-1)} - \eta \frac{\partial E}{\partial b_1} \qquad (15\text{-}11)$$

其中，η 表示学习率；k 表示更新次数或迭代次数，$k = 1, 2, \cdots, n$，$k = 1$ 表示第一次更新，以此类推。

步骤 6：重复步骤 3～步骤 5，直到损失函数小于之前给定的阈值，或者将迭代次数用完，此时输出的参数即为目前最佳参数。BP 神经网络模型通常在达到终止条件前会反复进行信号的正向传播与误差的反向传播的过程。通过不停地对权值与阈值进行更新，从而使实际输出与期望输出的值不断逼近（薛同来等，2019）。为使预测结果具有可比性，仍采用决定系数 R^2 对回归结果进行评估。

15.3 实 证 分 析

本章与第 14 章使用的研究对象和数据一致, 有关上海 AQMN 的基本概况和数据预处理过程不再赘述。

15.3.1 上海冗余监测站的相关性分析

首先使用相关性分析初步判断上海 AQMN 中是否存在冗余监测站, 表 15-1～表 15-6 显示了六种污染物的监测站之间的相关性。

表 15-1　对于 PM$_{2.5}$ 各监测站之间的相关性

监测站	HK	JA	CS	PD	ZJ	PT	QP	SWC	XH	YP
HK	1									
JA	0.667**	1								
CS	0.697**	0.647**	1							
PD	0.697**	0.799**	0.722**	1						
ZJ	0.685**	0.797**	0.724**	0.972**	1					
PT	0.682**	0.683**	0.698**	0.845**	0.829**	1				
QP	0.569**	0.593**	0.622**	0.658**	0.658**	0.625**	1			
SWC	0.691**	0.750**	0.726**	0.912**	0.903**	0.855**	0.643**	1		
XH	0.697**	0.802**	0.711**	0.961**	0.951**	0.843**	0.655**	0.914**	1	
YP	0.604**	0.703**	0.580**	0.754**	0.748**	0.675**	0.493**	0.799**	0.748**	1

**表示 $p < 0.01$ (双尾检验)

表 15-2　对于 O$_3$ 各监测站之间的相关性

监测站	HK	JA	CS	PD	ZJ	PT	QP	SWC	XH	YP
HK	1									
JA	0.731**	1								
CS	0.783**	0.716**	1							
PD	0.777**	0.797**	0.763**	1						
ZJ	0.768**	0.770**	0.748**	0.934**	1					
PT	0.729**	0.705**	0.724**	0.742**	0.688**	1				
QP	0.616**	0.651**	0.629**	0.676**	0.631**	0.667**	1			
SWC	0.767**	0.755**	0.759**	0.904**	0.878**	0.699**	0.671**	1		
XH	0.761**	0.771**	0.731**	0.933**	0.914**	0.706**	0.689**	0.898**	1	
YP	0.693**	0.669**	0.644**	0.808**	0.772**	0.601**	0.579**	0.802**	0.786**	1

**表示 $p < 0.01$ (双尾检验)

表 15-3　对于 PM_{10} 各监测站之间的相关性

监测站	HK	JA	CS	PD	ZJ	PT	QP	SWC	XH	YP
HK	1									
JA	0.600**	1								
CS	0.634**	0.618**	1							
PD	0.666**	0.728**	0.676**	1						
ZJ	0.649**	0.756**	0.699**	0.940**	1					
PT	0.635**	0.667**	0.653**	0.798**	0.818**	1				
QP	0.541**	0.514**	0.554**	0.607**	0.596**	0.560**	1			
SWC	0.645**	0.730**	0.670**	0.872**	0.888**	0.833**	0.576**	1		
XH	0.660**	0.695**	0.623**	0.907**	0.888**	0.774**	0.638**	0.850**	1	
YP	0.559**	0.672**	0.548**	0.730**	0.753**	0.663**	0.425**	0.778**	0.685**	1

**表示 $p < 0.01$（双尾检验）

表 15-4　对于 SO_2 各监测站之间的相关性

监测站	HK	JA	CS	PD	ZJ	PT	QP	SWC	XH	YP
HK	1									
JA	0.641**	1								
CS	0.660**	0.592**	1							
PD	0.654**	0.652**	0.645**	1						
ZJ	0.602**	0.505**	0.525**	0.674**	1					
PT	0.593**	0.465**	0.533**	0.555**	0.658**	1				
QP	0.516**	0.460**	0.436**	0.430**	0.428**	0.504**	1			
SWC	0.734**	0.693**	0.690**	0.825**	0.719**	0.649**	0.487**	1		
XH	0.676**	0.741**	0.617**	0.801**	0.724**	0.610**	0.506**	0.833**	1	
YP	0.678**	0.696**	0.617**	0.784**	0.685**	0.543**	0.460**	0.850**	0.805**	1

**表示 $p < 0.01$（双尾检验）

表 15-5　对于 NO_2 各监测站之间的相关性

监测站	HK	JA	CS	PD	ZJ	PT	QP	SWC	XH	YP
HK	1									
JA	0.728**	1								
CS	0.737**	0.661**	1							
PD	0.734**	0.794**	0.726**	1						
ZJ	0.669**	0.681**	0.703**	0.874**	1					
PT	0.689**	0.674**	0.674**	0.746**	0.689**	1				

续表

监测站	HK	JA	CS	PD	ZJ	PT	QP	SWC	XH	YP
QP	0.590**	0.591**	0.628**	0.665**	0.646**	0.684**	1			
SWC	0.710**	0.769**	0.679**	0.875**	0.777**	0.723**	0.655**	1		
XH	0.729**	0.808**	0.689**	0.908**	0.806**	0.748**	0.657**	0.893**	1	
YP	0.655**	0.747**	0.591**	0.758**	0.665**	0.586**	0.531**	0.748**	0.753**	1

**表示 $p<0.01$（双尾检验）

表 15-6　对于 CO 各监测站之间的相关性

监测站	HK	JA	CS	PD	ZJ	PT	QP	SWC	XH	YP
HK	1									
JA	0.548**	1								
CS	0.629**	0.492**	1							
PD	0.600**	0.589**	0.625**	1						
ZJ	0.497**	0.524**	0.516**	0.755**	1					
PT	0.544**	0.467**	0.548**	0.584**	0.523**	1				
QP	0.423**	0.502**	0.463**	0.492**	0.402**	0.499**	1			
SWC	0.591**	0.538**	0.582**	0.715**	0.558**	0.614**	0.465**	1		
XH	0.527**	0.563**	0.530**	0.704**	0.638**	0.549**	0.477**	0.642**	1	
YP	0.499**	0.535**	0.485**	0.559**	0.458**	0.361**	0.353**	0.517**	0.520**	1

**表示 $p<0.01$（双尾检验）

对于 $PM_{2.5}$ 和 O_3，大多数情况下 $r>0.7$，说明这些污染物在监测站之间有很强的相关性。对于 PM_{10}，QP、CS、JA、YP 的 r 值较小，同样对于 SO_2，PT、QP 的 r 大部分在 0.4 和 0.5 之间。对于 CO，QP、YP 等监测站的 r 大部分小于 0.5，相关性很弱，即这些监测站不容易被其他监测站取代，因此，它们不是冗余监测站。相关性分析显示，在大多数情况下，这 10 个监测站具有强相关性，这表明 AQMN 包含潜在的冗余监测站。因此，同样需要首先找出潜在冗余监测站，然后确认它们确实是冗余的。

15.3.2　基于逐步回归分析的冗余监测站的初步识别结果

对 10 个监测站的 6 种污染物进行逐步回归分析，以 HK 监测站为例，依次对 6 种污染物进行分析。对于 $PM_{2.5}$，首先将对 HK 贡献率最大的 PD 引入回归方程，对 HK 作用不显著的变量则先不引入回归方程，随时对回归方程当时所含的全部变量进行检验，看其是否仍然显著。本节逐步回归的检验条件是显著性小于 0.05，共线性系数小于 10。第一步，引入 PD 后，得到显著性小于 0.05，共线性系数为 1.000，小于 10,引入 PD 符合要求。第二步引入 CS,此时显著性小于 0.05,共线性系数小于 10,经检验符合要求。第三步引入 JA,显著性和共线性系数都符合检验要求。第四步引入 PT,显著性和共线性系数都符合检验要求。第五步引入 YP,此时 PD 的显著性为 0.145,大于 0.05,不符合检验要求,因此该变量需要剔除。第六步,剔除 PD 之后重新对其他变量进行检验,符合要求。第七步引入 QP,显著性和共线性系数都符合要求。第八步引入 ZJ,显著性和共线性系数都符合要求。此时没有显著因素可以引入,也没有不显著变量需要剔除,至此完成了对 HK 监测站的 $PM_{2.5}$ 的逐步回归分析。表 15-7 为 HK 监测站对于 $PM_{2.5}$ 的逐步回归分析结果。

表 15-7　HK 监测站对于 $PM_{2.5}$ 的逐步回归分析结果

模型	监测站	非标准化系数			t 值	显著性	共线性系数
		β_0	β_i	标准误差			
1	(常量)	13.931		0.895	15.558	<0.01	
	PD		0.703	0.017	41.572	<0.01	1.000
2	(常量)	9.612		0.859	11.193	<0.01	
	PD		0.409	0.023	18.153	<0.01	2.091
	CS		0.415	0.023	18.076	<0.01	2.091
3	(常量)	7.570		0.870	8.705	0.006	
	PD		0.247	0.028	8.716	<0.01	3.457
	CS		0.380	0.023	16.685	<0.01	2.152
	JA		0.228	0.025	9.089	<0.01	2.844
4	(常量)	6.292		0.873	7.207	<0.01	
	PD		0.089	0.035	2.570	<0.01	5.380
	CS		0.339	0.023	14.656	<0.01	2.281
	JA		0.231	0.025	9.349	<0.01	2.844
	PT		0.220	0.029	7.567	<0.01	3.699
5	(常量)	5.584		0.891	6.265	<0.01	
	PD		0.053	0.036	1.459	0.145	5.830
	CS		0.338	0.023	14.660	<0.01	2.281
	JA		0.208	0.025	8.175	<0.01	3.032
	PT		0.209	0.029	7.189	<0.01	3.736
	YP		0.084	0.023	3.669	<0.01	2.503

模型	监测站	非标准化系数			t 值	显著性	共线性系数
		β_0	β_i	标准误差			
6	（常量）	5.458		0.887	6.151	<0.01	
	CS		0.344	0.023	15.233	<0.01	2.194
	JA		0.223	0.023	9.608	<0.01	2.525
	PT		0.232	0.024	9.509	<0.01	2.631
	YP		0.094	0.022	4.240	<0.01	2.310
7	（常量）	4.331		0.947	4.571	<0.01	
	CS		0.324	0.023	13.852	<0.01	2.359
	JA		0.207	0.024	8.777	<0.01	2.629
	PT		0.212	0.025	8.483	<0.01	2.786
	YP		0.096	0.022	4.344	<0.01	2.312
	QP		0.067	0.020	3.331	<0.01	1.929
8	（常量）	4.208		0.925	4.212	<0.01	
	CS		0.305	0.023	13.628	<0.01	2.198
	JA		0.243	0.023	8.124	<0.01	2.245
	PT		0.202	0.024	8.038	<0.01	2.687
	YP		0.086	0.022	4.015	<0.01	2.482
	QP		0.072	0.020	3.151	<0.01	2.146
	ZJ		0.053	0.020	2.963	<0.01	2.012

表 15-8 为 HK 监测站对于 O_3 的逐步回归分析结果。对于 O_3，第一步，把对 HK 贡献率最大的 CS 引入回归方程，得到显著性小于 0.05，共线性系数为 1.000，小于 10，证明引入 CS 符合要求。第二步在此基础上引入 PD，显著性小于 0.05，共线性系数为 2.396，小于 10，符合检验要求。第三步引入 PT，显著性和共线性系数都符合检验要求。第四步引入 YP，显著性和共线性系数都符合检验要求。第五步引入 JA，显著性均小于 0.05，共线性系数均小于 10。第六步引入 ZJ，再进行检验，此时 PD 的显著性为 0.693，大于 0.05，共线性系数为 11.015，大于 10，经检验是不符合要求的，不显著的变量需要剔除。第七步，剔除 PD 之后重新对其他变量进行检验，符合要求。第八步引入 SWC，显著性和共线性系数都符合要求。此时没有显著因素可以引入，也没有不显著变量需要剔除，至此完成了对 HK 监测站的 O_3 的逐步回归分析。

表 15-8　HK 监测站对于 O₃ 的逐步回归分析结果

模型	监测站	非标准化系数			t 值	显著性	共线性系数
		β_0	β_i	标准误差			
1	（常量）	8.079		1.212	6.667	＜0.01	
	CS		0.805	0.015	53.819	＜0.01	1.000
2	（常量）	−0.030		1.149	−0.026	0.979	
	CS		0.468	0.021	22.566	＜0.01	2.396
	PD		0.425	0.020	21.352	＜0.01	2.396
3	（常量）	−3.223		1.161	−2.777	＜0.01	
	CS		0.387	0.022	17.889	＜0.01	2.762
	PD		0.333	0.021	15.542	＜0.01	2.922
	PT		0.222	0.022	10.200	＜0.01	2.563
4	（常量）	−5.543		1.186	−4.675	＜0.01	
	CS		0.375	0.021	17.547	＜0.01	2.777
	PD		0.213	0.027	8.013	＜0.01	4.636
	PT		0.226	0.021	10.525	＜0.01	2.564
	YP		0.158	0.021	7.416	＜0.01	2.898
5	（常量）	−6.660		1.186	−5.614	＜0.01	
	CS		0.349	0.022	16.198	＜0.01	2.882
	PD		0.149	0.028	5.288	＜0.01	5.318
	PT		0.198	0.022	9.112	＜0.01	2.676
	YP		0.150	0.021	7.109	＜0.01	2.908
	JA		0.145	0.023	6.348	＜0.01	3.102
6	（常量）	−5.947		1.183	−5.028	＜0.01	
	CS		0.331	0.022	15.332	＜0.01	2.945
	PD		−0.016	0.04	−0.395	0.693	11.015
	PT		0.210	0.022	9.713	＜0.01	2.703
	YP		0.142	0.021	6.778	＜0.01	2.921
	JA		0.132	0.023	5.826	＜0.01	3.130
	ZJ		0.197	0.035	5.703	＜0.01	8.241
7	（常量）	−5.958		1.182	−5.039	＜0.01	
	CS		0.331	0.022	15.341	＜0.01	2.933
	PT		0.208	0.021	9.916	＜0.01	2.544
	YP		0.139	0.020	7.046	＜0.01	2.601
	JA		0.131	0.022	5.851	＜0.01	3.030
	ZJ		0.187	0.024	7.800	＜0.01	3.979

续表

模型	监测站	非标准化系数			t 值	显著性	共线性系数
		β_0	β_i	标准误差			
8	（常量）	−6.209		1.183	−5.248	＜0.01	
	CS		0.319	0.022	14.534	＜0.01	3.045
	PT		0.202	0.021	9.589	＜0.01	2.570
	YP		0.117	0.021	5.529	＜0.01	2.996
	JA		0.124	0.022	5.553	＜0.01	3.060
	ZJ		0.148	0.028	5.353	＜0.01	5.279
	SWC		0.094	0.032	2.887	＜0.01	5.838

表 15-9 为 HK 监测站对于 PM_{10} 的逐步回归分析结果。

表 15-9　HK 监测站对于 PM_{10} 的逐步回归分析结果

模型	监测站	非标准化系数			t 值	显著性	共线性系数
		β_0	β_i	标准误差			
1	（常量）	21.163		1.248	16.959	＜0.01	
	PD		0.653	0.017	38.147	＜0.01	1.000
2	（常量）	14.807		1.248	11.861	＜0.01	
	PD		0.429	0.022	19.566	＜0.01	1.841
	CS		0.348	0.023	15.183	＜0.01	1.841
3	（常量）	12.193		1.274	9.569	＜0.01	
	PD		0.168	0.040	4.185	＜0.01	6.350
	CS		0.342	0.023	15.177	＜0.01	1.843
	XH		0.301	0.039	7.738	＜0.01	5.632
4	（常量）	10.370		1.300	7.975	＜0.01	
	PD		0.111	0.041	2.710	＜0.01	6.728
	CS		0.309	0.023	13.377	＜0.01	1.964
	XH		0.275	0.039	7.067	＜0.01	5.710
	JA		0.139	0.024	5.874	＜0.01	2.300
5	（常量）	8.378		1.351	6.200	＜0.01	
	PD		0.113	0.041	2.777	＜0.01	6.728
	CS		0.282	0.024	11.967	＜0.01	2.072
	XH		0.224	0.040	5.608	＜0.01	6.103
	JA		0.133	0.023	5.667	＜0.01	2.305
	QP		0.103	0.020	5.021	＜0.01	1.812

续表

模型	监测站	非标准化系数			t 值	显著性	共线性系数
		β_0	β_i	标准误差			
6	（常量）	7.618		1.355	5.624	<0.01	
	PD		0.068	0.042	1.626	0.104	7.136
	CS		0.260	0.024	10.854	<0.01	2.162
	XH		0.193	0.040	4.794	<0.01	6.281
	JA		0.119	0.024	5.040	<0.01	2.347
	QP		0.099	0.020	4.827	<0.01	1.816
	PT		0.109	0.024	4.536	<0.01	3.130
7	（常量）	7.388		1.348	5.482	<0.01	
	CS		0.267	0.023	11.376	<0.01	2.081
	XH		0.238	0.029	8.159	<0.01	3.298
	JA		0.126	0.023	5.463	<0.01	2.257
	QP		0.098	0.020	4.792	<0.01	1.815
	PT		0.119	0.023	5.070	<0.01	2.952
8	（常量）	6.453		1.377	4.686	<0.01	
	CS		0.262	0.023	11.147	<0.01	2.092
	XH		0.214	0.030	7.088	<0.01	3.535
	JA		0.103	0.024	4.265	<0.01	2.487
	QP		0.105	0.021	5.127	<0.01	1.839
	PT		0.105	0.024	4.399	<0.01	3.061
	YP		0.072	0.023	3.132	<0.01	2.322
9	（常量）	5.364		1.411	3.801	<0.01	
	CS		0.280	0.024	11.648	<0.01	2.208
	XH		0.286	0.037	7.725	<0.01	5.362
	JA		0.121	0.025	4.888	<0.01	2.603
	QP		0.103	0.020	5.042	<0.01	1.840
	PT		0.128	0.025	5.170	<0.01	3.320
	YP		0.093	0.024	3.918	<0.01	2.499
	ZJ		−0.133	0.040	−3.347	<0.01	7.654

　　对于 PM_{10}，第一步把对 HK 贡献率最大的 PD 引入回归方程，得到显著性小于 0.05，共线性系数为 1.000，小于 10，经过检验符合要求。第二步引入 CS，经检验符合要求。第三步引入 XH，显著性和共线性系数都符合要求。第四步引入

JA，显著性和共线性系数都符合要求。第五步引入 QP，经检验符合要求。第六步引入 PT，此时 PD 的显著性为 0.104，大于 0.05，不符合要求，需要剔除 PD 这个变量。第七步，剔除 PD 后重新对其他变量进行检验，符合要求。第八步引入 YP，经检验符合要求。第九步引入 ZJ，经检验符合要求。此时没有显著因素可以引入，也没有不显著变量需要剔除，至此完成了对 HK 监测站的 PM_{10} 的逐步回归分析。

表 15-10 为 HK 监测站对于 SO_2 的逐步回归分析结果。

表 15-10　HK 监测站对于 SO_2 的逐步回归分析结果

模型	监测站	非标准化系数			t 值	显著性	共线性系数
		β_0	β_i	标准误差			
1	（常量）	5.487		0.237	23.168	<0.01	
	SWC		0.689	0.015	46.115	<0.01	1.000
2	（常量）	4.150		0.244	16.986	<0.01	
	SWC		0.499	0.020	25.453	<0.01	1.907
	CS		0.292	0.021	14.054	<0.01	1.907
3	（常量）	3.177		0.256	12.409	<0.01	
	SWC		0.441	0.020	22.157	<0.01	2.076
	CS		0.259	0.020	12.644	<0.01	1.956
	QP		0.160	0.016	10.225	<0.01	1.344
4	（常量）	2.840		0.255	11.137	<0.01	
	SWC		0.363	0.022	16.622	<0.01	2.584
	CS		0.226	0.020	11.051	<0.01	2.033
	QP		0.139	0.016	8.915	<0.01	1.382
	JA		0.151	0.019	8.087	<0.01	2.078
5	（常量）	2.247		0.269	8.365	<0.01	
	SWC		0.305	0.023	13.064	<0.01	3.029
	CS		0.210	0.020	10.295	<0.01	2.064
	QP		0.111	0.016	6.945	<0.01	1.491
	JA		0.158	0.019	8.501	<0.01	2.084
	PT		0.132	0.021	6.414	<0.01	1.910
6	（常量）	2.062		0.273	7.562	<0.01	
	SWC		0.268	0.025	10.523	<0.01	3.626
	CS		0.210	0.020	10.333	<0.01	2.064
	QP		0.109	0.016	6.859	<0.01	1.492

续表

模型	监测站	非标准化系数			t 值	显著性	共线性系数
		β_0	β_i	标准误差			
6	JA		0.158	0.018	8.537	<0.01	2.084
	PT		0.106	0.022	4.829	<0.01	2.160
	ZJ		0.074	0.021	3.592	<0.01	2.387
7	（常量）	1.971		0.274	7.185	<0.01	
	SWC		0.224	0.031	7.327	<0.01	5.214
	CS		0.209	0.020	10.295	<0.01	2.065
	QP		0.107	0.016	6.724	<0.01	1.496
	JA		0.144	0.019	7.529	<0.01	2.245
	PT		0.113	0.022	5.135	<0.01	2.195
	ZJ		0.061	0.021	2.880	<0.01	2.524
	YP		0.072	0.027	2.649	<0.01	4.160

对于 SO_2，第一步把对 HK 贡献率最大的 SWC 引入回归方程，得到显著性小于 0.05，共线性系数为 1.000，小于 10，经过检验符合要求。第二步引入 CS，经检验符合要求。第三步引入 QP，经检验符合要求。第四步引入 JA，显著性和共线性系数均符合要求。第五步引入 PT，显著性和共线性系数均符合要求。第六步引入 ZJ，显著性和共线性系数都符合要求。第七步引入 YP，显著性和共线性系数均符合要求。此时没有显著因素可以引入，也没有不显著变量需要剔除，至此完成了对 HK 监测站的 SO_2 的逐步回归分析。

表 15-11 为 HK 监测站对于 NO_2 的逐步回归分析结果。

表 15-11　HK 监测站对于 NO_2 的逐步回归分析结果

模型	监测站	非标准化系数			t 值	显著性	共线性系数
		β_0	β_i	标准误差			
1	（常量）	16.138		0.768	21.011	<0.01	
	CS		0.841	0.018	46.553	<0.01	1.000
2	（常量）	8.420		0.755	11.156	<0.01	
	CS		0.518	0.021	24.441	<0.01	1.777
	JA		0.440	0.019	23.029	<0.01	1.777
3	（常量）	5.940		0.771	7.704	<0.01	
	CS		0.421	0.023	18.629	<0.01	2.139

模型	监测站	非标准化系数			t 值	显著性	共线性系数
		β_0	β_i	标准误差			
3	JA		0.352	0.020	17.309	<0.01	2.139
	PT		0.234	0.022	10.424	<0.01	2.204
4	（常量）	5.119		0.772	6.631	<0.01	
	CS		0.400	0.023	17.745	<0.01	2.181
	JA		0.268	0.024	11.302	<0.01	2.980
	PT		0.220	0.022	9.835	<0.01	2.226
	YP		0.132	0.020	6.657	<0.01	2.377
5	（常量）	4.806		0.773	6.219	<0.01	
	CS		0.386	0.023	16.954	<0.01	2.238
	JA		0.229	0.026	8.942	<0.01	3.493
	PT		0.184	0.024	7.683	<0.01	2.580
	YP		0.104	0.021	4.992	<0.01	2.665
	XH		0.118	0.029	4.019	<0.01	4.302

对于 NO_2，第一步把对 HK 贡献率最大的 CS 引入回归方程，引入 CS 符合要求。第二步引入 JA，显著性小于 0.05，共线性系数为 1.777，小于 10，符合检验要求。第三步引入 PT，经检验符合要求。第四步引入 YP，经检验符合要求。第五步引入 XH，经检验符合要求。此时没有显著因素可以引入，也没有不显著变量需要剔除，对于 HK 监测站的 NO_2 逐步回归完成。

表 15-12 为 HK 监测站对于 CO 的逐步回归分析结果。

表 15-12　HK 监测站对于 CO 的逐步回归分析结果

模型	监测站	非标准化系数			t 值	显著性	共线性系数
		β_0	β_i	标准误差			
1	（常量）	0.287		0.016	17.990	<0.01	
	CS		0.722	0.021	34.560	<0.01	1.000
2	（常量）	0.150		0.017	8.752	<0.01	
	CS		0.494	0.024	20.603	<0.01	1.511
	SWC		0.341	0.021	16.310	<0.01	1.511
3	（常量）	0.071		0.018	3.934	<0.01	
	CS		0.423	0.024	17.599	<0.01	1.622
	SWC		0.253	0.022	11.715	<0.01	1.730
	JA		0.258	0.023	11.416	<0.01	1.510

续表

模型	监测站	非标准化系数			t 值	显著性	共线性系数
		β_0	β_i	标准误差			
4	（常量）	0.042		0.018	2.268	<0.01	
	CS		0.381	0.025	15.516	<0.01	1.737
	SWC		0.197	0.023	8.543	<0.01	2.013
	JA		0.237	0.023	10.529	<0.01	1.540
	PT		0.177	0.027	6.500	<0.01	1.796
5	（常量）	0.021		0.019	1.112	<0.01	
	CS		0.353	0.025	14.202	<0.01	1.810
	SWC		0.167	0.023	7.103	<0.01	2.124
	JA		0.196	0.024	8.324	<0.01	1.707
	PT		0.186	0.027	6.885	<0.01	1.803
	YP		0.117	0.021	5.629	<0.01	1.627
6	（常量）	0.023		0.018	1.249	<0.01	
	CS		0.333	0.025	13.054	<0.01	1.912
	SWC		0.134	0.025	5.285	<0.01	2.476
	JA		0.179	0.024	7.489	<0.01	1.778
	PT		0.172	0.027	6.285	<0.01	1.847
	YP		0.103	0.021	4.902	<0.01	1.685
	PD		0.104	0.030	3.482	<0.01	2.707

对于 CO，第一步把对 HK 贡献率最大的 CS 引入回归方程，此时显著性小于 0.05，共线性系数小于 10，引入 CS 符合要求。第二步引入 SWC，显著性小于 0.05，共线性系数小于 10，符合要求。第三步引入 JA，符合要求。第四步引入 PT，符合要求。第五步引入 YP，符合要求。第六步引入 PD，经检验符合要求。此时没有显著因素可以引入，也没有不显著变量需要剔除，对于 HK 监测站的 CO 逐步回归完成。其他监测站也是按此步骤进行逐步回归，对监测站进行引入和剔除。

表 15-13～表 15-22 列举了 10 个监测站对应 6 种污染物的逐步回归分析所得的 R^2 以及对每一个监测站有贡献的监测站。

表 15-13　JA 监测站的逐步回归结果

污染物	R^2	替代监测站								
PM$_{2.5}$	0.699	XH	YP	ZJ	HK	PD	QP	CS	PT	SWC
O$_3$	0.693	PD	HK	PT	QP	ZJ	CS			
PM$_{10}$	0.622	ZJ	YP	CS	HK	SWC	QP			

续表

污染物	R^2	替代监测站							
SO$_2$	0.621	XH	YP	HK	CS	QP	ZJ		
NO$_2$	**0.731**	XH	PD	YP	HK	CS	PT	ZJ	
CO	0.495	QP	YP	HK	XH	ZJ	PD		

注：粗体数字表示 $R^2 > 0.7$

表 15-14 HK 监测站的逐步回归结果

污染物	R^2	替代监测站						
PM$_{2.5}$	0.601	JA	QP	PT	ZJ	YP	CS	
O$_3$	**0.728**	CS	PT	ZJ	JA	YP	SWC	
PM$_{10}$	0.550	CS	XH	PT	JA	QP	YP	ZJ
SO$_2$	0.632	SWC	CS	JA	PT	QP	YP	ZJ
NO$_2$	0.677	CS	JA	PT	XH	YP		
CO	0.530	CS	JA	PT	SWC	PD	YP	

注：粗体数字表示 $R^2 > 0.7$

表 15-15 CS 监测站的逐步回归结果

污染物	R^2	替代监测站							
PM$_{2.5}$	0.635	HK	ZJ	SWC	QP	PT	JA	YP	XH
O$_3$	**0.709**	HK	SWC	PT	ZJ	JA	QP	XH	
PM$_{10}$	0.580	ZJ	HK	QP	JA	PT	SWC	XH	
SO$_2$	0.552	HK	SWC	PD	JA	PT	QP	XH	
NO$_2$	0.651	HK	ZJ	PD	QP	PT	JA	XH	
CO	0.528	HK	PD	PT	QP	YP	SWC		

注：粗体数字表示 $R^2 > 0.7$

表 15-16 PD 监测站的逐步回归结果

污染物	R^2	替代监测站							
PM$_{2.5}$	**0.961**	ZJ	XH	SWC	PT	JA			
O$_3$	**0.929**	ZJ	XH	SWC	PT	YP	JA		
PM$_{10}$	**0.911**	ZJ	XH	SWC	HK	JA			
SO$_2$	**0.740**	SWC	XH	YP	CS	ZJ	QP		
NO$_2$	**0.899**	XH	ZJ	SWC	JA	YP	CS	PT	
CO	**0.740**	ZJ	SWC	XH	CS	YP	QP	HK	JA

注：粗体数字表示 $R^2 > 0.7$

表 15-17　ZJ 监测站的逐步回归结果

污染物	R^2	替代监测站							
PM$_{2.5}$	**0.950**	PD	XH	SWC	CS	JA	HK	PT	
O$_3$	**0.893**	PD	XH	SWC	HK	CS	JA	QP	PT
PM$_{10}$	**0.916**	PD	XH	SWC	JA	CS	PT	YP	HK
SO$_2$	**0.738**	PT	XH	YP	SWC	PD	HK	JA	
NO$_2$	**0.780**	PD	CS	QP	XH	JA			
CO	0.682	PD	XH	PT	JA	SWC			

注：粗体数字表示 $R^2 > 0.7$

表 15-18　PT 监测站的逐步回归结果

污染物	R^2	替代监测站							
PM$_{2.5}$	**0.773**	SWC	PD	XH	HK	CS	QP	YP	JA
O$_3$	0.668	PD	HK	QP	CS	JA	YP	ZJ	
PM$_{10}$	**0.735**	SWC	ZJ	HK	CS	QP			
SO$_2$	0.551	ZJ	SWC	QP	HK	CS	YP		
NO$_2$	0.664	QP	XH	HK	PD	CS	SWC	JA	YP
CO	0.504	SWC	QP	ZJ	CS	HK	XH	YP	

注：粗体数字表示 $R^2 > 0.7$

表 15-19　QP 监测站的逐步回归结果

污染物	R^2	替代监测站						
PM$_{2.5}$	0.500	CS	ZJ	SWC	JA	PT	HK	YP
O$_3$	0.563	XH	PT	JA	SWC	CS	ZJ	
PM$_{10}$	0.464	XH	CS	HK	JA	PT	YP	
SO$_2$	0.352	PT	HK	XH	JA	PD		
NO$_2$	0.553	PT	CS	SWC	ZJ			
CO	0.372	PT	JA	CS	XH	PD		

表 15-20　SWC 监测站的逐步回归结果

污染物	R^2	替代监测站						
PM$_{2.5}$	**0.893**	XH	YP	PT	PD	ZJ	CS	QP	JA
O$_3$	**0.860**	XH	PD	YP	CS	ZJ	QP	HK	
PM$_{10}$	**0.855**	PT	ZJ	YP	XH	PD	CS	JA	

污染物	R^2	替代监测站						
SO$_2$	**0.840**	YP	PD	XH	PT	HK	CS	ZJ
NO$_2$	**0.831**	XH	PD	YP	QP	PT	HK	JA
CO	0.665	PD	PT	XH	HK	YP	CS	JA	QP

注：粗体数字表示 $R^2 > 0.7$

表 15-21　XH 监测站的逐步回归结果

污染物	R^2	替代监测站						
PM$_{2.5}$	**0.938**	PD	ZJ	SWC	JA	PT	CS	YP
O$_3$	**0.900**	PD	ZJ	SWC	QP	HK	CS	JA
PM$_{10}$	**0.854**	PD	ZJ	SWC	QP	HK	YP	CS	PT
SO$_2$	**0.800**	JA	SWC	PD	ZJ	YP	QP	PT	CS
NO$_2$	**0.878**	PD	SWC	JA	PT	YP		
CO	0.660	PD	ZJ	SWC	JA	PT	YP	QP

注：粗体数字表示 $R^2 > 0.7$

表 15-22　YP 监测站的逐步回归结果

污染物	R^2	替代监测站						
PM$_{2.5}$	0.671	SWC	JA	HK	CS	PT	QP	
O$_3$	0.687	PD	SWC	HK	PT			
PM$_{10}$	0.644	SWC	ZJ	JA	HK	QP		
SO$_2$	**0.775**	SWC	XH	PD	JA	ZJ	HK	PT
NO$_2$	0.652	JA	PD	SWC	HK	XH	PT	
CO	0.422	JA	PD	XH	CS	HK	SWC	PT

注：粗体数字表示 $R^2 > 0.7$

根据表 15-13，JA 监测站的六种污染物中，R^2 大于 0.7 的只有 NO$_2$，即只有 NO$_2$ 的信息能被其他监测站解释 70% 以上。其余污染物的被解释性都不强，特别是 CO，其他监测站只能解释 JA 监测站 CO 信息的 49.5%，还未过半。因此，如果用其他监测站代替 JA 监测站，就会损失过半的 CO 信息，其他监测站就不能监测到完整、准确的信息，说明该监测站不能被代替。

根据表 15-14，HK 监测站的六种污染物中，R^2 大于 0.7 的只有 O$_3$，即只有 O$_3$ 的信息能被其他监测站解释 70% 以上。其余污染物的被解释性都不强，特别是 CO 和 PM$_{10}$，其他监测站只能解释 HK 监测站 CO 和 PM$_{10}$ 信息的 53% 和 55%，仅仅过半。因此，如果用其他站代替 HK 监测站，就会损失过半的 CO 和 PM_{10} 信息，其他监测站就不能监测到完整、准确的信息，说明该监测站不能被代替。

根据表 15-15，CS 监测站的六种污染物中，R^2 大于 0.7 的只有 O_3，即只有 O_3 的信息能被其他监测站解释 70%以上。其余污染物的被解释性都不强，特别是 CO 和 SO_2，其他监测站只能解释 CS 监测站 CO 和 SO_2 信息的 52.8%和 55.2%，仅仅过半。因此，如果用其他站代替 CS 监测站，就会损失过半的 CO 和 SO_2 信息，其他监测站就不能监测到完整、准确的信息，说明该监测站不能被代替。

根据表 15-16，PD 监测站的六种污染物中，全部污染物的 R^2 都大于 0.7，即全部污染物信息都能被其他监测站解释 70%以上。特别是 $PM_{2.5}$、PM_{10} 和 O_3，其他监测站能解释 PD 监测站 $PM_{2.5}$、PM_{10} 和 O_3 信息的 96.1%、91.1%和 92.9%，接近 100%。因此，如果用其他监测站代替 PD，仅仅只会损失极小一部分的污染物信息，说明其他监测站仍然能监测到完整、准确的信息，即该监测站能被代替。

根据表 15-17，ZJ 监测站的六种污染物中，五种污染物的 R^2 都大于 0.7，即除了 CO，其余污染物信息都能被其他监测站解释 70%以上。特别是 $PM_{2.5}$ 和 PM_{10}，其他监测站能解释 ZJ 监测站 $PM_{2.5}$ 和 PM_{10} 信息的 95%和 91.6%，接近 100%。就算是 CO，被解释率也接近 70%，因此，如果用其他监测站代替 ZJ，仅仅只会损失极小一部分的污染物信息，说明其他监测站仍然能监测到完整、准确的信息，即该监测站能被代替。

根据表 15-18，PT 监测站的六种污染物中，R^2 大于 0.7 的只有 $PM_{2.5}$ 和 PM_{10}，即只有 $PM_{2.5}$ 和 PM_{10} 的信息能被其他监测站解释 70%以上。其余污染物的被解释性都不强，特别是 CO 和 SO_2，其他监测站只能解释 PT 监测站 CO 和 SO_2 信息的 50.4%和 55.1%，仅仅过半。因此，如果用其他监测站代替 PT，就会损失过半的 CO 和 SO_2 信息，其他监测站就不能监测到完整、准确的信息，说明该监测站不能被代替。

根据表 15-19，QP 监测站的六种污染物中，没有 R^2 大于 0.7 的污染物，CO 和 SO_2 的 R^2 仅仅只有 37.2%和 35.2%，其他监测站只能解释 QP 监测站 CO 和 SO_2 信息的 37.2%和 35.2%。因此，如果用其他监测站代替 QP，就会损失大量的污染物信息，其他监测站就不能监测到完整、准确的信息，说明该监测站不能被代替。

根据表 15-20，SWC 监测站的六种污染物中，五种污染物的 R^2 都大于 0.7，即除了 CO，其余污染物信息都能被其他监测站解释 70%以上。就算是 CO，被解释率也接近 70%，因此，如果用其他监测站代替 SWC，仅仅只会损失极小一部分的污染物信息，说明其他监测站仍然能监测到完整、准确的信息，即该监测站能被代替。

根据表 15-21，XH 监测站的六种污染物中，五种污染物的 R^2 都大于 0.7，即除了 CO，其余污染物信息都能被其他监测站解释 70% 以上。特别是 $PM_{2.5}$ 和 O_3，R^2 达到了 93.8% 和 90%。就算是 CO，被解释率也接近 70%，因此，如果用其他监测站代替 SWC，仅仅只会损失极小一部分的污染物信息，说明其他监测站仍然能监测到完整、准确的信息，即该监测站能被代替。

根据表 15-22，YP 监测站的六种污染物中，R^2 大于 0.7 的只有 SO_2，即只有 SO_2 的信息能被其他监测站解释 70% 以上。其余污染物的被解释性都不强，特别是 CO，其他监测站只能解释 YP 监测站 CO 信息的 42.2%，还未过半。因此，如果用其他监测站代替 YP，就会损失过半的 CO 信息，其他监测站就不能监测到完整、准确的信息，说明该监测站不能被代替。

总之，QP 监测站所有污染物的 R^2 都小于 0.7，JA、HK、CS、YP 监测站均只有一种污染物的 R^2 大于 0.7，PT 监测站有两种污染物的 R^2 大于 0.7，而 XH、SWC、PD、ZJ 监测站都有五种到六种污染物的 R^2 大于 0.7，这说明，这四个站均能较好地被其他监测站拟合和解释。因此，通过逐步回归可以得到初步结论：XH、SWC、PD、ZJ 是潜在冗余监测站。剩下的其余六个监测站可以代替原有十个监测站。值得关注的是，对于 HK 监测站来说，聚类分析结果显示，CS 监测站对其影响很大。但是 CS 并不和 HK 接壤，这可能与污染物的运输有关。

另外，上海位于东南沿海地区，而且是在淮河以南，其气候属于亚热带季风性气候，夏天多为从海上吹来的东南季风，冬天多为从蒙古高原吹来的西北季风。在春季，上海各区主导风的风向以东南风为主，风速整体上为中心城区风速明显较低，而郊区风速较大；在夏季，上海各区主导风的风向以东南风为主，风速整体上为中心城区风速明显较低，而郊区风速较大；在秋季，上海各区主导的风向以东北风为主，风速整体上为中心城区风速明显较低，而郊区风速较大；在冬季，上海各区主导风的风向变化差异较大，多为从蒙古高原吹来的西北季风，风速整体上为中心城区风速明显较低，而郊区风速较大。因此，西北方向的监测站和东南方向的监测站监测到的污染物信息很有可能因为污染物的运输变得相似。

15.3.3 聚类分析初步确定冗余监测站的替代方案

对于 AQMN 的冗余监测站识别，无论是第 14 章中的主成分分析–多元线性回归分析，还是本章的逐步回归分析，得到的结果都是一致的，即 ZJ、SWC、XH、PD 为冗余监测站。因此，下一步确定冗余监测站的替代监测站，即需要对监测站进行聚类，采用层次聚类法对监测网进行分析，具体结果可见 14.3.6 节。六种污染物的聚类分析表明上海 AQMN 中确实存在四个冗余监测站（XH、SWC、ZJ 和 PD）。

当前 AQMN 中可找到相应替代的监测站，这验证了逐步回归分析所得的结果。并且，同样出现了这样一种情况，一些污染物有多个可选的替代监测站，这使得不能明确得到冗余监测站的最佳替代选择。对于 SWC 监测站的 CO，QP、JA、HK、PT 和 CS 的两个或多个监测站组合都可作为 SWC 的替代方案。因此，很难识别缺乏特定替代方案的冗余监测站。另外，还缺乏对替代站的定量分析，以保证替代的合理性。为了解决这些问题，下一步继续采用 Q 因子载荷矩阵（对应分析）进行进一步研究。

15.3.4 对应分析验证多个监测站组合的替代方案

表 14-12 显示了各监测站对六种污染物监测的贡献。如果在聚类分析结果中确定的污染物替代监测站的贡献率等于或大于相应冗余监测站的贡献率，则表明用该监测站来代替冗余监测站是合理的。总体而言，Q 因子载荷矩阵证实了识别冗余监测站的准确性。具体结果参见表 14-13。

15.3.5 BP 神经网络最终验证冗余监测站

为了进一步验证研究的结果，使用 BP 神经网络分析测试了调整后的 AQMN 布局的预测能力。分析 2014 年至 2018 年各监测站的历史污染物数据，数据集分为训练数据和验证数据，训练数据占原始数据的 4/5，验证数据占原始数据的 1/5。具体来说，使用 2014～2017 年的数据作为训练数据，并使用 2018 年的数据进行验证。根据式（15-1），隐藏层节点数应为 2～12 个。有一个比较特殊的监测站，即关于 CO，SWC 的替代方案是组合替代，它的模型中输入值为 5，因此隐藏层节点数应为 3～13 个。通过对隐藏层节点数的逐步实验，得到各自最优的隐藏层节点数，如表 15-23 所示。

表 15-23 六种污染物预测模型的隐藏层节点数

污染物	PD 的替代方案	ZJ 的替代方案	SWC 的替代方案	XH 的替代方案
$PM_{2.5}$	3	3	2	2
O_3	3	2	2	2
PM_{10}	2	3	3	2
SO_2	4	3	2	3
NO_2	3	4	3	3
CO	4	4	5	4

表 15-24 显示了各冗余监测站替代方案的预测能力。将 XH 的 $PM_{2.5}$ 数据替换

为它的替代监测站 PT 的 $PM_{2.5}$ 数据，得到了 $R^2 = 0.90$。因此，PT 数据为该监测站提供了很好的数据替代。将 SWC 的 $PM_{2.5}$ 数据替换为它的替代监测站 PT 的 $PM_{2.5}$ 数据，得到了 $R^2 = 0.92$。

表 15-24　上海 AQMN 中利用备选监测站代替冗余监测站的预测能力

冗余监测站	R^2					
	$PM_{2.5}$	O_3	PM_{10}	SO_2	NO_2	CO
XH	0.90	0.70	0.70	0.69	0.72	0.64
SWC	0.92	0.72	0.82	0.68	0.70	0.60
ZJ	0.91	0.75	0.79	0.71	0.73	0.61
PD	0.89	0.74	0.71	0.70	0.69	0.62

对于这 6 种污染物来说，R^2 都大于 0.60，证明了这 4 个潜在冗余监测站的污染信息可被其余 6 个监测站合理取代，即上海 AQMN 优化后包含 6 个监测站，且能有效获取原有监测网络的污染监测信息。

15.4　方法评价与讨论

在 AQMN 冗余监测站识别方法的差异性方面，第 15 章采用逐步回归法代替第 14 章中的多元线性回归分析法识别冗余监测站，目前还未发现有相关学者采用此类方法来识别 AQMN 中的冗余监测站。主成分分析法在进行主成分的筛选时，会保留对自变量贡献较小的成分，以实现累计方差贡献率，保留贡献率较低的监测站作为后续分析的主要成分，很有可能导致冗余监测站的选择不准确。同时，指派法也不适用于数据较为庞大的模型中。本章利用逐步回归弥补了以往研究中使用主成分分析和指派法的不足之处，不仅简化了整体方法体系，也在一定程度上提高了研究结果的准确性。

对于 AQMN 中冗余监测站的备选监测站验证方法的差异性，第 14 章采用支持向量回归预测寻求验证冗余监测站的替代方案，而第 15 章基于逐步回归分析-BP 神经网络的跨域大气生态环境监测网络布局优化研究采用 BP 神经网络回归预测验证调整后的 AQMN 布局。研究结果显示，BP 神经网络的预测结果优于支持向量回归的预测结果。BP 神经网络预测结果中拟合度最高的是 PT 监测站对 SWC 的 $PM_{2.5}$ 数据的替代，R^2 达到了 0.92，拟合度最低的是 QP、JA、HK、PT 和 CS 对 SWC 监测站的 CO 数据组合的替代，R^2 为 0.60。第 14 章中支持向量回归预测结果中拟合度最高的是 PT 监测站对 XH 和 SWC 的 $PM_{2.5}$ 数据的替代，R^2 达到了 0.85，拟合度最低的是 JA 监测站对 XH 的 CO 数据的替代，R^2 为 0.54。主要原因是神经网络的优势要在数据量很大、计算力很强的时候才能体现，数据量小的话，很多模型在训练中的表现都不是很好。支持向量回归属于非参数方法，拥有很强的理论基础和统计保障。当数据量不大，损失函数拥有全局最优解，但当污染物数据较为庞大时，BP 神经网络能更好地对数据进行训练，得到更好的收敛结果。

　　针对不同数据类型、布局优化目的不同，可选用本篇中提出的三种冗余监测站识别方法有针对性地解决 AQMN 布局优化问题。第 13 章基于主成分分析-聚类分析法更适用于识别某区域 AQMN 的冗余监测站及其周边转移的跨域监测站布局优化。第 14 章和第 15 章更倾向于识别某区域 AQMN 的冗余监测站并确定替代方案，使得优化后的 AQMN 仍能维持原有监测能力。值得注意的是，第 14 章和第 15 章的识别方法针对同一 AQMN，可得到类似的研究结果，但第 15 章基于逐步回归分析-BP 神经网络的跨域大气生态环境监测网络布局优化研究整体优于第 14 章，原因在于在识别冗余监测站的过程中，逐步回归方法可保留对自变量贡献较小的成分；在验证冗余监测站的替代方案及优化后 AQMN 的监测效率方面，第 15 章的 BP 神经网络更适用于庞大数据，具有优越收敛性，研究结果更为精确。

　　在具体实践中，我国实施了一系列有关监测站优化的举措。例如，为保障监测数据质量，生态环境部已将国家级监测站的监测事权全部上收，由原有"考核谁，谁监测"转变为"谁考核，谁监测"，从体制层面保障了监测数据免受行政干扰，并着手构建国家、区域和运维机构三级环境质量监测的质控体系；在司法层面，将环境监测数据造假以"破坏计算机信息罪"论处，有效解决了监测数据造假定罪难的问题。

　　综上所述，立足于以往学者的研究成果，本章提出了一套较为完善的跨域大气生态环境监测网络布局优化方法，在保证大气污染物监测网络信息获取能力的基础上，进一步优化了监测站布局，有利于推进跨域大气生态环境整体性治理可持续发展。

15.5　本 章 小 结

　　本章对跨域大气生态环境监测网络布局方法体系进行了改进优化，得到以下成果。①将逐步回归法和 BP 神经网络方法引入监测网络布局优化，构建了基于相关性分析、逐步回归分析、聚类分析、对应分析、BP 神经网络的新方法体系。②基于上海的实证研究表明 AQMN 存在 XH、ZJ、SWC 和 PD 四个冗余监测站，并提出了替代方案。③逐步回归法和 BP 神经网络的引入，提高了冗余监测站识别的精准性，替代方案的科学性及算法收敛速度等方面也有进一步提升，并能对涵盖更多监测站、携带更大规模数据的监测网络布局进行快速优化。

第五篇　跨域大气生态环境整体性协作治理机制与模式的解决方案

　　推进跨域大气生态环境整体性协作治理是党中央关于生态环境治理的重大战略部署，不仅是实现"美丽中国"愿景的重要途径，也是提升人民福祉的根本要求。本篇在统筹跨域大气生态环境整体性协作治理的国内外实践经验的基础上，对比分析各类主要政策工具的跨域大气生态环境整体性协作治理机制与模式，并提出跨域大气生态环境整体性协作治理的应对策略（第16章）。同时，对本书构建的跨域大气生态环境整体性协作治理机制与模式的理论框架，协作治理区域范围优化与等级划分方法体系、基于各种政策工具的协作治理机制与模式、跨域大气生态环境监测网络布局优化方法的主要研究结论进行总结，并提出未来研究展望（第17章）。

第16章　跨域大气生态环境整体性协作治理应对策略研究

构建并落实适合中国情境的跨域大气生态环境整体性协作治理机制与模式是提升我国区域大气污染治理效益的有效途径。本章基于行政命令、行政协调、税收、排污权交易等政策工具的协作治理机制与模式进行对比分析，并借鉴国内外跨域大气生态环境整体性协作治理的成功经验，从跨域大气生态环境管理体制、协作治理组织架构、协作治理区域范围优化与等级划分方法体系、协作治理生态补偿体系、协作治理政策工具、监测网络体系、协作治理评估考核体系、协作治理法律法规标准体系八个方面，提出推进我国跨域大气生态环境整体性协作治理机制与模式的应对策略。

16.1　跨域大气生态环境整体性协作治理机制与模式对比分析

解决我国跨域大气生态环境整体性协作治理的政策工具主要有行政命令、行政协调、税收、排污权交易等手段，结合本书的研究成果，对应的协作治理模式主要包括属地治理模式、行政协调模式、税收调控模式、排污权期货调控模式。各地区基于行政命令手段建立的各自为政属地治理模式仍然是现行的主要模式，虽然这种模式便于各地区从行政区划的角度开展行政管理，但由于割裂了跨域大气生态环境整体性的自然属性，越来越难以有效解决跨域大气生态环境问题。与属地治理模式相比，本书通过生态补偿体系构建的行政协调模式、通过税收政策工具构建的税收调控模式、通过排污权交易和金融期货政策工具构建的排污权期货调控模式，都既考虑了跨域大气生态环境整体性的自然属性，又考虑了各地区经济利益的社会属性，更有利于激励跨域各地区开展大气生态环境整体性协作治理，这是我国未来开展跨域大气生态环境整体性协作治理体制机制变革的方向。但在我国现行的行政管理体制和环境管理体制下，应充分考虑各类政策工具在跨域大气生态环境整体性协作治理上的优劣势和适用条件，以期充分发挥各类政策工具的优势，并选取最适合当前我国国情的政策工具和机制、模式。

与现行基于行政命令手段的属地治理模式相比，本书运用其他三类政策工具构建的协作治理模式的优劣势和适用条件如表16-1所示。

表 16-1　与属地治理模式相比，其他三类协作治理模式的优劣势及适用条件

项目	行政协调模式	税收调控模式	排污权期货调控模式
优势	①能充分发挥各地区环境治理成本差异优势 ②通过生态补偿体系，既能满足区域的集体理性，又能满足区域内各地区的个体理性	①充分发挥各地区环境治理成本差异优势 ②在区域内设定统一税率水平，能增强各地区污染治理的公平感 ③作为国家强制性税种，执行成本较低	①能充分发挥各地区环境治理成本差异优势 ②能够通过市场机制自动调节排污权市场价格
劣势	①各地区对协作治理生态补偿方案"公平性"易产生争议，尤其在确定补偿标的物、标准、方式等方面各方常常难以达成一致 ②跨域生态补偿方案实施存在较大困难，尤其在涉及较多地区时，协商成本和实施成本会较高	①制定合理的区域税率水平需要准确掌握各地区的污染治理成本信息 ②最优税率水平需要按年度不断调整	①我国尚未建立完善的跨域大气排污权期货交易市场 ②排污权交易对象为各地方政府，交易主体少，会导致市场活跃度低 ③需要国家或区域设定总量控制目标
适用条件	①地区间经济发展差异较大，承担较少协作治理任务的地区有意愿、有能力支付补偿 ②需建立强有力的跨域协作治理管理机构，并对其进行统筹规划和监督	①需建立跨域环境治理部门 ②需制定税收政策和标准、确定征收对象、管理征收资金	①需建立体系完善的排污许可证期货交易市场 ②需建立保障排污权期货市场交易的法律法规体系

结合以上各类协作治理模式优劣势、适用条件的对比分析结果，可得到以下主要结论。

（1）各自为政的属地治理模式虽便于行政管理，但不能充分发挥跨域各地区环境治理成本差异优势，区域整体治理成本高，实践表明该类模式已经阻碍了我国跨域大气生态环境整体性协作治理进程。

（2）通过建立跨域生态补偿体系构建的协作治理行政协调模式，可以克服属地治理模式的弊端，但由于存在各地区对通过行政手段确定的跨域生态补偿方案公平性认同以及协调难、执行难等问题，需要持续完善跨域大气环境生态补偿体系及相关的法律法规，为未来行政协调治理模式实施提供保障。

（3）通过排污权交易和金融期货政策工具构建的排污权期货调控模式，在跨域大气生态环境整体性协作治理上具有较多优点，但也存在明显劣势，如我国尚未建立完善的跨域大气排污权期货交易市场、交易主体少、交易不活跃、缺乏完备的法律法规保障等。因此，目前实施排污权期货调控模式的条件还不成熟，可操作性较低，未来需要创造更多适用条件。

（4）与其他三种模式相比，通过税收政策工具构建的税收调控模式，不但能充分发挥区域内各地区环境治理成本差异优势，在区域内设定统一税率水平，能增强各地区污染治理的公平感，同时作为国家规定的税种，具有发挥跨域转移支付、强制执行和执行成本低的显著优势。虽然也存在一些劣势，如制定合理的区域税率水平需要准确掌握各地区污染治理成本信息、税率水平需按年度进行调整等，但随着我国信息化水平不断提升、环境统计数据和经济社会发展统计数据不断丰富完善，以上问题都可以得到有效解决。尤其是随着我国环境税法的逐步完善，税收政策工具正逐渐被各地区广泛接受并落地实施。因此，根据本书的理论研究、实证分析成果及各类主要治理政策工具和调控模式的优劣势、适用性对比，选取跨域大气生态环境整体性协作治理税收调控模式，比较适合我国当前的行政管理体制和环境管理体制。

16.2　跨域大气生态环境整体性协作治理应对策略

基于本书的研究成果，借鉴国内外跨域大气生态环境整体性协作治理成功经验，分别从跨域大气生态环境管理体制、协作治理组织架构、协作治理区域范围优化与等级划分方法体系、协作治理生态补偿体系、协作治理政策工具、监测网络体系、协作治理评估考核体系、协作治理法律法规标准体系等方面，提出推进我国跨域大气生态环境整体性协作治理的应对策略。

16.2.1　建立以跨域管理为主、属地管理为辅的跨域大气生态环境管理体制

当前，环境属地管理体制是导致我国跨域大气生态环境整体性协作治理推进缓慢的根本障碍。《中华人民共和国环境保护法》第六条明确规定："地方各级人民政府应当对本行政区域的环境质量负责；县级以上地方人民政府环境保护主管部门，对本行政区域环境保护工作实施统一监督管理。"属地管理体制虽便于各地区开展环境管理，但过度强调环境资源的社会属性，忽视了大气环境的自然属性。在"经济绩效为主，环境保护为辅"的惯性思维下，各地区往往以经济利益最大化为首要目标，缺乏优先治理大气污染的内在驱动力，大气环境属地管理体制成为跨域大气环境整体性协作治理的制度障碍。要想推进我国跨域大气生态环境整体性协作治理进程，必须对目前的环境管理体制进行改革。

为解决我国现行以行政区域划分为主的环境属地管理体制存在的突出问题，中共中央、国务院已在多项重大文件中提出解决方案。例如，中共中央办公厅、国务院办公厅印发的《关于省以下环保机构监测监察执法垂直管理制度改革试点工作的指导意见》明确提出："适应统筹解决跨区域、跨流域环境问题的新要求，规范和加强地方环保机构队伍建设，为建设天蓝、地绿、水净的美丽中国提供坚强体制保障。"但该指导意见主要解决省以下环境保护部门监测监察执法垂直管理问题，没有涉及跨省级区域的环保机构监测监察执法垂直管理制度。2022 年的国务院政府工作报告再次要求"加强生态环境综合治理。深入打好污染防治攻坚战。

强化大气多污染物协同控制和区域协同治理"。京津冀、长三角、汾渭平原等区域内的多省市及省辖城市群间为推进协作治污相继出台了短期的协作治理方案，如《京津冀及周边地区、汾渭平原 2020—2021 年秋冬季大气污染综合治理攻坚行动方案》《长三角地区 2020—2021 年秋冬季大气污染综合治理攻坚行动方案》。此外，在北京奥运会、北京 APEC 峰会、杭州 G20 峰会等大型活动举办期间，各地区也相继发布了多项临时性跨域生态环境整体性协作治理措施，如《第 29 届奥运会北京空气质量保障措施》《亚太经合组织（APEC）会议大同县空气质量保障方案》《G20 峰会浙江省环境保障工作方案》。但上述跨域生态环境整体性协作治理办法仅局限于部分地区或重要活动的特定时间段，各项协作治理政策措施的推进仍高度依赖强制性的行政命令。

在未来的环境治理实践中，我国应充分借鉴国内外典型地区及重要活动期间的跨域生态环境整体性协作治理成功经验，调整我国现有的以属地管理为主的大气环境管理体制，建成以跨域管理为主、属地管理为辅的大气生态环境管理体制，需综合考虑大气环境的自然属性与社会属性，彻底改变目前属地管理"腿长"、跨域管理"腿短"的现状，对跨域大气环境进行全区域统一规划、统一监测、统一监管、统一评估、统一协调，推进我国跨域大气生态环境整体性协作治理进程。

16.2.2　构建适应中国情境的跨域大气生态环境整体性协作治理组织架构

跨域大气生态环境的流动性和整体性等自然属性决定了解决跨域大气污染，必然需要依靠跨行政区的协作治理，必须设立负责推进跨域协作治理的组织架构。我国跨域大气污染协作治理关系复杂，其中横向关系涉及区域内各行政区，纵向关系涉及环保、工业、商贸、交通、建筑、经信等多个部门，地区间、部门间各自为政、职能交叉，同时纵横交错的职能网络增加了跨域协作治污难度。

发达国家的大气污染协作治理组织架构经验可为我国提供有益借鉴。美国国会成立美国国家环境保护局，其主要职能是制定并敦促实施解决特定大气污染问题的区域和分区域管理措施。欧盟建立欧洲环境署，各成员国间依靠政策协商解决跨域环境问题。我国也在跨域大气生态环境整体性协作治理组织架构建设方面进行了探索。在国家层面，为增强原环境保护部（现为生态环境部）对跨省界区域重大环境问题的监督管理能力，先后组建华东、华南、西北、西南、东北、华北六大区域的督察局。在大气污染重点治理区域层面，相继设立了跨域大气环境协作治理组织机构，如京津冀及周边地区大气污染防治领导小组、长三角区域大气污染防治协作小组、汾渭平原大气污染防治协作小组等。在重要活动期间跨域污染协作治理层面，为保障北京奥运会、北京 APEC 峰会、杭州 G20 峰会等大型活动期间的空气质量，设立了临时性空气质量保障工作协调小组。

根据我国现行的行政管理体制和环境管理体制，需要建立适应中国情境的跨域大气生态环境整体性协作专门组织机构，优化目前的生态环境部下属的华北、华东、华南、西北、西南、东北六个督察局的组织架构和管理职能是一种比较可行的现实选择。可考虑在六个督察局增设类似生态环境部大气环境司下属的京津冀及周边地区大气环境协调办公室的具体机构，负责具体实施各自负责区域内的跨域大气环境协作治理规划、实施细则、考核要求和问责机制等工作，解决协作治理区域的范围优化和协作治理等级划分不够科学合理、协作治理责任划分标准不清、协作治理工具单一、激励效果不佳、信息共享不畅等严重制约大气污染协作治理效果的关键问题。

16.2.3 健全跨域大气生态环境整体性协作治理区域范围优化与等级划分方法体系

协作治理区域范围的科学划分及其治理优先等级的合理确定，是提高跨域大气生态环境整体性协作治理效率的重要基础，也是破解大气生态环境整体性协作治理属地化、碎片化、孤岛化等突出问题的关键环节。中国工程院院士贺克斌曾提出："我国可分区域、分阶段实现 $PM_{2.5}$ 治理目标，$PM_{2.5}$ 目标设计应主要考虑区域差异，制定积极稳健的目标，并合理分解到各地，从而保持 $PM_{2.5}$ 浓度持续下降的推动力。"大气污染协作治理区域范围优化直接影响着跨域协作治理策略的制定，如果协作治理区域范围过大，超出了大气生态环境整体性范围，不但会增加跨域协作治理难度，也往往会降低治理主体的协作积极性，导致协作治理措施难以落实；反之，如果协作范围过小，则会退化到传统的属地管理模式，区域治理成本增加。因此，建立科学的协作治理区域范围与等级划分方法体系，准确识别影响跨域大气生态环境整体性协作治理的决定性因素，并对不同特征和等级的协作子区域采取差别化的协作治理措施，能够显著提升跨域大气环境整体性协作治理机制与模式的针对性。

与发达国家和地区相比，我国实施跨域大气污染环境整体性协作治理的过程更为复杂、协作治理的难度更大。这要求首先明确我国跨域大气生态环境整体性协作治理区域范围与等级划分的效果、效率、优缺点，并基于大气污染的长期监测数据，系统研究跨域大气污染物的传输规律、气象因素特征以及我国现有的行政管理体制和环境管理体制，同时，需要根据各协作区域污染物治理对跨域大气环境整体性的影响、各区域的污染物治理弹性和治理的紧迫性，对不同等级的协作治理区域制定差异化空气质量底线和资源消耗上限，科学确定协作治理的范围、合理划分治理区域的等级，从而将有限的治理资源有重点、有针对性地配置到优先等级靠前的子区域，高效率显著改善跨域整体及局部大气污染问题。

16.2.4　完善跨域大气生态环境整体性协作治理生态补偿体系

无论采用基于行政协调手段，还是采用基于税收或排污权交易手段的跨域大气生态环境整体性协作治理机制，确保对应的协作治理模式落地实施，都必须建立完善的跨域大气生态环境整体性协作治理生态补偿体系。基于大气污染的成因、传导途径和协作治理的复杂性，跨域大气生态环境整体性协作治理可能导致区域内经济发展、财政、就业受到不同程度影响，同时区域内整体性大气环境改善也会使得周边地区受益。因此，如何权衡各地区间的利益关系，保障跨域大气生态环境整体性协作治理工作顺利开展，健全的生态补偿体系发挥着决定性作用。

近年来我国陆续出台了多份关于生态补偿机制的指导性文件，如《国务院关于落实科学发展观加强环境保护的决定》《关于深化生态保护补偿制度改革的意见》《生态环境损害鉴定评估技术指南》等，但由于缺乏补偿标准和补偿方式的实施细则，导致生态补偿的公平性和精准性不足。各地区陆续开展跨域大气生态环境整体性协作治理生态补偿的实践探索，如《山东省环境空气质量生态补偿暂行办法》以各市区污染物改善情况为考核依据，确定跨域大气生态环境整体性协作治理生态补偿资金系数，建立考核奖惩和生态补偿机制，为我国跨域大气生态环境整体性协作治理生态补偿管理统一办法的建立提供了一个局部范本。另外，部分地区出台的生态补偿机制包含了由省级单位向所属大气环境改善的城市提供经济补偿、由大气环境恶化的城市向上级省级单位缴纳罚金的双重约束机制，如2022年安徽省生态环境厅和安徽省财政厅印发的《安徽省环境空气质量生态补偿激励办法》。但这种是通过经济惩罚来突出地方政府责任，不完全属于严格的生态补偿制度，且这些奖惩措施只局限于各省份内部地区。目前京津冀、长三角、汾渭平原等跨省级行政区范围内的大气环境生态补偿管理办法还未建立，只能依赖行政命令手段推进跨域大气生态环境整体性协作治理。因此，构建一个从上到下全面覆盖各级政府的跨域大气生态环境整体性协作治理生态环境补偿体系迫在眉睫。

建立省级政府间跨域大气生态环境整体性协作治理生态补偿体系，包括明确补偿原则、补偿主体、补偿对象、补偿方式、补偿手段、跨域生态补偿因子和补偿标准等关键问题，确立合理可行的区域生态补偿因子和补偿标准，规范补偿程序，建立经济严惩、政治问责的机制，在省级政府间建立生态补偿机制的基础上，按照类似方法，促进各市县之间建立生态补偿体系。建立生态补偿激励机制的手段很多，如通过行政协调手段对区域内承担更多污染治理任务的地区进行财政补贴，或让区域内承担较少污染治理任务的地区对承担较多污染治理任务的地区给予经济补偿；采用税收手段对区域内承担较少污染治理任务的地区征收环境税，补偿给其他承担较多污染治理任务的地区；采用排污权期货手段鼓励协作治理区域内各治理主体开展污染治理指标的市场化交易，达到生态补偿的目的。考虑目前我国大气环境管理体制和政策实施难易程度，采用税收手段实施跨域大气生态环境整体性协作治理，既能充分利用经济手段发挥区域各省份污染物去除成本差异优势，又具有强制执行、公平感强等优势。区域管理机构每年年初根据上一年的环境统计数据，经模型计算出各类补偿因子的补偿标准，公布实施，同时核算各地区的跨域污染物转移量和超出配额（或低于配额）的转移数量，遵循"损害者付费"和"受益者补偿"的基本原则，将转移量与环境税率乘积作为年度地区间补偿数额，"受益"地区上缴补偿金额，再由区域管理机构转交至"受损害"地区。因此，应尽快建立一个省级政府间跨域大气生态环境整体性协作治理生态补偿征收管理系统，制定具体的转移税征收政策、征收标准、征收资金管理和使用办法。

16.2.5　科学合理选择跨域大气生态环境整体性协作治理政策工具

基于行政协调、税收、排污权交易等政策工具构建跨域大气生态环境整体性协作治理机制及与之相适应的协作治理模式，其作用机理、适用场景、使用效果各不相同，需遵循科学、合理、公平原则对跨域协作治理成本分担、环境税率水平、交易价格、治理主体间生态补偿标准等进行定量核算，并根据治理区域主体特征、资源禀赋差异、社会经济发展差异等多种因素选择合适的政策工具。我国各地区自然禀赋差异大、经济发展不平衡不充分，实行跨域大气生态环境整体性协作治理时，各区域的治理成本、就业效应、环境税率水平、大气污染治理能力、收益分配机制、公众健康损害等因素存在明显差异。对于经济落后的区域而言，其落后产能占比较高，实施跨域大气污染协作治理时，如果一味地使用具有强制性行政命令手段敦促其快速改善大气环境，而不给予相应的政策支持、技术帮助、资金补偿等，极有可能使当地政府面临巨大的政治、经济和社会发展压力，甚至导致治理效果适得其反，或者弄虚作假等负面现象发生。因此，在使用行政命令手段开展跨域大气生态环境整体性协作治理时，应出台技术上、经济上的配套激励政策。

与依赖强制性行政命令的属地治理模式相比，通过生态补偿体系构建的行政协调模式、通过税收政策工具构建的税收调控模式、通过排污权交易和金融期货政策工具构建的排污权期货调控模式，不仅考虑了跨域大气生态环境整体性特征，也统筹考虑了属地治理模式的属地化、碎片化和孤岛化问题。通过生态补偿体系构建的跨域大气生态环境整体性协作治理行政协调机制与模式，能充分发挥各地区环境治理成本的差异性优势，克服属地治理模式的弊端，但现阶段仍存在缺乏能够负责统筹规划且强有力的跨域协作治理管理机构，各地区对跨域生态补偿方案"公平性"易产生争议、协商成本和实施成本较高等现实问题仍然比较突出。通过排污权交易和金融期货政策工具构建的跨域大气生态环境整体性协作治理排污权期货调控机制与模式，可通过市场手段自动调节排污权交易价格，但该模式的正常运行有赖于完善的跨域大气排污权期货交易市场，且需要国家或区域设定总量控制目标，我国当前的实施条件还不成熟。通过税收政策工具构建的跨域大气生态环境整体性协作治理的税收调控机制与模式，具有发挥跨域转移支付、强制执行和执行成本低的明显优势，同时考虑了各地区环境治理成本差异性和协作治理公平性，虽然也存在一些限制条件，如需按年度调整税率水平，建立跨域税收监管部门，制定税收政策和标准、确定征收对象、管理征收资金，但这些问题短期内都可解决，尤其是我国环境税法的不断完善，更为税收调控治理模式的顺利实施提供了法律保障。

16.2.6　优化跨域大气生态环境监测网络体系

　　获取及时准确的跨域大气监测信息是跨域大气生态环境整体性协作治理机制与模式有效运作的基础保障。由于跨域大气生态环境的整体性和高度关联性，科学准确监测各区域大气污染物排放分布情况，建设大气污染数据库，能确保污染统计数据的时效性、真实性、全面性和一致性。同时，科学、准确、全面的污染监测数据，不仅是确定各地区大气污染治理成本函数的基础，也是确定各地区跨域大气生态环境补偿标准和补偿金额大小的关键。另外，对各地区污染监测数据的科学、准确、全面的掌握，对减少环境纠纷、促进治理主体间的长期协作至关重要。

　　为满足大气环境质量监测数据的及时性和科学性，发达国家已建成较为完善的大气环境监测网络，如美国除建立包含地方、州到国家层面的 AQMN，还建立了用于重点监测 O_3、$PM_{2.5}$ 浓度实时变化趋势的专项监测网络。欧洲 AQMN 不仅实时监测乡村和背景值区域的空气质量，还重点监测跨域污染变动情况。自 2012 年我国国务院批准空气质量新标准监测"三步走"方案实施以来，《关于加强环境空气质量监测能力建设的意见》《大气污染防治行动计划》《生态环境监测网络建设方案》等多项战略措施相继颁布，环境 AQMN 建设成效显著，初步建立起国家、省、市、县四个层级的 AQMN，定期发布六种主要污染物的实时监测数据，并重点监测重要省界、国界和大气环流通道的空气质量。现阶段，《生态环境监测规划纲要（2020—2035 年）》提及"为治理以 $PM_{2.5}$ 和 O_3 污染为主的大气复合污染，我国将进一步完善大气颗粒物化学组分监测网和大气光化学评估监测网"，标志着我国环境空气监测开始从质量浓度监测向专项污染物监测转变。

　　当前我国大气环境监测网络布局合理性仍存在较大的优化空间，原有以城市为基础的国家空气质量监测站大多集中分布于中心城区，分布在跨界区域的监测站较少，这对大气污染物跨行政区域转移量的准确测算造成了很大困难，构建覆盖跨区域的空气质量自动监测网络体系成为开展跨域大气生态环境整体性协作治理生态补偿的迫切要求，加大区域边界及其周边区域建设监测站应成为当前我国跨域大气生态环境监测网络建设的重点。亟须结合跨域协作治理进程，及时制定跨域大气生态环境监测网络布局策略、优化方法与监测绩效评价体系，解决跨域监测数据少、收集标准不一、质量参差不齐、数据信息与设施共享困难、存在冗余监测站等问题，确保跨域大气生态环境整体性协作治理机制与模式的落地实施。

16.2.7　全面推进以跨域空气质量改善为目标的跨域大气生态环境整体性协作治理评估考核体系

　　建立以跨域空气质量改善为核心的评估考核体系，从重点区域、重点行业和重点污染物抓起，以点带面，集中整治，是推进我国跨域大气生态环境整体性协作治理机制与模式有效实施的关键。《重点区域大气污染防治"十二五"规划》和《中共中央　国务院关于深入打好污染防治攻坚战的意见》都明确提出我国重点跨域大气污染治理应坚持总量减排与质量改善的原则，建立以空气质量改善为核心的控制、评估、考核体系。根据总量减排与质量改善之间的响应关系，构建基于质量改善的区域总量控制体系，实现 SO_2、NO_x、颗粒物、挥发性有机化合物等多种污染物的协同控制和均衡控制。《重点区域大气污染防治"十二五"规划》对重点区域内各地区都设有明确的总量控制和浓度控制目标，但仍常出现区域内各地区都宣称本地减排达标或超标完成任务，而公众感知的环境空气质量却未明显改善甚至越来越糟的怪现象。究其原因，在"各自为战"的属地治理模式下，区域内各地区仅从自身减排目标出发进行减排治理，难以有效控制跨域相互传输的污染，以致出现各地区都完成治理任务而区域的空气质量却日益恶化的现象。各地区的经济发展水平、产业结构、能源结构等各不相同，导致各地区的大气污染排放总量、污染物成分各不相同，同时各地区的资金支持、治污技术条件不同而使污染治理能力存在较大差异，环境压力也各不相同。建立以跨域空气质量改善为目标的跨域大气生态环境整体性协作治理机制，不仅考核区域内各地区是否完成大气污染治理总量指标，而且考核整个协作治理区域空气质量是否达标，打破地区间的行政障碍，从整个区域的角度统筹协调，针对各地区污染源排放特点和分布，可分别采取不同的治污应对之策，应重点调整运输结构的就调整运输结构，应重点调整能源结构的就调整能源结构，应重点调整产业结构的就调整产业结构，各地区可"八仙过海，各显神通"。

16.2.8　健全跨域大气生态环境整体性协作治理法律法规标准体系

　　跨域大气生态环境整体性协作治理机制与模式的顺利实施必须依靠完备的法律法规标准体系。发达国家和区域的经验可供参考，如《清洁空气法》为美国开展跨域大气污染协作治理机制提供了重要法律保障。欧共体环境行动规划作为欧盟环境管理的行动纲领，各成员国将大气污染联动治理的指令转化为国内的法律或法令予以贯彻落实，如用于改善大气环境空气质量的《关于环境空气质量和为了欧洲更清洁空气的 2008/50/EC 指令》。无论是在国家层面，还是在地方层面，我国环境治理立法均已经取得显著成效。例如，《中华人民共和国环境保护法》《大气污染防治行动计划》《中华人民共和国大气污染防治法》《北京市大气污染防治条例》《四川省灰霾污染防治实施方案》《兰州市实施大气污染防治法办法》《山西省落实大气污染防治行动计划实施方案》等。但这些法律法规只提出了大气治理战略方向、原则和要求，在操作层面无明确规范，缺乏具体指引措施。我国也针对重点治理区域出台了短期协作治理方案，如《京津冀及周边地区、汾渭平原 2020—2021 年秋冬季大气污染综合治理攻坚行动方案》《长三角地区 2020—2021 年秋冬季大气污染综合治理攻坚行动方案》《汾渭平原 2019—2020 年秋冬季大气污染综合治理攻坚行动方案》等，但上述方案要么执行范围仅适用于在各行政区域内部，要么只是短期的跨域协作治理应对方案。遇到大型活动或极端污染天气时，只能临时采取行政命令式的应急管理措施。因此，我国应尽快出台长期指导跨域大气污染协作治理原则、各级治理主体具体操作规范和协作治理效果考核等相关的法律法规。

　　在执法层面，对任何直接违反大气污染防治指令的行为或者以某种借口不履行义务的情况，欧盟委员会有权进行调查，提请有关机构监督，并有权就违法事项向欧洲法院起诉。尽管我国新修正的《中华人民共和国大气污染防治法》加大了行政处罚力度，将具体处罚行为和种类增加至接近 90 种，一定程度上提高了法律法规的可操作性和权威性，但大多适用于大气污染事故发生后的处罚情况，不但缺乏促进事前跨域协作治理条款，还缺乏对不配合开展跨域大气环境整体性协作治理的惩罚措施。协作治理区域内，无论是机动车（船舶）排放、油品等级，还是产业准入、建筑工地扬尘、作业机械污染排放等，区域内各地区均应统一标准，并由区域环境保护督察局联合执法、统一执法、严格执法，防止高污染车辆（船舶）、高污染设备、高污染产业、高污染燃料在区域内各地区之间转移，尤其应防止向欠发达地区、城乡接合部、农村地区转移。对区域内所有新建项目和关、停、并、转项目，也必须统一排放标准，不给高污染项目可乘之机。

总之，我国应结合各类跨域大气生态环境整体性协作治理机制与模式的优缺点、适用情境、实施效果、实施效率和预期效益，尽快以立法的形式规范和健全跨域大气生态环境整体性协作治理的法律法规标准体系，并加强区域联合执法。

16.3　本　章　小　结

本章结合前期研究成果，得到下列主要结果：①对比现行的属地治理模式、行政协调模式、税收调控模式、排污权期货调控模式的优劣势及各类模式的适用条件；②从跨域大气生态环境管理体制、协作治理组织架构、协作治理区域范围优化与等级划分方法体系、协作治理生态补偿体系、协作治理政策工具、监测网络体系、协作治理评估考核体系、协作治理法律法规标准体系八方面出发，提出了推进跨域大气生态环境整体性协作治理机制与模式的应对策略。

第17章　结论与展望

本章归纳了前四篇内容，即归纳了跨域大气生态环境整体性协作治理理论框架、跨域大气生态环境整体性协作治理区域范围优化与等级划分方法研究、基于各类政策工具的跨域大气生态环境整体性协作治理机制与模式研究、跨域大气环境监测网络布局优化研究的主要研究结论，总结了推进我国跨域大气生态环境整体性协作治理的应对策略，并提出未来研究展望。

17.1　结　　论

本书在综合考虑我国现行的行政管理体制、环境管理体制和跨域大气生态环境整体性特征的基础上，首先，深入剖析了跨域大气生态环境整体性协作治理机制与模式的内涵及外延，构建了适合中国情境的跨域大气生态环境整体性协作治理机制与模式的理论框架。其次，分别从协作治理区域范围优化与等级划分、基于多种政策工具的协作治理机制与模式、大气环境监测网络布局优化三方面出发，对跨域大气生态环境整体性协作治理机制与模式进行了深入研究，并选取京津冀地区、"2＋26"城市、长三角区域、汾渭平原等典型区域和北京APEC峰会等为例开展实证研究和案例研究。得到如下主要研究成果与结论。

（1）构建了我国跨域大气生态环境整体性协作治理机制与模式的理论框架，并据此提出了适合中国情境的跨域大气生态环境整体性协作治理理论与方法。首先，以我国跨域大气生态环境整体性协作治理存在的突出问题为导向，结合大气生态环境的区域性和整体性特征，界定了我国跨域大气生态环境整体性协作治理的两类主要区域（跨省区域和省辖城市群区域）、涉及的三个治理主体（中央政府、省级政府、省辖城市群政府）及主体间四种博弈关系（中央政府与省级政府之间、省级政府之间、省级政府与省辖城市政府之间、省辖城市政府之间）的内涵及特征。其次，系统梳理了国内外典型协作治理实践案例，并对美国、欧盟、日本等发达国家/地区和京津冀、长三角、汾渭平原、北京奥运会、北京APEC峰会等跨域大气生态环境整体性协作治理的实践经验进行系统分析，结合我国行政管理体制和环境管理体制，系统研究了我国跨域大气生态环境整体性协作治理的区域范围与等级、协作治理机制与模式、监测网络布局等关键管理要素以及要素间的关系和作用机理，设计了我国跨域大气生态环境整体性协作治理机制与模式的理论框架。

（2）提出了跨域大气生态环境整体性协作治理区域范围优化与等级划分方法体系，为跨域大气生态环境整体性协作机制与模式提供了研究对象。基于行政区划、跨域大气污染物传输规律、气象因素等关键特征对跨域大气生态环境的关联关系，系统研究了我国跨域生态环境整体性协作范围优化与等级划分的决定性因素，深入剖析了我国当前在协作治理区域范围优化与等级划分方面的治理效果、效率及优缺点，并构建了三类适合中国情境的跨域大气生态环境整体性协作范围优化与等级划分方法体系。

第一类是考虑污染物浓度相关性的协作治理区域范围优化与等级划分方法。将污染物日均浓度的相关性系数、跨域大气污染的治理弹性、跨域大气污染治理的紧迫性作为关键影响因素，构建了考虑城市间污染物浓度相关性的跨域大气生态环境整体性协作治理区域的范围优化与等级划分方法体系，并以京津冀地区为例进行实证分析。

第二类是考虑主风道方向的协作治理区域范围优化与等级划分方法。重点考虑气象因素"风向"对污染物分布的影响，综合采用相关性分析、回归分析、聚类分析和 TOPSIS 法构建了协作治理区域范围优化与等级划分方法体系，并以长三角区域为例进行实证研究。

第三类是考虑风向与风频的协作治理区域范围优化与等级划分方法。将协作治理区域内的风向、风频、污染水平、人口密度、治污潜力作为关键因素，综合采用相关性分析、回归分析和聚类法构建了协作治理区域范围优化和治理等级划分方法体系，并以"2+26"城市为例进行实证分析。

本书建立的跨域大气生态环境整体性协作治理区域范围优化与治理等级划分方法体系具有普适性，可根据各协作治理区域和治理主体的实际情况，以及跨域大气生态环境整体性协作治理的实践进程及时调整优化，提高我国跨域大气生态环境整体性协作治理有效性。

（3）构建了基于各类政策工具的跨域大气生态环境整体性协作治理机制与模式研究。首先，深入剖析了各治理主体的行为特征与博弈关系。其次，统筹考虑我国行政管理体制和环境管理体制，分别构建了基于行政协调、税收、排污权交易等政策工具的跨域大气生态环境整体性协作治理机制与模式。最后，将构建的各类协作治理机制、模式和现行的属地治理机制、模式进行对比分析。

第一类是基于行政协调手段的协作治理机制与模式。将污染治理的成本与其对社会就业的影响最小化作为优化目标，构建了基于行政协调手段的跨域大气生态环境整体性协作治理双目标优化模型，并以京津冀地区的 SO_2 治理为例进行实证分析。

第二类是基于税收手段的协作治理机制与模式。以税收理论为基础，考虑行政主导型治理主体之间的纵向博弈关系，以及各治理主体的减排配额、污染治理能力与治理成本，构建了具有一个领导者和多个跟随者的 Stackelberg 博弈模型，据此核算出最优污染物去除率和环境税率，并以长三角区域的 SO_2 治理为例进行实证研究。

第三类是基于排污权交易手段的跨域大气生态环境整体性协作治理机制与模式，包括四类具体的协作治理机制与模式。首先，本书提出基于广义纳什均衡市场手段的协作治理模型，由此设计了一种环境协作治理转移支付激励机制与模式，考虑平等协作型治理主体之间的横向博弈关系、区域的环境容量与污染治理任务及各地的污染治理能力与综合成本，核算出最优单位转移支付价格。其次，构建了就业效应视角下基于排污权期货交易的协作治理机制与模式、经济效应视角下基于排污权期货交易的协作治理机制与模式以及健康效应视角下基于排污权期货交易的协作治理机制与模式。上述模型分别以长三角区域、京津冀地区、汾渭平原等典型区域为例进行了实证研究。同时，将以上构建的各类协作治理机制、模式和现行的属地治理机制、模式进行了对比研究。

本书的研究结果表明，基于行政协调、税收和排污权交易手段的跨域大气生态环境整体性协作治理机制与模式的选择取决于各治理主体的行为特征及其之间的博弈关系。与传统的行政命令控制手段相比，本书提出基于不同政策工具的跨域大气生态环境整体性协作治理机制与模式，更有利于提高各治理主体参与协作治理的积极性，更有利于提升社会资源和环境治理资源的配置效率，有助于加快推动我国跨域大气生态环境整体性协作治理进程。

（4）提出了跨域大气生态环境监测网络布局优化方法体系，为推进我国跨域大气生态环境整体性协作治理提供关键保障。在统筹考虑国内外大气生态环境整体性协作治理的实践经验、我国行政管理体制和环境管理体制特点、大气生态环境整体性特征、跨域污染时空变化特征等关键因素的基础上，综合运用环境科学、地理科学、气象科学、管理科学等多学科的理论与方法，构建了三类跨域大气生态环境监测网络布局优化方法体系。

第一类是基于主成分分析-聚类分析的跨域大气生态环境监测网络布局优化方法。发挥主成分分析、聚类分析法在识别相似污染行为的方法优势，利用指派法确定冗余监测站，提出"转移＋新建"的布局优化方案，以上海及其周边城市 AQMN 为例进行实证分析。

第二类是基于多元线性回归分析-支持向量回归的跨域大气生态环境监测网络布局优化方法。该方法倾向于识别给定区域 AQMN 的冗余监测站并寻求替代监测站，使优化后的 AQMN 仍保留原有空气质量网络的监测能力。本书以上海 AQMN 为例进行实证研究。

第三类是基于逐步回归分析-BP 神经网络的跨域大气生态环境监测网络布局优化方法。该方法拓展了前两种布局优化方法体系的应用范围，简化了冗余监测站识别方法体系，提升了冗余监测站识别的准确性及其替代方案的科学性。同样以上海 AQMN 为例进行实证分析。

本书提出了跨域大气生态环境监测网络的布局策略与优化方法体系，准确识别监测网络中的冗余监测站，并提出替代方案，在保障大气污染监测网络污染信息监测能力的基础上，优化了大气生态环境质量监测网络布局，为完善我国跨域大气生态环境整体性协作治理提供了技术保障。

（5）提出了推进我国跨域大气生态环境整体性协作治理机制与模式的解决方案，为跨域大气生态环境整体性协作治理实施提供政策参考。本书构建了基于三类政策工具的跨域大气生态环境整体性协作治理机制与模式，包括通过生态补偿体系构建的行政协调模式、通过税收政策工具构建的税收调控模式、通过排污权交易和金融期货政策工具构建的排污权期货调控模式。与现行的属地治理模式相比，上述三类模式不仅考虑了跨域大气生态环境整体性的自然属性和社会属性，还充分发挥了各地区环境治理成本差异优势，更有利于激励各地区参与跨域大气生态环境整体性协作治理，更适合作为未来我国跨域大气生态环境整体性协作治理机制与模式的改革方向。

结合我国现行的行政管理体制和环境管理体制，各自为政的属地模式割裂了跨域大气环境整体性协作治理目标，不利于发挥各地区的治理成本优势；行政协调模式需建立在各地区对跨域大气生态环境整体性协作治理生态补偿方案的"公平认同性"和完备的法律法规标准之上；排污权期货调控模式的实施依赖完善的跨域大气排污权期货交易市场；税收调控模式由于其跨域转移支付、强制执行和执行成本低等显著优势，更适合作为当前我国跨域大气环境协作治理的主要协作治理模式。

基于上述研究成果，本书从跨域大气生态环境管理体制、协作治理组织架构、协作治理区域范围优化与等级划分方法体系、协作治理生态补偿体系、协作治理政策工具、监测网络体系、协作治理评估考核体系、协作治理法律法规标准体系八个方面，提出了推进我国跨域大气生态环境整体性协作治理的应对策略。首先，我国应在借鉴国内外跨域协作治理成功经验的基础上，建立以跨域管理为主、属地管理为辅的跨域大气生态环境管理体制，优化目前的生态环境部下属的华北、华东、华南、西北、西南、东北六个督察局的组织架构和管理职能；其次，综合考虑跨域大气污染物传输规律、气象因素等关键特征，兼顾我国现有行政管理体制因素，合理优化协作区域范围，科学划分治理等级，建立完善的跨域大气生态环境整体性协作治理生态补偿体系，选择适合治理地区的协作治理政策工具，运用行政协调、税收、排污权交易等手段构建跨域大气生态环境整体性协作治理机制以及与其相适应的协作治理模式。同时，优化跨域大气生态环境监测网络体系、协作治理评估考核体系和相关法律法规标准体系，为我国跨域大气生态环境整体性协作治理机制与模式的顺利实施提供技术、制度、法律保障。

17.2 展　　望

在实现经济社会发展全面绿色转型的时代背景下，本书虽然能为我国大气污染问题的有效应对提供理论依据、数据支撑和决策参考。但随着我国经济社会的发展，大气污染形势日益复杂且和气候问题耦合关系日益紧密，跨域大气生态环境整体性协作治理机制与模式亟待愈加深入系统的研究。未来可从以下几个方面进行进一步深入研究。

1）结合我国大气生态环境整体性协作治理进程，强化 O_3 等其他关键污染物的实证研究

本书主要依据六种污染物（$PM_{2.5}$、SO_2、NO_2、O_3、PM_{10} 和 CO）浓度数据进行协作治理区域范围优化与等级划分、协作治理机制与模式设计和监测网络布局优化。为使各类模型结果更为显著，选取的数据均为我国大气污染最为严重时期，如 2012～2016 年 $PM_{2.5}$ 浓度数据，而随着我国大气生态环境治理的推进，大气污染问题已得到极大的改善，现阶段 O_3 逐渐成为影响我国跨域大气生态环境整体性协作治理的主要来源，因此后续研究可强化 O_3 等其他关键污染物的相关性分析。

2）假设条件中个别参数选取问题可进一步完善

本书涉及的协作治理机制模型中的个别参数，如各地区年度大气污染物排放上下限的取值多来源于参考文献，或是对各地区公开数据进行简化或假定，与真实情况存在一定差距。因此，后续研究可继续完善个别参数的取值，对参数进行灵敏度分析，使协作治理模型更接近真实情况。

3）进一步丰富跨域大气生态环境整体性协作治理机制与模式

本书提出了基于行政、税收和排污权交易等手段的大气生态环境整体性协作治理机制与模式，对比分析了各类协作治理机制与模式的优缺点和适用场景。随着我国行政管理体制的不断优化，市场经济的深入改革，可考虑添加新的影响因素丰富协作治理机制与模式，如引入环境治理的投融资力度因素优化现有协作治理机制与模式。

4）结合我国生态战略规划，推进跨域大气污染物排放与碳排放协同治理

当前我国面临大气污染防治与"双碳"目标双重要求，由于二氧化碳排放和大气污染物排放同根同源，开展协同立法，促进协同减排，将治污减排目标在各部门、各行业、各地区和时序性上进行科学分解并保障落实。因此，未来研究可依据各项协同减排规划，重点研究大气污染物排放和碳排放协同治理机

制与模式，提升我国应对大气污染和气候变化领域的治理能力，加快建设美丽中国。

17.3　本　章　小　结

本章通过整合研究结论，得到下列主要结果。①从跨域大气生态环境整体性协作治理理论框架，协作治理区域范围优化与等级划分方法，基于行政协调、税收和排污权交易等政策工具的协作治理机制与模式，大气环境监测网络布局优化四个方面梳理了主要研究结果，并总结了推进跨域大气生态环境整体性协作治理机制与模式的应对策略。②结合我国大气环境协作治理发展战略规划，从强化 O_3 等其他关键污染物的实证研究、完善假设条件中个别参数选取问题、丰富跨域大气生态环境整体性协作治理机制与模式、推进跨域大气污染物排放与碳排放协同治理四个方面提出了跨域大气生态环境整体性协作治理机制与模式的未来研究方向。

参 考 文 献

安敏，李文佳，吴海林，等. 2022. 三峡库区生态环境质量的时空格局演变及影响因素[J]. 长江流域资源与环境，31（12）：2743-2755.

蔡岚，王达梅. 2019. 珠江三角洲地区雾霾联动治理的现状、困境及路径探析[J]. 广东行政学院学报，31（3）：25-30.

蔡明. 2020. 吉林省大气污染治理政策执行研究[D]. 长春：吉林财经大学.

曹锦秋，吕程. 2014. 联防联控：跨行政区域大气污染防治的法律机制[J]. 辽宁大学学报（哲学社会科学版），42（6）：32-40.

柴发合，云雅如，王淑兰. 2013. 关于我国落实区域大气联防联控机制的深度思考[J]. 环境与可持续发展，38（4）：5-9.

陈百明. 2012-11-01. 何谓生态环境？[N]. 中国环境报，（2）.

陈春江. 2019. 成渝城市群 $PM_{2.5}$ 污染的时空分布与治理研究[D]. 重庆：重庆大学.

陈浩，朱雪瑗. 2023. 区域一体化下"弱-弱"府际结构因素对跨域公共服务协作政策的影响：基于长三角 Y 市毗邻公交的案例研究[J]. 公共管理与政策评论，12（2）：24-42.

陈建. 2017. 统一标准是跨省重点区域大气污染治理的出路：基于邻避扩张的视角[J]. 江苏大学学报（社会科学版），19（2）：61-69.

陈俊宏. 2019. 辽宁省大气环境治理绩效评估研究[D]. 大连：大连理工大学.

崔浩，张蕾. 2018. 跨行政区域协作共建美丽中国的动因、机制构成[J]. 学理论，（1）：25-27.

邓玥. 2018. 汾渭平原为何成为蓝天保卫战主战场[EB/OL]. http://env.people.com.cn/n1/2018/0223/c1010-29830462.html[2023-07-21].

董昊，程龙，王含月，等. 2021. 安徽省臭氧污染特征及气象影响因素分析[J]. 中国环境监测，37（1）：58-68.

董小君，石涛，于晓文. 2023. 基于大数据的地方金融风险协同治理机制研究[J]. 中国行政管理，39（5）：100-106.

段娟. 2020. 新时代中国推进跨区域大气污染协同治理的实践探索与展望[J]. 中国井冈山干部学院学报，13（6）：45-54.

范琼. 2017. "马拉松霾"到"APEC蓝"：大气污染运动式治理的反思[D]. 长春：吉林大学.

冯怡，刘德波，苗智英，等. 2021. 基于熵权 TOPSIS 的河南省水资源承载力综合评价[J]. 河南水利与南水北调，50（4）：30-33.

高飞，刘旗龙，曹磊，等. 2023. 一种大气污染在线识别方法：CN115659195A[P/OL]. https://www.docin.com/p-4568060721.html[2024-09-05].

高志远，程柳，张小红. 2022. 黄河流域经济发展-生态环境-水资源耦合协调水平评价[J]. 统计与决策，38（9）：123-127.

关华，齐卫娜．2015．环境治理中政府间利益博弈与机制设计[J]．财经理论与实践，36（1）：100-104．

光明网．2023．欧盟努力应对空气污染[EB/OL]．https://m.gmw.cn/2023-01/12/content_1303252011.htm [2024-08-30]．

郭永园．2018．美国州际生态治理对我国跨区域生态治理的启示[J]．中国环境管理，10（1）：86-92．

国家统计局．2024．中华人民共和国 2023 年国民经济和社会发展统计公报[EB/OL]．https://www.stats.gov.cn/sj/zxfb/202402/t20240228_1947915.html[2024-02-29]．

韩英夫．2020．论区域性环境行政的法治逻辑[J]．内蒙古社会科学，41（6）：98-108．

韩兆坤．2016．协作性环境治理研究[D]．长春：吉林大学．

韩兆柱，任亮．2020．京津冀跨界河流污染治理府际合作模式研究：以整体性治理为视角[J]．河北学刊，40（4）：155-161．

滑晓晴．2019．省际大气污染联防联控法律机制研究[D]．长沙：中南林业科技大学．

黄莲琴，刘明玥，梁晨．2023．基于熵权 TOPSIS 法的公司绿色治理观测指标与评价研究[J]．电子科技大学学报（社会科学版），25（2）：95-106．

黄润秋．2021．把碳达峰碳中和纳入生态文明建设整体布局[J]．中国生态文明，（6）：9-11．

黄玉平，张庆国，汪水兵，等．2011．主成分分析在大气质量监测优化布点中的应用[J]．安徽农业大学学报，38（6）：966-969．

蒋一帆．2022．区块链技术在京津冀大气污染治理中的应用研究[J]．四川环境，41（2）：145-150．

巨乃岐，杨权良，王恒桓，等．2018．试论当代生态环境问题形成的根源和实质[J]．天中学刊，33（1）：57-62．

孔钦，叶长青，孙赟．2018．大数据下数据预处理方法研究[J]．计算机技术与发展，28（5）：1-4．

雷莹．2017．地方政府环境治理的激励机制研究[D]．武汉：中南财经政法大学．

李菲菲，周霞，周玉玺．2023．环渤海地区农业绿色发展水平评价与区域差异分析[J]．中国农业资源与区划，44（3）：118-129．

李海生，陈胜，吴丰成，等．2021．协同创新 科技助力打赢蓝天保卫战[J]．环境保护，49（7）：8-11．

李嘉馨．2020．我国排污权交易制度的绿色发展效应分析[D]．石家庄：河北经贸大学．

李建呈，王洛忠．2023．区域大气污染联防联控的政策效果评估：基于京津冀及周边地区"2＋26"城市的准自然实验[J]．中国行政管理，（1）：75-83．

李宁，李增元．2022．从碎片化到一体化：跨区域生态治理转型研究[J]．湖湘论坛，35（3）：96-106．

李倩．2022．区域大气污染协同治理政策的作用机制及效应研究：以长江三角洲地区为例[D]．成都：西南财经大学．

李倩，陈晓光，郭士祺，等．2022．大气污染协同治理的理论机制与经验证据[J]．经济研究，57（2）：142-157．

李松洲．2020．城市空气质量的 $PM_{2.5}$ 浓度预测及监测网络优化研究[D]．太原：太原理工大学．

李维，蒋明．2015．基于 GIS 云平台的环境监测数据三维表征设计与应用初探[J]．中国环境监测，31（3）：166-176．

李先波，胡惠婷. 2022. 长江流域生态环境修复的困境与应对[J]. 南京工业大学学报（社会科学版），21（1）：76-86，112.

李晓岚，刘旸，栾健，等. 2018. 基于 BP 人工神经网络法沈阳市 $PM_{2.5}$ 质量浓度集成预报试验[J]. 气象与环境学报，34（2）：100-106.

李小胜，束云霞. 2020. 环境政策对空气污染控制与地区经济的影响：基于命令控制型工具的实证[J]. 数理统计与管理，39（4）：691-704.

李迎春. 2017. 政府跨域协作治理研究：以京津冀地区大气污染治理为例[D]. 天津：天津财经大学.

李宇环，张秋香，石银凤. 2022. 问题属性、权威介入与跨域环境协作治理：基于京津冀地区的案例比较分析[J]. 中央财经大学学报，（10）：119-128.

梁泽，王玥瑶，岳远紊，等. 2020. 耦合遗传算法与 RBF 神经网络的 $PM_{2.5}$ 浓度预测模型[J]. 中国环境科学，40（2）：523-529.

廖祥超. 2017. 九种常用缺失值插补方法的比较[D]. 昆明：云南师范大学.

林海明，杜子芳. 2013. 主成分分析综合评价应该注意的问题[J]. 统计研究，30（8）：25-31.

蔺丰奇，吴卓然. 2017. 京津冀生态环境治理：从"碎片化"到整体性[J]. 河北经贸大学学报，38（3）：96-103.

刘丹，刘俊玲，郑宇婷，等. 2022. 大气污染联防联控政策对生态文明建设绩效的影响研究[J]. 生态经济，38（7）：212-219.

刘建厅，刘芮妍，续衍雪. 2022. 河南省各地级市水资源承载力评价研究[J]. 人民黄河，44（3）：53-58.

刘娟. 2019. 跨行政区环境治理中地方政府合作研究：基于利益分析的视角[D]. 长春：吉林大学.

刘康丽. 2020. 基于范围划分的区域大气污染联防联控机制优化研究：以长三角 27 地级市为例[D]. 杭州：浙江工业大学.

刘秋彤. 2022. 跨区域大气污染联合防治执法机制研究[D]. 南宁：广西民族大学.

刘晓倩. 2021. 大气污染区域协同治理研究：以京津冀地区为例[D]. 南京：南京师范大学.

刘燕，叶晴琳. 2022. 动机与能力：成都平原经济区大气污染协同治理的政策研究[J]. 公共管理与政策评论，11（6）：49-58.

刘延莉. 2023. 基于 GIS 的农业气象环境污染扩散浓度特征研究[J]. 环境科学与管理，48（2）：81-85.

卢冰. 2018. 整体性治理视域下京津冀生态环境协同治理研究[D]. 秦皇岛：燕山大学.

陆昱. 2018. 生态治理现代化：理念、能力与体系的重构[J]. 长江论坛，（1）：58-61.

吕芳，杨宇鑫，杨俊. 2023. 气溶胶光学厚度与 $PM_{2.5}$ 浓度的时空分布特征及其关系：以京津冀大气污染传输通道城市群为例[J]. 生态学报，43（1）：153-165.

毛相磊，俞田荣. 2021. 习近平生态整体性思想探究[J]. 江南社会学院学报，23（3）：6-11，28.

宁淼，孙亚梅，杨金田. 2012. 国内外区域大气污染联防联控管理模式分析[J]. 环境与可持续发展，37（5）：11-18.

饶常林，赵思姁. 2022. 跨域环境污染政府间协同治理效果的影响因素和作用路径：基于 12 个案例的定性比较分析[J]. 华中师范大学学报（人文社会科学版），61（4）：51-61.

任丙强，冯琨. 2023. 京津冀大气污染协同治理特征、困境与对策：基于 MSAF 分析框架的探讨[J]. 学习论坛，（2）：65-73.

沈克颖，罗冬林，刘红. 2015. 区域环境污染治理模式的比较与选择：以大气污染为例[J]. 企业经济，（2）：24-27.

生态环境部. 2019. 2018 中国生态环境状况公报[EB/OL]. https://www.mee.gov.cn/hjzl/sthjzk/zghjzkgb/201905/P020190619587632630618.pdf[2022-08-31].

生态环境部. 2020. 生态环境部 5 月例行新闻发布会实录[EB/OL]. https://www.mee.gov.cn/xxgk2018/xxgk/xxgk15/202006/t20200602_782341.html[2022-11-20].

生态环境部. 2022. 2021 中国生态环境状况公报[EB/OL]. https://www.mee.gov.cn/hjzl/sthjzk/zghjzkgb/202205/P020220608338202870777.pdf[2022-08-31].

史哲齐. 2019. 基于 TOPSIS-层次分析法石油化工企业环境风险评价研究[D]. 天津：天津工业大学.

宋佳宁，陆旭. 2021. 京津冀大气污染协同治理机制现状、法律问题及对策研究[J]. 华北理工大学学报（社会科学版），21（6）：11-15，43.

宋玉茹，董小君，许诗源，等. 2023. 中国经济韧性水平测度与时空格局演变分析[J]. 统计与决策，39（9）：103-108.

孙春花，沈贤，赵鑫. 2022. 环境监测在大气污染治理中的应用研究[J]. 中国资源综合利用，40（6）：144-146.

孙睿. 2022. 大气污染防治环境绩效审计评价指标体系构建及应用研究：以 A 市为例[D]. 哈尔滨：哈尔滨商业大学.

孙艳丽，刘娟，何海英，等. 2018. 辽宁经济区城市群治理雾霾联动协作机制综合评价指标体系研究[J]. 沈阳建筑大学学报（自然科学版），34（2）：375-384.

孙燕铭，周传玉. 2022. 长三角区域大气污染协同治理的时空演化特征及其影响因素[J]. 地理研究，41（10）：2742-2759.

锁利铭，阚艳秋. 2021. 理解中国大气污染协同治理组织的多样性：类型差异与选择逻辑[J]. 华南师范大学学报（社会科学版），（3）：113-127，207.

锁利铭，阚艳秋，涂易梅. 2018. 从"府际合作"走向"制度性集体行动"：协作性区域治理的研究述评[J]. 公共管理与政策评论，7（3）：83-96.

汤荣志，段会川，孙海涛. 2016. SVM 训练数据归一化研究[J]. 山东师范大学学报（自然科学版），31（4）：60-65.

滕玥. 2023. 大气污染防治面临双重压力[J]. 环境经济，（7）：40-41.

王长梅，万大娟，王开心，等. 2021. 长沙市 $PM_{2.5}$ 浓度时空分布特征及影响因子分析[J]. 科学技术与工程，21（12）：5157-5165.

王海英. 2018. 农业生态环境与农业经济耦合协同发展研究：以 9 个发展中人口大国为例[J]. 世界农业，（6）：101-106，142.

王金南，宁淼，孙亚梅. 2012. 区域大气污染联防联控的理论与方法分析[J]. 环境与可持续发展，37（5）：5-10.

王月红. 2019. 京津冀大气污染治理生态补偿标准研究[D]. 北京：对外经济贸易大学.

王志强，李宗礼，张宜清，等. 2018. 区域生态文明建设总体规划研究（I）：以甘肃省会宁县为例[J]. 水利规划与设计，（12）：5-9.

温雪梅. 2020. 制度安排与关系网络：理解区域环境府际协作治理的一个分析框架[J]. 公共管理
　　与政策评论, 9（4）：40-51.

吴文华. 2018. 我国排污权有偿使用和交易工作推进现状[J]. 环境与发展, 30（1）：221-223, 225.

仵玲玲. 2021. 沿黄流域九省区工业绿色发展水平评价研究[D]. 呼和浩特：内蒙古财经大学.

肖建能, 杜国明, 施益强, 等. 2016. 厦门市环境空气污染时空特征及其与气象因素相关分析[J].
　　环境科学学报, 36（9）：3363-3371.

谢永乐. 2021. 动态空间视域下京津冀大气污染协同治理绩效评价研究[D]. 北京：中央财经大学.

谢玉晶. 2017. 区域大气污染联动治理机制研究[D]. 上海：上海大学.

熊成. 2017. 基于车联网的城市 $PM_{2.5}$ 空气质量监测评估方法研究[D]. 广州：华南理工大学.

薛飞, 周民良. 2022. 区域联防联控的空气污染治理效应研究[J]. 软科学, 36（8）：84-90.

薛俭, 陈强强. 2020. 京津冀大气污染联防联控区域细分与等级评价[J]. 环境污染与防治,
　　42（10）：1305-1309.

薛俭, 李常敏. 2015. 我国大气污染治理全局优化省际合作模型[J]. 生态经济, 31（4）：150-155.

薛俭, 朱迪, 赵来军. 2020. 基于省际贸易视角的环境治理隐含成本研究[J]. 中国管理科学,
　　28（10）：210-219.

薛井科. 2022. 大气污染问题的环境监测与处理策略[J]. 资源节约与环保, （4）：46-49.

薛同来, 赵冬晖, 韩菲. 2019. 基于 BP 神经网络的北京市 $PM_{2.5}$ 浓度预测[J]. 新型工业化, 9（8）：
　　87-91.

央视网. 2013. 世界著名空气污染事件盘点：伦敦大雾曾致万人死[EB/OL]. http://news.cntv.cn/
　　2013/01/13/ARTI1358074389709436.shtml[2024-02-22].

杨洋. 2020. 大气污染区域联防联控政策效果评价研究：以京津冀及周边地区为例[D]. 杭州：浙
　　江财经大学.

姚颖, 蓝艳, 张慧勇, 等. 2021. 欧洲大气污染防治的成效、经验及启示[J]. 环境与可持续发展,
　　46（6）：176-180.

姚雨辰, 王翯华. 2023. 基于熵权 TOPSIS 法的快递企业服务竞争力研究[J]. 物流工程与管理,
　　45（5）：108-111.

叶继. 2021. 基于数据融合的空气污染物监测技术研究[J]. 环境科学与管理, 46（5）：135-139.

余敏江. 2022. 复合碎片化：环境精细化治理为何难以推进？——基于整体性治理视角的分析[J].
　　中国行政管理, （9）：89-96.

俞珊, 张双, 张增杰, 等. 2022. 北京市"十四五"时期大气污染物与温室气体协同控制效果评
　　估研究[J]. 环境科学学报, 42（6）：499-508.

岳昂, 张赞. 2018. 基于遥感分析的城市生态环境评价研究[J]. 绿色科技, （12）：126-127.

曾穗平, 赵茜雅, 田健. 2022. 基于智能算法的大气污染防控知识图谱：研究方法、演化路径与
　　应用展望[J]. 灾害学, 37（1）：120-128.

张丹丹. 2018. 京津冀雾霾治理碎片化及整体性治理对策研究[D]. 秦皇岛：燕山大学.

张丹宁, 张猛, 张博. 2020. 基于 NARX 神经网络的 $PM_{2.5/10}$ 浓度值预测模型：以咸阳市两寺渡
　　监测站为例[J]. 地球环境学报, 11（2）：161-168.

张慧玲, 盛丹. 2019. 前端污染治理与我国企业的就业吸纳：基于拟断点回归方法的考察[J]. 财

经研究，45（1）：58-74.

张丽辉. 2020. 城市环境空气质量自动监测优化布点分析[J]. 环境与发展，32（9）：164-165.

张凌霄. 2021. 大气环境绩效审计评价研究[D]. 郑州：河南工业大学.

张南南. 2020. 基于空气资源禀赋的PM$_{2.5}$联防联控区域划定研究[D]. 哈尔滨：哈尔滨工业大学.

张桃林. 2022-06-23. 加强农业生态环境保护[N]. 人民政协报，（4）.

张书海. 2017. 考虑城际传输的区域空气污染联动治理研究[D]. 上海：上海大学.

张雪亚. 2018. 城市空气质量监测大数据安全存储模式研究[J]. 环境科学与管理，43（7）：129-132.

张义. 2021. 大气环境影响评价工作中环境现状监测的技术要点分析[J]. 华北自然资源，（5）：95-96.

张一炜，赵天良，胡未央，等. 2022. 两湖盆地襄阳地区PM$_{2.5}$重污染过程区域传输的观测和模拟分析[J]. 环境科学学报，42（11）：318-329.

赵航. 2020. 大气污染联防联控政府间协作影响因素及其效果分析：以京津冀及周边地区为例[D]. 天津：天津大学.

赵来军，谢玉晶. 2016. 推动区域联防联控是破解我国"雾霾锁城"困局的关键[J]. 中国改革，（386）：77-83.

赵连荣，葛建平. 2018. 山西省煤炭资源依赖型产业结构转型效果研究：基于2002—2012年投入产出表的动态分析[J]. 生态经济，34（1）：57-60.

郑凌霄. 2021. 雾霾污染的空间特征及协同治理博弈研究[D]. 徐州：中国矿业大学.

周剑，魏广涛，张胜东，等. 2018. 基于多种交互方式的分布式空气质量监测系统设计与实现[J]. 电子测量与仪器学报，32（3）：119-126.

周胜男，宋国君，张冰. 2013. 美国加州空气质量政府管理模式及对中国的启示[J]. 环境污染与防治，35（8）：105-110.

周奕. 2022. 空气质量监测网络优化研究[D]. 上海：上海理工大学.

周志华. 2016. 机器学习[M]. 北京：清华大学出版社.

周子航，张京祥，王梓懿. 2022. 基于TOPSIS-物元模型的流域生态补偿绩效研究：以东江流域为例[J]. 现代城市研究，（10）：115-121.

中国政府网. 2017. 环境保护部与山西省联合派出专家组赶赴临汾科学指导二氧化硫污染应对[EB/OL]. https://www.gov.cn/xinwen/2017-01/12/content_5159241.htm[2023-07-21].

中国政府网. 2020. 李克强主持召开国务院常务会议 要求坚持稳健的货币政策灵活适度 着眼服务实体经济明确金融控股公司准入规范等[EB/OL]. https://www.gov.cn/premier/2020-09/02/content_5539549.htm[2023-07-22].

钟小剑，黄晓伟，范跃新，等. 2017. 中国碳交易市场的特征、动力机制与趋势：基于国际经验比较[J]. 生态学报，37（1）：331-340.

朱婷. 2022. 基于耦合模型的城市生态环境空间规划系统设计[J]. 现代电子技术，45（2）：145-149.

朱文华. 2023. 城市大气污染控制现状及对策分析[J]. 现代农村科技，（3）：114-115.

邹磊，刘慧媛，王飞宇，等. 2022. 长江中游城市群绿色发展水平的地区差异及其影响因素[J]. 中国科学：地球科学，52（8）：1462-1475.

Allende G B，Still G. 2013. Solving bilevel programs with the KKT-approach[J]. Mathematical Programming，138（1）：309-332.

Allevi E，Oggioni G，Riccardi R，et al. 2017. Evaluating the carbon leakage effect on cement sector under different climate policies[J]. Journal of Cleaner Production，163：320-337.

An M，Xie P，He W J，et al. 2022. Spatiotemporal change of ecologic environment quality and human interaction factors in Three Gorges ecologic economic corridor，based on RSEI[J]. Ecological Indicators，141：109090.

An Q X，Wen Y，Ding T，et al. 2019. Resource sharing and payoff allocation in a three-stage system： integrating network DEA with the Shapley value method[J]. Omega，85：16-25.

Anand K S，Giraud-Carrier F C. 2020. Pollution regulation of competitive markets[J]. Management Science，66（9）：4193-4206.

Ankamah-Yeboah I，Nielsen M，Nielsen R. 2017. Price formation of the salmon aquaculture futures market[J]. Aquaculture Economics & Management，21（3）：376-399.

Ankhili Z，Mansouri A. 2009. An exact penalty on bilevel programs with linear vector optimization lower level[J]. European Journal of Operational Research，197（1）：36-41.

Ash M，Boyce J K. 2018. Racial disparities in pollution exposure and employment at US industrial facilities[J]. Proceedings of the National Academy of Sciences of the United States of America，115（42）：10636-10641.

Bard J F. 1991. Some properties of the bilevel linear programming[J]. Journal of Optimization Theory and Applications，68（2）：371-378.

Beiser-McGrath L F，Bernauer T，Prakash A. 2023. Command and control or market-based instruments? Public support for policies to address vehicular pollution in Beijing and New Delhi[J]. Environmental Politics，32（4）：586-618.

Bell M L，Morgenstern R D，Harrington W. 2011. Quantifying the human health benefits of air pollution policies： review of recent studies and new directions in accountability research[J]. Environmental Science & Policy，14（4）：357-368.

Bhatnagar A. 2022. Cardiovascular effects of particulate air pollution[J]. Annual Review of Medicine，73：393-406.

Bielen D A，MacPherson A J，Simon H，et al. 2020. CABOT-O_3： an optimization model for air quality benefit-cost and distributional impacts analysis[J]. Environmental Science & Technology，54（21）：13370-13378.

Bird C G，Kortanek K O. 1974. Game theoretic approaches to some air pollution regulation problems[J]. Socio-Economic Planning Sciences，8（3）：141-147.

Bloznelis D. 2018. Hedging salmon price risk[J]. Aquaculture Economics & Management，22（2）：168-191.

Böhringer C，Moslener U，Oberndorfer U，et al. 2012. Clean and productive? Empirical evidence from the German manufacturing industry[J]. Research Policy，41（2）：442-451.

Boso À, Álvarez B, Oltra C, et al. 2019. Examining patterns of air quality perception: a cluster analysis for southern Chilean cities[J]. SAGE Open, 9 (3): 2158244019863563.

Bracken J, Falk J E, McGill J T. 1974. The equivalence of two mathematical programs with optimization problems in the constraints[J]. Operations Research, 22 (5): 1102-1104.

Breton M, Sbragia L, Zaccour G. 2010. A dynamic model for international environmental agreements[J]. Environmental and Resource Economics, 45 (1): 25-48.

Burnett R, Chen H, Szyszkowicz M, et al. 2018. Global estimates of mortality associated with long-term exposure to outdoor fine particulate matter[J]. Proceedings of the National Academy of Sciences of the United States of America, 115 (38): 9592-9597.

Cai J, Li X P, Liu L J, et al. 2021. Coupling and coordinated development of new urbanization and agro-ecological environment in China[J]. Science of the Total Environment, 776: 145837.

Cai Y T, Hodgson S, Blangiardo M, et al. 2018. Road traffic noise, air pollution and incident cardiovascular disease: a joint analysis of the HUNT, EPIC-Oxford and UK Biobank cohorts[J]. Environment International, 114: 191-201.

Calvete H I, Galé C. 2007. Linear bilevel multi-follower programming with independent followers[J]. Journal of Global Optimization, 39 (3): 409-417.

Cao D, Song C Y, Wang J N, et al. 2009. Establishment and empirical analysis of cost function for pollution combination abatement[J]. Research of Environmental Sciences, 22 (3): 371-376.

Cao W B, Wang H, Ying H H. 2017. The effect of environmental regulation on employment in resource-based areas of China: an empirical research based on the mediating effect model[J]. International Journal of Environmental Research and Public Health, 14 (12): 1598.

Chang K, Zhang C, Chang H. 2016. Emissions reduction allocation and economic welfare estimation through interregional emissions trading in China: evidence from efficiency and equity[J]. Energy, 113: 1125-1135.

Chen J H, Zhang W P, Song L, et al. 2022. The coupling effect between economic development and the urban ecological environment in Shanghai port[J]. Science of the Total Environment, 841: 156734.

Chen L J, Zhang J L, You Y. 2020. Air pollution, environmental perceptions, and citizen satisfaction: a mediation analysis[J]. Environmental Research, 184: 109287.

Chen X C, Chen Y Q, Shimizu T, et al. 2017. Water resources management in the urban agglomeration of the Lake Biwa region, Japan: an ecosystem services-based sustainability assessment[J]. Science of the Total Environment, 586: 174-187.

Chen Y Y, Shi R H, Shu S J, et al. 2013. Ensemble and enhanced PM_{10} concentration forecast model based on stepwise regression and wavelet analysis[J]. Atmospheric Environment, 74: 346-359.

Chen Y Z, He L, Li J, et al. 2016. An inexact bi-level simulation–optimization model for conjunctive regional renewable energy planning and air pollution control for electric power generation systems[J]. Applied Energy, 183: 969-983.

Chen Z J, Cui L L, Cui X X, et al. 2019. The association between high ambient air pollution exposure and respiratory health of young children: a cross sectional study in Jinan, China[J]. Science of the Total Environment, 656: 740-749.

Cheng Z H, Zhu Y M. 2021. The spatial effect of fiscal decentralization on haze pollution in China[J]. Environmental Science and Pollution Research, 28 (36): 49774-49787.

Cheng Z L, Zhao L J, Wang G X, et al. 2021. Selection of consolidation center locations for China railway express to reduce greenhouse gas emission[J]. Journal of Cleaner Production, 305: 126872.

Contreras J, Krawczyk J B, Zuccollo J. 2010. Generation games with coupled transmission and emission constraints[C]. 2010 7th International Conference on the European Energy Market. New York.

Cornell B, French K. 1983. Taxes and the pricing of stock index futures[J]. Journal of Finance, 38 (3): 675-694.

Cotta H H A, Reisen V A, Bondon P, et al. 2020. Identification of redundant air quality monitoring stations using robust principal component analysis[J]. Environmental Modeling & Assessment, 25 (4): 521-530.

Cremer H, Gahvari F. 2004. Environmental taxation, tax competition, and harmonization[J]. Journal of Urban Economics, 55 (1): 21-45.

Cui J X, Lang J L, Chen T, et al. 2020. Emergency monitoring layout method for sudden air pollution accidents based on a dispersion model, fuzzy evaluation, and post-optimality analysis[J]. Atmospheric Environment, 222: 117124.

Cui L B, Duan H B, Mo J L, et al. 2021. Ecological compensation in air pollution governance: China's efforts, challenges, and potential solutions[J]. International Review of Financial Analysis, 74: 101701.

Dales J H. 1968. Pollution, Property and Prices: An Essay in Policy-Making and Economics[M]. Toronto: University of Toronto Press.

Daskalakis G. 2018. Temporal restrictions on emissions trading and the implications for the carbon futures market: lessons from the EU emissions trading scheme[J]. Energy Policy, 115: 88-91.

de Bont J, Jaganathan S, Dahlquist M, et al. 2022. Ambient air pollution and cardiovascular diseases: an umbrella review of systematic reviews and meta-analyses[J]. Journal of Internal Medicine, 291 (6): 779-800.

Debreu G. 1952. A social equilibrium existence theorem[J]. Proceedings of the National Academy of Sciences of the United States of America, 38 (10): 886-893.

Deland M R. 1979. The bubble concept[J]. Environmental Science & Technology, 13 (3): 277.

Dempe S, Zemkoho A B. 2012. On the Karush-Kuhn-Tucker reformulation of the bilevel optimization problem[J]. Nonlinear Analysis: Theory, Methods & Applications, 75 (3): 1202-1218.

Ding L, Liu C, Chen K L, et al. 2017. Atmospheric pollution reduction effect and regional predicament: an empirical analysis based on the Chinese provincial NO_x emissions[J]. Journal of Environmental Management, 196: 178-187.

Ding Y T, Zhang M, Chen S, et al. 2019. The environmental Kuznets curve for PM$_{2.5}$ pollution in Beijing-Tianjin-Hebei region of China: a spatial panel data approach[J]. Journal of Cleaner Production, 220: 984-994.

Dissou Y, Sun Q. 2013. GHG mitigation policies and employment: a CGE analysis with wage rigidity and application to Canada[J]. Canadian Public Policy, 39 (2): S53-S65.

d'Urso P, di Lallo D, Maharaj E A. 2013. Autoregressive model-based fuzzy clustering and its application for detecting information redundancy in air pollution monitoring networks[J]. Soft Computing, 17 (1): 83-131.

Eichner T, Pethig R. 2018. Competition in emissions standards and capital taxes with local pollution[J]. Regional Science and Urban Economics, 68: 191-203.

Elliott E D, Chainley G. 1998. Toward bigger bubbles[J]. Forum for Applied Research and Public Policy, 13 (4): 48-54.

Färe R, Grosskopf S, Lundgren T, et al. 2016. The Impact of Climate Policy on Environmental and Economic Performance: Evidence from Sweden[M]. London: Routledge.

Färe R, Grosskopf S, Pasurka C A Jr, et al. 2018. Pollution abatement and employment[J]. Empirical Economics, 54 (1): 259-285.

Feng L, Liao W J. 2016. Legislation, plans, and policies for prevention and control of air pollution in China: achievements, challenges, and improvements[J]. Journal of Cleaner Production, 112: 1549-1558.

Freeman J, Chen T A. 2015. Green supplier selection using an AHP-Entropy-TOPSIS framework[J]. Supply Chain Management: An International Journal, 20 (3): 327-340.

Fuller G W, Font A. 2019. Keeping air pollution policies on track[J]. Science, 365 (6451): 322-323.

Galán-Madruga D. 2021. A methodological framework for improving air quality monitoring network layout. Applications to environment management[J]. Journal of Environmental Sciences, 102: 138-147.

Gan T, Li Y M, Jiang Y. 2022. The impact of air pollution on venture capital: evidence from China[J]. Environmental Science and Pollution Research, 29: 90615-90631.

Geels C, Andersson C, Hänninen O, et al. 2015. Future premature mortality due to O$_3$, secondary inorganic aerosols and primary PM in Europe: sensitivity to changes in climate, anthropogenic emissions, population and building stock[J]. International Journal of Environmental Research and Public Health, 12 (3): 2837-2869.

Giannadaki D, Giannakis E, Pozzer A, et al. 2018. Estimating health and economic benefits of reductions in air pollution from agriculture[J]. Science of the Total Environment, 622: 1304-1316.

Golub A, Lubowski R, Piris-Cabezas P. 2017. Balancing risks from climate policy uncertainties: the role of options and reduced emissions from deforestation and forest degradation[J]. Ecological Economics, 138: 90-98.

Goulder L H. 1995. Environmental taxation and the double dividend: a reader's guide[J]. International

Tax and Public Finance，2（2）：157-183.

Gouveia N，Slovic A D，Kanai C M，et al. 2022. Air pollution and environmental justice in Latin America：where are we and how can we move forward?[J]. Current Environmental Health Reports，9（2）：152-164.

Gray W B，Shadbegian R J，Wang C B，et al. 2014. Do EPA regulations affect labor demand? Evidence from the pulp and paper industry[J]. Journal of Environmental Economics and Management，68（1）：188-202.

Gryech I，Ghogho M，Elhammouti H，et al. 2020. Machine learning for air quality prediction using meteorological and traffic related features[J]. Journal of Ambient Intelligence and Smart Environments，12（5）：379-391.

Guan W J，Zheng X Y，Chung K F，et al. 2016. Impact of air pollution on the burden of chronic respiratory diseases in China：time for urgent action[J]. Lancet，388（10054）：1939-1951.

Guo D，Bose S，Alnes K. 2017. Employment implications of stricter pollution regulation in China：theories and lessons from the USA[J]. Environment，Development and Sustainability，19（2）：549-569.

Guo L，Lin G H，Ye J J，et al. 2014. Sensitivity analysis of the value function for parametric mathematical programs with equilibrium constraints[J]. SIAM Journal on Optimization，24（3）：1206-1237.

Guo L，Lin G H，Ye J J. 2015a. Solving mathematical programs with equilibrium constraints[J]. Journal of Optimization Theory and Applications，166（1）：234-256.

Guo L，Lin G H，Zhang D L，et al. 2015b. An MPEC reformulation of an EPEC model for electricity markets[J]. Operations Research Letters，43（3）：262-267.

Guo S H，Lu J Q. 2019. Jurisdictional air pollution regulation in China：a tragedy of the regulatory anti-commons[J]. Journal of Cleaner Production，212：1054-1061.

Guttman D，Young O，Jing Y J，et al. 2018. Environmental governance in China：interactions between the state and "nonstate actors"[J]. Journal of Environmental Management，220：126-135.

Hagmann D，Ho E H，Loewenstein G. 2019. Nudging out support for a carbon tax[J]. Nature Climate Change，9（6）：484-489.

Halkos G E. 1994. Optimal abatement of sulphur emissions in Europe[J]. Environmental and Resource Economics，4（2）：127-150.

He H D，Li M，Wang W L，et al. 2018. Prediction of $PM_{2.5}$ concentration based on the similarity in air quality monitoring network[J]. Building and Environment，137：11-17.

Hoffmann B，Roebbel N，Gumy S，et al. 2020. Air pollution and health：recent advances in air pollution epidemiology to inform the European green deal：a joint workshop report of ERS，WHO，ISEE and HEI[J]. European Respiratory Journal，56（5）：2002575.

Hoheisel T，Kanzow C，Schwartz A. 2013. Theoretical and numerical comparison of relaxation methods for mathematical programs with complementarity constraints[J]. Mathematical Programming，137（1/2）：257-288.

Hong Z F, Chu C B, Zhang L L, et al. 2017. Optimizing an emission trading scheme for local governments: a Stackelberg game model and hybrid algorithm[J]. International Journal of Production Economics, 193: 172-182.

Hou B Q, Wang B, Du M Z, et al. 2020. Does the SO_2 emissions trading scheme encourage green total factor productivity? An empirical assessment on China's cities[J]. Environmental Science and Pollution Research, 27 (6): 6375-6388.

Hou H P, Ding Z Y, Zhang S L, et al. 2021. Spatial estimate of ecological and environmental damage in an underground coal mining area on the Loess Plateau: implications for planning restoration interventions[J]. Journal of Cleaner Production, 287: 125061.

Howe C W. 1994. Taxesversus tradable discharge permits: a review in the light of the U.S. and European experience[J]. Environmental and Resource Economics, 4 (2): 151-169.

Hsu A. 2013. Environmental reviews and case studies: limitations and challenges of provincial environmental protection bureaus in China's environmental data monitoring, reporting and verification[J]. Environmental Practice, 15 (3): 280-292.

Hu X R, Sun Y N, Liu J F, et al. 2019a. The impact of environmental protection tax on sectoral and spatial distribution of air pollution emissions in China[J]. Environmental Research Letters, 14 (5): 054013.

Hu X, Yang Z J, Sun J, et al. 2020. Carbon tax or cap-and-trade: which is more viable for Chinese remanufacturing industry?[J]. Journal of Cleaner Production, 243: 118606.

Hu Y N, Huang J K, Hou L L. 2019b. Impacts of the grassland ecological compensation policy on household livestock production in China: an empirical study in Inner Mongolia[J]. Ecological Economics, 161: 248-256.

Huang X, He P, Zhang W. 2016. A cooperative differential game of transboundary industrial pollution between two regions[J]. Journal of Cleaner Production, 120: 43-52.

Huang Z H, Yu Q, Ma W C, et al. 2019. Surveillance efficiency evaluation of air quality monitoring networks for air pollution episodes in industrial parks: pollution detection and source identification[J]. Atmospheric Environment, 215: 116874.

Im U, Brandt J, Geels C, et al. 2018. Assessment and economic valuation of air pollution impacts on human health over Europe and the United States as calculated by a multi-model ensemble in the framework of AQMEII3[J]. Atmospheric Chemistry and Physics, 18 (8): 5967-5989.

IQAir. 2022. 2021 IQAir world air quality report[EB/OL]. https://www.iqair.cn/cn-en/blog/press-releases/WAQR_2021_PR[2022-08-21].

Ji D S, Wang Y S, Wang L L, et al. 2012. Analysis of heavy pollution episodes in selected cities of Northern China[J]. Atmospheric Environment, 50: 338-348.

Jia K, Chen S W. 2019. Could campaign-style enforcement improve environmental performance? Evidence from China's central environmental protection inspection[J]. Journal of Environmental Management, 245: 282-290.

Jia S W, Yan G L, Shen A Z. 2018a. Traffic and emissions impact of the combination scenarios of air pollution charging fee and subsidy[J]. Journal of Cleaner Production, 197: 678-689.

Jia Z M, Cai Y P, Chen Y, et al. 2018b. Regionalization of water environmental carrying capacity for supporting the sustainable water resources management and development in China[J]. Resources, Conservation and Recycling, 134: 282-293.

Jiang K, Merrill R, You D M, et al. 2019a. Optimal control for transboundary pollution under ecological compensation: a stochastic differential game approach[J]. Journal of Cleaner Production, 241: 118391.

Jiang K, You D M, Li Z D, et al. 2019b. A differential game approach to dynamic optimal control strategies for watershed pollution across regional boundaries under eco-compensation criterion[J]. Ecological Indicators, 105: 229-241.

Jiang M Z, Pang X P, Wang J J, et al. 2018. Islands ecological integrity evaluation using multi sources data[J]. Ocean & Coastal Management, 158: 134-143.

Jiang R, Zhao L J. 2021. Modelling the effects of emission control areas on shipping company operations and environmental consequences[J]. Journal of Management Analytics, 8 (4): 622-645.

Jiang R, Zhao L J, Guo L, et al. 2022. A Stackelberg game model with tax for regional air pollution control[J]. Journal of Management Analytics, 10 (1): 1-21.

Joltreau E, Sommerfeld K. 2019. Why does emissions trading under the EU Emissions Trading System (ETS) not affect firms' competitiveness? Empirical findings from the literature[J]. Climate Policy, 19 (4): 453-471.

Jørgensen S, Martín-Herrán G, Zaccour G. 2010. Dynamic games in the economics and management of pollution[J]. Environmental Modeling & Assessment, 15 (6): 433-467.

Kahn M E, Mansur E T. 2013. Do local energy prices and regulation affect the geographic concentration of employment?[J]. Journal of Public Economics, 101: 105-114.

Kassa A M, Kassa S M. 2017. Deterministic solution approach for some classes of nonlinear multilevel programs with multiple followers[J]. Journal of Global Optimization, 68(4): 729-747.

Kicsiny R, Varga Z. 2019. Differential game model with discretized solution for the use of limited water resources[J]. Journal of Hydrology, 569: 637-646.

Kim B J, Lee H Y. 2013. A performance evaluation of stock mutual funds by no arbitrage and no good deal bounds[J]. Korean Journal of Financial Studies, 42 (2): 421-460.

Kim S K, van Gevelt T, Joosse P, et al. 2022. Transboundary air pollution and cross-border cooperation: insights from marine vessel emissions regulations in Hong Kong and Shenzhen[J]. Sustainable Cities and Society, 80: 103774.

Kingsy Grace R, Manju S. 2019. A comprehensive review of wireless sensor networks based air pollution monitoring systems[J]. Wireless Personal Communications: An International Journal, 108 (4): 2499-2515.

Kishi R, Ketema R M, Ait Bamai Y, et al. 2018. Indoor environmental pollutants and their association with sick house syndrome among adults and children in elementary school[J]. Building and

Environment, 136: 293-301.

Kolstad C D. 1986. Empirical properties of economic incentives and command-and-control regulations for air pollution control[J]. Land Economics, 62 (3): 250-268.

Krishnan A, Yu J C, Miles R, et al. 2022. Multiblock discriminant correspondence analysis: exploring group differences with structured categorical data[J]. Methods in Psychology, 7: 100100.

Kuai S L, Yin C. 2017. Temporal and spatial variation characteristics of air pollution and prevention and control measures: evidence from Anhui Province, China[J]. Nature Environment and Pollution Technology, 16 (2): 499-504.

Kumar A, Patil R S, Dikshit A K, et al. 2016. Evaluation of control strategies for industrial air pollution sources using American Meteorological Society/Environmental Protection Agency Regulatory Model with simulated meteorology by Weather Research and Forecasting Model[J]. Journal of Cleaner Production, 116: 110-117.

Lee C Y, Wang K. 2019. Nash marginal abatement cost estimation of air pollutant emissions using the stochastic semi-nonparametric frontier[J]. European Journal of Operational Research, 273 (1): 390-400.

Li B, Zhang X, Zeng Y. 2019a. The impact of air pollution on government subsidies obtained by Chinese listed companies[J]. Ekoloji, 28 (107): 1947-1954.

Li C M, Wang H. 2016. A rating charge model of transfer tax for China's interprovincial air pollution control[C]. 2016 9th International Symposium on Computational Intelligence and Design. New York.

Li C M, Wang H X, Xie X Q, et al. 2018b. Tiered transferable pollutant pricing for cooperative control of air quality to alleviate cross-regional air pollution in China[J]. Atmospheric Pollution Research, 9 (5): 857-863.

Li C X, Li G Z. 2020. Does environmental regulation reduce China's haze pollution? An empirical analysis based on panel quantile regression[J]. PLoS One, 15 (10): e0240723.

Li G, Masui T. 2019. Assessing the impacts of China's environmental tax using a dynamic computable general equilibrium model[J]. Journal of Cleaner Production, 208: 316-324.

Li H C. 2022. Smog and air pollution: journalistic criticism and environmental accountability in China[J]. Journal of Rural Studies, 92: 510-518.

Li H Q, Mao S P. 2019. Incentive equilibrium strategies of transboundary industrial pollution control under emission permit trading[J]. Journal of Management Analytics, 6 (2): 107-134.

Li J, Guttikunda S K, Carmichael G R, et al. 2004. Quantifying the human health benefits of curbing air pollution in Shanghai[J]. Journal of Environmental Management, 70 (1): 49-62.

Li L X, Ye F, Li Y N, et al. 2018a. A bi-objective programming model for carbon emission quota allocation: evidence from the Pearl River Delta region[J]. Journal of Cleaner Production, 205: 163-178.

Li L, Zhu S H, An J Y, et al. 2019b. Evaluation of the effect of regional joint-control measures on changing photochemical transformation: a comprehensive study of the optimization scenario analysis[J]. Atmospheric Chemistry and Physics, 19 (14): 9037-9060.

Li P N, Lin Z G, Du H B, et al. 2021. Do environmental taxes reduce air pollution? Evidence from fossil-fuel power plants in China[J]. Journal of Environmental Management, 295: 113112.

Li S J, Jia N, Chen Z N, et al. 2022a. Multi-objective optimization of environmental tax for mitigating air pollution and greenhouse gas[J]. Journal of Management Science and Engineering, 7 (3): 473-488.

Li X, Hu Z G, Cao J H, et al. 2022b. The impact of environmental accountability on air pollution: a public attention perspective[J]. Energy Policy, 161: 112733.

Li Y Y, Huang S, Yin C X, et al. 2020. Construction and countermeasure discussion on government performance evaluation model of air pollution control: a case study from Beijing-Tianjin-Hebei region[J]. Journal of Cleaner Production, 254: 120072.

Liao K J, Hou X T, Strickland M J. 2016. Resource allocation for mitigating regional air pollution–related mortality: a summertime case study for five cities in the United States[J]. Journal of the Air & Waste Management Association, 66 (8): 748-757.

Lin B Q, Li X H. 2011. The effect of carbon tax on per capita CO_2 emissions[J]. Energy Policy, 39 (9): 5137-5146.

Lin G H, Fukushima M. 2005. A modified relaxation scheme for mathematical programs with complementarity constraints[J]. Annals of Operations Research, 133 (1): 63-84.

Liu B, Zhao Q B, Jin Y Q, et al. 2021. Application of combined model of stepwise regression analysis and artificial neural network in data calibration of miniature air quality detector[J]. Scientific Reports, 11 (1): 3247.

Liu F, Xu K N, Zheng M N. 2018b. The effect of environmental regulation on employment in China: empirical research based on individual-level data[J]. Sustainability, 10 (7): 2373.

Liu H X, Lin B Q. 2017. Cost-based modelling of optimal emission quota allocation[J]. Journal of Cleaner Production, 149: 472-484.

Liu M D, Shadbegian R, Zhang B. 2017. Does environmental regulation affect labor demand in China? Evidence from the textile printing and dyeing industry[J]. Journal of Environmental Economics and Management, 86: 277-294.

Liu M D, Zhang B, Geng Q. 2018c. Corporate pollution control strategies and labor demand: evidence from China's manufacturing sector[J]. Journal of Regulatory Economics, 53 (3): 298-326.

Liu N N, Lo C W H, Zhan X Y, et al. 2015. Campaign-style enforcement and regulatory compliance[J]. Public Administration Review, 75 (1): 85-95.

Liu Q L, Long Y, Wang C R, et al. 2019b. Drivers of provincial SO_2 emissions in China–based on multi-regional input-output analysis[J]. Journal of Cleaner Production, 238: 117893.

Liu S L, Li W P, Wang Q Q. 2018a. Zoning method for environmental engineering geological patterns in underground coal mining areas[J]. Science of the Total Environment, 634: 1064-1076.

Liu X N, Wang B, Du M Z, et al. 2018d. Potential economic gains and emissions reduction on carbon emissions trading for China's large-scale thermal power plants[J]. Journal of Cleaner Production, 204: 247-257.

Liu X X, Wang W W, Wu W Q, et al. 2022. Using cooperative game model of air pollution governance to study the cost sharing in Yangtze River Delta region[J]. Journal of Environmental Management, 301: 113896.

Liu Z X, Zhao L J, Wang C C, et al. 2019a. An actuarial pricing method for air quality index options[J]. International Journal of Environmental Research and Public Health, 16 (24): 4882.

Lu W Z, He H D, Dong L Y. 2010. Performance assessment of air quality monitoring networks using principal component analysis and cluster analysis[J]. Building and Environment, 46 (3): 577-583.

Lu X, Zhang S J, Xing J, et al. 2020b. Progress of air pollution control in China and its challenges and opportunities in the ecological civilization era[J]. Engineering, 6 (12): 1423-1431.

Lu X C, Yao T, Fung J C H, et al. 2016. Estimation of health and economic costs of air pollution over the Pearl River Delta region in China[J]. Science of the Total Environment, 566: 134-143.

Lu Y L, Wang Y, Zhang W, et al. 2019. Provincial air pollution responsibility and environmental tax of China based on interregional linkage indicators[J]. Journal of Cleaner Production, 235: 337-347.

Lu Z N, Chen H Y, Hao Y, et al. 2017. The dynamic relationship between environmental pollution, economic development and public health: evidence from China[J]. Journal of Cleaner Production, 166: 134-147.

Luo Z Q, Pang J S, Ralph D. 1996. Mathematical Programs with Equilibrium Constraints[M]. Cambridge: Cambridge University Press.

Lv X Y, Jian Y H, Xu C X. 2014. Calculation of B-S model on carbon emission right transaction price and clean development mechanism strategy of Jiangsu[J]. Advanced Materials Research, 962/963/964/965: 1616-1620.

Maji K J, Dikshit A K, Deshpande A. 2017. Assessment of city level human health impact and corresponding monetary cost burden due to air pollution in India taking Agra as a model city[J]. Aerosol and Air Quality Research, 17 (3): 831-842.

Maji S, Ghosh S, Ahmed S. 2018. Association of air quality with respiratory and cardiovascular morbidity rate in Delhi, India[J]. International Journal of Environmental Health Research, 28 (5): 471-490.

Malmqvist E, Oudin A, Pascal M, et al. 2018. Choices behind numbers: a review of the major air pollution health impact assessments in Europe[J]. Current Environmental Health Reports, 5 (1): 34-43.

Mardones C, Cabello M. 2019. Effectiveness of local air pollution and GHG taxes: the case of Chilean industrial sources[J]. Energy Economics, 83: 491-500.

Mayer H, Rathgeber A, Wanner M. 2017. Financialization of metal markets: does futures trading influence spot prices and volatility?[J]. Resources Policy, 53: 300-316.

McNeill V F. 2019. Addressing the global air pollution crisis: chemistry's role[J]. Trends in Chemistry, 1 (1): 5-8.

Millock K, Nauges C, Sterner T. 2004. Environmental taxes: a comparison of French and Swedish experience from taxes on industrial air pollution[J]. CESifo DICE Report, 2 (1): 30-34.

Mirabelli M C, Boehmer T K, Damon S A, et al. 2018. Air quality awareness among U.S. adults with respiratory and heart disease[J]. American Journal of Preventive Medicine, 54 (5): 679-687.

Mishra S. 2017. Is smog innocuous? Air pollution and cardiovascular disease[J]. Indian Heart Journal, 69 (4): 425-429.

Mizen A, Lyons J, Rodgers S, et al. 2018. Are children who are treated for asthma and seasonal allergic rhinitis disadvantaged in their educational attainment when acutely exposed to air pollution and pollen? A feasibility study[EB/OL]. https://ijpds.org/article/view/522[2024-09-03].

Mocerino L, Murena F, Quaranta F, et al. 2020. A methodology for the design of an effective air quality monitoring network in port areas[J]. Scientific Reports, 10 (1): 300.

Ocampo L A, Vasnani N N, Chua F L S, et al. 2021. A bi-level optimization for a make-to-order manufacturing supply chain planning: a case in the steel industry[J]. Journal of Management Analytics, 8 (4): 598-621.

Parker J D, Kravets N, Vaidyanathan A. 2018. Particulate matter air pollution exposure and heart disease mortality risks by race and ethnicity in the United States: 1997 to 2009 national health interview survey with mortality follow-up through 2011[J]. Circulation, 137 (16): 1688-1697.

Paschalidou A K, Karakitsios S, Kleanthous S, et al. 2011. Forecasting hourly PM_{10} concentration in Cyprus through artificial neural networks and multiple regression models: implications to local environmental management[J]. Environmental Science and Pollution Research International, 18 (2): 316-327.

Pires J C M, Sousa S I V, Pereira M C, et al. 2008a. Management of air quality monitoring using principal component and cluster analysis-Part I: SO_2 and PM_{10}[J]. Atmospheric Environment, 42 (6): 1249-1260.

Pires J C M, Sousa S I V, Pereira M C, et al. 2008b. Management of air quality monitoring using principal component and cluster analysis-Part II: CO, NO_2 and O_3[J]. Atmospheric Environment, 42 (6): 1261-1274

Pisoni E, Volta M. 2009. Modeling Pareto efficient PM_{10} control policies in Northern Italy to reduce health effects[J]. Atmospheric Environment, 43 (20): 3243-3248.

Pu Y, Song J N, Dong L, et al. 2019. Estimating mitigation potential and cost for air pollutants of China's thermal power generation: a GAINS-China model-based spatial analysis[J]. Journal of Cleaner Production, 211: 749-764.

Rao S, Klimont Z, Smith S J, et al. 2017. Future air pollution in the shared socio-economic pathways[J]. Global Environmental Change, 42: 346-358.

Ravina M, Panepinto D, Zanetti M C. 2018. DIDEM-An integrated model for comparative health damage costs calculation of air pollution[J]. Atmospheric Environment, 173: 81-95.

Requia W J, Coull B A, Koutrakis P. 2019. The influence of spatial patterning on modeling PM$_{2.5}$ constituents in Eastern Massachusetts[J]. Science of the Total Environment, 682: 247-258.

Requia W J, Coull B A, Koutrakis P. 2020. Where air quality has been impacted by weather changes in the United States over the last 30 years?[J]. Atmospheric Environment, 224: 117360.

Ríos-Cornejo D, Penas Á, Álvarez-Esteban R, et al. 2015. Links between teleconnection patterns and precipitation in Spain[J]. Atmospheric Research, 156: 14-28.

Rosen J B. 1965. Existence and uniqueness of equilibrium points for concave N-person games[J]. Econometrica: Journal of the Econometric Society, 33 (3): 520-534.

Roth A E, Shapley L S. 1991. The shapley value: essays in honor of lloyd S. Shapley[J]. Economica, 101: 123.

Sabzevar N, Enns S T, Bergerson J, et al. 2017. Modeling competitive firms' performance under price-sensitive demand and cap-and-trade emissions constraints[J]. International Journal of Production Economics, 184: 193-209.

Sandmo A. 1975. Optimal taxation in the presence of externalities[J]. The Swedish Journal of Economics, 77 (1): 86-98.

Schikowski T, Vossoughi M, Vierkötter A, et al. 2015. Association of air pollution with cognitive functions and its modification by APOE gene variants in elderly women[J]. Environmental Research, 142: 10-16.

Schleicher N, Norra S, Chen Y Z, et al. 2012. Efficiency of mitigation measures to reduce particulate air pollution: a case study during the Olympic Summer Games 2008 in Beijing, China[J]. Science of The Total Environment, 427: 146-158.

Scholtes S. 2001. Convergence properties of a regularization scheme for mathematical programs with complementarity constraints[J]. SIAM Journal on Optimization, 11 (4): 918-936.

Shang T C, Yang L, Liu P H, et al. 2020. Financing mode of energy performance contracting projects with carbon emissions reduction potential and carbon emissions ratings[J]. Energy Policy, 144: 111632.

Shen W, Wang Y. 2019. Adaptive policy innovations and the construction of emission trading schemes in China: taking stock and looking forward[J]. Environmental Innovation and Societal Transitions, 30: 59-68.

Shen Y D, Ahlers A L. 2019. Blue sky fabrication in China: science-policy integration in air pollution regulation campaigns for mega-events[J]. Environmental Science & Policy, 94: 135-142.

Sheng J C, Zhou W H, Zhang S F. 2019. The role of the intensity of environmental regulation and corruption in the employment of manufacturing enterprises: evidence from China[J]. Journal of Cleaner Production, 219: 244-257.

Shi G M, Wang J N, Fu F, et al. 2017. A study on transboundary air pollution based on a game theory model: cases of SO$_2$ emission reductions in the cities of Changsha, Zhuzhou and Xiangtan in China[J]. Atmospheric Pollution Research, 8 (2): 244-252.

Shin S. 2013. China's failure of policy innovation: the case of sulphur dioxide emission trading[J].

Environmental Politics, 22 (6): 918-934.

Shou Y K, Huang Y L, Zhu X Z, et al. 2019. A review of the possible associations between ambient $PM_{2.5}$ exposures and the development of Alzheimer's disease[J]. Ecotoxicology and Environmental Safety, 174: 344-352.

Sobhani M G, Imtiyaz M N, Azam M S, et al. 2020. A framework for analyzing the competitiveness of unconventional modes of transportation in developing cities[J]. Transportation Research Part A: Policy and Practice, 137: 504-518.

Su X Q, An J L, Zhang Y X, et al. 2020. Prediction of ozone hourly concentrations by support vector machine and kernel extreme learning machine using wavelet transformation and partial least squares methods[J]. Atmospheric Pollution Research, 11 (6): 51-60.

Sui G Y, Liu G C, Jia L Q, et al. 2018. The association between ambient air pollution exposure and mental health status in Chinese female college students: a cross-sectional study[J]. Environmental Science and Pollution Research, 25 (28): 28517-28524.

Sun L W, Du J, Li Y F. 2021. A new method for dividing the scopes and priorities of air pollution control based on environmental justice[J]. Environmental Science and Pollution Research, 28 (10): 12858-12869.

Sun Y S, Jiang Y Q, Xing J, et al. 2024. Air quality, health, and equity benefits of carbon neutrality and clean air pathways in China[J]. Environmental Science & Technology, 58 (34): 15027-15037.

Tietenberg T H. 1980. Transferable discharge permits and the control of stationary source air pollution: a survey and synthesis[J]. Land Economics, 56 (4): 391-416.

Tijs S H, Driessen T S H. 1986. Game theory and cost allocation problems[J]. Management Science, 32 (8): 1015-1028.

Tosun J, Peters B G. 2018. Intergovernmental organizations' normative commitments to policy integration: the dominance of environmental goals[J]. Environmental Science & Policy, 82: 90-99.

Tovar B, Tichavska M. 2019. Environmental cost and eco-efficiency from vessel emissions under diverse SO_x regulatory frameworks: a special focus on passenger port hubs[J]. Transportation Research Part D: Transport and Environment, 69: 1-12.

Uhrig-Homburg M, Wagner M W. 2009. Futures price dynamics of CO_2 emission allowances: an empirical analysis of the trial period[J]. The Journal of Derivatives, 17: 73-88.

van Rooij B. 2016. The Campaign Enforcement Style: Chinese Practice in Context and Comparison[M]. Cheltenham: Edward Elgar Publishing.

Vanovermeire C, Sörensen K, van Breedam A, et al. 2014. Horizontal logistics collaboration: decreasing costs through flexibility and an adequate cost allocation strategy[J]. International Journal of Logistics Research and Applications, 17 (4): 339-355.

Varieur B M, Fisher S, Landrigan P J. 2022. Air pollution, political corruption, and cardiovascular disease in the former soviet republics[J]. Annals of Global Health, 88 (1): 48.

Vatn A. 2018. Environmental governance: from public to private?[J]. Ecological Economics, 148: 170-177.

Vicente L, Savard G, Júdice J. 1994. Descent approaches for quadratic bilevel programming[J]. Journal of Optimization Theory and Applications, 81 (2): 379-399.

von Heusinger A, Kanzow C. 2009. Optimization reformulations of the generalized Nash equilibrium problem using Nikaido-Isoda-type functions[J]. Computational Optimization and Applications, 43 (3): 353-377.

Voorhees A S, Wang J D, Wang C C, et al. 2014. Public health benefits of reducing air pollution in Shanghai: a proof-of-concept methodology with application to BenMAP[J]. Science of the Total Environment, 485: 396-405.

Wan K, Shackley S, Doherty R M, et al. 2020. Science-policy interplay on air pollution governance in China[J]. Environmental Science & Policy, 107: 150-157.

Wang B. 2015. The study of enterprise technical alliance comprehensive profit allocation based on orthogonal projection[C]. Proceedings of the 2015 Information Technology and Mechatronics Engineering Conference. Paris.

Wang C A, Liu X Q, Xi Q, et al. 2022a. The impact of emissions trading program on the labor demand of enterprises: evidence from China[J]. Frontiers in Environmental Science, 10: 872248.

Wang C C, Zhao L J, Qian Y, et al. 2022b. An evaluation of the international trade-related CO_2 emissions for China's light industry sector: a complex network approach[J]. Sustainable Production and Consumption, 33: 101-112.

Wang C C, Zhao L J, Sun W J, et al. 2018b. Identifying redundant monitoring stations in an air quality monitoring network[J]. Atmospheric Environment, 190: 256-268.

Wang H B, Zhao L J. 2018. A joint prevention and control mechanism for air pollution in the Beijing-Tianjin-Hebei region in China based on long-term and massive data mining of pollutant concentration[J]. Atmospheric Environment, 174: 25-42.

Wang H B, Zhao L J, Xie Y J, et al. 2016. "APEC blue": the effects and implications of joint pollution prevention and control program[J]. Science of the Total Environment, 553: 429-438.

Wang H W, Pan X D. 2007. Effects of ambient air SO_2 on mortality of respiratory diseases in Shenyang[J]. Journal of Environmental Health, 24 (10): 762-765.

Wang H W, Pan X D, Lin G. 2002. Effects of SO_2 on mortality of cardiovascular diseases in Shenyang[J]. Journal of Environmental Health, 19: 50-52.

Wang J X, Lin J T, Feng K S, et al. 2019c. Environmental taxation and regional inequality in China[J]. Science Bulletin, 64 (22): 1691-1699.

Wang J Y, Wei X M, Guo Q. 2018a. A three-dimensional evaluation model for regional carrying capacity of ecological environment to social economic development: model development and a case study in China[J]. Ecological Indicators, 89: 348-355.

Wang L, Zhang F Y, Pilot E, et al. 2018d. Taking action on air pollution control in the Beijing-Tianjin-Hebei (BTH) region: progress, challenges and opportunities[J]. International

Journal of Environmental Research and Public Health, 15（2）：306.

Wang Q, Yang F M, Wang S Y, et al. 2000. Bilevel programs with multiple followers[J]. Systems Science and Mathematical Sciences, 13（3）：265-276.

Wang Q, Zhao L J, Guo L, et al. 2019a. A generalized Nash equilibrium game model for removing regional air pollutant[J]. Journal of Cleaner Production, 227：522-531.

Wang S J, Zhao L J, Yang Y, et al. 2019b. A joint control model based on emission rights futures trading for regional air pollution that accounts for the impacts on employment[J]. Sustainability, 11（21）：5894.

Wang Y, Yu L H. 2021. Can the current environmental tax rate promote green technology innovation? Evidence from China's resource-based industries[J]. Journal of Cleaner Production, 278：123443.

Wang Y, Zhang S L, Assogba K, et al. 2018c. Economic and environmental evaluations in the two-echelon collaborative multiple centers vehicle routing optimization[J]. Journal of Cleaner Production, 197：443-461.

Wu D, Xu Y, Zhang S Q. 2015. Will joint regional air pollution control be more cost-effective? An empirical study of China's Beijing-Tianjin-Hebei region[J]. Journal of Environmental Management, 149：27-36.

Wu J, Tal A. 2018. From pollution charge to environmental protection tax：a comparative analysis of the potential and limitations of China's new environmental policy initiative[J]. Journal of Comparative Policy Analysis：Research and Practice, 20（2）：223-236.

Wu J S, Li C M, Zhang X, et al. 2020. Seasonal variations and main influencing factors of the water cooling islands effect in Shenzhen[J]. Ecological Indicators, 117：106699.

Wu Q, Ren H B, Gao W J, et al. 2017. Profit allocation analysis among the distributed energy network participants based on game-theory[J]. Energy, 118：783-794.

Xia T, Nitschke M, Zhang Y, et al. 2015. Traffic-related air pollution and health co-benefits of alternative transport in Adelaide, South Australia[J]. Environment International, 74：281-290.

Xian Y J, Wang K, Wei Y M, et al. 2020. Opportunity and marginal abatement cost savings from China's pilot carbon emissions permit trading system：simulating evidence from the industrial sectors[J]. Journal of Environmental Management, 271：110975.

Xiao L, Mandayam N B, Vincent Poor H. 2015. Prospect theoretic analysis of energy exchange among microgrids[J]. IEEE Transactions on Smart Grid, 6（1）：63-72.

Xiao X Y, Dai C H, Li Y D, et al. 2017. Energy trading game for microgrids using reinforcement learning[M]//Duan L, Sanjab A, Li H, et al. Game Theory for Networks. Cham：Springer：131-140.

Xie Y, Wu D S, Zhu S J. 2021. Can new energy vehicles subsidy curb the urban air pollution? Empirical evidence from pilot cities in China[J]. Science of the Total Environment, 754：142232.

Xie Y J, Zhao L J, Xue J, et al. 2016. A cooperative reduction model for regional air pollution control in China that considers adverse health effects and pollutant reduction costs[J]. Science of the Total Environment, 573：458-469.

Xie Y J, Zhao L J, Xue J, et al. 2018. Methods for defining the scopes and priorities for joint prevention and control of air pollution regions based on data-mining technologies[J]. Journal of Cleaner Production, 185: 912-921.

Xing J, Zhang F F, Zhou Y, et al. 2019. Least-cost control strategy optimization for air quality attainment of Beijing-Tianjin-Hebei region in China[J]. Journal of Environmental Management, 245: 95-104.

Xu X L, Huang G H, Liu L R, et al. 2020. Revealing dynamic impacts of socioeconomic factors on air pollution changes in Guangdong Province, China[J]. Science of the Total Environment, 699: 134178.

Xu Y, Masui T. 2009. Local air pollutant emission reduction and ancillary carbon benefits of SO_2 control policies: application of AIM/CGE model to China[J]. European Journal of Operational Research, 198 (1): 315-325.

Xu Z J, Shan W, Qi T, et al. 2018. Characteristics of individual particles in Beijing before, during and after the 2014 APEC meeting[J]. Atmospheric Research, 203: 254-260.

Xue J, Ding J, Zhao L J, et al. 2022a. An option pricing model based on a renewable energy price index[J]. Energy, 239: 122117.

Xue J, Ji X Q, Zhao L J, et al. 2019. Cooperative econometric model for regional air pollution control with the additional goal of promoting employment[J]. Journal of Cleaner Production, 237: 117814.

Xue J, Yang Y, Zhao L J, et al. 2021. Emission rights futures trading model for synergetic control of regional air pollution and adverse health effects[J]. Journal of Cleaner Production, 311: 127648.

Xue J, Zhang W J, Zhao L J, et al. 2022b. A cooperative inter-provincial model for energy conservation that accounts for employment and social energy costs[J]. Energy, 239: 122118.

Xue J, Zhao L J, Fan L Z, et al. 2015. An interprovincial cooperative game model for air pollution control in China[J]. Journal of the Air & Waste Management Association, 65 (7): 818-827.

Xue J, Zhao S N, Zhao L J, et al. 2020a. Cooperative governance of inter-provincial air pollution based on a Black: scholes options pricing model[J]. Journal of Cleaner Production, 277: 124031.

Yan Y X, Zhang X L, Zhang J H, et al. 2020. Emissions trading system (ETS) implementation and its collaborative governance effects on air pollution: the China story[J]. Energy Policy, 138: 111282.

Yang D Y, Wang X M, Xu J H, et al. 2018. Quantifying the influence of natural and socioeconomic factors and their interactive impact on $PM_{2.5}$ pollution in China[J]. Environmental Pollution, 241: 475-483.

Yang L Y, Zhang K, Chen Z H, et al. 2023. Fault diagnosis of WOA-SVM high voltage circuit breaker based on PCA Principal Component Analysis[J]. Energy Reports, 9: 628-634.

Yang Y, Zhao L J, Wang C C, et al. 2021a. Towards more effective air pollution governance strategies in China: a systematic review of the literature[J]. Journal of Cleaner Production, 297: 126724.

Yang Y, Zhao L J, Xie Y J, et al. 2021b. China's COVID-19 lockdown challenges the ultralow emission policy[J]. Atmospheric Pollution Research，12（2）：395-403.

Ye W L，Liu L X，Zhang B. 2020. Designing and implementing pollutant emissions trading systems in China：a twelve-year reflection[J]. Journal of Environmental Management，261：110207.

Yi H R，Zhao L J，Qian Y，et al. 2022. How to achieve synergy between carbon dioxide mitigation and air pollution control? Evidence from China[J]. Sustainable Cities and Society，78：103609.

Yu Q Y，Xie J，Chen X Y，et al. 2018. Loss and emission reduction allocation in distribution networks using MCRS method and Aumann-Shapley value method[J]. IET Generation，Transmission & Distribution，12（22）：5975-5981.

Zaman N A F K，Kanniah K D，Kaskaoutis D G，et al. 2021. Evaluation of machine learning models for estimating $PM_{2.5}$ concentrations across Malaysia[J]. Applied Sciences，11（16）：7326.

Zeng A，Mao X Q，Hu T，et al. 2017. Regional co-control plan for local air pollutants and CO_2 reduction：method and practice[J]. Journal of Cleaner Production，140：1226-1235.

Zeng L J，Du W J，Zhao L J，et al. 2021. Modeling interprovincial cooperative carbon reduction in China：an electricity generation perspective[J]. Frontiers in Energy Research，9：649097.

Zeng L J，Wang J F，Zhao L J. 2022. An inter-provincial tradable green certificate futures trading model under renewable portfolio standard policy[J]. Energy，257：124772.

Zhai S X，An X Q，Liu Z，et al. 2016. Model assessment of atmospheric pollution control schemes for critical emission regions[J]. Atmospheric Environment，124：367-377.

Zhang B，Cao C，Hughes R M，et al. 2017a. China's new environmental protection regulatory regime：effects and gaps[J]. Journal of Environmental Management，187：464-469.

Zhang F X，Wang J. 2015. Mechanism design for the joint control of pollution[C]. Proceedings of the International Symposium on Material，Energy and Environment Engineering. Paris.

Zhang F Y，Shi Y，Fang D K，et al. 2020b. Monitoring history and change trends of ambient air quality in China during the past four decades[J]. Journal of Environmental Management，260：110031.

Zhang G X，Deng N N，Mou H Z，et al. 2019. The impact of the policy and behavior of public participation on environmental governance performance：empirical analysis based on provincial panel data in China[J]. Energy Policy，129：1347-1354.

Zhang G Q，Shi C G，Lu J. 2008. An extended kth-best approach for referential-uncooperative bilevel multi-follower decision making[J]. International Journal of Computational Intelligence Systems，1（3）：205-214.

Zhang H F，Wang S X，Hao J M，et al. 2016a. Air pollution and control action in Beijing[J]. Journal of Cleaner Production，112：1519-1527.

Zhang J，Zhang L Y，Du M，et al. 2016b. Indentifying the major air pollutants base on factor and cluster analysis，a case study in 74 Chinese cities[J]. Atmospheric Environment，144：37-46.

Zhang J，Zhang Y X，Yang H，et al. 2017b. Cost-effectiveness optimization for SO_2 emissions control from coal-fired power plants on a national scale：a case study in China[J]. Journal of Cleaner Production，165：1005-1012.

Zhang N，Wu Y P，Choi Y. 2020a. Is it feasible for China to enhance its air quality in terms of the efficiency and the regulatory cost of air pollution?[J]. Science of the Total Environment，709: 136149.

Zhang T，Xie L. 2020. The protected polluters: empirical evidence from the national environmental information disclosure program in China[J]. Journal of Cleaner Production，258: 120343.

Zhang Z H，Zhang G X，Su B. 2022. The spatial impacts of air pollution and socio-economic status on public health: empirical evidence from China[J]. Socio-Economic Planning Sciences，83: 101167.

Zhao C S，Pan X，Yang S T，et al. 2020. Principal hydrology and water quality factors driving the development of plankton communities in a pilot city of China[J]. Ecohydrology，13（4）: e2207.

Zhao L J，Lv Y，Wang C C，et al. 2023. Embodied greenhouse gas emissions in the international agricultural trade[J]. Sustainable Production and Consumption，35: 250-259.

Zhao L J，Qian Y，Huang R B，et al. 2012. Model of transfer tax on transboundary water pollution in China's river basin[J]. Operations Research Letters，40（3）: 218-222.

Zhao L J，Wang C C，Yang Y，et al. 2021a. An options pricing method based on the atmospheric environmental health index: an example from SO_2[J]. Environmental Science and Pollution Research，28（27）: 36493-36505.

Zhao L J，Wang Y，Zhang H H，et al. 2022a. Diverse spillover effects of COVID-19 control measures on air quality improvement: evidence from typical Chinese cities[J]. Environment，Development and Sustainability，25（7）: 7075-7099.

Zhao L J，Xie Y J，Wang J J，et al. 2015. A performance assessment and adjustment program for air quality monitoring networks in Shanghai[J]. Atmospheric Environment，122: 382-392.

Zhao L J，Xue J，Gao H O，et al. 2014. A model for interprovincial air pollution control based on futures prices[J]. Journal of the Air & Waste Management Association，64（5）: 552-560.

Zhao L J，Xue J，Li C M. 2013. A bi-level model for transferable pollutant prices to mitigate China's interprovincial air pollution control problem[J]. Atmospheric Pollution Research，4（4）: 446-453.

Zhao L J，Yuan L F，Yang Y，et al. 2021b. A cooperative governance model for SO_2 emission rights futures that accounts for GDP and pollutant removal cost[J]. Sustainable Cities and Society，66: 102657.

Zhao L J，Zhou Y，Qian Y，et al. 2022b. A novel assessment framework for improving air quality monitoring network layout[J]. Journal of the Air & Waste Management Association，72（4）: 346-360.

Zheng J J，He J，Shao X F，et al. 2022. The employment effects of environmental regulation: evidence from eleventh five-year plan in China[J]. Journal of Environmental Management，316: 115197.

Zheng J J，Jiang P，Qiao W，et al. 2016. Analysis of air pollution reduction and climate change mitigation in the industry sector of Yangtze River Delta in China[J]. Journal of Cleaner Production，114: 314-322.

Zheng T F，Zhao Y，Li J R. 2019. Rising labour cost，environmental regulation and manufacturing restructuring of Chinese cities[J]. Journal of Cleaner Production, 214: 583-592.

Zheng Y M, Wang Y D. 2018. Employment effect of China's environmental regulation: evidence based on spatial panel data[J]. Ecological Economy, 3: 174-179.

Zheng Y X, Xue T, Zhang Q, et al. 2017. Air quality improvements and health benefits from China's clean air action since 2013[J]. Environmental Research Letters, 12 (11): 114020.

Zhong L J, Louie P K K, Zheng J Y, et al. 2013. The Pearl River Delta regional air quality monitoring network-regional collaborative efforts on joint air quality management[J]. Aerosol and Air Quality Research, 13 (5): 1582-1597.

Zhong Q, Ding X M, Sun X K, et al. 2022. Green credit and market expansion strategy of high pollution enterprises-Evidence from China[J]. PLoS One, 17 (12): e0279421.

Zhou B, Zhang C, Song H Y, et al. 2019a. How does emission trading reduce China's carbon intensity? An exploration using a decomposition and difference-in-differences approach[J]. Science of the Total Environment, 676: 514-523.

Zhou Y J, Zhou J X, Liu H L, et al. 2019b. Study on eco-compensation standard for adjacent administrative districts based on the maximum entropy production[J]. Journal of Cleaner Production, 221: 644-655.

Zhou Z, Tan Z B, Yu X H, et al. 2019c. The health benefits and economic effects of cooperative $PM_{2.5}$ control: a cost-effectiveness game model[J]. Journal of Cleaner Production, 228: 1572-1585.

Zhou Z, Yu H L, Shao Q, et al. 2021. Tax and subsidy policy for domestic air pollution with asymmetric local and global spillover effects[J]. Journal of Cleaner Production, 318: 128504.

Zhou Z, Zhang M J, Yu X H, et al. 2019d. $PM_{2.5}$ cooperative control with fuzzy cost and fuzzy coalitions[J]. International Journal of Environmental Research and Public Health, 16 (7): 1271.

Zhu W, Shan S N, Shi X H, et al. 2021. Research on the establishment and stability of the Beijing-Tianjin-Hebei region air pollution cooperative control alliance: an evolutionary game approach[EB/OL]. https://doaj.org/article/9c9e077c2da6437881e8425fc29f8da1[2024-08-04].

Zhu X H, Lu Y Q. 2019. Fiscal and taxation policies, economic growth and environmental quality: an analysis based on PVAR model[J]. IOP Conference Series: Earth and Environmental Science, 227: 052041.

Zimmer A, Koch N. 2017. Fuel consumption dynamics in Europe: tax reform implications for air pollution and carbon emissions[J]. Transportation Research Part A: Policy and Practice, 106: 22-50.

彩　　图

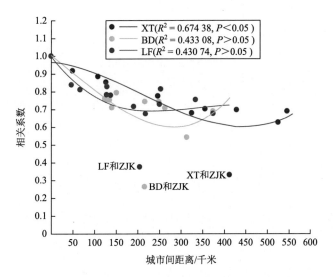

图 4-4　3 个代表城市与 13 市 PM$_{2.5}$ 冬季日均浓度相关系数和距离的关系

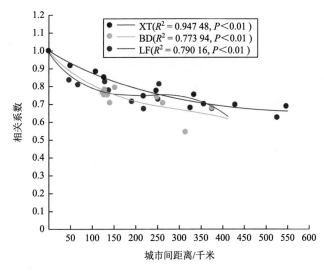

图 4-5　3 个代表城市与 12 市 PM$_{2.5}$ 冬季日均浓度相关系数和距离的关系

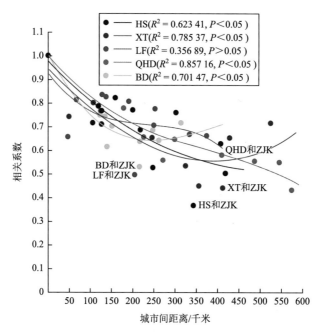

图 4-6　5 个代表城市与 13 市 PM$_{10}$ 冬季日均浓度相关系数和距离的关系

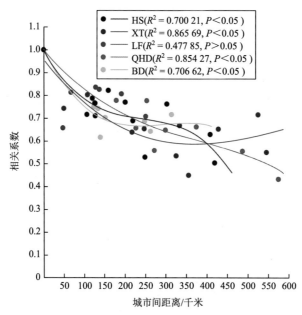

图 4-7　5 个代表城市与 12 市（去除张家口）PM$_{10}$ 冬季日均浓度相关系数和
距离的关系